U0785814

中国（绵阳）科技城年鉴

YEARBOOK OF CHINA（MIANYANG） SCIENCE AND TECHNOLOGY CITY

2018

绵阳市地方志办公室　编

方志出版社
Publishing House of Local Records

图书在版编目（CIP）数据

中国(绵阳)科技城年鉴. 2018 / 绵阳市地方志办公室编. —北京：方志出版社，2019.2
ISBN 978-7-5144-3690-7

Ⅰ. ①中…　Ⅱ. ①绵…　Ⅲ. ①科技中心-建设-绵阳-2018-年鉴　Ⅳ. ①G322.771.3-54

中国版本图书馆 CIP 数据核字（2019）第 060558 号

中国（绵阳）科技城年鉴（2018）

编　　者：绵阳市地方志办公室
责任编辑：罗　滔

出 版 人：冀祥德
出 版 者：方志出版社
地址　北京市朝阳区潘家园东里 9 号（国家方志馆 4 号）
邮编　100021
网址　http://www.fzph.org
发　　行：方志出版社图书经销中心
电话　（010）67110500
经　　销：各地新华书店
印　　刷：成都勤德印务有限公司

开　　本：889×1194　　1/16
印　　张：24
字　　数：522 千字
版　　次：2019 年 2 月第 1 版　　2019 年 2 月第 1 次印刷
印　　数：0001~2000 册

ISBN 978-7-5144-3690-7　　定价：288. 00 元

· 版权所有　翻印必究 ·

城市荣誉

CITY HONOR

★中国科技城

★全国文明城市

★国家森林城市

★中国优秀旅游城市

★全国科技进步先进市

★全国创业先进城市

★国家电子商务示范城市

★全国首批“三网融合”试点市

★国家产城融合示范区

★国家智慧城市试点市

★国家新型城镇化综合试点市

★全国首批“民生改善十佳典范城市”

★中国最美山水城市

★联合国“改善居住环境最佳范例城市”

★国家系统推进全面创新改革试验先行先试区域

★国家卫生城市

★国家环保模范城市

★全国双拥模范城

★全国人民防空先进城市

★国家新型工业化产业示范基地

★国家知识产权示范城市

★全国首批“促进科技和金融结合”试点地区

★国家产融合作试点市

★国家信息消费试点市

★中国幸福城市

★全国新型节水型城市

★联合国“杰出

规划面积：100 平方千米

集中发展区面积：30 平方千米

建成核心区面积：5 平方千米

国家级园区：2 个（高新区、经开区）

省级园区：8 个

特色专业园区：15 个

国家级科研院所：18 家

国家级工程技术研究中心：5 个

国家级企业技术中心：8 个

国家级实验室：9 个

国家级军民融合机构：3 家

科技企业孵化器：58 个

新增认定军民融合企业：85 家

军民融合企业累计：321 家

全国推广全面创新改革经验成果：2 项

全省推广全面创新改革经验成果：19 项

国家军民两用技术交易中心实现交易额：8.8 亿元

在绵阳的“两院”院士：27 人

科技城范围内地区生产总值：1476.9 亿元

第二产业增加值：746.8 亿元

规模以上工业增加值增长：10.5%

第三产业增加值：730.08 亿元

全社会固定资产投资总额：1137.51 亿元

社会消费品零售总额：833.8 亿元

军民融合企业产值：1500 亿元

产业集中度：82%

数字科技城

DIGITAL KEJICHENG 2017 2017

科技城内高新技术企业：239 家

上市企业：32 家

高新技术产业产值占工业总产值比重：54.1%

战略性新兴产业产值占工业总产值比重：37.5%

重点电商企业：169 家

电商网络交易额：2600 亿元

国内省外履约项目：696 个

国内省外到位资金：431.02 亿元

孵化总面积：110 万平方米

军民融合企业贷款家数：99 家

军民融合贷款余额：246.3 亿元

军民融合信用贷款：129.80 亿元

专利申请：10889 件

授权量：4749 件

专利实施项目：1697 个

完成技术合同交易：361 份

科技创新综合水平指数：70.64%

“千人计划”专家：49 名

享受政府特殊津贴专家：1000 名

专业技术人才：23.1 万人

各类高校：14 所

研究与试验发展 (R&D) 经费支出占地区生产总值（GDP）比重：7% 以上

科技城范围内园区实现规模以上工业总产值：2656.6 亿元

9 月 16 日，绵阳科技城建设部际协调小组第 13 次会议在绵阳举行

3 月 1 日，绵阳市商业银行军民融合科技支行在高新区揭牌

3 月 21 日，中国（绵阳）科技城智能制造及智能终端产业投资推广会在深圳召开

3 月 28 日，大美羌城——泛美航空科技城等 36 个重点项目集中开工仪式在北川举行

7 月 17 日，从“三线”建设到军民融合发展专家论坛在绵阳举行

7 月 20 日，“两弹一星”干部学院成立大会授牌仪式在梓潼“两弹城”举行

7 月 26 日，四川省产业发展投资引导基金市州行（绵阳站）——军民融合专题活动现场

8 月 31 日，第六届中国创新创业大赛军转民大赛决赛暨颁奖仪式在绵阳举行

5 月 15 日，科技城集中发展区重大基础设施项目暨绵阳市 2017 年二季度 111 个重大项目集中开工仪式在科创区举行

9 月 13 日，兵港科技信息安全军民融合产业园项目暨绵阳市 2017 年三季度 93 个重大项目举行集中开工仪式在游仙举行

9月29日，中物院某重大装置配套基础设施项目建设工程开工动员会召开

12月12日，四川省2017年第四季度重大项目集中开工绵阳分会场在涪城举行

第五届中国（绵阳）科技城国际科技博览会
The 5th China (Mianyang) Science & Technology City International High-Tech Expo
国际军民融合创新发展论坛
International Forum on Innovation and Development of Military-Civilian Integration
加快科技成果转化 推进军民深度融合
Speeding up the transformation of science and technology achievements; promoting military-civilian integration
中国·绵阳 2017年9月7日
Mianyang, China September 7, 2017
刘 捷
四川省人民政府副省长
四川省政协副主席
冯显永
何波坪
杨金河
郑本能
许立华

热烈祝贺
四川军民融合大型科学仪器共享平台
正式启动

四川军民融合

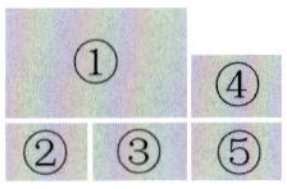

① 9月7日，第五届科博会国际军民融合创新发展论坛在绵阳举行

② 1月12日，四川军民融合大型科学仪器共享平台揭牌仪式举行

③ 8月25日，四川军民融合无人机防控技术研讨会暨四川九洲防控科技有限公司揭牌仪式举行

④ 四川省军民融合研究院大楼

⑤ 9月8日，第五届科博会游仙区军民融合产业发展论坛举行

① 当地时间 4 月 10 日下午，中国（绵阳）科技城法国投资推广会在巴黎举行

② 当地时间 4 月 10 日，绵阳市代表团与法国亚眠大都会座谈会在亚眠举行

③ 9 月 7 日，中国—以色列（四川）经贸创新合作大会在绵阳召开

④ 当地时间 4 月 6 日下午，中国（绵阳）科技城中德产业园投资推广会在德国慕尼黑举行

⑤ 7 月 28 日，赞比亚—绵阳经贸对接会暨绵阳市与琼圭市缔结友好合作关系签约仪式在绵阳举行

第五届中国（绵阳）科技城国际科技博览会
中国–以色列（四川）经贸创新合作大会
ISRAEL-CHINA(SICHUAN) ECONOMIC AND TRADE INNOVATION COOPERATION CONFERENCE
主办方 / HOSTS
组织方 / ORGANIZERS

赞比亚–绵阳经贸对接会
绵阳市与琼圭市缔结友好合作关系签约仪式

① ③
④
② ⑤
⑥

① 5月18日，汉能集团绵阳移动能源产业园项目签约仪式在绵阳举行

② 8月8日，绵阳农业科技成果发布暨农业投资促进会在科技城会展中心举行

③ 6月21日，华晨集团南方基地汽车整车项目签约仪式举行

④ 11月3日，绵阳科技城集中发展区核心区综合管廊及市政道路建设工程PPP项目签约仪式举行

⑤ 8月21日，市政府与四川省川投航信基金公司签署战略合作框架协议签约仪式举行

⑥ 11月15日，市政府与中国邮政储蓄银行四川省分行政银战略合作协议签约仪式举行

四川省金融工作局　绵阳市人民政府
战略合作备忘录签约仪式
2017
天府金融论坛
TIANFU
FINANCIAL
FORUM
军民融合与金融创新
中国·成都
签约人
杨学宁　绵阳市委常委、副市长
见证人

博鳌纵横(汇桔网)西南总部项目
绵阳市
人民政府
博鳌纵横
(汇桔网)

战略合作

① 11 月 26 日，市政府与省金融工作局战略合作备忘录签约仪式在成都举行

② 12 月 1 日，博鳌纵横（汇桔网）西南总部项目签约仪式在广州举行

③ 11 月 27 日，市政府与东旭集团战略合作协议签约仪式在绵阳举行

④ 3 月 22 日，市政府与省统计局推进统计改革创新战略合作框架协议签约仪式在绵阳举行

⑤ 4 月 6 日，市政府与交通银行四川省分行金融服务战略合作协议签约仪式在绵阳举行

① ② ③ ④ ⑤

① 2 月 20 日，市政府与中石油四川分公司深化战略合作项目签约仪式在成都举行

② 10 月 24 日，市政府与省环保厅战略合作签约仪式在绵阳举行

③ 4 月 25 日，中国（绵阳）科技城科技成果发布与金融对接会签约仪式在绵阳举行

④ 3 月 1 日，全国首家军民融合科技支行银企对接会银企签约仪式在绵阳举行

⑤ 12 月 29 日，市政府与 360 企业安全集团战略合作协议签约仪式在北京举行

中国(绵阳)科技城科技成果发布与金融对接会
主办单位：四川省科学技术厅　绵阳市人民政府
承办单位：绵阳市科学技术和知识产权局　四川省高新技术产业金融服务中心　四川省技术转移中心
协办单位：国家军民两用技术交易中心　中国（绵阳）科技城工业技术研究院
签约仪式
主持席
发言席

技支行银企对接会
约仪式

绵阳市政府　360企业安全集团
战略合作协议签约仪式
绵阳市人民政府
360企业安全集团

金家林总部试验区

科技城国际企业

中国（绵阳）科技城创新中心

2017 "海科会" 海外高新
科技人才走进中国（绵阳）科技城投资推介会
签约仪式
投资推介会

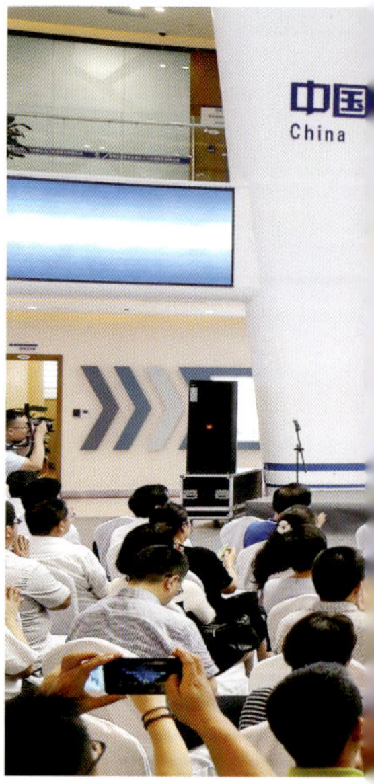
中国
China

2016四川十大改革转型发展案例暨十大科技创新改革人
颁奖晚会
主办单位 人民网 四川省全创办 四川省委改革办
承办单位 中共绵阳市委 绵阳市人民政府
执行单位 人民网四川频道 绵阳市全创办 绵阳市委改革办
2017年1月24日
荣誉证书
HONORARY
CREDENTIAL

① ② ④
③ ⑤

① 9月14日，2017年“海科会”海外高新科技人才走进中国（绵阳）科技城投资推介会签约仪式举行

② 7月5日，中国国际人才市场国家科技城（绵阳）分市场揭幕现场

③ 1月24日，2016年四川十大改革转型发展案例暨十大科技创新改革人物颁奖晚会在绵阳举行

④ 4月8日下午，中国（绵阳）科技城法国高层次人才对接会在巴黎举行

⑤ 9月6日，中国军民融合人才交流服务平台建设启动仪式在创新中心举行

中国（绵阳）科技城
李白出生地 中国科技城

国家科学技术奖励工作办公室
国家科学技术奖获奖项目暨新技术展
国家基础地理信息中心

① 室外展场

② 中国（绵阳）科技城展区

③ 国家科学技术奖获奖项目暨新技术展区

④ 9月7日，第五届中国（绵阳）科技城国际科技博览会开幕式在九洲体育馆举行

⑤ 9月7日，中国—以色列（四川）经贸创新合作大会现场

⑥ 9月7日，第五届科博会投资推介会暨集中签约仪式现场

第五届中国（绵阳）科技城国际科技博览会
The 5th China (Mianyang) Science&Technology City International High-Tech Expo
成果发布会暨闭幕式
Achievements Release & Closing Ceremony

创新创业人才成果展区
Exhibition Area for Achievements in Innovations and Entrepreneurship Talents
熊猫故乡水
世界窝坛

以色列
The State of Israel

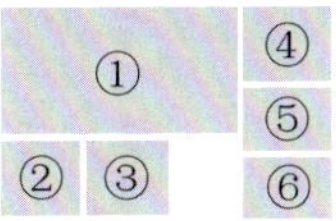

① 9月9日，第五届科博会成果发布会暨闭幕式现场

② 创新创业人才成果展区

③ 主宾国以色列展区

④ 神舟系列展区

⑤ 国际馆展区

⑥ 中国—以色列（四川）高科技合作展区

中国(四川)电子商务发展峰会
2017

中心城市
南充
南充新未来
成渝第二城
NAN CHONG

2017

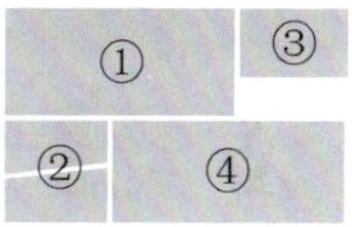

① 9 月 20 日，2017 年中国（四川）电子商务发展峰会开幕式在绵阳九洲体育馆举行

② 室内展台

③ 9 月 20 日，中国（四川）电子商务发展峰会项目签约仪式现场

④ 9 月 21 日，2017 年中国农村电商发展与精准扶贫论坛现场

绵阳科技城集中发展区总体发展规划

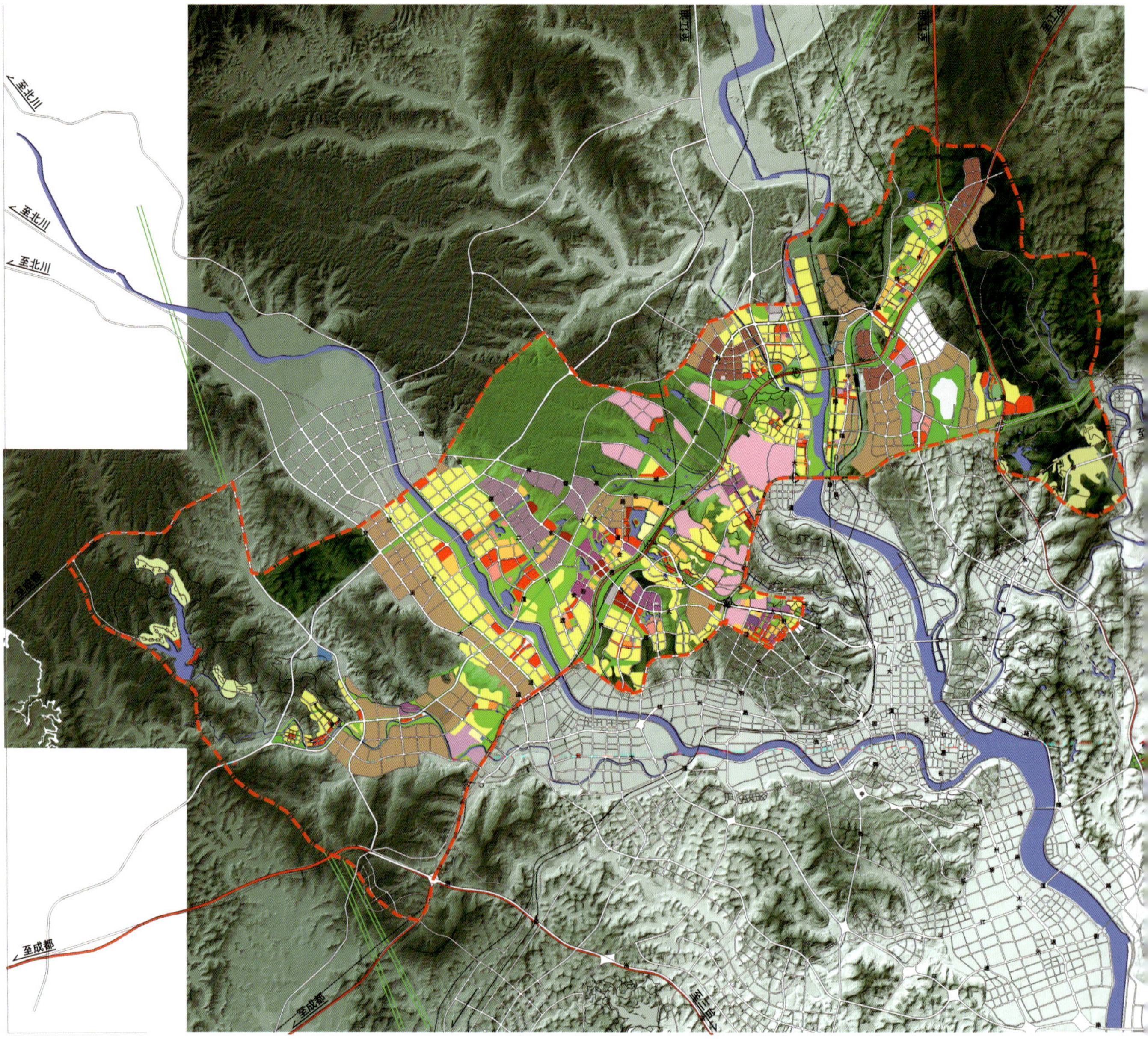

图 例

- 一类居住用地
- 二类居住用地
- 居住服务设施用地
- 中学用地
- 行政办公用地
- 文化设施用地
- 教育与培训用地
- 科研用地
- 科研生产用地
- 体育用地
- 医疗卫生用地
- 社会福利用地
- 宗教用地
- 商业用地
- 商务用地
- 娱乐康体用地
- 公用设施营业网点用地
- 其它服务设施用地
- 一类工业用地
- 二类工业用地
- 物流仓储用地
- 交通枢纽用地
- 交通场站用地
- 其它交通设施用地
- 供应设施用地
- 环境设施用地
- 安全设施用地
- 其它公用设施用地
- 公园绿地
- 防护绿地
- 广场用地
- 区域交通设施用地
- 特殊用地
- 水域
- 农林用地
- 旅游用地
- 城市道路用地
- 规划范围

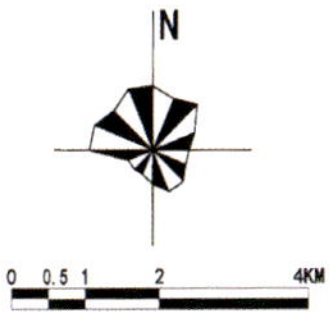

产业布局示意图(2014-2020)

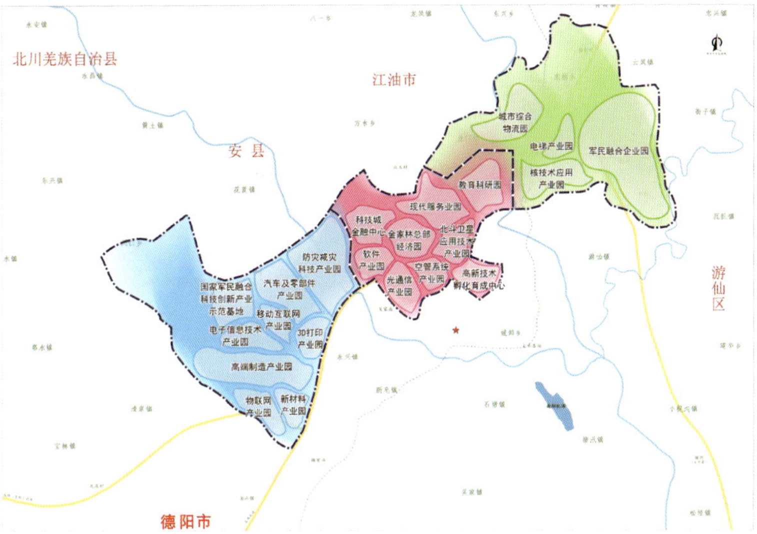

空间布局示意图(2014-2020)

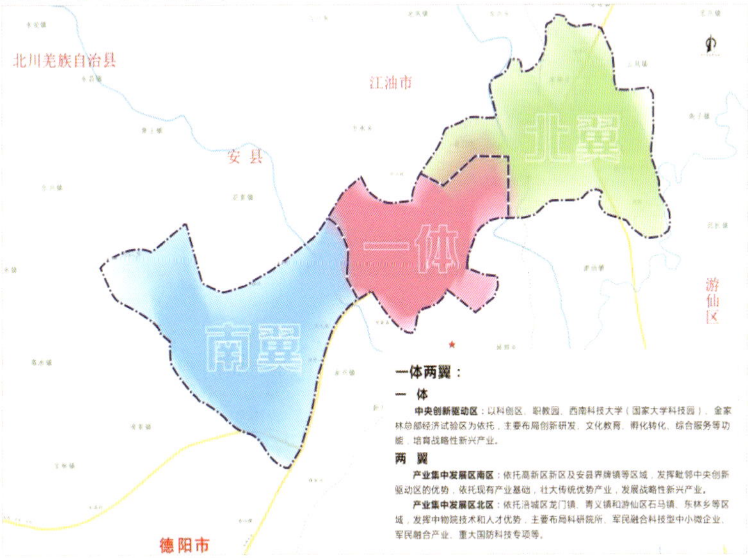

绵阳科技城集中发展区空间结构示意图（2014—2020）

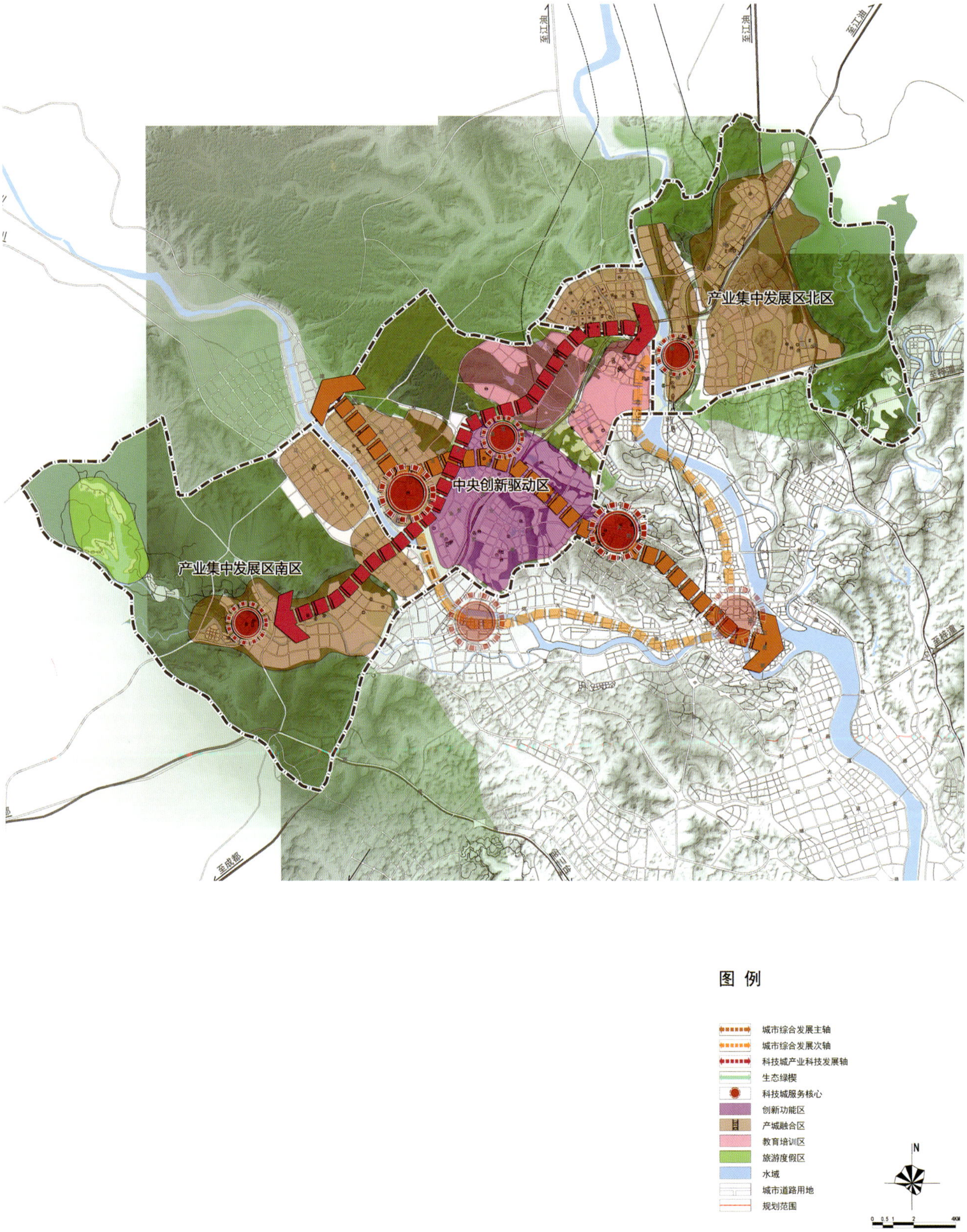

编辑说明

一、《中国（绵阳）科技城年鉴（2018）》（以下简称“本年鉴”）坚持马列主义、毛泽东思想、邓小平理论、“三个代表”重要思想、科学发展观、习近平新时代中国特色社会主义思想为指导，坚持辩证唯物主义和历史唯物主义的立场、观点、方法，全面客观记述中共绵阳市委、绵阳市人民政府加快建设国家科技城的新部署、新举措、新成果。全书以军民融合为主题，重点突出全面创新改革试验、“两新”产业发展，为国家科技城科学发展、加快发展提供决策依据和借鉴，为广大读者了解和研究科技城提供资料和信息。

二、本年鉴是由中共绵阳市委、绵阳市人民政府主办、中共绵阳市委党史研究室（绵阳市地方志办公室）编纂的资料性文献，2017 年创刊，每年一卷，在国内公开出版发行。《中国（绵阳）科技城年鉴（2018）》为总第 2 卷，记述时限为 2017 年 1 月 1 日至 12 月 31 日。为确保记述的完整性，部分资料作适当上溯下延。

三、本年鉴采用分类编辑法，主体由类目、分目、条目三级组成，部分内容增设子分目。设“特载、大事记、综述、组织机构、军民融合发展、全面创新改革试验、研发创新平台、产业发展、产业园区、创新创业、科技成果转化和知识产权保护、开放合作、人才建设、金融服务、附录”等类目。

四、本年鉴框架结构保持稳定，为更好彰显科技城特色、突出军民融合发展的成果，将上卷“综述”中的分目“军民融合发展”调整为类目；在“金融服务”中调整“金融业与税务服务”，增加在绵阳的银行业机构、保险业机构和税务机构支持科技城建设取得的创新经验和成果；在“科技成果转化与知识产权保护”中增加分目“科技成果交易”“科技成果质量监管”；“附录”中增加“历届科技城建设部际协调小组会议”“历届四川省建设绵阳科技城领导小组会议”“四川省建设绵阳科技城 2017 年工作要点”等重要文献资料。

五、本年鉴条目标题统一用黑体字加【】表示，正文为五号宋体。全书有中英文目录、索引，具有比较完善的检索系统。在排版上，双页书眉为书名，单页书眉为类目标题。部分“简略语”随条目注释，部分条目附有资料背景链接。

六、本年鉴所载信息（数据）由科技城管委会、各县市区人民政府、各园区管委会、相关市级部门、在绵科研院所、企事业单位提供，经编辑部整理编辑、编委会审查、出版社审核而成，具有权威性与资料性。

七、本年鉴的编纂出版工作得到科技城管委会、各县市区、各园区、市级有关部门、在绵科研院所、企事业单位的大力支持，广大撰稿及编辑人员付出艰辛劳动，在此表示衷心感谢。由于编纂时间较短，缺乏经验，多有疏漏或不足之处，敬请广大读者批评指正。

中国（绵阳）科技城年鉴编纂委员会

顾　　问：刘　超　元　方

主　　任：颜　超　罗宗志

副 主 任：田丛荣　陈松柏　胡　精　佘正道

成员单位：各县市区政府、各园区管委会、科学城办事处、市人大党委会办公室、市政协研究室、市委组织部、市委宣传部、绵阳日报社、市政府金融办、市发改委、市经信委、市国资委、市财政局、市人社局、市统计局、市教育体育局、市商务局、市投资促进局、市科知局、市博览事务局、市质监局、科管委综合办、科管委经发局、科管委军民融合办、中国空气动力研究与发展中心、中国燃气涡轮研究院、中国电子科技集团第九研究所、西南自动化研究所、长虹集团、九洲集团、西南科技大学、绵阳师范学院

主　　编：佘正道

常务副主编：万晓翠

副 主 编：吴志宏　张永兴

中国（绵阳）科技城年鉴编辑部

主　　任：张永兴

副 主 任：李维怡

编　　辑：晏茂川　郭　徽　冀燕鹏　叶平莉　吴天文　郭　平

英文编辑：周　谞

编　　务：黄　雁

摄　　影：赖　杰　蒲　滔　张　莉　刘晓春　张海艳　魏代龙

图片协作单位：绵阳日报社·视觉绵阳

目 录
CONTENTS

特 载

大事记

综 述

组织机构

军民融合发展

全面创新改革试验

研发创新平台

产业园区

创新创业

科技成果转化与知识产权保护

开放合作

人才建设

金融服务

附　录

索　引

CONTENTS

Special Features

Events

Overview

Organizations

Military and Civil Integration and Development

Comprehensive Experiment on Innovation and Reform

Innovation Platform for Research and Development

Industrial Development

Industrial Park

Innovation and Entrepreneurship

Transformation of Scientific and Technological Achievements and Protection of Intellectual Property

Open Cooperation

Talents Construction

Financial Services

Appendix

Indexes

2018 年绵阳科技城建设重点工作安排

一、总体要求

以习近平新时代中国特色社会主义思想为指导，深入贯彻党的十九大和习近平总书记来川视察重要讲话精神，全面落实科技城建设部际协调小组第 13 次会议、省委十一届二次全会精神，按照高质量发展要求，聚焦军民融合、创新驱动，以全面创新改革试验“一号工程”为引领，深度整合军地两种资源，着力蹚出一条军民深度融合发展路子，奋力推进科技城建设迈上新台阶。

二、工作目标

力争 2018 年科技城地区生产总值增长 9%，规模以上工业增加值增长 10.4%，全社会固定资产投资增长 14%，在四川塑造“一干多枝”发展格局和绵阳建设西部经济强市中发挥重要支撑作用。

（一）高质量推进军民融合深度发展。科技城军民融合体制机制更加健全、产业体系更加完善、发展载体更加坚实，力争新认定军民融合企业 50 家以上、军民融合企业产值增长 12% 以上。

（二）高质量推进全面创新改革试验。全面完成全面创新改革试验任务，纵深推进一批重点关键改革，积极争取在全省改革创新中的示范引领作用，力争向全省、全国推广绵阳经验模式 3 条以上。

（三）高质量推进大众创业万众创新。力争科技企业孵化器总面积达到 115 万平方米，入孵企业达到 4000 家，科技型中小企业稳定在 1 万家以上。

（四）高质量推进重大高端产业发展。完成科技城集中发展区基础设施建设投资 110 亿元、产业项目投资154.5亿元，带动科技城园区协调发展。力争高新技术产业和战略性新兴产业产值占规模以上工业产值比重达到55%、38%。

（五）高质量推进国家重大专项实施。协调推进在绵实施的国家重大科技专项，推动中国工程物理研究院某重大装置主体项目、中国空气动力研究与发展中心大型低速风洞国家重大科技基础设施开工建设，按计划实施中国航发四川燃气涡轮研究院相关重大项目。

（六）高质量推进对外开放合作。持续举办好中国（绵阳）科技城国际科技博览会（以下简称科博会），着力将国际军民融合创新发展论坛打造成为国家级知名论坛，将科博会打造成为全国“军民融合第一展”。建好用好对外开放合作平台，全面提升招商引资实效，力争实现国内省外到位资金600亿元以上。

三、重点工作

（一）着力推动国家重大科技项目建设

1. 服务保障中国工程物理研究院某重大装置建设。加快某重大装置相关手续办理和配套基础设施工程实施进度，确保“五通一平”在2018年5月达到相关条件，协调做好争取上级资金和职工家属就学、就业、就医等，推动某重大装置主体项目年内开工建设。（责任单位：绵阳市，省委军民融合办、省发展改革委、科技厅、国土资源厅、住房城乡建设厅、省国防科工办等）

2. 服务保障中国空气动力研究与发展中心重大工程建设。强化相关用地、规划、建设服务保障，推动大型低速风洞等项目按计划实施，力争国家空气动力数值模拟军民融合工程年内落地开建。支持中国空气动力研究与发展中心实施空气动力重大设备设施跨军民、跨行业、跨地区开放共享。（责任单位：绵阳市，省委军民融合办、省发展改革委、科技厅、省国防科工办等）

3. 服务保障中国航发四川燃气涡轮研究院重大项目建设。支持中国航发四川燃气涡轮研究院实施和参与航空发动机重大专项，承担好国防军工重点型号科研试验，推进九寨发动机、岷江发动机、某型号燃机等民用产品在绵转化，推动绵阳本地企业参与航空发动机配套，支持加快打造规模世界第二的航空发动机试验基地。（责任单位：绵阳市，省委军民融合办、省发展改革委、科技厅、省国防科工办等）

（二）全力推动军民融合深度发展

4. 健全完善军民融合组织领导体制。在省委军民融合发展委员会领导下，组建绵阳市委军民融合发展委员会及办公室，制定并实施2018年军民融合工作要点和军民融合相关规划方案、激励政策，加快构建军地院地项目深度对接、改革联合推进、规划政策联动等机制。推动省委军民融合发展委员会办公室列入省建设绵阳科技城领导小组成员单位。（责任单位：绵阳市，省编办、省委军民融合办、省发展改革委、省经济和信息化委、省国防科工办等）

5. 深入推进全面创新改革试验。对接省全面创新改革试验“9张清单”，推动年度88项任务全面落地落实。参与做好四川省争创国家军民融合创新示范区工作。全力争取国家首批军民科技协同创新平台、绵阳科技城军民融合金融综合改革创新试验区等试点落地实施。聚焦国家授权先行先试改革举措，确保全面完成国家和省下达的试验任务，重点推进兵装集团自动化研究所混合所有制改革、西南科技大学职务成果混合所有制改革、军民两用市场化再研发机制、低空空域开放试点等改革任务，力争形成国、省层面复制推广经验3条以上。突出军民融合特色，发挥科学城创新优势，开展创建综合性国家科学中心的重大问题研究。（责任单位：绵阳市，省发展改革委、省经济和信息化委、教育厅、科技厅、省国资委、省国防科工办、省知识产权局、省金融工作局等）

6. 着力提升军民融合科技创新能力。深化军民两用技术交易中心、军民融合大型科学仪器共享平台市场化运营管理，力争实现技术合同交易额9.6亿元，整合仪器设备5000台（套），建好西南科技大学省部共建环境友好能源材料国家重点实验室和军民两用技术再研发中心，建设全面创新改革试验创新能力平台，打造共通共用、共建共享的军民融合示范平台。统筹整合省级工业发展、科技创新、产业园区建设等方面的基金支持军民融合科技创新发展。鼓励在绵军工单位以自主研发的先进军民两用技术服务区域经济发展，促进军民科技成果转化，推动产业结构调整，带动现代服务业发展。（责任单位：绵阳市，省发展改革委、省经济和信息化委、教育厅、科技厅、财政厅、省国防科工办等）

7. 持续增强军民融合发展实力。持续做好四川省与央属军工集团合作协议的对接落实，积极引进国内外军民融合企业集团尤其是央属军工集团入驻。聚焦航空与燃机、军工电子、核技术应用等国防科技工业，加快建设军民融合特色产业园，力争全年集聚企业200家、完成投资110亿元。持续开展军民融合企业认定，军民融合产值突破1700亿元，占全市规上工业总产值比重保持50%以上。（责任单位：绵阳市，省委军民融合办、省发展改革委、省经济和信息化委、科技厅、省国资委、省国防科工办等）

（三）促进大众创业、万众创新上水平

8. 争创国家创新型城市。加快建设科技城创新中心三期，力争科技企业孵化器总面积达到115万平方米，入孵企业达到4000家。持续实施“涌泉计划”，确保科技型中小企业稳定在1万家以上，力争新入统升为规模企业60家以上。推进国家知识产权示范城市建设，力争新增专利申请10280件以上，专利授权4600件以上、专利实施项目1800个以上。（责任单位：绵阳市，省经济和信息化委、科技厅、人力资源社会保障厅、省知识产权局等）

9. 加强科技金融创新。深化国家科技与金融结合试点、国家产融合作试点。发挥好军民融合金融服务中心、科技支行、保险支公司、担保公司、天府（四川）联合股权交易中心绵阳军民融合分中心等金融机构作用，拓展军民融合领域服务功能，推出更多军民融合金融产品。扩大应收账款融资服务试点规模，力争实现融资70亿元以上。运营好科技城产业发展基金、“两新产业”发展基金、科技成果转移转化基金等。加强对拟上市挂牌企业的筛选、辅导、培育，全市入库企业达到350家，力争15户中小企业进入全省新三板挂牌重点后备企业名单，5户拟上市企业进入全省首次公开募股（IPO）重点推进企业名单。（责任单位：绵阳市，省发展改革委、省经济和信息化委、科技厅、财政厅、省金融工作局、四川银监局、四川证监局、人行成都分行等）

10. 强化创新人才聚集和激励。开展国家科研人员激励计划试点，激发科技人才创造活力。用好用活新一轮绵阳科技人才发展专项资金，实施好“千英百团”军民融合人才支持计划、涌泉团队支持计划、聚才计划等重大人才计划。对顶尖人才团队重大项目实行“一事一议”，对重点招商引资项目、重大科技项目、重点企业等引进的特殊人才开辟专门渠道。运营好中国国际人才市场国家科技城（绵阳）分市场，加快建设军民融合人才交流服务平台和科技城军民融合人力资源产业园。积极推进国家级科研院所、国内世界一流大学建设高校、国家重点实验室等在科技城布局设点。建好西南科技大学国防科技学院、九洲技师学院。（责任单位：绵阳市，教育厅、科技厅、财政厅、人力资源社会保障厅、省国防科工办、省知识产权局、省投资促进局、中科院成都分院等）

（四）加快科技城集中发展区和园区建设

11. 加快推进基础设施建设。推进建设科技城集中发展区总投资约391.9亿元的74个基础设施项目，重点抓好地下综合管廊及“四横四纵”骨干路网，加快科技之心中央公园、安昌河及草溪河综合整治项目建设，启动“引通济安”生态项目，力争年内完成投资110亿元。（责任单位：绵阳市，省发展改革委、财政厅、国土资源厅、住房城乡建设厅等）

12. 统筹抓好产业项目推进。在基金、债券方面加大项目支持，推进科技城集中发展区总投资795.6亿元的59个产业项目，重点推进京东方、360全国网络能源安全运行中心等重大产业项目加快建设，力争年内完成投资154.5亿元。大力推进电子信息、核技术应用和新材料3个领域、12个军民融合高技术产业集聚发展专项项目建设，确保年内全部开工建设。（责任单位：绵阳市，省发展改革委、省经济和信息化委、科技厅、省国防科工办、省投资促进局等）

13. 推动科技城园区协调发展。不断完善园区功能和布局，推动区域集中、产业集聚、开发集约，大力实施园区“千百亿工程”，支持高新技术开发区、经济开发区两个国家级开发区加快发展，推动科技城8个省级产业园区协调发展，力争科技城园区工业经济占全市工业经济比重达到82%，园区产业集中度同比提升1个百分点。（责任单位：绵阳市，省发展改革委、省经济和信息化委、科技厅、商务厅等）

（五）大力发展高端产业

14. 加快“两新”产业发展。加快建设国家级电子信息产业基地，积极争创“中国制造2025”国家级示范区。积极支持新材料、节能环保、高端装备制造等优势产业提档升级，持续开展“项目年”工作，加快实施汉能移动能源、威马汽车自动驾驶示范园等重大项目，力争工业投资、技改投资均同口径增长20%以上，高新技术产业和战略性新兴产业产值占规上工业产值比重分别达到55%、38%。（责任单位：绵阳市，省发展改革委、省经济和信息化委、科技厅、省国防科工办、省投资促进局等）

15. 加快产业融合发展。重点推进制造业与服务业融合发展，数字经济和实体经济融合发展，推进360企业安全集团全国安全服务运营总部、网络空间安全军民融合创新中心绵阳分中心建设。加快发展北斗卫星导航、信息安全、物联网等新兴产业。培育共享经济、数字经济、现代供应链等新模式，大力发展网络购物、移动支付等新业态。加快建设国家电商示范城市，确保电商交易额突破2800亿元。确保服务业增加值增长9%、力争增长10%。（责任单位：绵阳市，省发展改革委、省经济和信息化委、科技厅、商务厅、省国防科工办、省投资促进局等）

16. 加快大企业大集团培育。深入实施大企业大集团培育“领航计划”，力争新增50亿元以上企业1户、30亿元以上企业1户、10亿元以上企业4户；新增高成长型（含行业“小巨人”）企业10户、规模以上工业企业100户，加快形成“千亿级企业领航、百亿级企业带动、十亿级企业支撑”的企业集团群体。（责任单位：绵阳市，省发展改革委、省经济和信息化委、科技厅、商务厅、省国资委、省投资促进局等）

（六）持续扩大对外开放合作

17. 精心筹办第六届科博会。更加突出军民融合特色，大幅提升市场化、专业化、国际化水平，争取中央军民融合发展办作为指导单位，加强与国家级协会、学会以及科技领域知名企业合作，着力将国际军民融合创新发展论坛打造成为国家级知名论坛，持续办好主宾国活动，力争在项目签约上取得新突破，着力将相关展览打造成为全国“军民融合第一展”。（责任单位：绵阳市，省发展改革委、省经济和信息化委、科技厅、商务厅、省外事侨务办、省国防科工办、省投资促进局、四川博览局、省工商联等）

18. 建好对外开放合作平台。积极支持绵阳科技城争创并建设国家级、省级外贸转型升级基地。在完成绵阳出口加工区整改工作基础上，加快中国（绵阳）科技城综合保税区申建进度。加快推进中德产业创新合作平台建设，持续提升绵阳跨境电商产业园、汇桔网知商谷等对外合作载

体功能。（责任单位：绵阳市，省发展改革委、科技厅、商务厅、省外事侨务办、省投资促进局、省政府口岸物流办、成都海关等）

19. 全面提升招商引资实效。聚焦科技城集中发展区、县域特色产业园区军民融合发展，进一步深化“放管服”改革，健全重点招商项目“服务绿卡”机制，坚持招新引优、招大引强，力争实现国内省外到位资金600亿元以上，继续保持在全省第2位。（责任单位：绵阳市，省发展改革委、省经济和信息化委、商务厅、省投资促进局等）

20. 切实加强区域合作。主动参与省“四项重点工程”实施，推动成德绵协同创新共同体建设，积极融入“一带一路”建设和长江经济带、成都“蓉欧+”互联互通战略，深化与京津冀、长三角、粤港澳大湾区等地区合作，鼓励企业参与跨国并购、合作研发，力争外贸进出口总额达到124亿元。（责任单位：绵阳市，省发展改革委、省经济和信息化委、科技厅、商务厅、省投资促进局、省政府口岸物流办、成都海关等）

四川省人民政府办公厅

2018年5月16日

大力发展民营经济，助推中国科技城和西部现代化强市建设

中共绵阳市委书记　刘超

作为四川第二大经济体，绵阳市将如何贯彻落实四川省民营经济健康发展大会精神？川报观察记者采访了绵阳市委书记刘超。

川报观察记者： 您参加了此次大会后有何感想？民营经济在绵阳市经济社会发展中处于什么地位？

刘超： 在改革开放40周年的时间节点上，我省隆重召开全省民营经济健康发展大会，会议规格之高、出台政策之惠前所未有。这充分体现了省委坚定贯彻落实习近平新时代中国特色社会主义思想和党中央决策部署的政治自觉、思想自觉、行动自觉，充分彰显了省委毫不动摇鼓励支持民营经济发展的坚定立场和鲜明态度，为全省民营经济健康发展送来了“及时雨”，向全省各级党委、政府发出了“动员令”。

改革开放40年来，绵阳民营经济从无到有、从小到大、从弱到强，已经成为绵阳经济社会发展的重要基础。当前，全市民营经济贡献了全市50%以上的税收和固定资产投资，贡献了60%以上的经济总量，贡献了80%以上的城镇新增就业，贡献了近90%的企业数量，已经成为建设中国科技城和西部现代化强市的重要力量。民营经济健康发展，不仅关乎绵阳当前发展，更关系到未来长远发展。

川报观察记者： 您对促进绵阳民营经济健康发展有何总体考虑？

刘超： 近年来，围绕促进民营经济健康发展，我们大力建设服务型政府、优化营商环境、激活民间投资、加强企业家队伍建设，取得了初步成效。

下一步，我们将深入学习贯彻习近平总书记关于支持民营经济发展的系列重要指示特别是在民营企业座谈会上的重要讲话精神，全面落实党中央、国务院和省委、省政府关于民营经济发展的各项决策部署，特别是四川省民营经济健康发展大会精神，在已有的良好基础上再出发，聚焦我市民营经济发展面临的实际困难和问题，推出一批科学有效、务实管用的政策措施，营造良好发展环境，促进全市民营经济在新的历史时期实现新的更大的发展。

川报观察记者： 绵阳将推出哪些措施促进民营经济健康发展？

刘超： 我们将进一步优化民营经济发展环境，以最大的决心、最大的力度，解决民营企业最急、最盼、最忧的问题，提振民营企业发展信心、激发民间投资活力、壮大民营经济市场主体，促进民营经济创新源泉充分涌流、创造活力充分迸发、经济规模加速壮大、质量效益显著提升。

一是从税费、用工、用地、用能、物流等方面发力，切实降低民营企业经营成本；

二是通过增加信贷投放、支持直接融资、创新金融服务，缓解民营企业融资难融资贵；

三是通过深化服务型政府建设、营造公平的市场竞争环境、创新监管执法方式、构建“亲”“清”新型政商关系，提升营商环境便利化法治化水平；

四是通过鼓励大众创业、支持“个转企”“小升规”、完善中小企业服务体系、培育引进龙头企业，培育壮大民营经济市场主体；

五是通过提升自主创新能力、深化军民融合发展、加强人才引进培育、支持质量品牌建设和市场拓展，努力提升民营企业竞争实力；

六是通过降低准入门槛、拓宽投资领域、打破“卷帘门”“玻璃门”“弹簧门”，激发民间投资活力；

七是依法保护民营企业财产权、自主经营权，依法保护民营企业家人身和财产安全；

八是优化完善发展民营经济的领导体制和工作机制，加强监督考核、强化氛围营造，确保中央、省、市支持民营经济发展的各项政策落地落实。

（川报观察记者：尹勇　祖明远）

在绵阳市军民融合发展推进大会上的讲话（摘要）

中共绵阳市委书记　刘　超

(2018 年 11 月 15 日)

刘超在讲话时指出，党的十八大以来，以习近平同志为核心的党中央着眼实现中国梦强军梦，作出了推动军民融合深度发展的战略部署，并把军民融合发展上升为国家战略，纳入党和国家事业发展全局总体设计、统筹推进。在领导我国军民融合发展的伟大实践中，习近平总书记深刻把握世情、国情、军情的变化，就新时代推进军民融合发展作出一系列重要论述，内涵丰富、博大精深，指明了军民融合发展的战略意义、战略指导、战略目标、战略任务和战略路径，为深入实施军民融合发展战略、开创新时代军民融合深度发展新局面提供了科学指南。我们要从历史和现实相贯通、国际和国内相联系、理论和实践相结合的角度，深刻领会、准确把握习近平总书记关于军民融合发展的重要论述的时代内涵和实践要求，坚定用以武装头脑、指导实践、推动工作，在新起点上开启绵阳军民融合发展新征程。

作为我国重要的国防军工和科研生产基地，绵阳已成为全国军民融合发展优势最明显、条件最适合、前景最广阔的地区之一。推动绵阳军民融合发展工作走在全国前列，我们信心满怀、决心坚定。这种信心和决心，来自于习近平总书记的重视关怀，来自于国家和省上的鼎力支持，来自于绵阳多年来接续奋斗打下的坚实基础。我们要坚定以习近平总书记关于军民融合发展的重要论述为指导，切实增强责任感、使命感，以“敢为天下先”的勇气和“舍我其谁”的担当，全力做好军民融合深度发展这篇大文章，努力向习近平总书记和党中央交上一份满意的答卷。

新时代推进绵阳军民融合发展，必须厘清工作思路、找准主攻方向、明确目标任务，精准发力、重点突破，奋力开创新时代绵阳军民融合深度发展新局面。《绵阳市军民融合深度发展三年行动方案（2018—2020 年）》提出了“争当国家军民融合创新的排头兵”的奋斗目标和深入实施体制机制改革创新行动、军地一体化建设行动、军民科技协同创新行动、军民融合产业培育行动、军民融合生态优化行动等“五大行动”，这是绵阳未来几年军民融合发展的“路线图、任务书”。相关地方、部门和单位都要制定年度工作计划，列出清单、挂图作战，一锤接着一锤敲，一年接着一年干，一项一项抓好落实。

关于为什么实施“五大行动”，“五大行动”怎么抓、抓什么，刘超强调，实施体制机制改革创新行动，就是要以改革创新为手段，加快破解制约绵阳军民融合发展的体制性障碍、结构性矛盾和政策性问题。要按照统一领导、军地协调、顺畅高效的要求，建立健全组织管理体系；按照国家主导、需求牵引、市场运作的要求，科学构建工作运行体系；按照系统完备、衔接配套、有效激励的要求，创新完善政策制度体系。实施军地一体化建设行动，就是要在经济建设中贯彻国防需求，在国防建设中合理兼顾民用需要，发挥军民融合对国防建设和经济社会发展的双向支撑拉动作用。要保障国家重大科技项目建设，推进军地基础设施共建共享，统筹社会服务保障，实现经济建设和国防建设综合效益最大化。实施军民科技协同创新行动，就是要盘活军地科技创新资源，把绵阳军工科技资源“富矿”加速转化为现实生产力和核心竞争力。要推动重大科技创新协同协作，加强科技创新平台共建共享，促进科技成果双向转移转化，建立完善统一、高效、开放的军民科技协同创新体系，推动军民在规划设计、资源配置、项目实施、成果转移转化等方面深度融合。实施军民融合产业培育行动，就是要紧跟科技前沿，坚持应用为先，坚持需求导向和产业化导向，真正把绵阳的国防科技比较优势和军民融合特色优势转化为产业发展优势、经济发展优势。要建好用好军民融合产业载体，做强做优做大军民融合企业，打造军民融合高技术产业集群，为绵阳转型发展、创新发展、跨越发展筑牢产业支撑。实施军民融合生态优化行动，就是要促进各类军民融合资源要素加速集聚，持续提升法治建设水平，不断扩大对外交流合作，着力营造军民融合发展的良好生态环境。要加强人才开发利用，提升金融服务能力，强化法治服务保障，扩大对外交流合作，充分激发全社会推动军民融合发展的生机活力。

推动军民融合深度发展，完成好习近平总书记交给绵阳的时代答卷，既是全市各级党委政府的重大责任，也是在绵国防科研院所、高校、企业和驻绵部队的重大责任。希望在绵国防军工科研院所、高校、企业和驻绵部队与我们一道承担起共同政治责任，充分发挥各自优势，进一步深化军地、院地、校地合作，努力实现地方经济建设与国防建设相互促进、相得益彰。相关地方、部门和单位要齐心协力、团结奋斗，抢抓机遇、乘势而上，共同凝聚起新时代推进绵阳军民融合发展的强大合力，努力推动绵阳军民融合发展工作走在全国前列，争当国家军民融合创新的排头兵，为国家实施军民融合发展战略、实现中国梦强军梦贡献更多“绵阳力量”。

（摘自《绵阳日报》2018 年 11 月 16 日第一版）

大事记
Events

1月

3日

市委、市政府召开专题座谈会，就2017年经济形势和经济工作，听取各民主党派、工商联和无党派人士的意见和建议。

△绵阳市被工业和信息化部、新华网、国家宽带发展联盟授予“宽带中国”示范城市最佳实践奖。

4日

市委经济工作会议召开。会议全面落实中央、省委经济工作会议和市第七次党代会精神，总结2016年经济工作，分析当前经济形势，安排部署2017年经济工作。

△全国著名电子商务专家、清华大学教授、电子商务交易技术国家工程实验室主任柴跃廷一行到绵阳调研电子商务发展情况。

△科创区与电子商务交易技术国家工程实验室、北京中清研信息技术研究院签订合作协议，共建“众智科学产业（绵阳）创新中心”。

5日

国家发改委、商务部等7部委联合发出通知，绵阳市被批准为“创建国家电子商务示范城市”。

6日

市政协组织驻绵阳的省政协委员围绕科技城集中发展区建设和幸福美丽绵阳建设情况开展专项视察。

△在美国拉斯维加斯举办的2017国际消费电子产品展（CES 2017）上，长虹控股公司总经理李进现场发布全球首款分子识别手机——长虹H2，这是一款搭载小型化分子光谱传感器的智能手机，可实现果蔬糖分、水分，药品真伪，皮肤年龄，酒类品质等检测，成为随身携带的个性化健康管理集成终端。

△九洲北斗位置服务公司与北京圆明畅和文化公司签署“北斗智游星系统在圆明园部署的合作协议”，标志着九洲北斗技术民用版块正式在智能旅游领域登陆。

7日

华晨集团旗下“绵阳造”全新车型——蒂阿兹全球上市新闻发布会在成都东郊记忆举行，标志蒂阿兹正式上市。

△在美国拉斯维加斯拉举行的2017 CES展上，长虹新发布的CHiQ激光影院获组委会颁发

的“全球年度最佳轻奢激光影院奖”。

9日

中国（绵阳）科技城工业技术研究院举行产品成果发布会，推出绵阳科技型企业自主研发的红外线镜面反射快速升温高温电炉系列产品。

△四川长虹电子控股集团有限公司联手清华大学等单位共同参与的“DTMB系统国际化和产业化的关键技术及应用”项目，荣获国家科学技术进步奖一等奖。

12日

四川军民融合大型科学仪器共享平台在绵阳科技城创新中心二期正式揭牌运营。这是绵阳与省科技厅“厅地合作”，深入实施军民融合发展战略、系统推进全面创新改革试验的又一战略举措。

△市政府与中国铁建股份公司签署战略合作框架协议。

△ 市委副书记、市长、科技城集中发展区建设领导小组组长刘超主持召开科技城集中发展区建设领导小组第三次会议，听取2016年工作推进情况，审议2017年建设计划，安排部署当前及今后一个时期集中发展区建设工作。

△ 国家农业科技园区三台麦冬大健康产业园挂牌成立仪式举行。

15日

中国工程物理研究院技术转移中心总部整体搬迁入驻游仙区。

17日

长虹教育与中庆现代、久良科技举行“构建生态型未来教室”战略合作联合发布会，并签署战略合作协议。

18日

四川长虹电子控股集团有限公司与中国邮政集团公司四川省分公司在成都签署战略合作协议。

20日

市委宣传部、市依法治市领导小组办公室、市文广新局、市文联、省微电影艺术协会和金紫荆国际新媒体电影节组委会联合主办的第二届中国科技城（绵阳）法治微电影大赛颁奖盛典在五一大厦举行。

24日

人民网、四川省全创办、四川省委改革办主办，中共绵阳市委、绵阳市人民政府承办的2016四川十大改革转型发展案例暨十大科技创新改革人物颁奖晚会在绵州大剧院举行。

△市政府第9次常务会议审议并原则通过《绵阳市2017年项目计划》《绵阳市2017年市重点项目名单》。

2月

5日

省旅游协会、四川日报社共同推出的“2016四川旅游产业TOP10榜单推选及发布活动”最终名单揭晓，北川羌族自治县获“2016全域旅游新生力”。

6日

绵阳市举行“新三板”企业上市培训会，各县市区相关企业负责人120余人参加培训。

△全市首家旅居平台“蜗牛巴巴”在安州区正式上线。

△三台县政府与香港国际经贸合作协会的万玉山房艺术品有限公司、合贸集团股份有限公司、自然疗法医学综合治疗有限公司、万基泰金融国际集团4家企业签订投资意向协议，协议金额15.8亿元。

7日

市委副书记、市长刘超主持召开会议，专题研究绵阳汽车产业园发展战略规划有关事宜。

13日

绵阳市两家科研院所主导的“四川省特种装备数字化制造技术工程实验室”“四川省水泥基绿色建筑材料工程实验室”日前获得省发改委批复开建。

14 日

新晨动力蓝天项目二期 25 万台宝马发动机进口设备到货开箱仪式举行。标志着新晨动力正式将宝马发动机的核心零部件——缸盖机加生产线从宝马英国工厂整线引进绵阳。

16 日

全市国资系统工作会召开，传达贯彻全省国资国企改革发展座谈会精神，总结 2016 年全市国资国企改革发展工作，安排部署 2017 年相关工作。

17 日

绵阳市在五一广场举行 2017 年职工创新创业推进暨招聘求职洽谈会。

△绵阳市 2017 年一季度重点工业项目集中开工仪式在江油六合锻造隆重举行。集中开工项目共计 21 个，总投资约 19 亿元。

18 日

省政府印发《四川省“十三五”战略性新兴产业发展规划》，明确新一代信息技术、高端装备、新材料、数字创意等重点产业的发展方向和空间布局。其中，绵阳被纳入重点产业核心发展区，布局新一代信息技术、高端装备、节能环保等重点产业；成德绵三地联合建设航空产业集聚区。

△省第十二届“四川名牌”名单出炉，绵阳市长城特殊钢、华核电气等 84 家企业、109 个产品（服务）获本届“四川名牌”称号。至此，全市“四川名牌”总数在全省排名由第十一届的第四名上升为第三名。

20 日

中国石油天然气股份有限公司四川销售分公司与绵阳市达成深化战略合作协议，并联合西安北斗聚力能源科技有限公司、四川九洲电器集团有限责任公司在绵阳组建四川中油九洲北斗科技能源有限公司。

△绵阳市人民政府与中国石油四川销售分公司在成都举行深化战略合作暨四川中油九洲北斗科技能源有限公司项目签约仪式。

△安州区第一初级中学初一学生段春萍发明的“多用插头”在全国第二届“未来科学家”创新大赛中获一等奖。

21 日

省金融工作局主要负责人欧阳泽华率队到绵阳调研军民融合发展和金融支持军民融合情况，并召开座谈会。

22 日

市委、市政府召开听取市决策咨询委专家意见建议座谈会。

23 日

九洲集团与绵投集团举行战略合作签约仪式，标志着双方深度战略性合作迈出实质性的关键一步。双方将在基础设施建设、资本运作、房地产开发、贸易、金融及智慧城市建设等方面展开全面深入合作。

24 日

绵阳市在文化广场举行 2017 年“春风送岗位—四项承诺”大型招聘求职会暨就业创业社会保障政策宣传服务活动。

25 日

绵阳市社科界 15 项成果获四川省第十七次社会科学优秀成果奖，其中《社会风险不平等研究——关于马克思主义阶级理论的一种继承与发展》（专著）和《机制与对策——循环经济之中国探索》（专著）获得二等奖。

26 日

市委、市政府批准同意，从 2017 年起编纂《中国（绵阳）科技城年鉴》，一年一鉴，公开出版。

27 日

省委、省政府举行四川省 2017 年第一季度重大项目集中开工仪式，华丰连接器产业基地项目暨绵阳市 2017 年第一季度 107 个重大项目集中开工仪式在绵阳分会场举行，项目总投资 350 亿元。

3月

1日

全国军民融合银企对接会在绵阳举行。

△全国首家军民融合科技支行——绵阳市商业银行军民融合科技支行在高新区樊华广场挂牌开业。

△市委召开常委会会议，传达贯彻省全面创新改革试验工作领导小组暨省军民融合发展推进领导小组第四次会议精神，研究部署全市全创试验等重点工作。

2日

市委主要负责人率队前往重庆，考察猪八戒网络有限公司并开展招商引资工作。

△市委副书记、市长、市规委会主任刘超主持召开市城乡规划委员会2017年第1次会议，审议并原则通过《绵阳科技城集中发展区核心区（安昌河以北片区）控制性详细规划》。

△市政府第12次常务会议审议并原则通过《关于深化农业供给侧结构性改革加快培育农业农村发展新动能的意见》《关于绵阳市2016年国民经济和社会发展计划执行情况及2017年计划草案的报告（送审稿）》《关于绵阳市2016年财政预算执行情况和2017年财政预算草案的报告（送审稿）》。

△平武县全域旅游虎牙项目投资合作签约仪式举行，平武县与山东龙田集团、水发集团共同就平武全域旅游虎牙项目的合作开发进行签约。

△绵阳市举行石墨烯产业发展应用对接会，引导本市院校、科研院所与相关企业深入合作。

3日

中国侨联主办的“亲情中华·文化讲堂”活动走进北川中学。

△绵阳市召开电子信息产业（软件与大数据）专家咨询委员会成立暨第一次会议，本市科研院所、高校、企业的11名软件和大数据行业知名专家学者成为市政府专家咨询委员会首批软件与大数据专业委员会委员。

△绵阳市成立城乡建设研究院及城乡建设重点工程专家咨询委员会。

6日

绵阳美菱智能冰箱生产线升级改造项目正式投产仪式举行。

7日

四川省国防科技工业办公室、电子科技大学、四川长虹电子控股集团有限公司在绵阳联合成立全国首个“电子信息军民融合创新实验室”。

10日

市政府第13次常务会议审议并原则通过《绵阳市2017年“互联网+”重点工作方案》《绵阳市海绵城市建设管理暂行办法》。

16日

全国中小机场经营管理工作座谈会在绵阳召开。

18日

市委农工委、市博览事务局、市农业局、市商务局、市供销联社和涪城区人民政府等单位主办的中国科技城（绵阳）第三届农资交易展示会在涪城区龙门镇农资批发市场开幕。

△“5·12”汶川特大地震纪念馆获全国优秀科普教育基地。

△中国生态文明研究与促进会专家组到仙海调研河湖公园建设。

20日

市委全面深化改革领导小组召开第十五次会议，审议市委全面深化改革领导小组2017年《工作要点》《工作台账》《改革落实台账》，审议通过《关于进一步完善矛盾纠纷多元化解机制的实施意见》《绵阳市完善国家工作人员学法用法制度的实施意见》《绵阳市环境污染防治“三大战役”实施方案》《绵阳市推进农业水价综合改革实施方案》。

20—21 日

市委副书记、市长刘超率队先后考察深圳光启高等理工研究院和森虎科技股份有限公司。

21 日

绵阳市科技创新大会召开。

△ 中国（绵阳）科技城智能制造及智能终端产业投资推广会在深圳举行。

22 日

市政府与省统计局签订推进统计改革创新战略合作框架协议。

23 日

资阳市政协主席陈莉萍带领资阳市政协考察组到绵阳，对市政协助推全面创新改革试验工作方面的经验及主要做法进行考察。

△绵阳优势产业推介会在欧盟项目创新中心·科技城分中心举行。

△环保部固管中心与长虹在绵阳签署关于共同开展生产者责任延伸制研究的战略合作协议，为国家政策、标准及技术规范的制定提供基础数据和参考。

23—24 日

省政协副主席、省工商联主席陈放带领省政协调研组一行到绵阳，就“构建成德绵协同创新体系、推进军民融合”情况展开调研。

24 日

绵阳市与省商务厅在成都举行座谈会，双方就进一步帮助支持绵阳商务工作，共同推动绵阳开放合作再上新台阶等事宜进行交流。

△国务院发展研究中心东方文化与城市研究所名誉所长鲁志强与国务院发展研究中心社会部、中国城市规划学会、北京易兰旅游规划设计院的 10 余位专家到绵阳，考察仙海生态建设。

△ 长虹旗下美菱与世界知名家电集团——意大利 CANDY 集团正式签署《战略合作框架协议》，双方宣布强强联手，在冰箱（柜）和洗衣机等领域全面展开战略合作。

△2017 中国科技城·绵阳休闲农业博览会暨四川花艺展览会在绵阳会展中心盛大开幕。

27 日

省委副书记、省长尹力在成都主持召开四川省建设绵阳科技城领导小组第十八次会议，贯彻落实习近平总书记参加十二届全国人大五次会议四川代表团审议时发表的重要讲话精神和全国两会精神，安排部署 2017 年绵阳科技城建设重点工作。

28 日

2017 长虹人工智能新品发布会在北京举行，推出全球首个以电视为中心的全新智能家庭生活解决方案——AICenter。

△投资 50 亿元、计划用地面积约 143 公顷的“大美羌城—泛美航空科技城”项目一期工程在北川通航产业园开工建设。

29 日

绵阳市全面创新改革试验工作领导小组 2017 年第一次会议召开，会议落实省全创试验工作领导小组第四次会议和省建设科技城领导小组第十八次会议精神，系统总结 2016 年工作，研究部署 2017 年工作。

△市委副书记、市长刘超主持召开会议，专题研究北斗卫星导航产业发展。

30 日

绵阳市“互联网+”型创新创业示范区暨猪八戒网绵阳园区启动仪式举行。

△省经信委、省财政厅、人行成都分行组成的省调研组一行到绵阳，调研应收账款融资和产融合作试点工作。

31 日

中国科技城（绵阳）跨境电商产业园整体形象提升工程完工。

4 月

2 日

省政协副主席赵振铣带领省政协调研组到绵

阳，就供给侧结构性改革下企业职工安置分流情况展开调研。

4日

中国照明学会、省市政市容协会城市照明分会主办，市城市管理行政执法局、四川九洲电器集团有限责任公司承办的“美丽绵阳”城市景观照明项目发布会暨城市景观智慧照明研讨会在绵阳举行。

5日

绵阳市青年联合会第五届委员会全体会议和市学生联合会第三次代表大会在长虹技术中心召开。

6日下午

中国（绵阳）科技城中德产业园投资推广会在德国慕尼黑举行。市委、科技城党工委主要负责人，中国驻慕尼黑总领事馆经商室参赞裴永贵，德国巴伐利亚州经济部对外经济处中国、中亚及土耳其片区负责人艾德出席投资推广会并致辞，宝马集团合资企业合作伙伴咨询项目高级副总裁伍腾、商务部投资促进中心德国中心主任徐遥君、长虹公司董事长赵勇、高新区党工委书记夏明、九洲集团总经理孙仲等出席。

△市委主要负责人率团考察德国宝马集团总部。

△市政府与交通银行股份有限公司四川省分行签署金融服务战略合作协议。

7日

市委副书记、市长刘超在成都会见到四川出席“2017中外知名企业四川行”活动的意大利特尼能源公司CEO乌戈·本齐、绿狐公司董事长皮耶尔乔治·塞斯特等企业高层。

8日

市委主要负责人率团到德国科学城波鸿市考察，并与市长托马斯·艾斯奇尔希一行座谈。

△绵阳市和全欧华人专业协会联合会主办的中国（绵阳）科技城法国高层次人才对接会在法国巴黎举行。

9日

国家发改委高技术产业司发布2017年“互联网+”重大工程拟支持项目名单，涉及物联网、大数据、人工智能、云服务等22个项目。其中，长虹智能家电产品协同制造云服务平台成为全国家电行业唯一获国家“互联网+”重大工程支持的项目。

10日

在巴黎开展投资推广活动期间，市委主要负责人率团分别拜访亚眠大都会主席阿兰·耶斯特以及巴黎大区工商会副会长阿兰·安戈铎，双方就进一步推动两地深化友好合作往来相关事宜进行深入交流。

△中国（绵阳）科技城工业技术研究院举行产品成果发布会，绵阳本土科技型企业开发的军民两用电力计量系列产品正式亮相。

△绵阳市主办、欧盟创新中心协办的中国（绵阳）科技城法国投资推广会在巴黎举行。

△2017中外知名企业四川行重点活动——四川军民融合深度发展专题推进会上，全省首只军民融合基金——四川天府弘威军民融合产业发展股权投资基金，签约首批投资项目10个，其中有4个项目花落绵阳，全省军民融合龙头企业长虹占3个，涉及化合物半导体芯片、新能源锂离子电池。12日上午，绵阳市主办、英国剑桥科创孵化园中国中心协办的中国（绵阳）科技城国际人才交流英国座谈会在英国牛津大学举行。

12—13日

省委副书记、省长尹力到绵阳三台县调研农业产业化发展情况和农业供给侧结构性改革。

13日上午

绵阳市主办、剑桥科创孵化园协办的中国（绵阳）科技城英国投资推广会在英国剑桥大学举行。

△市委主要负责人率团到剑桥市考察访问，拜访市长杰瑞米，双方就城市规划建设、文化教育、国际人才引进等问题进行深入探讨和交流。

△人社部就业促进司、全国人才流动中心主办，省人社厅、市人社局、省人才交流中心、市人才服务中心、西南科技大学承办的公共就业人才服务进校园·西南科技大学宣讲会在西南科技大学举行。

△人社部全国人才流动中心发起，省人社厅、省教育厅主办，市人社局、省人才交流中心、市人才服务中心承办的“第四届部分大中城市联合招聘高校毕业生巡回招聘会绵阳分会场暨2017年四川省公共招聘进校园活动”在西南科技大学举行。

△《2017年绵阳市“项目年”工作方案》发布。

△市委主要负责人率绵阳代表团在英国访问期间，与英中贸易协会及其成员企业进行深入交流。

14日

《绵阳科技城“十三五”发展规划》获国务院批复同意。

14—16日

中国新教育研究院主办的2017年全国新教育实验区工作会议在北川举行。

16日

绵阳特来电新能源有限公司开发的电动汽车群智能充电系统正式上市，该系统优于传统充电桩充电模式，具有智能控制、充电时间短、占地小等优点。

19日

山东龙田集团、山东水发集团投资总额达50亿元的平武虎牙大峡谷生态旅游度假区正式开工。

△绵阳造野马T80 SUV车亮相并全国同步上市。

△全市大众创业万众创新工作推进会在江油召开，会议总结分析2017年一季度全市“双创”工作，对下一步工作作出安排部署。

21日

市人民政府主办，梓潼县人民政府和市投资促进局承办的绵阳生物医药产业园投资恳谈会暨签约仪式在成都举行，总投资16亿元的8个项目成功签约，落户绵阳生物医药产业园。

△市委组织部、市人才办、市经信委联合举办的2017全市第一期军民融合企业家培训班结束。

△“千企联校共铸辉煌”2017年校企人才合作行动启动仪式在绵阳举行。

22日

中国标准化研究院与市政府及相关部门达成合作意向，该院军民融合（西南）研发基地落户绵阳。

△亚广协（北京）媒体传播技术研究院、中国传媒行业协会、四川文化艺术学院联合主办，中华广播影视交流协会、中国广播电影电视报刊协会等单位协办的2017（第四届）中国媒体创新论坛暨2016年度“影响中国传媒”媒体调查推介成果发布会在绵阳举行。

24日

市委常委会会议召开，会议传达学习国务院《关于绵阳科技城“十三五”发展规划的批复》、全省深化领导班子思想政治建设工作推进会暨市厅级主要领导干部读书班、省委办公厅省政府办公厅《关于巩固提升首战成效扎实抓好今年脱贫攻坚工作的通知》、全省脱贫攻坚总结推进会、全省脱贫攻坚工作情况通报会暨各民主党派开展脱贫攻坚民主监督工作座谈会、全国创建文明城市工作经验交流会精神，研究部署全市贯彻落实意见以及科技城建设、脱贫攻坚、文明城市建设等重点工作。

25日

中国（绵阳）科技城科技成果发布与金融对接会在绵阳举行。

△市药品行业协会、市医疗器械行业协会主办的2017年“绵阳造”暨全国药品医疗器械精

品博览会在科伦集团举行。

27日

四川省北斗卫星导航产业联盟2017年年会暨绵阳市北斗卫星导航产业发展推进会在九洲集团召开。

△省政府办公厅公布《关于印发2017年绵阳科技城建设重点工作安排的通知》。

△九洲集团与中国电信四川分公司物联网联合实验室挂牌签约仪式在绵阳举行。

28日

市委副书记、市长刘超率队赴北京考察汉能控股集团，并与全国工商联副主席、汉能控股集团董事局主席李河君座谈。

△绵阳市产业融合与大数据研讨会暨众智科学产业（绵阳）创新中心揭牌仪式在科创区举行。

29—30日

中国(绵阳）科技城动漫游戏嘉年华暨世界COSPLAY峰会绵阳赛区活动在创新中心二期举行。来自成都、绵阳、德阳、广元、内江等地的50余支队伍150余名COSPLAY爱好者参加比赛。

5月

1日

绵阳市的台沃农业、科莱电梯等11家企业通过省专家组的诊断评审，入选全省首批100家现代企业。

△市知识产权工作领导小组成员单位市检察院、市商务局（双打办)、市工商局、市文广新局、市公安局经侦支队、市农机监理所、市知识产权局等相关单位，出动行政执法人员，联合开展为期一周的知识产权行政执法检查。

△中国科技城创客俱乐部SYE绵阳办公室2017年第一批创业扶持项目集中签约仪式在创新中心二期举行。签约仪式上，向7名创业者发放2017年首批创业青年扶持资金57万元，支持创业者创业。

△“长虹大讲坛”首次开讲，中国人民大学教授、博士生导师、华夏基石管理咨询集团董事长彭剑锋作题为“企业如何有质量的成长”专题讲座。

3—5日

省政协党组副书记、副主席高烽一行到绵阳调研全面创新改革试验推进和政协系统助推全面创新改革试验情况。

4日

市政府与京东方科技集团举行工作座谈会，双方就京东方第6代柔性面板生产线项目推进情况进行交流。

△市政府第17次常务会议，审议并原则通过《绵阳市重点招商项目“服务绿卡”管理办法(试行)》《绵阳市重点企业“服务绿卡”管理办法（试行)》。

5日

绵阳市与人民银行成都分行举行座谈会，双方就支持绵阳经济社会发展和科技城建设进行交流。

8日

科创区举行军民融合协同创新项目签约仪式，进一步整合资源、优势互补，促进军民融合产业发展，推动科技成果转化。

8—9日

市委副书记、市长刘超率队赴山东浪潮集团、汉能集团考察。

9日

中国（绵阳）科技城工业技术研究院举行产品成果发布会。科技型企业绵阳固特科技有限公司开发的高精度温度传感器产品正式亮相。

10日

长虹集团的《提升液晶电视画质的方法》等5项专利获四川专利一等奖。

10—11 日

中央纪委驻科技部纪检组组长、科技部党组成员王宾宜到绵阳，先后前往西南自动化研究所、西南科技大学、科技城创新中心、九洲集团、新晨动力公司等地方，就加强对中央关于科技创新重大决策部署落实情况的监督进行调研。

△省科协党组书记、副主席王万锟率队到绵阳调研科技创新等工作。

11 日

欧盟项目创新中心·科技城分中心揭牌仪式在科创区创新中心举行。

12 日

市人大常委会主任马华带队前往中国航发四川燃气涡轮研究院就建设历程、军民融合发展、产品研发、院地合作等情况进行调研。

△绵阳市依法治市暨科技城法治示范区建设工作推进会议召开。

15 日

市委、市政府举行科技城集中发展区重大基础设施项目暨全市二季度 111 个重大项目集中开工仪式，项目总投资 337 亿元，涵盖产业发展、基础设施、民生及社会事业多个领域，项目数量、投资总量分别是 2016 年同期的 1.8 倍、4.3 倍。

17 日

63820 部队部队长范召林、政治委员张源明率队，先后前往九洲集团、科技城国家级企业孵化器、创新中心孵化成果展厅、国家军民两用技术交易中心等地调研绵阳科技城建设情况。

△跨境电商（绵阳）产业研究推进中心在科技城跨境电商产业园开园。

18 日

绵阳市与汉能控股集团签约仪式在绵阳举行，投资 400 余亿元的汉能移动能源产业园项目正式落户绵阳。

△中国（绵阳）科技城大数据产业研究院正式在绵阳揭牌成立。

△全市汽车产业推进会在安州区召开。

△第五届中国（绵阳）科技城国际科技博览会首场国内城市推介会在天津举行。

△“大数据是产业智能化发展的源动力”国际论坛在科创园区创新中心一期举行。

19 日

全市工业发展大会召开，大会提出加快建设西部先进制造强市。

20 日

科技城集中发展区重要的基础设施，安州区首个自主建设项目塔九路（淘金大道东外线）竣工通车。

22 日

市委全面深化改革领导小组第十六次会议召开。审议《关于进一步促进民间投资健康发展的实施意见》《绵阳市生态环境监测网络建设实施方案》《绵阳市深化公安执法规范化建设实施意见》《关于全面推进政务公开工作的实施意见》《关于做好新时期教育对外开放工作的实施意见》《绵阳市建设“高清绵阳智慧广电”专项改革实施意见》《绵阳市推进家庭医生签约服务的实施意见》《关于推进特色小镇培育工作的实施意见》等专项改革方案。

△ 绵阳市首家水处理新材料生产基地——四川久润环保科技基地在高新区落户。

23 日

全国农村社区建设示范创建考核组到绵阳，就全国农村社区建设示范创建工作进行考核验收。

24 日

2017 年“城市大脑”战略研讨会在科创区举行。

△全面创新改革试验构建军民深度融合创新转化体系建设工作推进会召开。

25 日

省政协副主席、农工党四川省委主委王正荣带队到绵阳，就科技服务业发展情况进行调研。

27 日

绵阳市举行科技工作者日活动暨第三届学术

大会。

△年产 2 万吨超薄高亮度光学显示薄膜材料产业化项目在涪城临港经济开发区开工建设。

△绵阳市举行新一轮千名干部进社区帮助工作启动仪式。

6月

2日

绵阳市与省审计厅举行座谈会，就做好绵阳审计工作服务经济社会发展和科技城建设进行探讨。

△市政府与省质量技术监督局在绵阳签署合作备忘录，双方将共同推动绵阳实施质量强市战略。

△市委副书记、市长刘超率队赴中科院光电技术研究所考察。

△市委副书记、市长刘超在绵阳会见惠科股份有限公司董事长王智勇，四川产业振兴发展投资基金有限公司党委委员、四川鼎浩发展股份投资基金管理公司董事长吴欣荣，四川省集成电路和信息安全产业投资基金有限公司董事长、总经理肖斌一行。

△绵阳市举行节能环保产业新技术新产品新闻发布会，向社会和市场介绍全市节能环保产业的创新技术和创新产品。

△智慧海绵城市研究论坛在绵阳市举行。

5日

国家发改委 2017 年度重点课题研究启动会在绵阳举行，来自四川、上海、江苏、浙江等省市发改委负责人，“军民融合立法研究”“新体制下军地合力推动军民融合深度发展路径研究”课题组成员共同研讨军民融合发展。

6日

全省工业和技术改造投资工作经验交流学习会在绵阳举行。

7日

长虹集团与台湾瑞昱达成战略合作关系，建立联合无线实验室，共同研发新一代无线传输芯片技术。

8日

市委、科技城党工委主要负责人率队到北京拜访科技部党组书记、副部长王志刚，汇报科技城建设有关工作。

9日

中国（绵阳）科技城工业技术研究院举行产品成果发布会，推出一款“绵阳造”军民两用的特种高强度高耐磨铝基合金材料。

11日

中国（绵阳）科技城军民融合质量发展联盟筹备会召开，会议讨论修改《中国（绵阳）科技城军民融合质量发展联盟章程草案》，研究联盟成立、联盟服务平台建设以及平台管理等相关事项。

12日

市中医院“办公电脑、打印机等采购项目”在市政务服务和公共资源交易服务中心完成开标评标，并发布采购结果公告。这是绵阳市首个政府采购电子化公开招标项目，标志着市政府采购实现全流程电子化。

△全国大学生创客营销实践大赛川东总决赛暨颁奖仪式在西南科技大学举行。

13日

中国（绵阳）科技城管委会、市科学技术和知识产权局主办，中国（绵阳）科技城工业技术研究院承办的第三届中国科技城大学生毕业设计大赛决赛在科技城创新中心二期举行。

13—14日

省人大常委会党组副书记、副主任黄彦蓉到绵阳调研国家科技城建设工作。

△国防科工局调研组到绵阳调研国家科技城创新驱动、军民融合发展等情况。

15 日

市政府第 20 次常务会议审议并原则通过《绵阳市安全生产“十三五”规划》《绵阳市重点招商项目“服务绿卡”管理办法（试行）》《绵阳市重点企业“服务绿卡”管理办法（试行）》。

16 日

市政协组织部分市政协委员到中国空气动力研究与发展中心、中国航发四川燃气涡轮研究院视察军民融合重点工程开展情况。

△全省绿色制造系统集成工作现场会在绵阳召开。

△中国（绵阳）科技城军民融合磁性材料标准创新中心工作会召开。

△四川省“专精特新”中小企业（第二批）项目申报培训会在中国（绵阳）科技城软件产业园举行。

20 日

游仙区中国科技城电梯产业园通过四川省知名品牌示范区考核验收。标志着绵阳市省级知名品牌示范区创建实现“零”突破。

△绵阳市首批集群登记企业营业执照在工商局科创园分局发放。

21 日

绵阳市与华晨集团举行项目签约仪式，总投资 30 亿元的华晨集团南方基地汽车整车项目落户绵阳。

22 日

中国工程物理研究院院长刘仓理、党委书记杭义洪率队，先后到科技城国家级企业孵化器、创新中心孵化成果展厅、军民融合大型仪器共享平台、国家军民两用技术交易中心等处，考察绵阳科技城建设情况。与市委、市政府进行交流，共商加强院地交流合作，推动科技城军民融合、创新驱动发展等事项。

23 日

市委召开常委会会议，传达贯彻省全面创新改革工作领导小组暨省军民融合发展推进领导小组第五次会议，尹力省长到绵阳开展宣传贯彻省第十一次党代会精神抓好当前有关工作专项督导有关指示，全省学习宣传贯彻省第十一次党代会精神抓好当前有关工作专项督导动员培训会，全省国资国企改革经验交流暨工作推进会，全省推进“两学一做”学习教育常态化制度化工作会等会议精神，审议并原则通过 2017 年市级民生工程项目，研究部署全市近期有关工作。

25 日

“四川农信杯”绵阳首届企业文化节在五一大厦职工创新创业中心举行。

26 日

绵阳市 2017 年投资促进工作会议召开。

△从“三线”建设到军民融合发展专家论坛第二次筹备会议举行。

△绵阳市七届人大常委会第五次会议听取市人民政府关于《四川绵阳国家农业科技园区总体规划（2016—2018 年）》的报告，并批准《四川绵阳国家农业科技园区总体规划（2016—2018 年）》。

27—28 日

省政协常委、民进省委驻会副主委赵川荣带领民进省委调研组到绵阳调研土地管理政策创新情况，详细了解现行土地政策对绵阳成为国家创新改革试验区建设的影响。

28 日

四川特钢产业联盟大会暨特钢发展高端论坛在江油举行，首批 30 余家特钢企业共同参与组建的四川特钢产业联盟正式成立。

△中国电信绵阳分公司与中国联通绵阳分公司联合举行发布会，共同发布“落实提速降费推广六模全网通终端行动”，绵阳正式进入移动通信流量不限量时代。

30 日

股权中国北京峰会暨集中挂牌仪式上，绵阳市涪城区的科技型中小企业——四川惠众科技有限公司正式在新化股权交易服务中心挂牌“新四板”（挂牌代码：601897）。

7月

1日

游仙区被国家知识产权局授予“国家知识产权强县工程示范区”。

3日

市委、科技城党工委组织召开科技城建设部际协调小组第13次会议筹备工作会议，听取前期筹备工作情况汇报，研究部署下一阶段筹备工作。

△科创区与重庆两江海洋文化发展公司正式签订协议，全市首个海洋主题公园落户科创区。

△中国铁路总公司综合检测动车组在新建西（安）成（都）铁路客运专线（西成客专）四川段朝天至江油区间上线试验运行，标志着西成客专全线进入联调联试阶段。

△以色列康帕思投资集团董事长奥南·达贡一行到绵阳考察。

△安州区获国务院食品安全办、农业部、食药监总局授牌“国家农产品质量安全县”。

5日

市委、市政府主办的“英才风华·辉映绵州——2017中国（绵阳）科技城人才之夜”在九洲体育馆举行。（绵阳是国防军工重镇和科教人才资源大市，全市人才总量达73万人，其中专业技术人才21.9万人）

△中国国际人才市场国家科技城（绵阳）分市场正式在绵阳揭幕并全面对外运营。

△西南地区首家葛根全产业链农产品加工公司——梓潼天富生物科技有限公司在梓潼县经开区正式投产开业。

6日

市政府第22次常务会议审议并原则通过《“健康绵阳”2030规划纲要》《〈绵阳科技城“十三五”发展规划〉任务分解方案》《土壤污染防治行动计划绵阳市工作方案》。

△团中央青年发展部、新华社新闻信息中心共同发起的“创青春·创富中国行”活动走进绵阳，宣传报道国家科技城建设和青年创新创业典型。

8日

市委宣传部、市社科联、市文广新局、市科知局主办的“中国科技城·绵州讲坛”在市图书馆开讲。

9日

长虹激光产品制造中心在经开区长虹工业园正式竣工，年产能15万台的激光光机、主机一体化标准生产线正式投产。

△绵阳市企业技术创新座谈会召开，对2016年度新认定市级技术中心进行授牌，总结2016年及2017年上半年技术创新工作，并对下阶段工作进行安排部署。（绵阳拥有154家国家、省、市认定企业技术中心，其中国家级8家、省级62家、市级认定84家。还有3家国家级技术创新示范企业）

10日

中国生态文明研究与促进会和中组部、团中央博士服务团共同主办的“创新驱动·绿色发展——绵阳生态文明建设高层研讨会”在绵阳召开。

△中国（绵阳）科技城工业技术研究院举行产品成果发布会，华核电气股份有限公司研发生产的“专用充电站解决方案”“商业运营充电站解决方案”“智能充电站管理系统”“智能运营管理系统”等新能源汽车充电系统科技成果正式亮相。

12日

市政府第23次常务会议审议并原则通过《关于进一步促进民间投资健康发展的实施意见》《关于进一步支持建筑业加快发展的意见》。

12—13日

省人大常委会副主任彭渝带队的省人大常委会视察组到绵阳，对绵阳市军民融合发展改革试点、供给侧结构性改革和制造业转型升级情况进行专题视察。

14日

国家质检总局党组成员、国家标准委主任田世宏带队到绵阳调研质量发展和标准化建设工作。

△四川省天府（四川）联合股权交易中心特色板块开板仪式暨挂牌企业融资对接推进大会召开，确定在绵阳成立天府（四川）联合股权交易中心军民融合（绵阳）分中心，搭建挂牌展示、融资服务、上市孵化和并购重组四大功能平台，为全省军民融合企业搭建专门的融资服务平台。

17日

世界品牌实验室（WorldBrandLab）主办的第十四届“世界品牌大会”发布2017年《中国500最具价值品牌》分析报告。长虹品牌价值达1319.75亿元。

18日

2017年绵阳市第三季度交通攻坚项目集中开工暨省道418线一级公路建设项目开工仪式在安州区秀水镇举行。

19日

全国工商联党组成员、副主席王永庆带领国务院评估调研组到绵阳调研大众创业、万众创新政策落实情况。

20日

绵阳市与中国工程物理研究院、中国航天科技国际交流中心联合筹建的绵阳市“两弹一星”干部学院在梓潼“两弹”城揭牌成立并开课。

21日

绵阳市与四川发展（控股）有限责任公司在成都举行座谈会，双方围绕加强项目投资、合作园区建设等方面进行探讨。

△省委组织部副部长，省人社厅党组书记、厅长，省公务员局局长戴允康带队的调研组到绵阳，就中国国际人才市场国家科技城（绵阳）分市场建设工作进行调研。

24日

德国宝马集团高级副总裁伍腾一行到绵阳考察。

△全市科技扶贫工作推进会在平武召开。

25日

市政府第24次常务会议审议并原则通过《关于支持快递业健康快速发展的实施意见》。

△参加四川省产业发展投资引导基金市州行（绵阳站）军民融合专题活动的与会嘉宾前往科技城创新中心孵化成果展示厅、天府（四川）联合股权交易中心军民融合绵阳分中心、国家军民两用技术交易中心和九洲集团等地，参观考察绵阳市军民融合发展情况。

26日

四川省财政厅和绵阳市人民政府共同主办，以“产业振兴路上，基金助力同行”为主题的四川省产业发展投资引导基金市州行（绵阳站）军民融合专题活动在绵阳举行。

△市政府与京东方科技集团举行工作座谈会。

27日

全国人大常委会副秘书长、香港基本法委员会、澳门基本法委员会主任李飞率全国人大常委会港澳基本法委员会调研组到绵阳的九洲集团、中国工程物理研究院科技馆、中国（绵阳）科技城创新中心等地调研军民深度融合发展、科技创新及成果转化、企业生产经营等情况。

△绵阳市生活垃圾焚烧发电项目建成运营，标志着绵阳城区生活垃圾“减量化、资源化、无害化”处置。

28日

《绵阳经济技术开发区年鉴（2016）》由方志出版社出版发行，这是绵阳经济技术开发区编纂出版的第1卷年鉴，也是全市首部园区年鉴。

29 日

安州区七里农业示范园、游仙区洛水天堂生态葡萄示范园、江油市第三地农村创业创新园区、三台县大地飞歌田园文旅综合体创业基地入选全国农村创业创新园区目录。

31 日

市政府召开绵阳京东方项目工作对接会，会议对项目建设情况、工程进度计划等情况进行通报。

8 月

1 日

市城乡规划委员会 2017 年第 4 次会议，审议并原则通过《东林镇总体规划及控制性详细规划》。

2 日

科技部、四川省人民政府主办的中国（绵阳）科技城建设新闻发布会在北京举行，新闻发布会发布绵阳科技城建设情况及成效，同时发布第五届中国（绵阳）科技城国际科技博览会举办时间。

△市委、科技城党工委主要负责人率队赴京拜会中国航天科技集团副总经理、党组成员张建恒。双方就进一步深化战略合作以及科技城建设、军民深度融合发展等工作，进行洽谈。

△ 市委、科技城党工委主要负责人率队在北京拜访商务部国际贸易谈判代表（正部级）兼副部长、党组副书记傅自应，汇报科技城建设有关工作。

7 日

江油—法肯堡市旅游推介会暨签约仪式举行。

8 日

绵阳市人民政府和四川省农业科学院共同主办，以“绿色引领、创新驱动”为主题的绵阳农业科技成果发布暨农业投资促进会在科技城会展中心举行。

△中国工程院院士、四川大学校长谢和平率四川大学考察团到绵阳，前往创新中心孵化成果展厅、国家军民两用技术交易中心等处考察绵阳科技城建设情况。

△市委召开推进专项改革方案落实专题会议，研究部署专项改革方案推进落实工作。

△“中国中药（绵阳）产业园—天雄药业生产基地项目”在安州区工业园区举行奠基仪式。

11 日

游仙区被国家知识产权局批准为“国家知识产权强县工程示范区”。

△全市新材料产业推进会在安州区召开，江油市、高新区、游仙区和部分企业进行交流发言，部分合作项目进行签约仪式。

13 日

四川省银河化学股份有限公司、四川长虹电器股份有限公司分别入选全国首批绿色工厂、绿色供应链管理示范企业名单；四川长虹空调有限公司 3 款房间空气调节器入选绿色产品名单。

14 日

2017 年（第三十一届）中国电子信息百强企业名单揭晓，四川长虹位居第六，比 2016 年上升 1 位。

16 日

科技部国际合作司主办、西南科技大学承办的 2017 年畜禽养殖加工及废弃物处理技术国际培训班在绵阳举行。

20 日

国家自然科学基金委员会主办、中国空气动力研究与发展中心承办的第 185 期双清论坛“大型风洞设计建设中的关键科学问题”在绵阳市举行。

△中国（绵阳）科技城工业技术研究院近日举行产品成果发布会，长虹激光显示科技公司开发的长虹 CHiQ 激光影院亮相。

△科技部、国家国防科工局、中国创新创业大赛组委会指导，科技部火炬高技术开发中心、

绵阳市政府共同举办的第六届中国创新创业大赛军转民大赛半决赛在北京举行。

△游仙经开区、江油市工业园区创建省级高新技术产业园区通过专家论证。

21 日

绵阳市人民政府与四川省川投航信基金公司举行战略合作框架协议签约仪式。

23 日

四川九洲电器集团有限责任公司与北京航空航天大学联合申报的“航空机场通信系统 AeroMACS 研究与应用开发项目”，通过省科技厅评审并予以公示，获得 2017 年省科技厅省院省校(重大) 科技合作研发项目立项。

25 日

绵阳市与省国土资源厅在成都举行座谈会，双方就进一步加强交流合作，为绵阳科学发展、加快发展提供用地保障等进行深入交流。

△四川军民融合无人机防控技术研讨会暨四川九洲防控科技有限责任公司揭牌仪式在绵阳举行。仪式上，九洲集团与科创区签署战略合作协议。四川九洲防控科技有限责任公司分别与中国海外控股集团有限责任公司、电信科学技术第十研究所、青岛东方深蓝信息科技股份有限公司签署战略合作协议；与鉴真防务技术（上海）有限公司签署装备采购合同。

△科技部直属机关团委、科技部中国农村技术开发中心、中国科学技术发展战略研究院联合组织国务院有关部门和科技部各司局、事业单位青年干部代表一行到绵阳调研，并召开“弘扬两弹精神推进科技创新”科技部青年干部基层调研座谈会。

30 日

中国创新创业大赛组委会、科技部、工信部、国防科工局指导，科技部火炬高技术开发中心、市政府共同举办的第六届中国创新创业大赛军转民大赛决赛在科技城创新中心二期举行。20 个涉及装备制造、航空航天、新材料等领域的军工“黑科技”亮相竞逐。绵阳天眼激光科技公司的警用实时真彩三维激光雷达系统和北京航天动力研究所的低温液体火箭发动机涡轮泵技术的民用创新转化项目获一等奖。

31 日

科技部火炬高技术开发中心、绵阳市政府共同举办的第六届中国创新创业大赛军转民大赛在科技城创新中心二期举行颁奖仪式。

31 日至 9 月 1 日

全国妇联党组书记、副主席、书记处第一书记宋秀岩到绵阳，先后前往涪城区杨家镇天虹现代体验园、城北街道铁牛街社区、北川羌族自治县“云云羌”羌绣生活体验馆、安州区妇女儿童活动中心，调研基层妇联组织改革工作，前往科技城创新中心考察国家科技城建设。

9 月

1 日

省委常委、统战部部长李静在成都听取绵阳经济社会发展、科技城建设和统战工作汇报。

△市委、市政府主办，市委宣传部承办，四川越王楼文化传播有限公司协办的“军民融合创新绵阳”主题摄影图片展在越王楼开展，本次展览将持续到 10 月 31 日。

2 日

中国科学院院士、国际著名肝胆外科专家陈孝平工作站启动仪式在绵阳市中心医院举行。

3 日

省经信委主办，市经信委承办，长虹集团、九洲集团、六合锻造协办的四川省智能制造技术交流对接会在绵阳举行。

4—6 日

凉山州委书记林书成率凉山彝族自治州党政代表团到绵阳参观考察，对接重大项目。

5 日

市政协召开七届第五次常委会议，围绕“建

设军民融合科技协同创新体系，推进全面创新改革试验”展开专题协商议政。

△以“大力提升质量建设质量强市”为主题的 2017 年全市“质量月”活动启动仪式在铁牛广场举行。

6 日

共青团中央网络影视中心、绵阳市人民政府、四川省电子竞技协会联合主办的 2017 亚太国际电竞（绵阳）高峰论坛在九洲体育馆举行。

△全国首个军民融合专业化人才交流服务平台——中国军民融合人才交流服务平台在绵阳建设启动。

△市人大常委会主任马华会见到绵阳出席第五届中国（绵阳）科技城国际科技博览会的新加坡驻成都总领事馆总领事颜呈吉、泰国驻成都总领事馆总领事潘媞葩、柬埔寨驻昆明总领事馆总领事淮立恒等一行。

△市委副书记、市长刘超会见由以色列驻成都总领事馆总领事蓝天铭率领的第五届中国（绵阳）科技城国际科技博览会主宾国以色列代表团一行。

△第五届中国（绵阳）科技城国际科技博览会媒体见面会在绵阳举行。

△省旅发委、省科技厅、市人民政府主办，游仙区人民政府、市旅发委、市科知局承办的全省旅游业新技术应用大会在绵阳创新中心二期召开。

7 日

科技部和四川省人民政府主办，以“军民融合·科技创新·开放合作”为主题的第五届中国（绵阳）科技城国际科技博览会在绵阳国际会展中心开幕。

△第五届中国（绵阳）科技城国际科技博览会以色列馆开馆。

△以“加快科技成果转化、推进军民深度融合”为主题的第五届中国（绵阳）科技城国际科技博览会国际军民融合创新发展论坛在绵阳举行。

△以“自主可控铸安全、智能制造创未来”为主题的第五届中国（绵阳）科技城国际科技博览会中国兵器装备集团自动化研究所主题日活动在会展中心举行。

△第五届中国（绵阳）科技城国际科技博览会以色列主宾国活动——中国—以色列（四川）经贸创新合作大会举行。

△第五届中国（绵阳）科技城国际科技博览会科技成果和专利技术发布与交易专场在科技城创新中心举行。

△第五届中国（绵阳）科技城国际科技博览会采购商大会举行，大会现场签订合同 20 余个，签约金额 128 亿元。

△第五届中国（绵阳）科技城国际科技博览会科技金融高峰论坛暨投融资对接会举行。

△四川省高新区创新合作发展论坛在绵阳举行。

△四川九洲电器集团“冷晓江技能大师工作室”获国家级技能大师工作室授牌，成为全市第 4 个国家级技能大师工作室。

△省外国专家局主办，市人力资源和社会保障局、中国国际人才市场国家科技城（绵阳）分市场承办的引进国外智力项目成果展示暨外国专家组织巡诊回访活动在园艺山创新中心举行。

△第五届中国（绵阳）科技城国际科技博览会创新驱动信息安全产业发展高峰论坛在中国（绵阳）科技城软件产业园举行。

△国家科学技术奖励工作办公室支持，省科学技术厅、省知识产权局、市政府联合主办的第五届科博会科技成果和专利技术发布与交易专场在科创中心如期举行。

△四川红色北斗科技有限公司研发的“智慧党建+北斗应用”平台亮相科博会。

7—8 日

副省长朱鹤新到绵阳调研深化金融综合改革、军民融合深度发展、军民融合金融服务改革创新示范区创建工作。

△以“创新孵化、创业引领”为主题的第五届中国（绵阳）科技城国际科技博览会人才交流与成果展示项目——大学生创新创业园区（孵化基地）建设交流与创业项目对接活动举行。

8日

第五届中国（绵阳）科技城国际科技博览会投资推介会暨集中签约仪式在九洲体育馆举行，全省签约项目117个，投资金额886.89亿元，比第四届增长25.5%。其中绵阳签约市（境）外项目65个，投资金额710.87亿元，比第四届增长17.1%。

△第五届中国（绵阳）科技城国际科技博览会游仙区军民融合产业发展论坛举行。

△中国—以色列高科技产业合作对接会在绵阳举行。

△第五届中国（绵阳）科技城国际科技博览会中国磁性材料行业发展论坛在创新中心举行。

△第五届中国（绵阳）科技城国际科技博览会重点参展商推介会暨对接洽谈活动举行。

△第五届中国（绵阳）科技城国际科技博览会中国（绵阳）新型平板显示高峰论坛举行。

△2017中国军民融合知识产权金融高峰论坛在创新中心举行。

△省北斗卫星导航产业联盟、市经信委主办，四川九洲电器集团有限责任公司等单位联合承办的第五届中国（绵阳）科技城国际科技博览会北斗卫星导航产业军民融合创新发展论坛举行。

△第五届中国（绵阳）科技城国际科技博览会通航产业发展高峰论坛举行。

△第五届中国（绵阳）科技城国际科技博览会高技能人才和创新创业人才成果展示活动在科技城会展中心D馆（人才馆）启动。

△北斗开放实验室中国（绵阳）科技城分实验室授牌仪式举行，绵阳分实验室是由九洲集团、绵阳市工业技术研究院、电子科技大学、民航飞行学院、西南科技大学5家单位共建。北斗开放实验室将成为绵阳市新的北斗资源聚集中心和应用服务中心，为四川省、绵阳市的北斗产业发展提供资源支撑和条件保障。

9日

第五届中国（绵阳）科技城国际科技博览会成果发布会暨闭幕式在九洲体育馆举行。

10日

市委宣传部主办，绵阳文化旅游集团有限公司、北京汇鑫麒麟影视文化有限公司、上海利达影业有限公司等承办的航天科工题材电视剧《向天》开机仪式在绵阳举行。

△中国企业联合会、中国企业家协会发布“2017中国企业500强分析报告”，绵阳本土企业长虹排名全国146名，与2016年持平。

11日

国防科研单位与地方科研机构、高等院校、企业和市级部门共同发起的中国（绵阳）科技城军民融合质量发展联盟在绵阳成立。

12日

市发改委与西科大举行共建经济社会发展高端智库战略合作框架协议签约仪式。

13日

市委、市政府举行兵港科技信息安全军民融合产业园项目暨绵阳市2017年三季度93个重大项目集中开工仪式，项目总投资217.8亿元，涵盖产业发展、基础设施、社会民生等多个领域，投资总量是2016年同期的1.67倍，其中产业项目38个、总投资93.4亿元。

△全国政协常委、副秘书长、九三学社中央常务副主席邵鸿到绵阳，前往科技城创新中心、中物院科技孵化基地等地，考察国家科技城建设有关情况。

13—14日

浙江省人大常委会副主任冯明带领考察组一行到绵阳，考察市人大常委会预算审查监督和预算联网监督工作以及科技城建设发展情况。

14日

“九三学社全国传统教育基地”授牌仪式在

梓潼县“两弹城”举行。

△2017“海科会”海外高新科技人才走进中国（绵阳）科技城投资推介会在绵阳举行，签订正式投资项目协议47个，签约金额60.7亿元。

15日

2017年全国大众创业万众创新活动周绵阳市分会场活动启动仪式在科技城软件产业园举行。

16日

绵阳科技城建设部际协调小组第十三次会议在绵阳举行。中共中央政治局委员、国务院副总理刘延东出席会议并讲话。

17日

四川省节能领跑绿色产品全川行暨“绿色发展企业联盟高峰论坛”在绵阳举行。

△四川大学华西医院、成都理工大学、四川农业大学、成都医药学院、四川省妇幼保健院的8位专家组成的四川省专家服务团到北川开展智力帮扶活动。

18日

伟创力集团全球运营总裁佛朗索瓦·巴比亚一行到绵阳考察。

19日

市政府第28次常务会议审议并原则通过《绵阳市现代农业六大重点产业发展规划（2017—2020年）》《绵阳市现代农业十大主导产品行动方案（2017—2020年）》。

△长虹国际控股（香港）有限公司和顺丰速运有限公司签署战略合作协议。

20日

2017中国（四川）电子商务发展峰会举行项目签约仪式，绵阳市政府分别与北京摩拜科技有限公司、顺丰速运（集团）有限公司签署战略合作协议。

△市委副书记、市长刘超会见到绵阳参加2017中国（四川）电子商务发展峰会的中国香港特区驻成都经济贸易办事处经贸关系主任梁振朝和澳大利亚驻成都总领事馆副总领事白天伟、英中贸易协会成都代表处首席代表王楷、荷兰贸易促进委员会成都代表处商务助理柯大卫等。

△盐亭举行投资推介会暨天鸿生物科技园开工仪式。

21日

2017中国（四川）电子商务发展峰会举行农村电商发展与精准扶贫论坛，共商农村电商发展大计，共谋精准扶贫良策。

△2017中国（四川）电子商务发展峰会举行世界互联网川籍精英圆桌会议。

△中国初级卫生保健基金会对江油市区域卫生发展精准扶贫项目捐赠仪式在绵阳举行。

△2017中国（四川）电子商务发展峰会举行“一带一路”跨境电商圆桌会。

21—23日

以“智能互联·融合创新”为主题的2017中国（四川）电子商务发展峰会在绵阳举行。全国政协副主席、农工党中央常务副主席刘晓峰出席开幕式并宣布开幕。

22日

四川省十二届人大常委会第三十六次会议第二次全体会议，表决通过省长尹力向省人大常委会提出的任免案，决定任命绵阳市委主要负责人为四川省人民政府副省长。

△2017中国（四川）电子商务发展峰会“知名企业三台行”投资推介暨项目签约仪式在三台县举行。

△绵阳市举行重点招商项目和重点企业“服务绿卡”授卡仪式，41个项目、55家企业获首批“服务绿卡”。

△省电子商务协会主办的“银联荟生活”2017四川电子商务青年创新创业大赛决赛暨颁奖典礼在绵阳举行。

△2017年四川省重大产业项目集中开工绵阳市分会场暨绵阳新华内燃机股份有限公司30万套发动机关键零部件项目开工仪式在安州区举行。

△2017四川电子商务青年创新创业大赛决赛暨颁奖典礼在九洲体育馆隆重举行。经过两个小时的路演，“土地母亲计划”“顺手带”“圣洁甘孜品牌电商打造计划”3个项目分别获一、二、三等奖。

23日

2017中国（四川）电子商务发展峰会在科技城会展中心落幕。本届峰会500余家电商企业（单位）携万类商品参展，迎接38.5万人次观展，总成交15亿元，实现现场成交额9200万元，意向成交额5000万元，实现线上交易额14.1亿元。

△成都班列公司、长虹民生物流公司、捷克布拉格场站公司签订《中欧班列·蓉欧快铁成都—捷克布拉格直达班列合作意向书》。

24日

长虹与华为全资控股子公司深圳市海思半导体有限公司在绵阳签署战略合作协议，双方在国内就物联网领域技术和产品应用层面展开实质性合作。

28日

绵阳市创建“全国质量强市示范城市”接受省级预验收工作汇报会在绵阳举行。

△中国（绵阳）科技城高教联盟揭牌仪式举行。

29日

中物院某重大装置配套基础设施建设项目开工动员会在游仙区举行，标志着某重大装置正式进入实质建设的重要阶段。

30日

15时30分，中欧班列·蓉欧快铁（成都至布拉格）从成都国际铁路港首发。此趟班列途经哈萨克斯坦、俄罗斯、白俄罗斯、波兰，最终抵达捷克首都布拉格，全程近一万千米，预计运行时间13天。该趟班列有41个12.19米标准集装箱，满载四川长虹电子控股集团有限公司的液晶电视组件等消费类电子设备，总货值508万美元。

10月

9日

中国（绵阳）科技城工业技术研究院举行产品成果发布会，长虹集团研发的单兵可穿戴个人体征及环境信息监测系统、智能听诊器、端云一体智能近红外光谱分析系统等成果问世。

10日

市城乡规划委员会2017年第5次会议审议并原则通过《绵阳市安州区河东新区控制性详细规划》《河边镇总体规划暨局部控制性详细规划》。

△绵阳市召开2017年校（院）企项目合作及科研成果产业化对接会。对接会上，西南科技大学、绵阳师范学院等院校代表作科研成果产业化项目推介；佳禧印染、隆盛等企业代表作产学研合作经验交流；西南科技大学、中物院12所、绵阳师范学院和绵阳职业技术学院等分别与企业签订战略合作协议及科研成果产业化合作协议，签约产学研项目12个，投资额4300万元。

11日

2017年全省第三批交通重点项目集中开工，其中包括广元至平武高速公路，该项目长90公里，总投资132亿元。

12日

绵阳市高新区与世界500强企业液化空气（中国）投资有限公司签署合作协议，标志着光电显示产业园的重要配套项目——法国液化空气大宗气站项目正式落户绵阳。

13日

人民教育出版社、绵阳市政府主办的2017年“人教杯”中国（绵阳）科技城全国校园足球邀请赛在绵阳南山中学实验学校开幕。

△以“一带一路、蜀道明珠、科技绵阳”为主题的“技·艺交融”中国名家书画展开幕。

14 日

2017 首届绵阳中学杯“寻找小李白”文化展示活动暨三台县第三届经典诵读比赛在三台举行。

△游仙经济开发区（游仙孵化中心）创业示范基地、西南科技大学国家大学科技园创业示范基地入选第三批国家双创示范基地。

16 日

全国首创“税鑫融”财税资综合智能服务平台在绵阳启动。

17 日

市委全面深化改革领导小组召开第十八次会议。审议《绵阳市全面深化改革落实问责办法（试行）》《绵阳市全面深化改革第三方评估实施办法（试行）》等专项改革方案。

19 日

航天军民融合成果转化基地（四川）揭牌仪式在绵阳举行。基地由中国航天科工集团第三研究院第三一〇研究所与科创区共同建立。基地依托航天科工集团强大的军工资源和地方政府的大力支持以及企业的参与，进行军转民、民参军服务；依托航天云网建设军民融合成果转化服务平台，提供科研成果发布，产品、技术、人才等供求信息以及技术成果交易、投融资、全球知识产权检索等服务。基地通过落地实施成果转化项目、建立航天军民融合产业基金、建设军民融合产业园等方式，助力地方科技与经济发展。

20 日

省财政厅厅长王一宏率调研组一行前往北川羌族自治县擂鼓镇，专题调研“互联网+精准扶贫代理记账”工作。

21 日

四川省人才工作领导小组办公室主办，四川九洲技师学院承办，全省首个军民融合企业负责人及网络安全管理培训班在绵阳举行。

23 日

全市一体化政务服务平台建设推进工作会召开，通报全市一体化政务服务平台建设工作进展情况。

25 日

成德绵攀西高技能人才交流赛在成都举行。

△市工商联、市社科联、市演讲与品牌传播行业协会主办的“四川农信杯·绵阳首届企业文化节颁奖盛典暨中国企业转型升级百城万企公益大巡讲”活动在绵州大剧院举行。

△绵阳科创区投资推介会暨项目签约仪式在深圳举行。

27 日

宝马集团授权绵阳新晨动力机械有限公司王子发动机在绵阳成功投产。

△第十二届中国—欧盟投资贸易科技合作洽谈会科技城专场推介会在绵阳举行。

△绵阳市举行汽车产业 2017 年新项目新产品发布会，中央人民广播电台、中新社、四川日报社等 20 余家媒体，汽车及零部件企业代表参加发布会。

31 日

市委副书记、市长刘超率队赴北京考察 360 公司，并与 360 公司创始人、董事长兼 CEO 周鸿祎，360 公司创始人兼 360 企业安全集团董事长齐向东座谈。

△全市一体化政务服务平台上线试运行。

△绵阳市牛物医药产业园入园项目启动暨梓潼县 2017 年第四季度 24 个项目集中开工仪式在梓潼经开区举行。

11 月

1 日

长虹发布全球首款声纹识别人工智能电视，将人工智能电视带入 3.0 时代，标志着全球首个人工智能电视技术系统问世。

△市科知局、游仙区政府、四川中物技术股份有限公司共建的中国（绵阳）科技城军民融合

智能制造示范基地被省科技厅认定为四川绵阳军民融合智能制造现代服务业产业化基地。

△长虹美菱在海南省三亚市举行“冻结原味，藏住新鲜”新产品发布会，向全球首发搭载水分子激活保鲜技术的M鲜生系列冰箱，每台售价为7999元至10999元。

3日

绵阳科技城集中发展区核心区综合管廊及市政道路项目签约仪式举行。

5日

以“军民融合协同创新与全面创新改革”为主题的中国科技论坛·军民融合协同创新与全面创新改革专家论坛在绵阳举行。

△四川省旅游投融资及市场营销会在平武举行。

△绵（阳）西（充）高速最大桥梁——梓江大桥主体工程完工。

6日

安州省级电商产业发展示范县项目通过验收。

△中国科学院院士孙钧到绵阳西南科技大学城市学院为师生们作题为“科学、未来与人生——浅话在科技创新中的治学与成材”的讲座。

6—7日

四川省推进军民融合发展暨政策宣贯（川北片区）培训会在绵阳召开。

8日

市委副书记付康带领市经信委、市政府金融办等相关部门负责人，前往安州区实地调研久信公司“军民两用特种电容器产业化建设”和通越国际“车载GPS、液晶显示模组等项目”建设情况，现场协调解决企业发展、项目推进中遇到的困难和问题。

9日

全省首个生态环境资源案件检验专家委员会在绵阳成立。

△中国（绵阳）科技城工业技术研究院举行产品成果发布会上，四川九高科技有限公司研发的新一代智能录井气体检测设备——全光谱录井多组气体分析设备亮相。

10日

维谛技术（绵阳）有限公司标识启用仪式在高新区举行。

11日

“双11”绵阳市电子商务实现在线交易额12.39亿元。

13日

游仙区的中国（绵阳）科技城军民融合智能制造示范基地被省科技厅认定为四川绵阳军民融合智能制造现代服务业产业化基地，标志着该基地成为全省首个以现代服务业为发展方向的产业化基地。

△市经信委、市国税局、市地税局、市中小企业服务中心承办的“税务助企”市（州）行——川北片区专题服务活动在绵阳举行。

14日

国家标准委副主任于欣丽带领中央军民融合发展委员会办公室及中国航空综合技术研究所的专家一行到绵阳，调研标准化军民融合工作。

△绵阳市被中央电化教育馆列入区域“基础教育信息化应用典型案例”，绵阳教育资源中心被中央电化教育馆确定为国家数字教育资源公共服务体系建设与应用试点示范工作第一批试点平台。

15日

市政府与中国邮政储蓄银行四川省分行签署政银战略合作协议。

△招商证券和长虹共同主导的“招商创融——四川长虹应收账款资产支持专项计划”成功发行。

△全省生态环境大数据项目技术培训会在绵阳召开。

△中日防灾减灾交流研讨会在绵阳举行。

16日

市委副书记付康带领市委组织部（市人才办）、市人社局、市科知局等部门负责人，前往长虹智慧科技有限公司、西科大国家大学科技园、中国科技城·绵阳军民融合孵化器，专题调研人才工作。

△九洲技师学院参赛选手郑章辉获四川省首届“工匠杯”职业技能大赛“工具钳工”项目金奖，绵阳市科技职业培训学校张勤林获“养老护理员”项目金奖。

15—16 日

财政部党组成员、部长助理赵鸣骥带队到绵阳调研“互联网+精准扶贫代理记账”试点工作。

17 日

“绵阳造”新款华晨华瑞金杯 S70 七座版在第十五届（广州）中国国际汽车展览会在中国进出口商品交易会上亮相上市。

19 日

以色列现代农业绿色发展技术培训在绵阳举行。

20 日

第五届四川农博会在成都圆满落幕。展示展销期间，绵阳市参展 1000 余个特色农产品，4 天线上线下交易总额达到 286 万元；签约农业招商引资项目 38 个，协议投资总额 97.3 亿元。

22 日

绵阳市第四季度重大工业项目集中开工仪式暨 11 月工业经济运行分析会在江油举行。

△中国长虹公司在悉尼举行新闻发布会，首次在澳大利亚推出旗下高端品牌启客（CHiQ）系列产品。

23 日

市委副书记、市长、科技城集中发展区建设领导小组组长刘超主持召开科技城集中发展区建设领导小组第四次会议，听取科技城集中发展区建设情况汇报，审议《关于增补科技城集中发展区建设领导小组组成人员及成立专项工作组的建议方案》。

△中资国本成都投资有限公司与游仙区人民政府签署军民融合发展协议，及签署四川丰泰集团并购协议。丰泰集团从民营企业正式变为国企，有利于引导国有资金进入实体经济，加速军民融合科研成果的转化，助推绵阳科技城建设。

24 日

绵阳市县域经济产业发展投资基金暨高新区重点服务项目签约仪式在绵州酒店举行。

26 日

绵阳市人民政府、四川省金融工作局、四川省国防科学技术工业办公室、中国财富传媒集团共同主办的 2017 天府金融论坛——金融助力军民融合发展专业论坛在成都举行。

27 日

绵阳市政府与东旭集团有限公司在绵阳举行战略合作协议签约仪式。

△中国工程物理研究院邓建军、唐立、范国滨当选中国工程院院士。

△绵阳国家农业科技（梓潼）园区授牌仪式在梓潼举行。

28 日

绵阳公交全支付暨“畅行巴蜀·金融 IC 卡交通便民工程”启动仪式举行。标志着公交全支付系统在绵阳正式投入运行，也是全省首个公交全支付系统。

29 日

宜宾市委书记刘中伯，市委副书记、市长杜紫平率宜宾市党政代表团到绵阳，考察军民融合、创新驱动发展和城市建设、产业发展有关情况。

△全市残疾人职业技能竞赛暨双创展能节开幕。

30 日

市委副书记、市长刘超率队在深圳市考察东江环保股份有限公司、惠科股份有限公司、嘉兰德科技有限公司，出席东江环保工业废弃物资源化利用与无害化处置中心及研发基地项目签约仪式。

△“天翼云·中国行·绵阳站”——企业上云推介会在绵阳经开区举行。

12 月

1 日

市委副书记、市长刘超率队在广州市考察博鳌纵横网络科技有限公司，出席绵阳市政府与博鳌纵横公司战略合作框架协议签约仪式。

△绵阳市一体化政务服务平台正式上线，任何政务服务事项在一体化平台上均可办，办理的任何政务服务结果在一体化平台可以查询。

△市创业促进会、四川汽车职业技术学院主办的“创业绵阳”青年创新创业微论坛在绵阳举行。

△绵阳市被国家版权局命名为“创建全国版权示范城市”。

3 日

央行支持绵阳军民融合及科技金融发展暨货币信贷大数据系统推广运用会在绵阳召开。

4 日

市委全面深化改革领导小组召开第十九次会议，审议《关于全面贯彻习近平总书记改革认识论方法论进一步完善改革推进机制的实施意见》《关于改革和完善我市国有资产管理体制的实施意见》《绵阳市市属国有重要骨干企业领导班子和领导人员综合考核评价暂行办法》《绵阳市市属国有企业负责人经营业绩考核暂行办法》《绵阳市市属非上市企业实施中长期激励暂行办法》《绵阳市党风廉政建设“一案双查”实施办法（试行）》。

△四川中医药高等专科学校与自贡市荣县人民政府签订战略合作框架协议。

5 日

市政府第 32 次常务会议审议并原则通过《绵阳市城乡垃圾处理设施建设三年推进方案》《绵阳市城镇污水处理设施建设三年推进方案》《关于加快推进智慧医疗建设的实施意见》。

△2017 四川军民融合高技术产业联盟年会暨四川军民融合产业对接会在成都举行。

6 日

市城乡规划委员会 2017 年第 6 次会议，审议并原则通过《绵阳市第一批拟申报历史建筑名录》《涪城区吴家镇总体规划暨局部控规（2016—2030）》《中国科技城（绵阳）总部经济试验区控制性详细规划局部调整方案》。

8 日

绵阳市建筑业和房地产业“服务绿卡”企业授牌仪式在创新中心二期举行。

△中华全国集邮联合会主办的绵阳 2017 中华全国专项集邮展览“长虹杯”在科技城会展中心开幕。

△绵阳师范学院获第六届“金拇指”全国大学生公益项目创新大赛“金拇指”奖，赖渝获“最佳指导老师奖”。

△中国（绵阳）科技城工业技术研究院举行的产品成果发布会上，长虹公司联合国网公司发布“长虹—国网”智慧能源管理系统。

12 日

绵阳市 2017 年第四季度重大项目集中开工仪式在高新区举行，56 个重大项目和 70 个污染防治“三大战役”重大项目集中开工，总投资 321 亿元。

△绵阳市荣膺“中国十佳品牌会展城市”。

13 日

《中国区域创新指数报告（2017）》发布会在成都举行，绵阳创新投入位居全国第 8 位，比 2016 年上升 3 位。创新投入指数排名前十位是：深圳、西安、苏州、广州、南京、东莞、杭州、绵阳、合肥、武汉。

△省企业联合会、省企业家协会联合发布《2017 四川企业发展报告》，长虹第三次蝉联四川企业 100 强、四川制造业企业 100 强榜首。

△环龙集团重整安县纸业有限公司年产 6 万吨斑布生活用纸智能制造项目开工仪式在安州区睢水镇举行。

14 日

中国科协副主席、中国科学院院士李静海一行到绵阳，调研了解科技城创新驱动发展情况。

△省商务厅督导组到绵阳，督导考核 2017 年加快内贸流通创新推动供给侧结构性改革专项行动落实情况。

△全省首张电子证照在市政务服务中心质监窗口发出，首张电子证照获得者是富乐山公园游乐场负责人杨某，编号为“游 A1 川 B0071 (17)”的特种设备使用登记证。

15 日

绵阳市承担的全省计量技术法规编制项目《静摩擦系数测定仪校准规范》《灭菌设备温度、压力、时间参数校准规范》在成都通过审定。

16 日

绵阳市中医医院“德国阿玛仕准分子培训基地”挂牌仪式暨“助贫济困摘镜圆梦”近视屈光手术行动在南桥眼科分院正式启动。

17 日

中国农业科学院兰州畜牧与兽药研究所、四川省羌山农牧科技股份有限公司、北川羌族自治县政府三方联合共建健康养殖联合实验室签约仪式在北川举行。

△市人大常委会组织召开专题会议，听取科技城集中发展区规划情况介绍。

18 日

江油市举行 2017 年重大招商引资项目集中签约仪式，签订正式投资协议 32 个，投资金额 328 亿元，中石化、华为科技、碧桂园 3 家“世界五百强”企业是首次引进江油。

20 日

以“开展大数据技术产业应用服务科技城产业创新发展”为主题的 2017 中国（绵阳）科技城大数据产业应用国际研讨会在绵阳举行。

△绵阳市第二届政府质量奖揭晓，国网四川省电力公司绵阳供电公司、四川九洲空管科技有限责任公司、绵阳港华燃气有限公司、四川雪宝乳业集团有限公司、四川湖山电器有限责任公司 5 家企业获奖。

21 日

中央编办调研组到绵阳，调研军民融合体制机制建设情况。

22 日

科技部指导，科技部火炬高技术产业开发中心、省推进“双创”工作联席会议办公室、省科技厅主办，绵阳高新区管委会、市科知局、科技城管委会军民融合促进办公室承办的第二届中国创新挑战赛（绵阳科技城）军民融合专项赛在科技城会展中心举行。

23 日

第一届西部游戏高峰论坛在绵阳举行。

△全国磁性元件与铁氧体材料标准化技术委员会换届大会暨 2017 年年会在绵阳召开。

28 日

市委召开常委会会议，审议并原则通过市委《关于坚决维护党中央集中统一领导的规定》《市委市政府七项规定实施细则》，审议并原则同意设立市委军民融合发展委员会等事项。

29 日

市政府与 360 企业安全集团在北京举行战略合作协议签约仪式。协议约定，双方在绵阳建设 360 企业安全集团全国安全服务运营总部、国家级网络安全人才培养基地、军民融合网络安全示范基地、国家级大数据安全实验室、安全智慧城市示范工程，共同推进绵阳军民融合、科技创新、两化融合等。（张永兴　李维怡）

综 述
Overview

绵阳市情

【位置面积】绵阳市位于四川盆地西北部，涪江中上游地带。东邻广元市的青川县、剑阁县和南充市的南部县、西充县；南接遂宁市的射洪县；西接德阳市的罗江县、中江县、绵竹市；西北与阿坝藏族羌族自治州和甘肃省的文县接壤。地理坐标为：北纬 30°42′~33°03′、东经 103°45′~105°43′。全市呈北西南东条带状展布，东西宽约 144 千米，南北长约 296 千米，辖区面积 20248.4 平方千米。按地貌主要类型分：山区 61.0%，丘陵区 20.4%，平坝区 18.6%。

【地形地貌】绵阳市地势为西北部高，东南部低，地形起伏很大。西北部面对四川盆地的首列山脉，为北东南西向的龙门山脉，海拔 1000~3000 余米；其西面的岷山山脉和北面的摩天岭山脉，海拔多在 3000 米以上。最高点为平武县与松潘县接壤的岷山山脉第二峰（雪宝顶的东南侧峰，当地俗称雪包顶），海拔为 5440 米。东南部属四川盆地盆中丘陵，一般海拔 400~600 米，最低点位于三台县郪江镇郪江河谷短沟口，海拔 307.2 米。最高点与最低点高差达 5132.8 米。全市地貌明显受控于地质构造。西北部因分别受龙门山北东向褶皱断裂与岷山南北向构造、摩天岭东西向构造的影响，山脉走向呈北东南西向、与南北向和东西向；山地的形态亦与地质构造和岩性有关。东南部处在扬子准地台川北台陷、川西台陷和川中台拱的接合部位，由于地台基底坚硬，地质历史时期地壳以升降运动为主，地层受各时期水平运动的影响较轻，有一些舒缓宽阔的褶皱，地层一般倾角不大，形成岗岭起伏的丘陵、台地、方山地貌。

【山脉·名山】绵阳境内主要有岷山山脉、摩天岭山脉、龙门山脉 3 大山脉。岷山山脉南北走向，长 200 余千米，北接川甘两省边境的西倾山，南至茂县城北与龙门山脉相关，是岷山山脉北段。摩天岭山脉东西走向，为四川和甘肃两省界山。龙门山脉属四川盆地西北部的盆周山地，南北走向，在绵阳境内又分后龙门山、龙门山、茶坪山（详见《绵阳市志》）。绵阳境内主要有九龙山、千佛山、观雾山、云罗山、窦圌山、七曲山、西山、富乐山、牛头山、凤凰山、三台山、天台山、高山等名山，城区最高山为边堆山，边堆山也是绵阳和四川境内重要古文化遗址。

【河流水系】绵阳境内有涪江水系、白龙江水系、西河水系。有涪江、虎牙河、夺补河、平通河、通口河、芙蓉溪、安昌河、凯江、梓江、魏城河、弥江、青江、西河等大小河流、溪沟3000余条，河网密度每平方千米1.48千米。涪江为绵阳母亲河，发源于四川松潘县境内岷山雪宝顶北麓。涪江从西北向东南由川西北高山区进入盆地丘陵区，流经平武、江油、绵阳、三台、射洪、遂宁、潼南至重庆市合川区钓鱼城下汇入嘉陵江，全长697千米。

【市徽·市树·市花】 1989年7月15日，绵阳市第一届人民代表大会常务委员会第27次会议，听取市政府秘书长高显齐受市政府委托所作的《关于绵阳市徽图案征集情况的汇报》《市政府初步确定的一号市徽图案的说明》。经过审议，决定用“绵阳”二字拼音字头“MY”，环抱原子核的二条电子运转轨迹、象征科技兴绵所组成的红底、黄字、金边圆形图案为绵阳市徽图案。1989年11月19日，绵阳市第一届人大常委会第29次会议审议通过市政府《关于市树为香樟树、市花为月季花的建议》。即日起，绵阳市市树为香樟树，市花为月季花。

【人口】2017年，全市总人口为5368154人，比2016年机械性减少83679人，减少率为15.3‰；总户数2069397户，平均每家2.6人。其中男性人口2752896人，占总人口的51.28%；女性人口2615258人，占总人口的48.72%。男女性别比为105：100。总人口中城镇人口1790072人，比2016年增加3414人，城镇人口占总人口数的33.3%；乡村人口3578082人，比2016年减少87093人，乡村人口占总人口数的66.7%。全市出生人口62309人，比2016年增加9039人。其中男性31998人，占总出生人口的51.35%；女性30311人，占总出生人口的48.65%。出生男女性别比为106：100；出生率为11.6‰。死亡等家籍注销人口131025人，其中男性70844人，女性60181人，死亡等家籍注销率为24.4‰。出生与死亡等家籍注销相抵，自然减少68716人，自然减少率为12.8‰。迁入人口34463人，其中省内迁入27816人，省外迁入6647人；迁出人口49426人，其中迁往省内36536人，迁往省外12890人。迁入与迁出相抵，机械减少14963人，机械减少率为2.79‰。城区（涪城区、游仙区、安州区、高新技术产业开发区、经开区、科教创业园区、科学城办事处）总人口1732595人，比2016年减少14955人，减少率为8.56‰。其中城镇人口979133人，比2016年减少20353人。绵阳城区出生22487人，死亡等家籍注销44628人，自然减少22141人。迁入25057人，其中省内迁入21240人，省外迁入3817人；迁出17871人，其中迁往省内13343人、迁往省外4528人，机械增长7186人。

【民族】 2017年，绵阳市有47个民族，少数民族人口17.8万人（城市少数民族人口2万余人），占全市人口的3.3%。全市民族地区面积9082平方千米，占全市面积的45.4%。47个民族是汉族、蒙古族、回族、藏族、维吾尔族、苗族、彝族、壮族、布依族、朝鲜族、满族、侗族、族瑶族、白族、土家族、哈尼族、哈萨克族、傣族、黎族、傈僳族、佤族、畲族、高山族、拉祜族、水族、东乡族、纳西族、景颇族、土族、达斡尔族、仫佬族、羌族、布朗族、撒拉族、毛南族、仡佬族、锡伯族、阿昌族、普米族、怒族、乌孜别克族、俄罗斯族、鄂温克族、德昂族、裕固族、京族、赫哲族。北川是全国唯一羌族自治县，平武按照民族县待遇。全市有15个少数民族自治乡，其中藏族乡9个、羌族乡5个、回族乡1个。分布在平武县、北川羌族自治县、盐亭县。平武有水田羌族自治乡、旧堡羌族自治乡、锁江羌族自治乡、平南羌族自治乡、徐塘羌族自治乡、黄羊关藏族自治乡、虎牙

图 1　羌族服饰

藏族自治乡、土城藏族自治乡、木皮藏族自治乡、木座藏族自治乡、泗耳藏族自治乡、白马藏族自治乡、阔达藏族自治乡 13 个民族乡；北川有桃龙藏族自治乡；盐亭有大兴回族自治乡。全市有“9+3”学校 6 所（绵阳财经学校、绵阳农业学校、绵阳水利电力学校、四川幼儿师范高等专科学校、绵阳职业技术学院、盐亭职业技术学校）；民族中学 2 所（绵阳紫荆民族中学、北川羌族自治县民族中学），普明中学开设富民安康工程甘孜班。2017 年，绵阳市被国家民委命名为第三批“少数民族流动人口服务管理示范城市”。

【方言】绵阳境内分为两种方言：无入声方言，以绵阳城区方言为代表，包括涪城区（绵阳高新技术产业开发区、绵阳经济技术开发区、绵阳科教创业园区）、游仙区、安州区、科学城、江油市、平武县、北川羌族自治县、梓潼县、三台县等地的城关话，有 20 个声母、36 个韵母、阴阳上去 4 个调类、1033 个音节，与四川方言的代表语音成都话基本相同。入声方言，以盐亭县城关话为代表，包括盐亭各乡镇，及三台县的石安、富顺、塔山等乡镇的方言，有 20 个声母、38 个韵母、阴阳上去入 5 个调类。

【行政区划】2017 年，绵阳市全市辖五县三区一市。五县为三台县、盐亭县、梓潼县、平武县、北川羌族自治县，三区为涪城区、游仙区、安州区，一市为江油市。2017 年年底，全市有 269 个乡镇（172 个镇、97 个乡），23 个街道办事处。

涪城区：13 个镇、1 个乡、11 个街道办事处；

游仙区：20 个镇、3 个乡、6 个街道办事处；

安州区：15 个镇、3 个乡；

江油市：29 个镇、10 个乡、3 个街道办事处；

三台县：49 个镇、13 个乡、1 个街道办事处；

盐亭县：14 个镇、19 个乡（1 个民族乡）、2 个街道办事处；

梓潼县：13 个镇、19 个乡；

平武县：9 个镇、16 个乡（13 个民族乡）；

北川羌族自治县：10 个镇、13 个乡（1 个民族乡）。

2017年，省人民政府批复三台县撤销北坝镇，设立北坝街道办事处；双胜乡、里程乡、金鼓乡、菊河乡、建中乡、争胜乡、玉林乡、幸福乡、老马乡撤乡设镇；同时批复撤销凯河镇，设立跃进镇，将原凯河镇8个村和1个社区所属行政区域划归西平镇管辖。（李翔宇）

【历史沿革】绵阳建城有2218年的历史，是四川省历史文化名城。绵阳市境历史上最早的县以上政权建置为汉高祖六年（前201年）建置的广汉郡。广汉郡领有13个县，郡治乘乡，乘乡在今梓潼县境。广汉郡在今市境内建置涪县（后改为巴中县、巴西县、绵州本州、绵阳县、涪城区、游仙区）、梓潼县、郪县（今三台县）、刚氐道（今平武县）。汉安帝元初二年（115年），为镇压少数民族反抗，益州刺史部和广汉郡均迁至涪县（今市区），3年后州、郡皆迁出市境。东汉末年，刘备据蜀，建安二十二年（217年）分广汉郡北部地区设梓潼郡（治梓潼县），建兴三年（225年）分广汉郡东部地区设东广汉郡（治雒县，今三台县境）。自此后，市境相沿各代均有州、郡、府等县以上政区建置。两晋和南北朝300余年间，由于战争频繁，政区建置变化较大，市境内先后设置过潼州、新州、龙州等3州；梓潼、巴西、巴西梓潼、潼川（又称潼州、东川）、北阴平、阴平、新巴、江油、新城（后改为昌城）、始平（先名始平僚，后改为涪城、安城）、西宕渠、北宕渠（后改为盐亭）、高渠等13个郡，以及40余个县。从隋代后，政区建置逐渐稳定，形成市境中部以今市区为治地的绵州，东南部以三台县城为治地的梓州—潼川府，西北部以江油、平武两县为中心的龙州—龙安府等3个地方政权建置中心。

1913年，绵阳一名因城市地处绵山之南（一说为绵水之北），按“山南水北”为“阳”的古义，取名绵阳。1935年，川政统一，市境内只有今市区成为四川省第十三行政督察区治地。1949年12月25日，绵阳解放。

中华人民共和国成立后，1950年1月20日，绵阳行政督察专员公署成立，辖绵阳、安县、绵竹、德阳、梓潼、罗江、广汉、什邡、金堂、彰明10个县；1953年3月10日，撤广元专区，划入广元、昭化、剑阁、青川、平武、北川、江油、旺苍8个县，辖18个县；1953年7月4日，广汉、什邡、金堂3个县划出，专区辖15个县；1958年10月18日，并入原遂宁专区遂宁、蓬溪、潼南、中江、三台、射洪、盐亭7个县，辖21个县（此前江油、彰明2个县于1958年9月5日合并）；1959年3月22日，昭化、罗江2个县被撤销，分别并入广元县和德阳县，专区辖19个县；1968年7月8日，改专区设地区；1976年2月4日，因分绵阳县筹建绵阳县级市，地区辖19个县、1个市；1977年9月24日，潼南县划出，地区辖18个县、1个市；1978年4月25日，绵阳县并入绵阳市，地区辖17个县、1个市；1983年8月18日，分绵阳地区建德阳市，德阳、绵竹、中江3个县划出，绵阳地区辖14个县、1个市；1985年2月8日，绵阳地区被撤销，分别建立绵阳、广元、遂宁3个市。绵阳市辖7个县、1个区（原县级绵阳市改置为市中区）；1988年2月24日江油市建立，绵阳市辖六县一市一区；1992年10月，撤销绵阳市市中区，分设涪城、游仙两区。2002年绵阳市辖涪城、游仙2个区，三台、安县、梓潼、盐亭、北川、平武6个县；2003年7月，撤销北川县，成立北川羌族自治县。2016年5月20日，安县撤县改区，绵阳辖涪城、游仙、安州3个区，三台、梓潼、盐亭、北川、平武5个县，代管江油市和省政府科学城办事处，直辖绵阳高新技术产业开发区、科教创业园区、经济技术开发区（现代农业科技示范区）、仙海水利风景区。

【国土资源】2017年，绵阳市面积20248.48平方千米，占全省的4.2%。全市耕地444930.09公顷，园地36976.41公顷，林地1178584.54公顷，草地33610.61公顷，城镇村及工矿用地117209.35公顷，交通运输用地25922.63公顷，水域及水利设施用地71615.43公顷，其他土地116838.80公顷。

【矿产资源】绵阳已发现矿种有铁、锰、铅锌、钨、金、银、磷、硫、水晶、方解石、石灰石、白云石、膨润土、玻璃用石英砂岩、天然气等56种，矿产地400余处，其中黑色金属73处、有色金属25处、贵金属70处、非金属矿产200余处。已探明储量的有26个矿种，具工业矿床规模的74处。2017年年末，全市有32个矿种得到开发利用。矿产储量在全省占有重要地位的矿种有：平武的锰矿、三台和盐亭的膨润土、江油的铸型用砂与水泥配料用页岩储量居全省第一，江油的玻璃用石英砂岩、冶金用白云岩、全市的天然气总量居第三。以县市区区分，平武的矿产资源以金属矿产为主，主要有金、铁、锰、铅锌矿；其他县市区以非金属矿为主：如江油市的石灰石、硫铁矿，安州区的石灰石、磷块岩，北川的石灰石、硅石、饰面用板岩，三台、盐亭的膨润土，涪城、游仙的砖瓦用页岩、砂石等。天然气在全市分布广泛，除平武、北川、安州外，均有产出。全市探矿权数达151个，勘查矿种12种。开发利用矿产22种，矿山总数近350个，其中大中型矿山60个，水泥用灰岩、玻璃用砂岩、砖用页岩和饰面石材等主要矿产的开采量，均有大幅度增长，原矿总产量约1200万吨，原矿产值约10亿元。2017年延续变更登记49宗，收取采矿权延续（延续变更）价款358万元；市级注销登记18宗、报省国土资源注销登记42宗。

【水资源】绵阳位于四川盆地西北边缘，全市水资源相对丰富，境内有大小河流52条，连同溪沟共计3000余条，均属嘉陵江水系。2017年，全市平均降水量为957.0毫米，降水总量为193.7亿立方米，与常年平均值219.0亿立方米相比减少25.7%，比2016年相比增长19.1%。实测最大年降水量发生在安州区千佛站，为1614毫米（2016年实测最大年降水量发生在安州区茶坪站，为1439毫米）；实测最小年降水量发生在梓潼县梓潼站，为578.0毫米（2016年实测最小年降水量发生在涪城区丰谷站，为496.5毫米）；降水量等值线变化在500毫米至1500毫米。全市降水量年内分配及地区分布仍不均匀，但总体均较常年偏少。盐亭县、梓潼县二区域比常年减少33.3%、24.4%。全市地表水资源量为98.1亿立方米，折合径流深为484.5毫米，比2016年增长24.6%，比常年减少19.5%；全市各县（区）除游仙、北川分别增长20.6%、0.6%，其余均比常年有所减少；其中平武减少7.0%，其余各县区均减少较多，盐亭、梓潼减少幅度最大，分别减少72.6%、53.2%；全市地下水资源量26.36亿立方米，其中与地表水资源不重复量为0.16亿立方米，水资源总量98.3亿立方米（常年为122.9亿立方米，2016年为84.1亿立方米），比常年减少20%，比2016年减少16.9%；全市每平方千米产水量48.5万立方米，2017年全市户籍人口536.82万人，人均水资源量1802立方米，其中平武、北川人均水资源量24024立方米和9381立方米。全市有11座大中型水库，年末蓄水总量4.4601亿立方米，比年初减少0.1672亿立方米。全市总供水量为18.92亿立方米，其中地表水占94.0%。总耗水量为9.84亿立方米，总耗水率为52.0%。全市人均用水量391.26立方米，万元地区生产总值（GDP）用水量为91.19立方米，农业亩均用水量245.09立方米，全市工业增加值为681.60亿元，万元工业增加值用水量为41.37立方米。绵阳市主要河流，全年期Ⅱ类水域414千米，占评价河长85.7%，Ⅲ类水域69千米，占评价河长14.3%；枯水期Ⅱ类水域318千米，占评价河长的65.8%，Ⅲ类水域148千米，占评价河长的30.7%；Ⅴ类水域17千米，占评价河长的3.5%；丰水期Ⅱ类水域431千米，占评价河长的89.2%，Ⅲ类水域52千米，占评价河长的10.8%。

【野生动植物资源】2017年，根据调查统计，全市已知有脊椎动物5纲32目109科791种，有无脊椎动物2门6纲33目241科1258种。绵阳是长江上游重要生态屏障区，是全国乃至全球生物多样性保护的重点地区、全国野外大熊猫主要栖息地之一，大熊猫及其栖息地保护管理在四川占有重要地位。绵阳市在野生大熊猫种群数量、大熊猫栖息地面积、大熊猫自然保护区数量和面积均位居全省前列。平武县是“国宝”大熊猫分布最多的县，约占全国野生大熊猫的1/5，有天下大熊猫第一县之称。全市已知的低等植物有菌类植物亚门和地衣植物亚门的真菌纲、子囊菌纲中的13目、60科、149属、497种，高等植物有苔藓植物门、蕨类植物门、裸子植物门和被子植物门4门中的9纲、66目、260科、1366属、3972种。按照国务院1999年8月4日批准《国家重点保护野生植物名录》（第一批）。市内有国家一级重点保护野生植物珙桐、红豆杉等12种。有国家二级重点保护野生植物水蕨、中国蕨等38种。

【农业资源】2017年，绵阳市乡村户数1371940户，乡村人口数4124655人，其中男2141854人、女1982801人；乡村劳动力资源数2656689人，其中男1418120人、女1238569人；乡村从业人员2435275人，其中男1317530人、女1117745人。全市耕地面积33.72万公顷（水田15.11公顷、旱地18.61万公顷），园地4.81万公顷，林地118.77万公顷，395公顷，设施农业地5334公顷。建设高标准农田2.15万公顷，高标准农田面积达到18.32万公顷。农村用电量120990千瓦时；农用化肥施用量（折纯）212136吨。其中氮肥99335吨、磷肥53682吨、钾肥10892吨、复合肥48227吨；农用塑料薄膜使用量9462吨。其中地膜使用量6080吨、地膜覆盖面积952635亩；农用柴油使用量30185吨；农药使用量4802吨。

【气候资源】2017年，全市气候正常略偏差，年内光热充足、干旱偏轻，但盛夏暴雨洪涝灾害较重、风灾突出、秋绵雨偏重。年内天气气候条件总体有利于小春和大春作物生长发育，农业生产获得较好收成，但极端高温、大风、冰雹、强降水等天气对供电、旅游、建筑、交通等行业造成一定的不利影响。全市平均气温16.8℃，较常年（下同）偏高0.6℃；平均降水量886.4毫米，偏少8%；平均日照时数1227.5小时，偏多10%。

【环境质量】2017年，绵阳市空气质量综合指数在全省排名第10位，空气优良天数295天，达标率81.7%；水环境质量总体保持稳定，主要河流水环境质量达到功能区标准，出境断面和城市饮用水水源地水质达标率100%；生态环境质量稳定，城区区域环境、道路交通噪声质量整体较好，全年未发生重特大环境污染事件和因环境污染引发的群体性事件。全市环境空气的监测采用24小时自动监测的形式，城区共设4个国控环境空气自动监测站点，分别位于富乐山、市人大、高新区和三水厂，城区日均浓度为4个测点平均值，监测项目为二氧化硫（SO_2）、二氧化氮（NO_2）、可吸入颗粒物（PM10）、细颗粒物（PM2.5）、一氧化碳（CO）、臭氧（O_3）。环境空气中SO_2平均浓度为9微克/立方米，NO_2平均浓度32微克/立方米，CO日均值的第95百分位数为1.4毫克/立方米，O_3日最大8小时滑动平均值的第90百分位数为134微克/立方米，PM10平均浓度71.4微克/立方米，PM2.5平均浓度47.8微克/立方米。参照《环境空气质量标准》（GB3095—2012），绵阳城区2017年环境空气有效监测361天，达标天数为295天，达标比例为81.7%，较2016年上升3.5个百分点。全市市区降水pH均值为5.97，酸雨发生的频率为4.4%。全市境内涪江及其支流水质总体较好，国、省、市控断面Ⅰ~Ⅲ类水质占总体水质比例为100%，较2016年提高16.7%。城区2处市级集中饮用水源地水质状况良好，符合《地表水环境质量标准》（GB3838—2002）相关要求，达标率100%。全市功能区声环境质量监测点位有10个，主要包括有4类，分别是：住宅行政办公区、商业混杂区、工业集中区、主要交通干线两侧。监测结果显示：除4A类交通干线两侧声环境质量超标以外，其他各类功能区的昼间、夜间均能达到相应标准要求。城区区域噪声共有238个监测点位，平均等效声级为56.3分贝，质量状况等级为三级（一般），与2016年相比，区域环境噪声等级有所下降。城区道路交通噪声共布设监测点64个，全年监测1次，测定时段为昼间。监测结果表明：道路交通噪声昼间平均等效声级为69.8分贝，质量状况等级为二级（较好）。

图2　滨江公园

2017年绵阳市功能区声环境质量达标情况

表1

功能区类别	1类		2类		3类		4类	
	昼	夜	昼	夜	昼	夜	昼	夜
达标点次	4	4	20	20	8	8	6	0
监测点次	4	4	20	20	8	8	8	8
达标率（%）	100	100	100	100	100	100	75	0

注：1. 声环境质量评价采用《声环境质量标准》（GB3096—2008）及《环境噪声监测技术规范/城市声环境常规监测》（HJ640—2012）；
2. 城市声环境功能区分为4类。1类区：指以居民住宅、医疗卫生、文化教育、科研设计、行政办公为主要功能，需要保持安静的区域。2类区：指以商业金融、集市贸易为主要功能，或者居住、商业、工业混杂，需要维护住宅安静的区域。3类区：指以工业生产、仓储物流为主要功能，需要防止工业噪声对周围环境产生严重影响的区域。4类区：指交通干线两侧一定距离之内，需要防止交通噪声对周围环境产生严重影响的区域

2017 年绵阳市城区环境空气质量监测结果

表 2

单位：微克/立方米，CO 单位为毫克/立方米

点位	SO_2（年均值）	NO_2（年均值）	PM10（年均值）	CO（日均值第 95 百分位数）	O_3（日最大 8 小时值的第 90 百分位数）	PM2.5（年均值）	环境空气质量综合指数	监测天数	达标天数	达标率%
富乐山	8	20	57	1.5	140	41	3.87	354	298	84.2
市人大常委会	9	37	73	1.5	129	49	4.70	356	286	80.3
高新区	10	36	73	1.4	130	52	4.76	350	267	76.3
三水厂	9	33	82	1.4	139	51	4.82	356	276	77.5
城区 *	9	32	71	1.4	134	48	4.51	361	295	81.7

注：1. 城市环境空气评价执行《环境空气质量标准》（GB3095—2012）；

2. 城区大气污染物日均浓度为 4 个测点平均值，城区环境空气质量综合指数、达标率按城区大气污染物日均浓度值计算；

3. 环境空气质量综合指数是描述城市环境空气质量综合状况的无量纲指数，综合考虑了六项污染物的污染程度。环境空气质量综合指数越大，表明综合污染程度越重

【经济环境概况】2017 年，全市贯彻省委、省政府决策部署和落实市委经济工作会议安排部署，着力稳定经济增长，坚持以项目中心组织经济工作，扩大投资消费；继续开展“项目年”行动，落实《绵阳市 2017 年项目计划》，实施各类项目 1800 余个，其中省重点项目 40 个、市重点项目 175 个。截至年底，全市地区生产总值全年突破 2000 亿元，达到 2074.75 亿元，成为全省首个经济总量突破 2000 亿元的地级市，同比增长 9.1%，自 1998 年以后增速首次居全省第 1。三次产业调整优化为 14.1：40.4：45.5。地方一般公共预算收入 110.59 亿元，同口径增长 8.02%。城镇居民人均可支配收入 31822 元，同比增长 8.2%；农村居民人均可支配收入 14752 元，同比增长 9.2%。全市城镇新增就业 5.72 万人，城镇登记失业率 3.7%，控制在 4%预期目标以内。居民消费价格指数上涨 1.9%，控制在 3%的预期目标以内。金融业机构人民币存贷款余额分别为 3588.52 亿元和 1864.71 亿元，分别同比增长 12.3%和 11.6%。

2017 年，全市实现第一产业增加值 291.66 亿元，同比增长 4%。培育市级以上龙头企业 26 家、总数达 471 家，实现销售收入 455 亿元。新发展家庭农场 426 个，总数达 2386 个、土地经营面积达 1.28 万公顷。新发展农民合作社 505 个、总数达 3455 个，引领带动面达 73.3%。建成现代特色效益农业标准化基地 0.81 万公顷、高标准农田 2.15 万公顷。建设现代农业万亩示范区 76 个、产业园区 31 个、产业基地 1508 个。实施“沃野绵州”现代生态循环农业工程，无公害农产品产业整体认定面积 27.2 万公顷，占耕地总面积的 97%。

2017 年，全市规模以上工业增加值增长 10.5%，居全省第 4 位，是 2004 年以来最高排位。以“两新”产业为主导的八大重点产业产值增长 14.9%，电子信息、汽车、新材料、节能环保、高端装备制造、生物、食品、化工产业分别增长 9.9%、30.8%、20.8%、27.6%、26.1%、13.3%、8.4%、18.4%。“两新”产业产值占规模以上工业产值比重分别达到 54.1%、37.5%，继续领跑全川。新增规模以上工业企业 108 家，总数达 925 家。

2017 年，全市服务业增加值 944.33 亿元，同比增长 10.8%，增速首次居全省第 1 位。实施

“513”工程，11 个重点项目、13 家重点企业、6 个重点品牌入围四川服务业“三百工程”。建成 4 个省级现代服务业聚集区。成功创建国家电子商务示范城市，全市实现电子商务交易额 2606.1 亿元，同比增长 29%。举办 2017 中国（四川）电子商务发展峰会。旅游总收入 533.2 亿元，同比增长 26.4%。新增“新三板”挂牌企业 2 家，上市挂牌公司总数达 32 家，全市新增社会融资规模 220 亿元。

2017 年，全市完成固定资产投资 1436.54 亿元，同比增长 13.1%，实现 6 年以来最高增速。组织 2 次项目投资流动现场会和 4 次重大项目集中开工，集中开工项目 367 个，总投资 1164 亿元。216 个独立省市重点项目投资 350.6 亿元，投资完成率 131.5%。基础设施投资 502.1 亿元，同比增长 27.3%；技改投资 454.8 亿元，同比增长 26.8%。房地产开发投资 176.65 亿元，同比下降 14.1%。商品房销售面积 555.85 万平方米，同比增长 40.8%。完成民间投资 772.59 亿元，同比增长 4%，民间投资占全社会投资比重 53.8%。

2017 年，社会消费品零售总额 1112.48 亿元，是全省首个总量突破 1000 亿元的地级市，同比增长 12.5%。其中：批发、零售、住宿、餐饮业零售总额分别增长 11.5%、12.4%、14.1%、14.3%。组织 9000 余家企业（品牌）开展促销活动 566 场次，实现销售金额 178 亿元。建成村级电商服务网点 1580 个，培育农村电商经营主体 4420 家。2017 年，全市居民消费价格比 2016 年同期上涨 1.9%，同期全国同比上涨 1.6%，全省同比上涨 1.4%，绵阳同比上涨 1.9%，高于全国 0.3 个百分点，全省 0.5 个百分点。

2017 年，全市外贸进出口 114.97 亿元，同比下降 1.4%，比 2016 年收窄 31.3 个百分点。新增外贸备案企业 90 家，累计 1039 家。新增外商投资企业 27 家、增资 5 家，对外投资实际到位资金 10329.5 万美元。新增对外投资项目 6 个，对外投资企业总数达 53 家，投资总额 14 亿美元，居全省第 2 位。

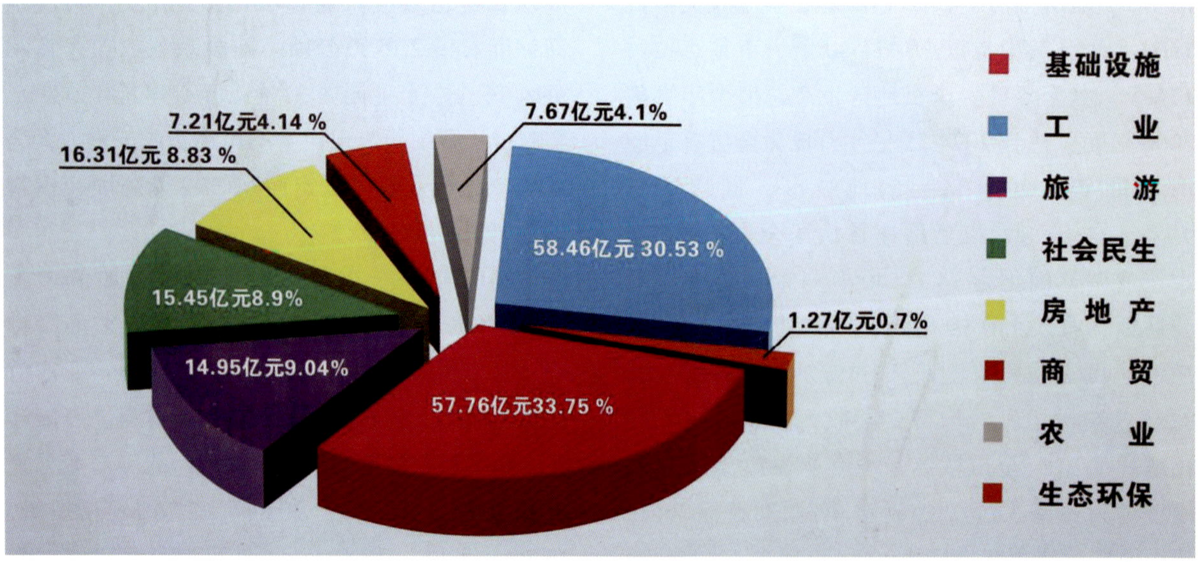

图 3　2017 年绵阳市 215 个重点项目行业推进情况示意图

【工业概况】2017 年，全市以高新技术产业和战略性新兴产业为方向，抓好电子信息、汽车产业发展，支持新材料、节能环保、高端装备制造等优势产业提升能级，全市规模以上工业企业主营业务收入 2723.2 亿元，同比增长 18.2%；全市实现工业增加值 681.6 亿元，工业化率 32.85%。规模以上工业增加值增长 10.5%，高于全省平均水平 2 个百分点，位居全省第 4 位，是绵阳市自

2004 年以来在全省的最高排位。完成工业投资 493.21 亿元，增长 26.6%，技改投资 454.8 亿元，增长 26.8%，均超额完成省市下达的年度目标任务。单位工业增加值能耗下降 6.7%。“两新”产业产值占规模以上工业总产值比重分别达 54.1%、37.5%，同比分别提高 0.6 和 1.5 个百分点，继续保持全省领跑优势。

2017 年，全市八大产业累计实现产值 2397.3 亿元，同比增长 14.9%，占全市工业比重达 75%。八大重点产业产值增长 9.5%，其中电子信息产业增长 9.9%，汽车产业增长 30.8%，新材料产业增长 20.8%，节能环保产业增长 27.6%，高端装备制造产业增长 20.8%，生物产业增长 13.3%，食品产业增长 8.4%，化工产业增长 18.4%。2017 年全市纳入统计的战略性新兴产业企业总数达到 252 家，占全市工业比重达 37.5%。

2017 年，全市实施工业大企业大集团培育“领航计划”，新增 50 亿元以上企业 2 家，10 亿元以上企业 7 家，4 亿元以上企业 17 家。全市规模以上企业达 928 家，新增规模以上工业企业 108 家。截至年底，规模以上工业企业中，年产值 4 亿元以上企业 114 家，比 2016 年增加 16 家，其工业总产值同比增长 14.1%，占全市规模工业企业年产值的 73.2%，比重比 2016 年下降 0.1 个百分点。10 亿元以上企业 35 家，增加 7 家，其工业总产值同比增长 14.2%，产值占全市规模工业企业年产值的 58.2%，比重比 2016 年下降 0.5 个百分点；50 亿元以上企业 6 家，新增 2 家，其工业总产值同比增长 9.6%，占全市规模工业企业年产值的 38.8%，比重比 2016 年下降 0.5 个百分点。

全市规模以上工业企业主营业务收入 2723.2 亿元，同比增长 18.2%；盈亏相抵后利润总额 133.3 亿元，增长 19.9%。制定出台改进服务工业企业九条措施，帮助解决企业生产经营中的困难问题。攀长钢结束 20 年亏损，实现扭亏为盈，长虹控股公司蝉联川企百强榜首。出台特色园区推进工作方案，促进产业集群发展，全市产业园区规模以上工业总产值 2656.5 亿元，增长 17%。推进“三去一降一补”，实行水泥企业错峰生产，压减水泥产量 345.4 万吨。努力减轻企业负担，减免各类税费 62.82 亿元。着力解决企业融资难题，为 63 家企业办理应急转贷资金 4.94 亿元，降低融资成本 2500 万元。

【交通概况】2017 年，绵阳市围绕国家科技城建设和西部现代化强市建设为目标，推进全市区域交通枢纽建设。34 个交通基础项目相继开工，九（寨沟）绵（阳）高速、绵（阳）西（充）高速等项目建设整体推进，绵阳机场扩建项目设计方案、概算方案经西南民航管理局审批通过。至年底，全市公路通车里程 20171.46 千米，其中高速公路 318.42 千米、一级公路 445.38 千米、二级公路 842.18 千米、三级公路 937.74 千米、四级公路 13199.70 千米、等外级公路 4428.04 千米；公路密度，按国土面积计算：99.6 千米/百平方千米；按人口计算：37.58 千米/万人。客运站 2254 个，其中一级站 5 个、二级站 7 个、三级站 3 个、四级及以下站 2239 个（五级简易站、招呼站）。营运汽车 27794 辆，其中客车 3057 辆，货车 24737 辆。公路客运量 4268.116 万人次，周转量 244576.852 万人千米；公路货运量 6574.724 万吨，周转量 771749.131 万吨千米。

2017 年，西（安）成（都）客运专线正式开通投运，实现与成（都）绵（阳）乐（山）客专贯通运营，境内 121 千米高铁贯穿南北，形成北上出川高铁大通道。成（都）兰（州）高铁绵阳段项目整体推进，绵（阳）遂（宁）内（江）城际铁路建设前期规划工作基本完成，皂角铺铁路物流基地项目完成进场。截至年底，全市超额完成年初下达的 12.15 亿元铁路建设投资任务，境内西成客专完成投资 10.07 亿元（年度计划 10 亿元），成（都）兰（州）铁路完成投资 2.5 亿元（年度计划 2.15 亿元）。2017 年，绵阳铁路客发送旅客 6593429 人，比 2016 年 5792192 人增加 801237 人，同比增长 13.8%。直通人数 851012 人，比 2016 年 895927 人减少 44915 人，同比下降 5%。管内人数 5742417 人，比 2016 年 4896265 人增加 846152 人，同比增长 17.3%。

2017 年，绵阳南郊机场共实现航班起降 2.85 万架次，同比增长 48.4%；运输旅客 354.3 万人次，同比增长 63.10%，完成年度目标任务（230 万人次）的 154.1%；运输货邮行 2.23 万吨，同比增长 31.6%；年平均客座率 77.5%，同比提升 1.9%。位居四川省第 2 位，西南地区第 8 位，全国第 49 位。累计新增航点 5 个，恢复航点 6 个，加密城市航线 15 个。夏秋航季期间，有通航城市 38 个、航线 47 条、执飞航空公司 21 家。

图 4　绵阳南郊机场

【教育与人才概况】2017 年，全市有各级各类学校 1416 所（其中高等教育学校 14 所、普通高中 36 所、普通初中 183 所、小学 409 所、幼儿园 744 所、特殊教育学校 7 所、中等职业学校 23 所），有在校学生 836919 人。14 所高等院校中，全日制普通教育本科院校 6 所、市属全日制普通教育专科院校 3 所、全日制民办高等职业技术学院 2 所、成人教育本科院校 1 所、成人教育专科院校 2 所，全日制在校大学生 137947 人，新增 5560 人，在校教职工 11000 人，办学规模居全国市州城市第 3 位。在四川省“十三五”高校设置规划中，四川通用航空职业学院进入设置规划。全年高校科研投入 1.46 亿元，有省部级重点实验室（实训基地）17 个、博士点 3 个、硕士点（覆盖专业）72 个、职业技能鉴定站（覆盖工种）147 个。

2017 年，科技城创新人才发展体制机制，总结推广“大型军民融合国有企业人员自评价机制”“省部共建军民融合专业人才培养基地”等重要经验，推进军地人才深度融合。出台 6 个人才队伍专项规划、扩大人事自主权、激励专业技术人才扎根基层等政策，绵阳被国家列入科技人才激励计划两个试点地区之一。向上争取设立新一轮科技人才发展专项资金和省级创建创新驱动发展人才示范区。实施“军民人才深度融合四大计划、科技创业领军计划、脱贫攻坚人才行动”等重大人才工程，共资助147个人才（团队、项目）4856万元。开展人才工作服务脱贫攻坚“三大行动”和第二批文化领军人才资助工程。全年引进高校毕业生28521名，其中博士310名、硕士2139名；柔性引进院士5名、外国专家100名。建成运营全省唯一的国际人才综合市场——中国国际人才市场国家科技城（绵阳）分市场。与中国航天科技集团共同组建绵阳科技城军民融合人力资源服务有限公司，全国首个军民融合人才交流服务平台、军民融合人力资源服务产业园落地绵阳。开展“科博会”人才交流与成果展示、“海外高新科技人才走进中国（绵阳）科技城推介会”等高端人才交流活动，成功对接人才项目92项，引进海归人才97名。与国防科技大学建立高层次人才互访合作对接机制，开展清华大学、武汉大学研究生社会实践活动。在全省率先出台市委领导联系高层次人才文件，推行重大项目引进人才“一对一”咨询服务机制，实现高层次人才联系服务工作制度化安排。举办“2017中国（绵阳）科技城人才之夜”，启动建设绵阳市高端人才服务中心和“200名人才专项事业编制保障工程”，培训军民融合企业家157人次。开展“绵州友谊奖”、院士“专家”工作站备案、拔尖人才和文化领军人才的选拔。

【商贸概况】2017年，全市推进全企入网、全民触网、电商示范“三大工程”和“旗舰平台”培育计划，统筹发展现代旅游、养老健康、科技服务、金融服务、会展服务等新兴先导型服务业。截至年底，全市实现社会消费品零售总额1112.48亿元，居全省第二，成为全省首个突破千亿元的地级市，增速12.5%。其中城镇市场实现消费品零售总额742.81亿元，同比增长12.5%，占全市社消零总额70.3%，在消费品市场占主导地位；乡村市场实现消费品零售额369.67亿元，同比增长12.7%，高于城镇0.2个百分点，乡村消费市场迅速发展。据统计，全市有各类商品交易市场240个，其中：消费品市场222个，生产资料市场18个。

从消费形态看，全市批零住餐行业实现商品零售额932.6亿元，占社会消费品零售总额83.83%，同比增长12.3%，商品消费依然占据消费市场主导地位；实现餐饮收入179.87亿元，占社会消费品零售总额的16.17%，同比增长14.1%，餐饮业转型升级成效显著，大众餐饮迅速发展。

从消费结构看，全市有限额以上单位1141家，限额以上单位实现社会消费品零售总额478.63亿元，占全市社会消费品零售总额的43.02%，同比增长15.2%，比2016年提升3.5个百分点，商贸流通行业供给侧结构性改革成效显著，重点商贸流通企业成为消费品市场的主力军。其中限额以上单位实现餐饮收入38.29亿元，同比增长13.1%；实现商品零售440.34亿元，同比增长15.4%。全市限额以上商贸流通企业实现“互联网+”模式比例达90%以上。本地企业连锁经营比例扩大，全市连锁经营企业达188家，连锁率达31.5%。从热点商品看，除体育、娱乐用品类下降外，其余15类商品销售均呈正增长。其中，粮油、食品、饮料、烟酒类实现销售额75.13亿元，同比增长13%；汽车类实现零售额97.11亿元，同比增长9.9%；家用电器和音像器材类实现零售额97.52亿元，同比增长35.2%。

2017年，全市受国际国内经济形势影响，外贸系统负重前行，全年实现外贸进出口总额115亿元，实现外贸出口总额61.38亿元，同比下降10%，较2016年收窄36个百分点。机电产品出口34.5亿元，占全市出口比重56.2%；高新技术产品出口21亿元，占全市出口比重34.2%。全市新增外贸备案企业90家，累计达1039家。新增进出口上亿美元企业1家、上千万美元企业2家，40余家企业从代理出口转为自营出口或首次实现自营出口。

（张永兴　李维怡）

科技城概览

【概况】2017年4月7日，国务院正式批复《绵阳科技城“十三五”发展规划》，明确科技城发展定位为“创新驱动发展的试验田、军民融合创新的排头兵和西部地区发展的增长极”，成为指导未来科技城发展的纲领性文件。市委、市政府印发《绵阳科技城“十三五”发展规划任务分解方案》，围绕工作任务，明确分工、落实责任，有序推进70项工作任务。3月27日，省委副书记、省长尹力在成都主持召开四川省建设绵阳科技城领导小组第18次会议。9月16日，绵阳科技城建设部际协调小组第13次会议在绵阳召开，中共中央政治局委员、国务院副总理刘延东出席会议并讲话；第五届中国（绵阳）科技城国际科技博览会、中国（四川）电子商务发展峰会等重大活动在绵阳举行。绵阳“军民大型国防科研仪器设备整合共享”“应收账款为质押的融资服务”2项全面创新改革经验成果作为国家13项改革经验成果向全国推广；19项经验成果入选四川省两批创新改革经验成果（首批11项、第2批8项）。截至年底，科技城范围内地区生产总值（GDP）1476.88亿元，同比增长9.9%；第二产业增加值746.8亿元，同比增长9.1%，规模以上工业增加值增长10.5%；第三产业增加值730.08亿元，同比增长10.9%；全社会固定资产投资总额达1137.51亿元，同比增长13.4%；社会消费品零售总额达833.78亿元，同比增长12.7%。国家军民融合服务机构绵阳3家入选，位居全国第2。九洲空管二次雷达等军民融合专业园区入驻企业186家，完成投资133.66亿元。开展第二批军民融合企业认定，新增认定军民融合企业85家，军民融合企业累计321家，军民融合企业产值突破1500亿元，同比增长11%，占全市工业总产值50%。科技城范围内园区实现规模以上工业总产值2656.6亿元，同比增长17.6%，占全市规模以上工业总产值的86.9%，产业集中度82%。

【科技城设置历史背景】1949年10月以前，绵阳是一个以农业为主的欠发达地区，工业技术相对落后。1949年10月以后，从国家“一五”计划和“三线”建设时期起，中国工程物理研究院（以下简称“中物院”）、西南自动化研究所、中国空气动力研究与发展中心（以下简称“中国空动研发中心”）、中国航发四川燃气涡轮研究院（以下简称“中国航发涡研院”）等国防科研院所和军工骨干企业相继迁至绵阳，国营长虹机器厂（长虹集团前身）、国营涪江机器厂（九洲集团前身）等国有大型企业落户绵阳，西南科技大学、绵阳师范学院等高校先后成立，奠定下绵阳军民融合发展的坚实基础。改革开放初期，绵阳响应国家军民结合发展方针，依托“三线”资源，实施“军转民科技兴市”战略，长虹、九洲等军转民领军企业迅速崛起，绵阳工业水平、经济实力显著提升，经济建设快速发展，成为国家重要的国防军工与科研生产基地以及电子信息产业基地。

20世纪90年代，中央和国家多位领导人先后到绵阳视察，认为绵阳具备加快发展的巨大潜力，可以在西部地区实现率先发展并发挥示范和引领作用。2000年9月，党中央、国务院作出建设绵阳科技城的重大决定。中共中央政治局常委、国务院副总理李岚清到绵阳视察，亲自联系科技城建设工作，促成国务院批准成立由科技部牵头，国家发改委等11个国家部委组成的绵阳科技城建设部际协调小组（截至2017年，成员单位增至19个）。2001年7月，国务院印发《关于建设绵阳科技城有关问题的批复》（国函〔2001〕76号），正式批复《绵阳科技城发展纲要》，指出："建设好绵阳科技城，把绵阳市丰富的科技资源转化为巨大的生产力，促进我国西部地区的经济发展，是邓小平同志关于'科学技术是第一生产力'重要论断的具体实践，对实施西部大开发战略和科教兴国战略具有重要意义。"为此，由党中央和国务院命名的全国唯一一个科技城在绵阳诞生。多年来，绵阳秉持"发展高科技、实现产业化"的指导思想，肩负起为国家实施创新驱动、军民融合、对外开放等重大战略探索路径，探索出经验成果向全国和全省推广。

【全面创新改革试验系统推进】2017 年，科技城 147 项年度全面创新改革试验工作任务协调推进，"军民大型国防科研仪器设备整合共享""应收账款为质押的融资服务"2 条改革经验在全国复制推广；军民融合创新载体不断提升，国家军民两用技术交易中心实现交易额 8.8 亿元，并建立河北分中心；四川军民融合大型科学仪器共享平台拥有 8000 余个检验检测项目，服务企业 1100 余家；成立全国首家军民融合磁性材料标准创新中心、电子信息军民融合创新实验室，组建中兵装集团智能制造技术中心和四川军民两用技术再研发中心；院所高校改革协调推进，中兵装集团 58 所混合所有制改革试点、西南科技大学职务科技成果权属混合所有制改革试点、市农科院科技成果使用权、处置权和收益权改革试点稳步推进。

【科技城集中发展区建设】2017 年，集中发展区建设实现"双百亿"目标。开展集中发展区基础设施"大会战"，52 个基础设施建设项目协调推进，累计完成投资 102.12 亿元，是 2014—2016 年总投资的 3 倍以上。总投资 81 亿元的国内最大规模装配式综合管廊项目开工建设，5 平方千米启动区基本建成，"四纵四横"道路骨架和 30 平方千米核心区主体框架加快形成。产业项目协同推进，67 个重点产业项目完成投资 106.37 亿元。

【"三区"和"多园"协调发展】2017 年，高新区、经开区、科创区"三区"重点项目加快推进、创新要素加速聚集，金家林总部经济试验区、游仙经开区、安州工业园等园区产业承载能力持续提升。汽车产业园、生物医药产业园等特色园区加快建设。2017 年，产业园区实现规模以上工业总产值 2656.6 亿元、增长 17.6%，占全市规模以上工业总产值达 86.9%，产业集中度达到 82%。

【产业项目建设】2017 年，科技城实施"项目年"，推动六合锻造航空与燃机合金锻件项目、银河化学晶体铬酸酐产业化项目等 193 个项目开工建设，富临精工电磁阀生产线项目等 73 个重点项目竣工投产，京东方柔性面板、旭虹光电曲面玻璃等 84 个项目加快建设。全市工业和技改投资增速连续 9 个月保持 20%以上的快速增长，全年分别完成 493.21 亿元、454.80 亿元，总量排名比 2016 年分别上升 3 位和 1 位。

【"两新"产业】2017 年，科技城"两新"产业加快发展，科技城内高新技术企业达 239 家，高新技术产业和战略性新兴产业产值占工业总产值比重分别达 54.1%、37.5%，同比提高 0.6 和 1.5 个百分点，保持全省领跑优势。制定实施《八大重点产业推进方案》，八大重点产业产值增长 14.9%，同比提高 5.4 个百分点，其中汽车、新材料、节能环保、高端装备、化工、生物 6 个产业保持两位数增长。

【"领航计划"实施】2017 年，绵阳的长虹、九洲等 10 家企业进入全省制造业 100 强，新华内燃机、铜鑫铜业等 7 家企业进入全省 100 强大企业大集团培育名单，攀长钢 20 年以来首次扭亏为盈。全年新增 50 亿元以上企业 2 家、10 亿元以上企业 7 家、4 亿元以上企业 23 家、亿元以上企业 83 家，新增“专精特新”企业 65 家，新增规模以上企业 108 家，初步形成业态高端、梯次衔接的现代企业集群。

【国家电子商务示范城市创建】2017 年 1 月，国家发改委、商务部、中国人民银行、海关总署、国家税务总局、国家工商行政管理总局和国家质量监督检验检疫总局等七部委联合批复同意绵阳市在内的 17 个城市创建国家电子商务示范城市。绵阳市成为继成都市后，四川省第二个列入国家电子商务示范的城市。2017 年，科技城实施网销品牌、本土平台、电商集聚区三大培育计划，举办 2017 中国（四川）电子商务发展峰会，制定支持跨境电商出口政策措施，推进绵阳国际（跨境）电子商务产业园建设，引进孵化跨境电商企业 37 家。全市有重点电商企业 169 家，规模以上（限额以上）电商企业 21 家。推进电子商务与一、二、三产业深度融合，全年电商网络交易额突破 2600 亿元，居全省第二位，同比增长 28.94%。

【国家重大科技专项】2017 年，中物院某重大装置实现落地开工。成立市服务保障中物院某重大装置领导小组，完成约 100 公顷项目主体用地拆迁，地方配套基础设施项目开工建设，做好中物院春蕾小学规划选址及职工家属就业、就学、就医等各项服务保障工作。2017 年，空气动力基地重大项目推进顺利。做好空气动力基地建设发展的协调服务，大型低速风洞等项目按计划推进，国家空气动力数值模拟军民融合重大工程项目基本确定在绵阳建设，并开展前期工作。军地联合推进全军武器采购信息网（内网）异地查询点申报；空气动力重大设备设施跨军民、跨行业、跨地区开放共享启动实施。支持承接国家“两机”（航空发动机、燃气轮机）专项，航空发动机研保能力建设加快实施，亚洲唯一的高空模拟试车台建成并开展多项型号试验，燃气轮机燃烧工程技术研究中心（省级）获批建设，着力打造成规模世界第二的航空发动机试验基地。

【“大众创业万众创新”工作】2017 年，科技城创新中心三期加快建设，工业技术研究院累计引进孵化项目 52 个，中科育成中心累计推动院企签订项目合作协议共 14 个。全年新增孵化器 8 家、总数达 58 家，孵化总面积超过 110 万平方米，入驻孵化企业和服务机构超过 3500 家，初步形成了“众创空间（星创天地）+专业孵化器+特色孵化器+特色园区”的创新链条。创新主体培育发展加快。全年“涌泉计划”深入实施，科技型中小企业累计认证总数超过并稳定在万家以上，其中 78 家企业升规入统。推进国家知识产权示范城市建设，实现专利申请 10889 件，授权量 4749 件，实现专利实施项目 1697 个，完成技术合同交易 361 份，累计金额 8.8 亿元。2017 年全市科技创新综合水平指数 70.64%，处于全国领先。人才培养聚集持续加强。举办“中国（绵阳）科技城人才之夜”颁奖活动，实施全国首个军民融合人才专项资助计划，“千英百团·军民融合高层次人才（团队）资助计划”等三个专项计划共资助 50 余个团队和人才、资助总额 2628 万元。推进四川省军民融合研究院、四川省军民融合产业高技能人才培训基地和西科大国防科技学院建设，做好“大国工匠”培育，年培养军民融合人才近 4 万人。

【金融服务】2017 年，绵阳申建中国（绵阳）科技城军民融合金融综合改革创新试验区，成立军民融合金融服务中心、保险支公司等金融服务专营机构，全国首家军民融合科技支行、军民融合担保公司揭牌运营，天府（四川）股权交易中心军民融合绵阳分中心获批成立，覆盖军民融合银行、担保、保险、基金、证券等金融机构体系基本建成。全年全市军民融合企业贷款家数 99 家，军民融合贷款余额 246.3 亿元。2017 年，金融产品创新成效明显。深化应收账款融资服务试点，应收账款融资额 2017 年新增 12 亿元，达到 43 亿元。重点推动军民融合银行、保险支公司等机构创新服务产品，推出“军民融合补贴贷”“军工订单贷”“军融保”等专属金融产品，为军民融合企业提供保险风险保障超过 1000 亿元。强化信用贷款，探索专利权、商标权、股权质押、军工资质等全覆盖融资方式，推广军民融合金融专属产品。2017 年，全市军民融合信用贷款 129.80 亿元，占军民融合企业贷款的 52.7%。2017 年，推进多层次资本市场融资。牵头打造全省军民融合板，全市在天府（四川）股权交易中心挂牌企业总数达 300 家、居全省第二，其中军民融合板 130 家、居全省第一。建立拟上市发债后备企业数据库，全市入库企业 350 家，年内新增“新三板”挂牌企业 2 家，全市上市公司总数达到 32 家，居全省第二位。发挥绵阳科技城军民融合成果转化基金等系列基金的作用，挖掘金华洋、麦思威尔等 10 余个优质军工项目。2017 年，全市实现直接融资和其他多渠道融资 120 亿元。

【交流合作】2017 年，科技城举办第五届中国科技城国际科技博览会（以下简称“科博会”）。科博会期间举办主要活动 36 项，44 个国家、地区和国内众多创新示范区参展参会，国内外 754 家单位参展，参展项目 3065 项、展品 10019 件，签约各类项目 665 个、金额 1114 亿元。展会邀请以色列担任主宾国，国务院总理李克强和以色列总理内塔尼亚胡分别发来贺信。推进对外开放载体工作。综合保税区申建工作有序推进；欧盟创新中心科技城分中心正式揭牌，对接项目 30 余项，搭建中欧大学国际交流合作机制，建立 200 家中方企业对欧合作项目数据库，引进康帕斯集团等国际企业 18 家；英国剑桥科技孵化园、科技城大数据产业研究院等 10 余项合作项目签约落地；中德（绵阳）创新产业合作平台加快建设，推动长虹、新晨动力、麦迪克、中医药高等创新企业深化与德国开展交流合作。外向型经济发展。突出高新技术产品、化工产品、农副产品等优势，长虹、九洲等一批企业加快建设境外合作项目，推进市场拓展。组织长虹、九洲等 14 家龙头企业组建“绵阳企业进出口联盟”，带动中小企业抱团出海，首次在悉尼举办“绵阳造”家电产品海外发布会。全年组织长虹、九洲、光友薯业等 153 家企业参加“万企出国门”系列展会，申请使用展位 216 个，达成意向成交额 4.38 亿美元，43 家企业首次实现“走出去”。招商引资取得突破。全年国内省外履约项目 696 个，国内省外到位资金达到 431.02 亿元，继续稳居全省第 2 位。全市新签约重点招商项目 469 个，拟投资额 2126.75 亿元，其中“两新”产业项目 249 个；引进 5 亿元以上省外重大项目 52 个，特别是总投资 453 亿元的汉能移动能源、投资 30 亿元的东旭新能源汽车整车项目、投资 30 亿元的华晨南方基地汽车整车项目、投资 10 亿元的信息安全项目等一批重特大产业项目相继落户绵阳。

【科技城建设部际协调小组第 13 次会议】2017 年 9 月 16 日，科技城建设部际协调小组第 13 次会议在绵阳召开。中共中央政治局委员、国务院副总理刘延东出席会议并作讲话。刘延东肯定绵阳科技城建设取得的重大成效，并对未来发展作出重要指示，要求坚定不移提升科技创新能力，夯实绵阳科技城创新发展的基础；要坚定不移推动军民融合创新，实现国防和经济建设综合效益最大化；坚定不移全面深化改革，释放绵阳科技城建设活力；坚定不移扩大开放合作，打造内陆城市开放创新高地；坚定不移完善工作机制，形成加快科技城创新发展的强大合力。全国政协副主席、科技部部长、中国科协主席万钢主持会议。国务院副秘书长江小涓出席会议。省委副书记、省长、省建设绵阳科技城领导小组组长尹力作四川省推进建设绵阳科技城工作汇报。科技部副部长李萌代表部际协调小组汇报部际协调小组支持绵阳科技城建设情况、下一步工作主要考虑和建议。部际协调小组各成员单位就支持绵阳科技城建设作发言。副省长、省政协副主席、省建设绵阳科技城领导小组副组长刘捷，省政府秘书长、省科建办主任唐利民出席会议。市委书记、绵阳科技城党工委主要负责人作绵阳科技城建设工作汇报。市委副书记、市长、绵阳科技城管委会主任、省科建办副主任刘超，市人大常委会主任马华、市政协主席张锦明参加会议。

（何　璇）

科技城发展优势

【概况】绵阳科技城建设有着很多优势条件，从组织结构上，从国家层面上建立建设绵阳科技城部际协调领导小组；从省层面上四川成立省建设绵阳科技城领导小组；绵阳市成立科技城党工委和管委会。从政策上，国家和省相继出台支持绵阳科技城建设相关政策，绵阳市出台 30 余项政策。从区位上，绵阳处于“一带一路”倡议沿线和长江经济带的重要支点城市，位于成都、重庆、西安等城市构建的大三角区域及成渝经济区的腹心地带，是成都平原城市群的重要节点城市，有中物院等国家级科研院所 18 家，西南科技大学等高校 14 所，形成以航空、高速公路、高铁、铁路为一体的快捷交通网络。聚集“两院”院士 27 名，省重大专项专家 49 名，享受政府特殊津贴专家近 1000 名，各类专业技术人才 23.1 万人。研究与试验发展（R&D）经费支出占地区生产总值（GDP）比重 7%以上，位居全国城市前列。

【政策优势】党中央、国务院批准成立由科技部牵头、19 个国家部委组成的科技城建设部际协调小组，批准科技城执行中关村政策和国家自主创新示范区先行先试政策，批准成为国家自主创新示范区联席会议成员，确定为“系统推进全面创新改革试验区”，在军民深度融合发展上先行先试。四川省政府赋予科技城 19 项省级经济管理权限，出台《关于加快推进绵阳科技城建设的指导意见》《支持绵阳科技城加快建设政策措施》等 10 条政策措施，明确对科技城土地利用实行单列管理，规划建设科技城集中发展区，支持举办中国科技城国际科技博览会。省财政安排科技人才发展专项基金，支持开展股权激励和科技成果转化奖励试点。绵阳市政府出台《关于加快科技型中小企业发展的决定》《绵阳科技城“千英百团”聚才计划高层次人才引进实施细则（试行）》《绵阳市发展科技型中小企业“涌泉计划”实施方案（试行）》《关于进一步加强知识产权工作促进专利转化实施的意见》30 余项配套政策。构建起国家，省，市三级科技城建设政策体系。

【区位优势】绵阳是“一带一路”倡议沿线和长江经济带的重要支点城市，位于成都、重庆、西安等城市构建的大三角区域及成渝经济区的腹心地带，是成都平原城市群的重要节点城市。市区南距成都 98 千米，东距重庆 300 多千米，北距西安 700 千米。境内交通网络发达，成（都）绵（阳）高速及复线、108 国道、绵（阳）遂（宁）、成（都）绵（阳）广（元）高速公路穿境而过；宝（鸡）成（都）铁路、绵（阳）成（都）乐（山）城际铁路和西（安）成（都）客运专线纵贯南北；绵阳南郊机场开通至北京、上海、广州等国内 37 个主要城市的 58 条航线，年旅客吞吐量达到 354.3 万人次，是四川省第二大机场和国家中型民用机场。拥有完备的海关、检验检疫机构，建有二类铁路口岸、公共保税仓库、集装箱货栈和出口加工区。

【产业优势】绵阳是国家新型工业化产业示范基地，四川省第二大经济体。拥有国家级高新技术开发区和国家级经济技术开发区等2个国家级开发区，8个省级开发区和15个特色专业园区，有各类市场主体29.5万家、规模以上工业企业971家、上市挂牌公司32家，是数字视听、军民融合国家新型工业化产业示范基地。2017年，绵阳地区生产总值（GDP）在全省地级城市中率先突破2000亿元，增速排名全省第一，规模以上工业增加值增速位居全省第四，是近13年来最高排名，服务业增加值增速排名全省第一。科技城全年实现地区生产总值（GDP）1476.9亿元，同比增长9.9%；规模以上工业增加值增长10.5%，全社会固定资产投资1137.51亿元，同比增长13.4%；社会消费品零售总额833.8亿元，同比增长12.7%；研究与试验发展（R&D）经费支出占地区生产总值（GDP）比重7%以上。电子信息、汽车、新材料、节能环保、高端装备制造、生物等六大高新技术产业和战略性新兴产业（以下简称“两新”产业）发展迅速，“两新”产业产值占工业总产值比重分别达到54.1%、37.5%。

【科研及人才优势】科技城是国家重要的国防军工和科研生产基地。2017年，拥有中国工程物理研究院、中国空气动力研究与发展中心等国家级科研院所18家，西南科技大学等高等院校14所；建成国家重点实验室8个，国家工程技术研究中心5家、国家级企业技术中心8家；建成绵阳科技城创新中心等创新服务平台，科技企业孵化器达到58个、总面积达110万平方米。在绵阳军工单位牵头或参与国防科研项目1000余项，国家经济建设和国防建设融合发展“十三五”规划的21个军民融合重大示范项目，其中2个布局在绵阳。2013—2017年5年内累计申请专利40640件，获得专利授权19923件。聚集“两院”院士27名，“千人计划”专家49名，享受政府特殊津贴专家近1000名，各类专业技术人才23.1万人。建立中国国际人才市场国家科技城分市场，实施“万名专家服务基层行动计划”“海外赤子为国服务行动计划”和“大国工匠走进科技城”活动。7所高校在绵阳设立分支机构，成立全省唯一的军民融合产业高技术人才培训基地，西南科技大学国防科技学院6个军工专业面向全国招生，在绵阳的40所大、中专院校开设军民融合相关专业186个，年培养军民融合人才近4万人。（何　璇　张永兴）

科技城规划建设

【概况】2017年，科技城建设围绕市委、市政府建设国家科技城和幸福美丽绵阳的中心工作，按照“建设新城、完善组团、提升老城”的总体思路，统筹推进绵阳城市规划工作。全年开展规划编制（修编）23个：全面推进《绵阳市城市总体规划（2016—2035)》修编；完成《科技城集中发展区核心区（安昌河以北区域）控制性详细规划》《安州区河东新区控制性详细规划》《绵阳市富乐山风景名胜区详细规划》4个控制性详细规划编制及成果报批工作；完成游仙东林镇、高新区河边镇、涪城区吴家镇等6个重点镇总体规划及控制性详细规划编制（修编）工作；完成《绵阳市海绵城市专项规划》《绵阳市城市地下综合管廊专项规划》《绵阳市中心城区建筑垃圾处理专项规划》4个专项规划编制及成果报批工作；启动科创园区、高新区、经开区、游仙小岛片区、安州河西5个片区控制性详细规划编制（修编）工作，完成科创园、高新区、小岛片区初步方案编制；启动《绵阳市综合交通规划修编》《绵阳市慢行系统专项规划》《绵阳市停车设施专项规划》3个专项规划编制工作。

【绵阳市总体规划修编（2016—2035）】2013年6月25日，四川省政府批准成立绵阳科技城集中发展区；2016年3月20日，国务院批复调整绵阳市部分行政区划，同意撤销安县，设立绵阳市安州区。绵阳城市的行政区划、发展空间格局发生重大变化。为保证城市总体规划对城市发展的科学和及时指导，解决城市发展面临的实际问题，2016年12月中国城市规划设计研究院（以下简称“中规院”）开展总体规划实施评估报告和总体规划修编工作。中规院现场踏勘全市域，对各县市区中心、重点功能区进行详细摸底及航拍记录，与市直部门和各区县进行20余场座谈，走访10余个部门，收集资料900余项。2017年6月29日，评估实施报告通过省住建厅技术评审会；10月9日，省住建厅同意绵阳市开展城市总体规划（含市域城镇体系规划）的修编工作。10月起，总体规划初步方案进行多次沟通、汇报、修改，规划方案将严格按照《中华人民共和国城乡规划法》《四川省城乡规划条例》等相关法律、法规的审批权限和程序完善后续报批工作。

【科技城集中发展区总体规划】2013年6月，省政府批准成立绵阳科技城集中发展区（〔川府发（2013）29号〕〔川府发（2013）30号〕）。科技城集中发展区位于绵阳主城区西北方向，衔接涪城、游仙、安州三区，规划面积281平方千米，建设用地100平方千米。同年8月，中国城市规划设计院开展集中发展区总体规划及核心区概念性城市设计。规划分别于2014年2月13日原则通过省建设绵阳科技城领导小组第十四次会议审议、于2014年4月11日通过专家评审，2014年8月20日通过2014年第4次市规委会审议，于2014年9月26日至2014年10月27日进行规划公示，并以绵府〔2014〕147号文上报省政府批复。2017年4月，国务院批复绵阳科技城“十三五”发展规划，批复指出努力把绵阳科技城打造成为创新驱动发展的试验田、军民融合创新的排头兵和西部地区发展的增长极。

科技城集中发展区是以军民融合为特色的创新驱动发展的核心载体，是集聚高端资源、承载产业发展的战略平台和产业新区，是奠定绵阳现代化大城市格局的城市新区。《科技城集中发展区启动区控制性详细规划》《科技城集中发展区核心区（安昌河以北区域）控制性详细规划》公布于2015年1月。

【科技城集中发展区启动区控制性详细规划】科技城集中发展区启动区位于绵阳市中心城区的西部，主要涉及行政区划为高新区新区和河边镇，距成绵高速绵阳南出入口约4千米。2014年1月，按照市委、市政府建设科技城工作部署，市城乡规划局委托绵阳市城市规划设计研究院编制《绵阳科技城集中发展区启动区控制性详细规划》。该规划于2014年5月5日通过专家评审，2014年6月19日通过第3次市规委会审议，2014年7月2日至2014年8月1日在绵阳晚报、市城乡规划局网站进行公示，2015年1月，规划成果经市政府批复实施。规划范围东至二号路、草溪河，西至花宝路二期，南至冯家湾，北至B3道路，规划总用地面积约10平方千米，其中城市建设用地约8.4平方千米。规划区可容纳居住人口约6万人，就业人口约7.5万人。规划将科技城集中发展区启动区定位为以现代信息技术产业为主的产业园区，其中河边镇为生活配套服务区。规划形成“一带两轴、两心三片”的空间布局结构：一带——沿草溪河发展带；两轴——沿科技城大道的科技形象轴和沿成绵复线连接线及延长至安县工业园的产业发展轴；两心——沿草溪河承载启动区的科研生产、高端服务等功能的产业服务中心和沿草溪河河边镇段的商业、休闲、餐饮、社区配套服务等功能的居住服务中心；三片——以3D打印、军民融合等为主导产业的产业北片区、以现代信息技术产业为主导的产业南片区和以河边镇为核心的中式滨水小镇作为产业区的生活配套服务片区。

【科技城集中发展区核心区（安昌河以北区域）控制性详细规划】科技城集中发展区核心区（安昌河以北区域）位于绵阳市中心城区西北部。2015 年，启动《科技城集中发展区核心区（安昌河以北）控制性详细规划》（以下简称《规划》）编制工作；2016 年，为提升规划编制水平，保证规划质量，同步启动《科技城集中发展区核心区城市设计》（以下简称“城市设计”）编制工作；规划成果于 2015 年 7 月 17 日通过专家评审，分别于 2016 年 5 月 30 日、2017 年 3 月 2 日通过市规委 2016 年第 2 次市规委会、2017 年第 1 次市规委会审议；2017 年 4 月 27 日至 6 月 9 日在市城乡规划局网站、《绵阳日报》进行社会公示；根据反馈意见，多次与相关单位进行对接，充分研究论证，并进行局部优化调整；2018 年 2 月，规划成果经市政府批复实施。规划范围东至二环路，西至安州区一环路，北至裕都大道，南至滨河南路，涉及界牌镇、金家林片区及部分科创园区三个行政主体，规划总用地面积 3471.28 公顷，其中城市建设用地 2036.59 公顷，非建设用地 1434.69 公顷，规划范围人口规模约 20 万人。规划将科技城集中发展区核心区（安昌河以北区域）定位为绵阳科技城的国际化、现代化的“城市新中心”：以创新转化为主生产力的科研中心、创新合作与互动发展的国际交流中心、总部经济与科研服务的商业商务中心、城市精神与文脉传承的文化体育中心。规划区形成“一核多心、绿网覆盖”的空间结构：“一核”——科技之心，集科研中心、文化体育中心、商业商务中心和国际交流中心为一体的科技城核心；“多心”——科技智谷次中心和各组团中心,科研创新孵化办公及创新转化中心、高铁枢纽商业商务中心、居住组团中心等；绿网覆盖——西部绿网，东部天然绿楔。

【安州区河东新区控制性详细规划】安州河东新区位于绵阳市中心城区西北部，安昌河东岸，紧邻绵阳科技城集中发展区。2012 年 2 月安州区（原安县政府）启动该片区控制性详细规划编制工作，规划成果于 2017 年 8 月 22 日通过专家评审，2017 年 10 月 10 日通过市规委会 2017 年第 5 次会议审议，2017 年 10 月 18 日至 11 月 28 日在市城乡规划局网站、《绵阳日报》进行社会公示；根据反馈意见，多次与相关单位进行对接，充分研究论证，并进行局部优化调整；2018 年 5 月，规划成果经市政府批复实施。

规划范围东至规划绵安第二快速通道——辽安路和观斗山山麓，西至安昌河东岸，北至规划北环路，南至规划塔九路，规划总面积为 542.78 公顷，其中城乡建设用地 529.44 公顷，非建设用地 13.34 公顷，规划范围人口规模为 7.2 万人。规划将河东新区发展定位为：以山水生态为特色，以文娱休闲、康体养生为引领，绵安北城镇发展廊道上具有活力、安逸的“宜居新城”。规划形成“一心两轴、两区两带、多点多楔”的空间布局结构：“一心”即文娱休闲中心，滨河路以东、河东路—辽安路—绵安第二快速通道以西、姊妹廊桥以南、调元大道以北的范围；“两轴”即辽安路发展轴、河东路发展轴；“两区”即北部发展片区和南部发展片区；“两带”即安昌河生态景观带、观斗山山林生态景观带；“多点”即先林路节点、文苑路节点和塔九路节点；“多楔”即多条绿带形成的生态绿楔。

【绵阳市海绵城市专项规划】绵阳市按照《国务院办公厅关于推进海绵城市建设的指导意见》和《四川省人民政府办公厅关于推进海绵城市建设的实施意见》要求，2016 年绵阳市全面推进自然积存、自然渗透、自然净化的“海绵城市”建设。2016 年 5 月，市城乡规划局启动编制工作；2016 年 8 月，绵阳市成功申报四川省海绵城市建设试点城市；2016 年 9 月 9 日，规划方案通过专家评审；2016 年 10 月，按照专家评审意见修改完善；2016 年 11 月 9 日至 11 日，通过省城乡规划编制研究中心组织召开的四川省 15 个省级试点海绵城市的专项规划及实施计划评审会，同年 11 月 30 日通过市规委会 2016 年第 5 次会议审议；2017 年 1 月完成公示,并经市政府批复实施。专项规划范围包含规划区范围和中心城区范围，其中规划区范围包含主城区范围、仙海区和安州区范围，按照城市总体规划所定的城市规划区范围，规划面积为 1022 平方千米；中心城区规划范围依据总体规划确定的中心城区范围线，规划范围面积为 488.7 平方千米。规划内容包括确定海绵城市建设目标和具体指标、明确海绵城市建设的总体思路、提出海绵城市建设分区指引和建设管控要求、提出海绵城市规划建设措施和建设任务等。规划目标是通过海绵城市建设，将绵阳打造成为西部地区“山·水·林·田·城”海绵城市典型示范区和在中国西部具有重要影响力的海绵城市。

【绵阳市城市地下综合管廊专项规划】为贯彻国家新型城镇化政策要求，科学规划和有序推进绵阳城市基础设施建设，减少管线建设浪费，为绵阳开展节约型城乡建设实现可持续发展打下良好基础，2016 年 2 月，市城乡规划局启动《绵阳市城市地下综合管廊专项规划》编制工作。2016 年 4 月 2 日，专项规划方案通过专家评审会，2016 年 6 月征求相关单位和部门意见；2016 年 11 月 30 日，专项规划方案通过市规委会 2016 年第 5 次会议审议；2017 年 1 月完成公示,并经市政府批复实施。

规划范围包含绵阳市总体规划的中心城区和科技城集中发展区，总规划范围约 320 平方千米。规划围绕“主干管廊为骨架、片区管廊为主体、重要节点为补充”的目标，科学构建绵阳市“点、线、面相结合”的综合管廊系统，基本消除“马路拉链”和“空中蛛网”，树立综合管廊建设典范。市主干管廊形成“一环四射”的布局结构，全市共规划 3 个高密度管廊建设区、6 个中密度管廊建设区、3 个低密度管廊建设区，同时对括管廊穿越主要河道、高速公路、铁路、城际铁路和轨道交通等重要节点进行规划。本规划分为近期（2016—2018 年）、中期（2019—2020 年）、远期（2021—2030 年）三个建设时序，管廊规划里程为 184.6 千米。

【绵阳市中心城区建筑垃圾处理专项规划】为加强绵阳市建筑垃圾管廊，改善城区环境卫生，2017 年 2 月，市城乡规划局启动《绵阳市中心城区建筑垃圾处理专项规划》编制工作。2017 年 3 月 24 日，专项规划方案通过专家评审会；2017 年 5 月 16 日，专项规划方案通过市规委会 2017 年第 2 次会议审议；2017 年 6 月完成公示，并经市政府批复实施。规划近期为 2017—2020 年，规划远期为 2021—2030 年。规划范围为中心城区（涪城区、游仙区、安州区、高新区、经开区、科创园区及仙海区）各类建筑物和构筑物及其辅助设施等进行建设、改造、装修、拆除、铺设等过程中产生的各类固体废物，主要包括渣土、废旧混凝土、碎砖瓦、废沥青、废旧管材、废旧木材等。规划坚持循环经济可持续发展理念，以坚持“排放减量化、运输规范化、处理无害化、利用资源化”为核心，完善建筑垃圾管理体制，建立部门协调联动机制，规范建筑垃圾资源化处置；建立建筑垃圾运输、消纳准入制度，使建筑垃圾处理更加法制化、规范化；科学规划、合理布局，优化建筑垃圾处理设施布局，提高资源化处理能力，促进建筑垃圾资源化处理产业链形成。努力建立规范有序、环境友好的建筑垃圾管理、运输和资源化利用体系，提升城市整体环境质量，力争使绵阳市建筑垃圾处理达到全省领先、全国先进水平。规划建筑垃圾专业化清运率达到 80%，无害化处理率达到 80%；规划远期专业化清运率达到90%，无害化处理率达到95%，建筑垃圾综合利用率达到80%。绵阳市建筑垃圾处理处理技术近期以“中转调配+消纳填埋”为主，远期以资源化利用为主。近期中心城区共建设建筑垃圾消纳场3座。

【绵阳市“一城三区”发展规划】2011年8月，市城乡规划局启动《“一城三区”发展规划》，2012年4月17日，通过市规委会2012年第2次会议审议。2013年10月，由于科技城集中发展区规划的启动，根据绵阳市城市发展新的要求，“一城三区”规划进行调整，并于2015年3月25日通过专家评审会。2015年7月，市城乡规划局第13次局长办公会议定，该规划不再提交市规委会审议，规划成果作为局业务工作参考。

该规划以现有行政边界、高速公路、一环路、二环路作为主要要素，划定“一城三区”：中心城区、城南新区、城西新区、科教创新区，规划形成“一主一辅，一轴一带”的空间结构：“一主”为绵阳市老城区市级中心区，“一辅”为游仙副中心，“一轴”为临园路—游仙路城市发展轴，“一带”为涪江。该规划从上位规划定位、城市中心体系、产业发展定位、特色资源禀赋以及片区发展诉求五个思考维度，从中心地位、产业方向以及职能构成三个落实维度，对城市职能做出引导性控制。

规划目标：划定一城三区，明确职能定位；整合空间发展，科学合理布局；抓住近期重点，促进操作实施。划定一城三区的原则：尊重现有的行政边界；促进两岸联动开发；保证空间完整有序；合理管辖范围规模。

职能定位：城南——多元宜居城南、城西——科技活力城西、城北——创新智慧城北。

产业定位：城南——夯实第二产业、引入休闲产业、打造服务产业；城西——提升第二产业、打造服务业、引入休闲产业；城北——继续做强工业产业、大力发展现代服务业、完善城市配套产业。

对规划区要求：科技活力城西——城西片区通过永兴城市副中心的建设、滨水空间的整治与打造、公共服务设施的完善、宜人生活环境的建设，实现从产业区向城市新区转型。

基础设施建设

【概况】2017年，科技城基础设施按照“以点带面、连线成片、逐片建设”的原则，规划建设科技城集中发展区。加快核心区“四纵四横”骨干道路和地下综合管廊等基础设施项目，将科技城集中发展区打造成为绿色低碳、宜居宜业、产城一体的现代科技新城。集中区基础设施建设全面提速，3月审议通过《集中发展区核心区控制性详细规划》，全年实施基础设施项目52个，完成投资102.12亿元。其中新开工项目共计19个，完成投资63.26亿元；续建项目共计13个，完成投资22.45亿元。完成招标（未开工）项目共计13个，完成投资27.38亿元。续建项目中，高新区科技城大道河边段、启动区1、2、4号路、游仙镇吴家小区基础设施配套工程等13个项目全面建成。科技城集中发展区5平方千米启动区基本建成，30平方千米核心区加快建设。

2017年，绵阳科技城集中发展区基础设施工程项目52个，总投资324.8亿元。全年完成投资102.1亿元。由科发集团负责实施的项目共14个（重点项目11个），分别是绵安快速第二通道地下综合管廊及道路工程（普明北路西延线段，总投资估算260012万元）、创业大道西延线地下综合管廊及道路工程（总投资估算333134万元）、永青路地下综合管廊及道路工程（总投资估算168336万元）、龙界路地下综合管廊及道路工程（总投资估算48964万元）、滨河北路道路建设工程（安州，总投资估算24000万元）、科技城大道河边段（启动区范围，总投资估算23000万元）、安昌河综合整治项目（集中发展区范围内，总投资估算79500万元）、科技城集中发展区启动区1号路（总投资估算11500万元）、科技城集中发展区启动区2号路（总投资估算21000万元）、科技城集中发展区启动区4号路（总投资估算17500万元）、防灾减灾园二期项目（总投资估算68000万元）、界青路道路建设工程（总投资估算12000万元）、河边镇中式风貌小镇统建房项目（总投资估算47000万元）、科技城会展中心三期（总投资估算59500万元）。

【科教创新区基础设施项目（二环路四期）】 项目起于石马互通立交止点K35+709.445，止于绵遂高速设置单喇叭互通立交，全线长5.116千米，设计车道为双向6车道，设计时速80千米/小时，路基宽度为32.5米，工程总投资估算约18.91亿元。项目于2016年12月开工建设，2017年计划完成55%工作量，计划完成投资5.8亿元。

【B11项目及周边地区供水工程】 该项目建设专用供水管道，以解决京东方用水。主要建设DN1000的输水干管14.5千米、DN800输水干管12.7千米及相关配套附属设施，项目工程总投资约0.91亿元。项目于2017年10月开工，截至2017年12月31日，累积修建供水管道5.3千米。

（张晓鑫）

【科技城大道河边段项目】 该项目为集中发展区启动区项目子项工程，系省重点建设项目。该道路工程位于高新区河边镇，起于科技城大道与B10号道路交界处，终于九龙山公墓东侧草溪河旁，全长1.78千米，宽度60米。该工程总投资约2.3亿元，2016年6月开工建设，2017年12月已全面完工。道路建成后将增强集中发展区综合承载能力、提高城市运行效率。建设单位绵阳科技城发展投资（集团）有限公司，施工单位中国五冶集团有限公司，监理单位四川正菱建设监理咨询有限公司，设计单位中冶赛迪工程技术股份有限公司，勘察单位中冶成都勘察研究总院有限公司。

【科技城大道启动区道路工程】 该项目为集中发展区启动区项目子项工程，系省重点建设项目。该道路工程位于高新区河边镇。1号路全长1.55千米，宽度40米，起点接规划的科技城大道，止点接已建的工业园1号路；2号路全长3.38千

图5 科技城大道

米，宽度30米，起点接规划的科技城大道，止点接已建的工业园2号路；4号路全长4.27千米，宽度20米，起点接规划的科技城大道，止点接已建的工业园4号路，沿草溪河走向。该工程总投资约5亿元，于2016年6月开工建设，截至2017年12月，三条道路已基本完工，正在进行后续收尾工作。道路建成后将增强集中发展区综合承载能力、提高城市运行效率。建设单位绵阳科技城发展投资（集团）有限公司，施工单位中国五冶集团有限公司，监理单位四川正菱建设监理咨询有限公司，设计单位中冶赛迪工程技术股份有限公司，勘察单位中冶成都勘察研究总院有限公司。

【会议展览中心三期项目】项目为科技城会展中心的会议中心，功能涵盖“会议、酒店、演出和宴请”四大功能。作为会展中心一、二期项目配套功能的补充。项目位于绵阳市高新区，项目总用地面积40652平方米，总建筑面积60486平方米。其中地上建筑面积约46472平方米；地下建筑面积约14014平方米；停车数约308辆。项目总投资约5.95亿元，2017年4月开工建设，截至12月，已完成展馆基础施工，正在进行会议中心、南北塔楼主体施工。建设单位绵阳科技城发展投资（集团）有限公司，施工单位中国五冶集团有限公司，监理单位四川伟业建设监理有限公司，设计单位悉地国际设计顾问（深圳）有限公司，勘察单位中冶成都勘察研究总院有限公司。

【科技城防灾减灾科技产业园（二期）项目】项目位于高新区永兴镇，二期范围主要为永安公路以东至安昌河、界牌以南至绵广调整公路区域，项目总用地约226.3公顷，主要建设内容包括道路、排水、照明、河堤路、景观绿化等市政基础设施，场地平整及支挡结构等附属工程。项目总投资约6.8亿元，2016年8月开工建设，截至2017年12月，项目范围内8号路已全面完工，11号路进场段底油铺设完成，6号、7号、9号、10号、12号、13号、14号、15号路与滨河南路受拆迁影响，暂未进场施工。建设单位绵阳科技城发展投资（集团）有限公司，施工单位重庆建工集团股份有限公司，监理单位四川亿博工程项目管理有限公司，设计单位中国市政工程西南设计研究总院有限公司，勘察单位四川省地质工程勘察院。

【安昌河综合整治工程项目】项目位于科技城集中发展区内，整治工程从上游安县界牌至下游草溪河汇口成绵乐高铁桥处，涉及安昌河两岸安州区、高新区、涪城区。建设内容为两岸生态堤防建设13382米、生态湿地水景观建设（新建生态湿地1处、新建水景观蓄水闸坝3处），两岸绿化景观建设92.98万平方米及相关配套附属工程。项目总投资约7.95亿元，截至12月，已完成项目方案设计、临时搭建等工作，推进前期拆迁工作。建设单位绵阳科技城发展投资（集团）有限公司，施工单位云南建投第一水利水电建设有限公司，监理单位四川元丰建设项目管理有限公司，设计单位信息产业电子第十一设计研究院科技工程股份有限公司，勘察单位四川省川建勘察设计院。

【综合管廊项目及市政道路建设工程】该项目主要内容为绵安快速第二通道、创业大道西延线、永青路、龙界路四条地下综合管廊项目、市政道路建设工程，总投资估算约81.27亿元。四条道路的地下综合管廊总长度33.65千米，其中污水入廊段约14.64千米，概算工程总造价37亿元；道路工程部分工程估算投资约44.27亿元。截至年底，已完成地勘、初步设计工作。项目全线共分为7个工区，第一阶段15个开工点位正在进行清表清淤、土方开挖、临时便道等施工，累计完成土石方开挖约32万立方米，已形成约16千米的施工作业面。 （李小强）

组织机构
Organizations

科技城建设部际协调小组

【概况】2000年9月，中共中央政治局常委、国务院副总理李岚清签阅同意，国务院批准成立以科技部牵头的绵阳科技城建设部际协调小组，成员单位11个。2017年9月，绵阳科技城建设部际协调小组第13次会议在绵阳召开，中共中央政治局委员、国务院副总理刘延东出席会议并讲话。会议由全国政协副主席、科技部部长、中国科协主席万钢主持会议。此次会议上增加军委科技委为成员单位，小组成员共19个，分别是科技部、国家发改委、工信部、财政部、教育部、民政部、国土资源部、住建部、商务部、国家卫计委、中国人民银行、国务院国资委、中国证监会、国家海关总署、国家旅游局、中国科学院、国防科工局、军委装备发展部、军委科技委。国务院批准《绵阳科技城建设“十三五”发展规划》并开始实施，在《国家经济建设和国防建设融合发展“十三五”发展规划》中将绵阳纳入国家军民融合创新示范区支持范畴，促进中物院等重要项目落户绵阳，支持在绵阳科研院所进行体制改革和创新，重大项目的推进等工作，协调第五届中国（绵阳）科技城国际科技博览会举行。

【部际协调小组会议及主要职责】绵阳科技城建设部际协调小组会议是党中央和国务院研究绵阳科技城建设的重要会议，协调解决科技城建设重大事项，总结近两年科技城建设工作，研究部署今后一定时期科技城建设的工作任务。会议由副组长单位科技部主持，分管科技城建设的国务院副总理出席并作重要讲话；国务院副秘书长、小组成员单位负责人；中共四川省委、省人民政府和绵阳市委、市人民政府主要领导参加。2000年9月30日，绵阳科技城建设部际协调小组会议在北京召开第1次会议，至2017年底，共召开会议13次。

部际协调小组主要职责是：协调解决绵阳科技城建设中的重大问题，支持其基础设施建设；营造有利于高新技术产业发展的政策环境；深化教育、科技体制改革；集中力量发展一批军民两用高技术并实现产业化；督促检查绵阳科技城建设的进展情况；完成国务院领导交办的有关事宜。

【国务院批复《绵阳科技城“十三五”发展规划》】2017年4月7日，国务院印发《关于〈绵阳科技城“十三五”发展规划〉的批复》（国函〔2017〕44号），批复要求绵阳科技城建设要高举中国特色社会主义伟大旗帜，全面贯彻党的十八大和十八届三中、四中、五中、六中全会以及全国科技创新大会精神，深入贯彻习近平总书记系列重要讲话精神和治国理政新理念新思想新战略，认真落实党中央、国务院决策部署，继续坚持科学发展，全面实施创新驱动发展战略和军民融合发展战略，以推进供给侧结构性改革为主线，以深化科技体制机制改革为动力，以深入推进科技领域军民融合为基础，以创新创业人才队伍建设为保障，大力推进简政放权、放管结合、优化服务改革，积极营造大众创业、万众创新的良好氛围，充分激发各类主体创新潜能，着力增强科技创新能力，加快建立军民融合创新体系，推动军民科技基础要素融合，有效提升军民融合创新水平，切实抓好全面创新改革试验，健全完善对外开放合作机制，加快推进产业提质增效和转型升级，汇聚起经济社会发展的强大新动能，主动发现、培育、运用可服务于国防和军队建设的前沿尖端技术，最大限度实现民为军用，努力把绵阳科技城打造成为创新驱动发展的试验田、军民融合创新的排头兵和西部地区发展的增长极。

四川省要切实加强对《绵阳科技城“十三五”发展规划》（以下简称《规划》）实施的组织领导，加大统筹协调力度，整合多方创新资源，深化体制机制改革，分解细化工作职责，明确时间表和路线图，确保《规划》提出的各项目标、任务和政策措施落实到位。

绵阳科技城建设部际协调小组各成员单位以及国务院其他有关部门要结合各自工作职能，完善和落实相关政策措施，积极支持绵阳科技城开展重要改革试点和承担相关任务并加强指导。科技部要发挥好牵头部门作用，会同有关部门加大统筹力度，做好《规划》实施的组织协调、督促检查和跟踪评估，重大问题及时向国务院报告。

【绵阳科技城部际协调小组第13次会议】2017年9月16日，绵阳科技城建设部际协调小组第13次会议在绵阳举行，中共中央政治局委员、国务院副总理刘延东出席会议并讲话。会议由全国政协副主席、科技部部长万钢主持。国务院副秘书长江小涓出席会议。省委副书记、省长、省建设绵阳科技城领导小组组长尹力作四川省推进建设绵阳科技城工作汇报。科技部副部长李萌代表部际协调小组汇报部际协调小组支持绵阳科技城建设情况、下一步工作主要考虑和建议。绵阳市委、绵阳科技城党工委主要负责人作绵阳科技城建设工作汇报。财政部副部长余蔚平、教育部副部长孙尧，民政部党组成员、社会组织管理局局长詹成付，国土资源部副部长王广华，商务部党组成员、部长助理李成钢，国家卫计委副主任曾益新，中国人民银行党委委员、行长助理刘国强，国务院国资委党委委员、总会计师沈莹，海关总署副署长李国、中国科学院副院长张亚平、中国证监会副主席姜洋、国防科工局副局长吴艳华、国家发改委副秘书长周晓飞、工业和信息化部科技司副司长王卫明、住房城乡建设部建筑节能与科技司副司长郭理桥、国家旅游局规划发展司副司长郭长增、军委装备发展部科研订购局副局长张林等国家部委相关负责人，就绵阳科技城请求支持事项作发言，对科技城建设提出建议。省政府副省长、省政协副主席、省建设绵阳科技城领导小组副组长刘捷，省政府秘书长、省科建办主任唐利民出席会议。市委副书记、市长、绵阳科技城管委会主任、省科建办副主任刘超，市人大常委会主任马华、市政协主席张锦明，省政协秘书长王建军，省委副秘书长、办公厅主任张为人，四川省建设绵阳科技城领导小组成员单位负责人，绵阳市委、市人大常委会、市人民政府、市政协、中国（绵阳）科技城党工委和管委会负责人等参加会议。

会议上，刘延东指出要深入学习贯彻习近平总书记系列重要讲话精神特别是关于科技创新的理念要求，贯彻落实党中央、国务院决策部署，牢记国家使命，拓展全球视野，探索军民融合创新驱动发展的新路径，推动绵阳科技城建设不断取得新突破，为建设创新型国家和世界科技强国做出更大贡献。建设绵阳科技城是党中央、国务院的重大部署。党的十八大以来，绵阳科技城在军民融合创新、推动产业发展等方面取得了积极进展。当今世界新一轮科技革命、产业变革与军事变革加速发展，科技城建设要置身全球格局和全国发展大势中，明确定位，彰显优势，服务好创新驱动发展和军民融合重大战略。要聚焦前沿，更加重视原始创新和颠覆性技术创新，攻克关键核心技术，培养高端创新人才。要推动军民深度融合创新，健全“军转民”“民参军”、协同发展的新机制，促进资源共建共享，优化产业规划布局，实现军民良性互动。要深入开展创新改革试验，推进“放管服”改革，加强部省市三级联动协同，打造内陆城市开放创新高地。

（何　璇）

部际协调小组成员单位支持科技城建设

【概况】2017 年，绵阳科技城建设部际小组成员单位在人才教育、产业布局、基础建设、政策配套、融资渠道等方面给予支持；中物院某重大装置落户绵阳并开工建设；获批成为国家电子商务示范城市；全国首家军民融合科技支行、军民融合担保公司揭牌运营；天府（四川）股权交易中心军民融合绵阳分中心获批成立，推进科技城建设快速发展。

【绵阳科技城平台建设和创新创业】2017 年，绵阳科技城建设部际协调小组成员单位中央军委装备发展部、国防科工局、国家发改委、科技部等部委推动中物院某重大装置选址绵阳并开工，支持中国空气动力研究与发展中心科研试验新区和中国航发四川燃气涡轮研究院高空试验基地建成，指导和支持国家科技动员中心、科技城创新中心、工业技术研究院建设发展。中科院扩大深化与绵阳的院地合作，共建中科院创新育成中心，成功实施一批成果转化项目。工信部、科技部、国家发改委等支持绵阳科技城国家级工程技术研究中心、企业技术中心、重点实验室发展，批准建立“国家空管通信与监视系统工程技术研究中心”“国家军民两用技术交易中心”等，促进科技城与中国技术交易所开展战略合作。同时，协调小组成员单位支持科技城深入开展“大众创业、万众创新”，推动实施“涌泉计划”，加快科技成果转化和科技型中小企业培育，有力促进科技优势加速向现实生产力转化。

【绵阳科技城产业转型升级】2017 年，国家发展改革委实施科技城军转民高技术产业链项目，促进在绵阳国防科研生产单位参与民品生产和民营企业参与军品配套。科技部在国家科技计划项目中单独给科技城下达申报指标，支持科技城建设。工信部批准建设国家新型工业化数字视听和军民融合产业示范基地。国家发展改革委、商务部、中国人民银行、海关总署、国家税务总局、国家工商行政管理总局和国家质量监督检验检疫总局等七部委联合批复同意绵阳市在内的 17 个城市创建国家电子商务示范城市。绵阳市成为继成都市后，四川省第二个列入国家电子商务示范的城市。证监会支持科技城企业成功上市，至年底绵阳上市企业达 31 家。支持科技城成立军民融合金融服务中心、保险支公司等金融服务专营机构，全国首家军民融合科技支行、军民融合担保公司揭牌运营，天府（四川）股权交易中心军民融合绵阳分中心获批成立，覆盖军民融合银行、担保、保险、基金、证券等金融机构体系基本建成。全年全市军民融合企业贷款家数 99 家，军民融合贷款余额 246.3 亿元。财政部、人民银行等国家部委支持全国首家军民融合支行在绵阳成立，支持军民融合企业在银行间债券市场发行短融，重点推动军民融合银行、保险支公司等机构创新服务产品，推出“军民融合补贴贷”“军工订单贷”“军融保”等专属金融产品，为军民融合企业提供保险风险保障超过1000亿元。财政部对科技城的“军民大型国防科研仪器设备整合共享”“应收账款为质押的融资服务”2项全面创新改革经验成果作为国家13项改革经验成果向全国推广。

【绵阳科技城扩大开放合作】2017年，国家相关部委作为主办单位或支持单位，与四川省和绵阳市联合举办第五届中国（绵阳）科技城国际科技博览会，展会邀请以色列担任主宾国，国务院总理李克强和以色列总理内塔尼亚胡分别发来贺信。推进对外开放载体工作，综合保税区申建工作有序推进；欧盟创新中心科技城分中心正式揭牌，对接项目30余项，搭建中欧大学国际交流合作机制，建立200家中方企业对欧合作项目数据库，引进康帕斯集团等国际企业18家；英国剑桥科技孵化园、科技城大数据产业研究院等10余项合作项目签约落地；中德（绵阳）创新产业合作平台加快建设，推动长虹、新晨动力、麦迪克、中医药高等创新企业深化与德国开展交流合作。举办第六届全国创新创业大赛军转民大赛，通过支持科技城开放合作，增强科技城的发展活力，提升科技城的知名度和影响力。

（何　璇）

四川省建设绵阳科技城领导小组

【概况】2000年9月，中共中央政治局常委、国务院副总理李岚清到绵阳，代表党中央、国务院宣布建设科技城的重大决策。四川省随即成立以省委副书记、省长为组长的四川省建设绵阳科技城领导小组。领导小组办公室设在省科技厅。领导小组原则上每年召开1次专题会议，研究绵阳科技城建设相关工作。截至2017年底，四川省建设科技城领导小组成员单位为26个，分别为：省委编办、省发改委、省经信委、省教育厅、省科技厅、省民政厅、省财政厅、省人社厅、省国土资源厅、省住建厅、省商务厅、省卫计委、省外侨办、省旅游发展委、省国资委、省国防科工办、省知识产权局、省投资促进局、省博览事务局、成都海关、人民银行成都分行、银监会四川监管局、四川证监局、省工商联、中科院成都分院、绵阳市。

2017年省建设科技城领导小组成员单位支持科技城建设事项一览

表3

单位名称	支持重点事项
省委编办	继续指导绵阳市以下沉执法重心为核心，推动综合行政执法改革试点向深处发力等
省发改委	继续争取国家重大科技基础设施布局建设，大型低速风洞国家重大科技基础设施落地绵阳；支持“四川省军民融合研究院”“四川省军民融合产业联盟”等创新平台建设；协助组织第五届中国科技城国际科技博览会等
省经信委	省级工业发展资金专项支持绵阳科技城重点项目，推动绵阳软件产业园建设，支持科技型中小企业培育发展等
省教育厅	继续支持西南科技大学“核废物与环境安全”“新型含能材料军民融合”等四川协同创新中心建设
省科技厅	推动中物院某重大装置落地绵阳，推动国家（四川）军民两用技术交易中心运营，支持科技城高新技术企业认定，支持举办第六届中国创新创业大赛军转民大赛，配合绵阳第二批认定85家军民融合企业。承办第五届中国（绵阳）科技城国际科技博览会等

续表

单位名称	支持重点事项
省财政厅	继续推进绵阳科技城军民融合发展，安排军民融合产业发展专项资金、省级军民结合产业发展资金；支持载体和平台建设，安排重点区域建设补助资金，中国（绵阳）科技城国际科技博览会补助经费，科技服务业发展、中小企业发展等专项资金；安排绵阳科技城科技人才发展专项资金，支持科技城“千英百团高层次人才引进计划”等
省民政厅	推进绵阳市部分乡镇改为街道办事处和撤乡改镇工作
省人社厅	继续指导四川九洲电器集团有限责任公司推进“企业新型学徒制”培训试点，举办第五届科博会引进国外高层次人才项目洽谈会，承办“海科会”中国（绵阳）科技城活动等
省国土资源厅	保证绵阳科技城集中发展区道路、京东方等一大批重大项目用地，结合2017年绵阳重大项目用地需求情况，下达绵阳市用地计划（单列绵阳科技城年度用地计划），下达绵阳市城乡建设用地增减挂钩周转指标，下达工矿废弃地复垦指标，支持绵阳市启动绵阳出口加工区退出程序和拟新申报绵阳综合保税区工作等
省住建厅	支持绵阳开展新一轮城市总体规划修编工作，支持绵阳综合保税区工作
省商务厅	支持举办科博会，落实中以双方领导人相关共识，将以色列确定为主宾国，举办中以经贸合作座谈会等系列活动
省卫计委	继续专项支持绵阳市游仙区智慧健康养老基地、绵阳市儿童医院、绵阳市中心医院老年病科建设；加快推进国家科技重大专项“绵阳病毒性肝炎、结核和艾滋病防治综合示范区”建设等
省外侨办	组织以色列、加拿大等多国驻蓉、驻渝领馆总领事、领事到绵阳出席科博会相关活动。借助“海科会”平台，举办中国（绵阳）科技城推介会等
省旅发委	继续支持绵阳旅游宣传推广服务中心，宣传推广“美丽绵阳”新品牌
省国资委	率领四川发展、产业振兴发展基金、川投集团等11户省属国有重要骨干企业，以及中铁二院、电子十所、三十所等5家在川央企主要负责人赴绵参加第五届科博会。与绵阳市政府共同举办项目对接洽谈会暨签约仪式，省国资委和绵阳市签署战略合作协议，绵阳交发集团、中铁城投集团轨道交通项目等12个项目签署投资合作协议，签约金额共计1246.67亿元。积极支持四川发展（控股）发起设立四川省军民融合产业发展基金
省国防科工办	支持绵阳做好重大装置选址落地，会同省经济和信息化委、科技厅积极对接国家有关部门，指导绵阳国家级、省级重点实验室建设。推动“四川省军民融合协同创新中心”建设；以市场化方式搭建军民融合创客空间；推进国防科研单位知识产权和成果转移转化试点。协助绵阳举办第五届科博会军民融合论坛等
省知识产权局	推动绵阳市创建国家知识产权示范城市，支持第五届科博会，支持绵阳科技城重点园区和企业开展知识产权试点示范和优势培育工作；推动绵阳科技城开展国家专利质押融资及专利保险试点工作，支持建设绵阳科技城知识产权（专利）综合服务平台。支持科技城创新中心二期中国（绵阳）科技城知识产权服务平台建成使用等
省投促局	推动京东方绵阳第6代AMOLED（柔性）显示产品生产线项目建设。与绵阳市政府共同举办第五届科博会投资推介会暨集中签约仪式等
省博览事务局	在北京、上海、德国汉诺威等境内外城市开展科技城推介会，重点推介绵阳科技城建设。参与第五届科博会总体方案制订、嘉宾邀请、招展组展筹备工作等
成都海关	继续指导绵阳出口加工区整改及绵阳综合保税区的申建等

续表

单位名称	支持重点事项
人行成都分行	继续支持绵阳科技金融试点，为绵阳市金融机构提供合理适度流动性供给等
四川银监局	引导绵阳地区银行业机构深入贯彻落实军民融合发展战略，加大对军民融合企业的信贷支持力度，绵阳地区设立工行绵阳分行剑南支行、科学城支行、高新支行3家军民融合金融服务中心和军民融合支行等
四川证监局	推动绵阳科技城内科技型、创新型企业在"新三板"挂牌，支持绵阳上市公司通过定向增发、公司债等多种方式实现融资，支持绵阳上市公司并购重组,支持证券期货经营机构在绵阳设立分支机构，开展营业活动，服务地方经济发展等
省工商联	组织相关企业参加科博会，邀请全国工商联相关领导出席科博会并开展调研工作，推动成立四川省军民融合高技术产业联盟，并推荐有实力、有技术的民营企业加入产业联盟等
中科院成都分院	推动中科院相关研究所与绵阳市有关单位共建一批精细化工与节能环保产业、新能源汽车产业、智慧产业、高效生态农业产业

【四川省建设绵阳科技城领导小组第18次会议】2017年3月27日，省委副书记、省长尹力在成都主持召开四川省建设绵阳科技城领导小组第18次会议。会议贯彻落实总书记习近平参加十二届全国人大五次会议四川代表团审议时发表的重要讲话精神和全国"两会"精神，安排部署2017年绵阳科技城建设重点工作。会议肯定2016年绵阳科技城建设在创新成果转化、产业培育、人才开发、开放合作和金融服务等方面取得的新进展、新突破，审议《2017年绵阳科技城建设重点工作安排》《绵阳科技城建设部际协调小组第13次会议建议方案》和《第五届中国（绵阳）科技城国际科技博览会总体方案》。省政府副省长刘捷，四川省建设绵阳科技城领导小组成员单位负责人，绵阳市委、市政府负责人出席会议。

【《2017年绵阳科技城建设重点工作安排》出台】2017年3月27日，四川省建设绵阳科技城领导小组第18次会议上审议通过《2017年绵阳科技城建设重点工作安排》。4月19日，省人民政府办公厅印发《关于印发2017年绵阳科技城建设重点工作安排的通知》（川办函〔2017〕73号），根据通知要求，2017年绵阳科技城建设主要有10项主要工作：组织实施科技城"十三五"规划、系统推进全面创新改革试验、加快建设科技城集中发展区、大力发展"两新"产业、强力推进国家重大科技专项实施、持续推进大众创业万众创新、深化科技与金融结合、举办第五届科博会提升招商引资实效、加快对外合作载体建设、筹备召开科技城建设部际协调小组第13次会议。

（何　璇）

科技城党工委、管委会

【概况】2007年，为加快科技城建设，把绵阳丰富的科技资源转化为巨大的现实生产力，按照省委书记杜青林"在省内构建加快科技城发展的新机制"、省长蒋巨峰"深入研究科技城建设管理体制，明确科技城建设责任主体和实施主体"的要求，在学习借鉴浦东新区、滨海新区、杨陵农科城、张江高科技园、上海临港新城等地经验的基础上，结合科技城实际，创新科技城管理体制，四川省委、省政府出台《关于加快推进中国（绵阳）科技城建设的意见》（川委办〔2007〕38号）及配套文件《关于印发〈中国（绵阳）

科技城管理机构组建方案〉和〈赋予中国（绵阳）科技城的经济管理权限〉的通知》（川办函〔2007〕332 号），明确科技城建设的指导思想、目标任务和工作措施，并批准成立组建科技城管理委员会，赋予科技城部分省级经济管理权限。9 月 24 日，中共中国（绵阳）科技城工作委员会、中国（绵阳）科技城管理委员会正式成立，作为市委、市政府派出机构，在省建设绵阳科技城领导小组和市委、市政府领导下，负责科技城建设的统筹协调和经济管理工作。2017 年，科技城党工委、管委会内设综合办公室、经济发展局、军民融合促进办公室 3 个机构，管辖绵阳科技城发展投资（集团）有限公司、中国（绵阳）科技城工业技术研究院、绵阳科技城中科创新育成中心 3 个单位。2017 年，科技城实现地区生产总值（GDP）1476.9 亿元，同比增长 9.9%；规模以上工业增加值增长 10.5%，全社会固定资产投资 1137.51 亿元，同比增长 13.4%；社会消费品零售总额 833.8 亿元，同比增长 12.7%；R&D 经费支出占 GDP 比重 7%以上。

【科技城党工委和管委会主要工作职责】党工委和管委会的主要职责是贯彻落实国家、省、市关于中国（绵阳）科技城建设的方针政策和工作部署，拟定科技城发展规划和产业规划并组织实施；组织开展科技城建设的调查研究工作，拟定科技城建设的有关政策和措施；拟定科技城军民融合发展规划和相关政策，开展相应对上争取和项目申报工作；负责联系国防军工单位，协调国防军工重大项目推进；按照统一规划设计、统一产业布局、统一支持政策、统一建设规划、同一目标考核的原则，负责统筹协调集中发展区基础设施建设、产业发展等工作；对科技城集中发展区建设工作任务实施目标管理，负责全面履行省政府赋予科技城的省级经济管理权限；承担全面创新改革试验的日常工作，统筹协调全面创新改革各个系统的相关工作；负责与绵阳科技城建设部际协调小组、省建设科技城领导小组相关单位的联系协调工作；完成部际协调小组、省领导小组和市委、市政府交办的其他工作。

【科技城投资项目管理权限】2017 年，科技城投资项目管理权限有项目备案管理，科技城管委会享有《四川省企业投资项目备案暂行办法》所划定的除省内跨市（州）行政区域、跨流域需省协调平衡外部建设条件的企业投资项目以外的省投资主管部门的权限。

项目核准管理，除需省综合平衡外部条件和国家有明确要求的项目外，科技城管委会享有《政府核准的投资项目目录（四川省）》所划定的省投资主管部门和省政府核准权限。

项目审批管理，除需省综合平衡外部条件和国家有明确要求的项目外，科技城管委会享有省投资主管部门和省政府的审批权限。

需申请国家和省资金的企业投资项目，科技城管委会可直接向省有关部门报送项目资金申请报告。

投资总额 1 亿美元以下，符合国家《外商投资产业指导目录》中规定的鼓励类、允许类生产性外商投资项目，由科技城管委会核准，同时抄报省、市投资主管部门。外商投资企业合同、章程的审批，由管委会按相应原则办理。投资总额 1 亿美元以上的鼓励类、允许类项目由科技城管委会报省直相关部门初审后报国家相关部门核准或审批。

在科技城范围内立项审批（核准、备案），总投资 5000 万元以上、2 亿元以下的建设项目（法律法规明确规定必须由省审批的项目除外）的环境影响评价文件委托科技城管委会审批。

【科技城项目确认和办理权限】2017 年，科技城项目确认和办理权限继续按照省赋予科技城权限，在科技城范围内高新技术企业、高新技术成果转化项目、《国家产业结构调整指导目录》中鼓励类项目的认定由省、市主管部门委托管委会统一进行，实行“一站式”受理。管委会将认定结果报省、市有关行政管理部门、机构备案。符合《国家产业结构调整指导目录（2005年）》鼓励类内资项目办理国家鼓励类内资项目进口设备免税确认书，由省、市有关部门委托或授权科技城管委会办理。支持绵阳科技城土地整理项目建设，在绵阳科技城发展用地方面给予有力保障。

【科技城资质认定和发证权限】2017年，科技城管委会受省、市有关部门委托直接核发省、市权限内的各类证照（国家法律法规明确规定由省发放的证照除外）。主要包括发展改革、经委、商务、建设、环保、科技、工商、税务、食品药监、质监、经营性收费等方面的证照。

建筑业企业总承包、专业承包三级企业和劳务企业、园林绿化三级企业等机构的设立、变更等审批权，由科技城管委会行使，报省建设厅备案。

【科技城项目计划管理权限】2017年，省直有关部门对科技城建设用地指标、项目支持资金、天然气和电力供应指标等实行计划单列，专户下达。帮助科技城争取在部际协调小组成员单位实行项目计划单列。对国家部委确定单列的项目和需要部际协调小组成员单位支持的事项，省直相关部门及时转报，积极帮助争取。

【科技城税收管理权限】2017年，科技城除国家法律、法规、规章规定由省级税务机关审批或管理的涉税事项外，原则上改为科技城地税部门自行审批、管理，报市地税局备案。科技城地税部门的主要管理权限：纳税人遭遇风、火、水、地震等自然灾害的企业所得税减免，由科技城地税部门直接审批。纳税人技术改造购置国产设备投资抵免企业所得税立项申请，由科技城地税部门审核后报省局审批。纳税人技术改造购置国产设备投资项目申请抵免新增企业所得税，金额在300万元以下的由科技城地税部门审批，金额在300万元（含）以上的由科技城地税部门审核后报省局审批。对纳税人报送的西部大开发所得税优惠申请，第一年由科技城地税部门审核后报省局审核确认；第二年及以后年度报所在市局审核确认后执行。受理纳税人处理财产损失申请时，纳税人当年申请扣除的财产损失在2000万元（含）以上的，由科技城地税部门核报省局审批；2000万元（含）以下的，由科技城地税部门直接审批，报市局备案。营业税、资源税、土地增值税、房产税、城镇土地使用税、车船税等减免税审批事项，科技城地税部门比照所在地市局的税收管理权限办理。耕地占用税的减免属市局审批权限范围的，由科技城地税部门直接审批，报省地税局备案。

【科技城国税管理权限】2017年，科技城范围内符合西部大开发所得税收优惠政策的企业在规定期限内向科技城主管税务部门提出书面申请并附送相关材料，经主管国税局审核后上报，第一年报省国税局审核确认；第二年及以后年度由科技城主管税务部门审核确认后执行。遇风、火、水、震等自然灾害的企业需要减免企业所得税的，由科技城主管税务部门审批。纳税人当年申请扣除的财产损失数在2000万元（含）以上的，由科技城主管税务部门核实后报省国税局审批；2000万元以下的，由科技城主管税务部门直接审批。对符合条件企业享受外商投资企业和外国企业所得税优惠政策的，科技城国税部门的主要管理权限：生产性外商投资企业享受企业所得税“两免三减”税收优惠的年度确认，企业提出申请，由科技城主管县（区）国税局审批。外商投资的先进技术所得税延长减免税由科技城主管税务部门审批。外商投资产品出口企业所得税延长减免税由科技城主管税务部门审批。外商投资企业的外国投资者税后利润再投资退税优惠由科技城主管税务部门审批。外商投资企业购买国产设备投资抵免所得税、分阶段投资或追加投资分别享受税收优惠和第二年及以后年度享受西部大开发税收优惠，由科技城主管税务部门审批。

【重要活动保障】2017 年，党工委、科管委按照工作部署，全面推进科技城建设各项任务实施。推动科技城“十三五”发展规划获批实施。牵头拟定并上报市委办、市政府办印发规划任务的分解方案，“加速推进国防科技成果转化”“大力发展先进制造业”等 70 项工作有序推进。筹备部际协调小组会第 13 次会议。协调推动会议在绵阳召开；做好会议材料等各项筹备工作；会后及时传达贯彻会议精神，跟踪印发会议纪要，推动恳请支持事项的落实。筹备召开省建设科技城领导小组第 18 次会议，推动省政府印发 2017 年科技城建设重点。

【“放管服”改革】2017 年，党工委、管委会发挥省级经济管理权限效用，全面落实“放管服”改革，精简审批前置，投资项目 100%纳入省投资项目在线审批监管平台，使行政效率提高 70%以上。全年共办理项目立项 56 个、占市本级 42%，涉及投资 572.7 亿元、占市本级 80%，其中涉及省级审批权限项目 14 个、总投资 199.7 亿元。成立科技城工程投资咨询机构库，做好招投标监督管理、科技城数据统计和经济科技运行分析。

【重大事项争取落实】2017 年，党工委、管委会利用部际协调小组的平台机制，加强部委对上争取统筹对接，47 个重要争取事项获得相关国家部委支持，其中“授权中央在绵单位直接参与全创试验”“国家技改升级导向计划支持”等 10 项全部落实，“国家军民科技协同创新平台布局绵阳”“国家科技成果转化引导基金支持”等 37 项对接推进。

【形成全创试验经验成果并复制推广】2017 年，党工委、管委会按照 147 项年度全面创新改革试验工作任务协调推进。国务院首批推广的 13 项经验中，绵阳贡献“军民大型国防科研仪器设备整合共享”“应收账款为质押的融资服务”2 项经验；在新一轮国家层面推广经验评审中，绵阳贡献军民融合领域（全国共 11 项）经验 6 项。四川省首批推广 21 条经验中的 11 条涉及绵阳，第二批经验清单中有 7 条“绵阳经验”入选。省全创试验以来，涉及军民融合的 10 条重要经验成果中，绵阳市贡献 7 条。

【军民融合创新载体提升】2017 年，科技城范围内的国家军民两用技术交易中心实现交易额 8.8 亿元，并建立河北分中心。四川军民融合大型科学仪器共享平台拥有 8000 余个检验检测项目，服务企业 1100 余家。中国电科九所牵头成立全国首家军民融合磁性材料标准创新中心，中兵装集团智能制造技术中心和全国首家军民两用技术再研发中心、国内首个电子信息军民融合创新实验室相继成立。军民两用技术交易中心等 3 家在绵机构入选国家军民融合服务机构推荐名录，数量仅次于北京。

【推进院所高校改革】2017 年，党工委、管委会贯彻落实国务院批复的《科技城建设“十三五”发展规划》和《四川省 2017 年科技城建设工作安排》推进院所高校改革。中国兵装集团五八所混合所有制改革试点方案获国家发改委批复，稳步推进实施。中物院出台促进科技成果转移转化指导意见，部分下属民品企业完成股份制改造。西南科技大学职务科技成果权属混合所有制改革试点、市农科院科技成果使用权、处置权和收益权改革试点均出台方案并组织实施。

【军民融合产业发展】2017 年，科技城实施“梧桐计划”，九洲空管二次雷达等军民融合特色专业园区加快建设，聚集企业186家，完成投资133.7亿元，实现产值391.6亿元。开展第二批军民融合企业认定工作，新增认定军民融合企业85家、总数达321家，军民融合企业产值突破1530亿元，同比增长11.7%，占工业总产值比重超过50%。

【基础设施建设】2017年，科技城统筹组织开展集中发展区基础设施“大会战”，52个基础设施建设项目协调推进，累计完成投资102.12亿元。总投资81亿元的国内最大规模装配式综合管廊项目开工建设，被财政部纳入全国第四批PPP示范项目；推进草溪河、安昌河综合整治和滨河北路、科学城大道等基建项目，5平方千米启动区基本建成，“四纵四横”道路骨架和30平方千米核心区主体框架加快形成。

【重点产业项目推进】2017年，党工委、管委会协调推动集中发展区实施重点产业项目67个，年内完成投资106.37亿元。推进京东方柔性面板、电科九所磁性材料产业园等44个项目建设，宝马王子发动机等20个项目投产，长虹智能制造、华晨25万辆整车等项目签约。

【体制机制完善】2017年，党工委、管委会推动集中发展区建设领导小组增补组成人员，并成立由市分管领导任组长的6个专项工作组。综合协调组切实加强与市级有关部门、各建设责任主体的协调配合，强化督查落实，做好项目服务工作。

【中物院某重大装置落地开工】2017年，党工委、科管委牵头组织市级各有关部门、单位，做好选址答辩的各项准备工作。某重大装置正式获批落户后，发挥市服务保障中物院某重大装置领导小组办公室职能，8月完成约70公顷项目主体用地拆迁，9月基础设施配套项目正式开工，做好中物院春蕾小学规划选址及职工家属就业、就学、就医等各项服务保障工作。

【空气动力基地重大项目推进】2017年，党工委、管委会做好空气动力基地建设发展的协调服务，大型低速风洞等项目按计划推进。推动国家空气动力数值模拟军民融合重大工程项目确定在绵建设，推进开展前期工作。促进军地联合推进全军武器采购信息网（内网）异地查询点申报。空气动力重大设备设施跨军民、跨行业、跨地区开放共享启动实施。

【涡研院试验基地基本建成】2017年，绵阳市支持承接国家“两机”（航空发动机、燃气轮机）专项，航空发动机研保能力建设加快实施，亚洲唯一的高空模拟试车台建成并开展多项型号试验，燃气轮机燃烧工程技术研究中心（省级）获批建设。

【科技城发展集团】2017年，科发集团获批融资365.3亿元，到位融资142亿元，同比增长148%；设立规模超250亿元绵阳市规模最大的“科技城产业发展基金”，保障京东方绵阳项目实施；推动波鸿好圣并购重组，成功竞买规模210亿元的汉龙集团资产。截至年底，科发集团总资产达到370亿元，同比增长28%；实现营业收入突破60亿元，同比增长66%，完成投资超过145亿元，是市政府下达目标的163.7%。

【工研院转型改制】2017年，党工委、管委会研究制定《工研院总体改革方案》，完成第二届理事会换届；组建四川省军民两用技术再研发中心，打造3个技术服务平台、9个专业应用研究所、3个共建实验室，组织成果发布会和创新创业培训26场次；举办第三届科技城大学生毕业设计大赛；申报政府扶持项目5项。全年启动再研发项目32项，服务10家企业申请军工资质，引进孵化项目52项。3个再研发项目获第六届创新创业大赛全国总决赛优胜奖。

【院地合作】2017年，管委会完成办公场地搬迁，实现与工研院合署办公；协调中科院所属30余家单位参加第五届科博会，展示50余项高端技术和产品，并新签订院企合作项目11个；推动院地合作项目实施，天津力神动力电池生产基地PACK生产线实现量产，中科绵投循环经济产业园的垃圾焚烧发电项目点火投运，聚甲氧基二甲醚项目平稳推进；整合中科院系统人才资源，完善以院士牵头的中科智库，建立50人的专家库。（何　璇）

人大代表调研与视察

【概况】2017年，市七届人大常委会将推动国家科技城建设作为监督工作的重点之一，依法行使监督职权，以视察、调研、会议审议、决议决定等方式推动国家科技城建设。2017年6月26日，市七届人大常委会第五次会议听取市人民政府关于《四川绵阳国家农业科技园区总体规划（2016—2018年）》情况的报告，并作出关于批准《四川绵阳国家农业科技园区总体规划（2016—2018年）》的决议。

【视察与调研】2017年，市人大常委会主任马华，副主任陈兴春、黄正良、董晓彬、代顺兴、李川萍、李作虎先后多次带领常委会组成人员和市人大代表深入科技城集中发展区、各县市区产业园区、京东方等重大项目工地和部分在绵科研院所，就聚焦军民深度融合发展、全面创新改革试验工作以及加快推进科技城集中发展区重大产业项目和基础设施建设等方面工作进行视察调研。4月18日，市人大常委会副主任黄正良带领部分市人大常委会组成人员，前往游仙区、江油市，就全市全面创新改革试验工作开展情况进行视察，详细了解科技创新助推企业发展、创新企业孵化、高新企业研发、创新人才培养、科技成果转化、企业生产经营等情况；5月12日，市人大常委会主任马华带队前往中国航发四川燃气涡轮研究院，就军民融合发展等情况进行调研；12月13日，市人大常委会组织部分市人大代表专题听取科技城新区规划情况汇报，并就科技城新区城市功能配置、道路交通建设、产业布局等情况进行提问和讨论，提出要更加注重多规合一、更加注重规划执行、更加注重生态打底、更加注重群众参与、更加注重功能配套、更加注重地下管网、更加注重资源保障、更加注重城市品质等建议。

【会议审议】2017年，市人大常委会坚持从计划执行、财政投入、规划实施和要素保障方面，督促工作落实，支持加快推进国家科技城建设。1月6日，市七届人大常委会第二次会议听取和审议市人民政府关于贯彻实施《中华人民共和国科技进步法》情况的报告，提出要深化全面创新改革，促进军民深度融合；要加大财政投入，建立和完善科技投入机制；要建设高素质的科技人才队伍，为推进科技进步提供人才保障等审议意见。6月26日，市七届人大常委会第五次会议听取市人民政府关于推进全面创新改革试验工作情况的报告，听取市人民政府关于《四川绵阳国家农业科技园区总体规划（2016—2018年）》情况的报告，并作出相应决议。8月29日，市七届人大常委会第六次会议听取市人民政府关于绵阳市2017年1月至6月国民经济和社会发展计划执行情况的报告、关于绵阳市2017年1至6月预算执行情况的报告、关于2016年市级预算执行和其他财政收支的审计工作报告，提出继续抓好科技城集中发展区建设，加大招商引资力度，突出创新驱动，强化要素保障和统筹协调；大力推进军民融合深度发展，加快构建军民融合创新转化、产业培育、人才开发、开放合作、金融服务“五大体系”，推动落实国家授权先行先试的17项改革措施，深化与中央军工集团的对接合作，争取在绵阳布局一批重大项目；抓好军民融合高新技术产业基地建设，加快形成军民融合产业集群，把科技优势转化为现实生产力等审议意见。（刘治林）

政协委员调研与建议

【概况】2017年，市政协围绕军民融合创新转化、产业培育、人才集聚、开放合作、服务保障“五大体系”建设，就“建设军民融合科技协同创新平台，推进全面创新改革试验”开展常委会专题协商议政，提出夯实军民融合科技协同创新平台、完善支持政策、理顺服务机制等建议；组织委员视察空气动力新城、航空新城、科学新城建设情况及军民融合产业园发展情况，助力军民融合重点项目建设；开展军民融合金融服务、军民融合研究院智库作用发挥等专题调研，促成全国首家军民融合科技支行挂牌运营，助推军民融合深度发展；开展“加强职业教育为科技城建设提供技能人才支撑”界别协商，帮助军民融合技能人才队伍建设；开展助推“全创”改革试验专项活动并被《四川政协报》头版推介。

【常委会专题协商“建设军民融合科技协同创新体系,推进全面创新改革试验”】2017年9月5日，市政协七届第五次常委会召开，专题协商“建设军民融合科技协同创新体系,推进全面创新改革试验”。通过会前调研、邀请专家作专题报告、大会发言、小组讨论等方式，委员们围绕理顺“政府部门之间”“在绵各类科研院所之间”“企业之间”的协同关系、建立“产学研之间”“军民之间”“产业之间”的协同创新机制等提出有针对性的意见建议。

【界别协商“加强职业教育，为科技城建设提供技能人才支撑”】2017年11月28日，市政协“加强职业教育，为科技城建设提供技能人才支撑界”别协商会议召开。科技界、教育界委员围绕加强职业教育质量体系建设，强化“双师型”教师队伍建设，加强职业教育“工学结合”培养模式，强化示范学校引领作用，促进职业教育与地方经济协同发展等方面与市级相关部门交流协商、建言献策。

【助推全面创新改革试验工作】2017年，全市各级政协委员3923人次参与“全创”工作，牵头各类“全创”项目74个，撰写大会发言、提案、社情民意信息976条；于少波、王国春、何苗、周勇等委员立足岗位施展才干，投身重大项目、重点领域和核心技术攻关。3月3日，召开全市政协系统助推全面创新改革试验工作会议。会议传达省政协“助推全面创新改革试验工作”座谈会议精神和市委常委会议关于“贯彻省全面创新改革试验工作领导小组暨省军民融合发展推进领导小组第四次会议”精神，安排部署全市政协系统2017年助推全面创新改革试验工作。

【中国科技城“同心”孵化器建设】中国科技城“同心”孵化器由市委统战部、市级各民主党派、市工商联与科创区共同建设，由四川神州同心孵化器管理公司负责运营管理。截至2017年底，招引企业46家，注册落地35家。

【绵阳科技城“同心”新媒体孵化园建设】绵阳科技城“同心”新媒体孵化园主要由科技城创新中心二期2号楼、6号楼及上马新村电商产业园组成，占地3.2万平方米。2017年，“同心”新媒体孵化园入驻涉及新一代显示技术、3D打印、大数据、无人机等新兴战略性企业320家，被省委统战部授牌为首批新社会阶层人士统战工作示范基地。

【留学报国绵阳基地建设】至2017年底，“欧美同学会·中国留学人员联谊会留学报国绵阳基地”成立（以下简称“留学报国绵阳基地”），针对入驻企业制定完整的服务机制，建立专人跟踪服务制度和创业导师服务体系，实行全程对接服务，吸引来自世界各地的近百位留学人员创业。

【“海科会”海外高新科技人才走进中国（绵阳）科技城投资推介会】2017年9月14日，2017“海科会”海外高新科技人才走进中国（绵阳）科技城投资推介会在绵阳举行，签订正式投资项目协议47个，签约金额60.7亿元；签订意向投资项目协议35个，签约金额15亿元。新西兰皇家科学院院士高唯、法国总理府战略与展望总署高级顾问倪金城，以及来自美国、英国、法国、荷兰等8个国家的32名海外高新科技人才出席推介会。

【调研互联网产业发展情况】2017年3月9日，市政协副秘书长陈刚带领部分委员调研中国（绵阳）科技城国际电子商务产业园，先后深入合投科技、淘房科技、掌上绵阳、微电影协会、华创科技等企业深入交流，委员们提出优先发展平台企业、培育新兴消费需求、加快互联网人才队伍建设、营造互联网经济文化氛围的建议。

【视察军民融合产业园发展情况】2017年12月7日，市政协党组副书记、副主席李敦双带领部分委员视察利尔化学、日普精化、禾大西普、海立电器等军民融合企业发展情况，委员们提出市委、市政府要在政策支持、环境优化、空间拓展等层面加大支持力度，经开区要从优化服务、环境打造、招商引资等方面推动以中物院化工新材料产业园为代表的军民融合产业园加快发展、做大做强。

【视察全市重点项目推进情况】2017年12月7日，市政协副主席胡安虎带领部分经济界委员专项视察龙华光电聚碳酸酯薄膜新材料产业园项目、四川汽车职业技术学院新校区项目、中国科技城（绵阳）科技物流产业园项目、野马汽车新能源及传统能源乘用车生产（二期）项目、安州区汽车产业园项目、绵阳科技城创新基地建设等6个重点项目建设情况，就保障项目用地、提供更多个性化服务、发挥项目作用等提出有针对性的意见建议。

【关于加快绵阳物流园区发展的建议】2017年，市政协七届二次会议第65号提案，市政协委员殷红涛提出。建议：市级领导牵头，加强部门间协作力度，加快推进物流园区建设力度；结合绵阳实际，出台相关优惠政策，助推物流发展；加强政府监管和行业自律，规范市场秩序；政府引导，加强行业间合作力度，大力培育和开拓农村快递市场，加快农村致富步伐。

【创新财政支持方式，推动军民融合产业加快发展的建议】2017年，市政协七届二次会议第146号提案，致公党绵阳市工委提出。建议：加大财政支持，设立军民融合发展专项资金；创新体制机制，用好财政政策手段；加强财政金融互动，支持企业多渠道融资。完善应急转贷资金办法，将资金使用扩大到所有符合支持条件的军民融合产业企业。通过财政向银行提供贷款利息补贴，鼓励政策性银行和军民融合银行为军民融合企业发放中长期优惠贷款。加快发挥绵阳市科技城军民融合发展投资基金的作用，建立中小微企业产业发展基金，为有市场前景的初创期和成长期军民融合企业提供投资资金。

【关于发挥军民融合金融服务体系功能作用的建议】2017年，市政协七届二次会议第104号提案，欧平委员提出。建议：促进军民融合金融和企业的对接，探索建立政府担保机构、金融机构和企业“三位一体”的联动对接平台；建立接力式的金融服务支持方案，针对不同阶段军民融合企业的金融需求，探索政府小贷公司、政府融资担保公司、金融服务机构、股权挂牌上市，帮助军民融合企业做大做强；加强军民融合金融服务体系考核，借助财税优惠政策，调动军民融合金融机构对军民融合企业的服务积极性和主动性。

【关于推进“互联网+”融合创新发展的建议】2017年，市政协七届二次会议第13号提案，教科体卫委、科技界集体提案。建议：规划建立互联网产业园区；在现有的专项当中切块支持互联网企业发展，实现市、区两级共同支持互联网产业，充分利用互联网协会等社会团体的社会服务功能。

【关于加强绵阳市工业遗产保护与利用工作的建议】2017年，市政协七届二次会议第208号提案，阮期平、王小平、王小勇、胡进耀委员提出。建议：加强组织领导，创新机制体制；深入开展调研，强化保护措施，加强政策引导，形成工作合力；制定专项规划，推进保护利用。

（汤　鹏　黄国旗）

军民融合发展

Military and Civil Integration and Development

概　述

【概况】2017年，绵阳市按照党中央、国务院和省委、省政府决策部署，聚焦创新驱动与军民融合，坚持以全创改革引领军民融合发展，全面落实《绵阳科技城“十三五”发展规划》，努力把绵阳科技城打造成为创新驱动发展的试验田、军民融合创新发展的排头兵和西部地区发展的增长极，初步走出一条内陆城市国防军工与地方经济深度融合的发展路子。截至2017年底，在国家军民融合服务机构认定中，绵阳3家入选，位居全国第二。游仙军民融合产业园、九洲军民融合产业园等军民融合专业园区入驻企业186家，完成投资133.66亿元。开展第二批军民融合企业认定，新增认定军民融合企业85家，军民融合企业累计321家，同比增长37.3%，军民融合企业产值突破1500亿元，同比增长11%，占全市工业总产值50%。

【重大专项保障服务】2017年，科技城为服务国防建设，重大专项进展顺利。3月，中国工程物理研究院某重大装置项目经中央军委批准落户绵阳；9月，正式开工建设，征地拆迁工作全面完成，水、电、气、通信等配套基础设施建设加快推进，职工及家属住房、就医、就业、就学、社保、安保等综合服务保障全面跟进。中国空气动力研究与发展中心一批重大项目经国家批准正式立项后，相关工作按计划进度推进。中国航发四川燃气涡轮研究院绵阳航空发动机试验基地异地重建基本建成，并承担国防军工多个重点型号航空发动机整机及零部件科研试验，航空发动机研保能力建设加快实施；四川省燃气轮机燃烧工程技术研究中心组建工作有序推进。

【军民科技协同创新】2017年，科技城推动军地资源整合和双向互动，培育和打造一批共通共用、共建共享的军民融合科技创新示范平台，促进军民科技协同创新、联合攻关和转化应用。国家军民两用技术交易中心加快建设，技术合同成交额累计达到10.9亿元，河北分中心成立。建立全国首家军民两用技术再研发中心，推动长虹集团组建国内首个电子信息军民融合创新实验室，北斗开放实验室西南地区首个分实验室落户绵阳，与航天科工共建航天军民融合成果转化基地（四川），四川省首个中央军工集团智能制造技术中心布局兵装集团五八所，建成大数据产业研究院。中物技术等3家机构入选工信部“军民融合科技服务机构推荐名录”，数量仅次于北京。建成孵化器58个，总面积110万平方米。中国空气动力研究与发展中心向全国开放24座研究型设备，发布一批技术成果，实现跨军民、跨行业、跨地区的开放共享。建成全国首家军民融合大型科学仪器共享平台，整合全国、全省数百家单位3900余台套仪器设施，为近千家企业提供服务3000余次，中央电视台新闻联播以《体制破冰，促进军民融合产业发展》为题进行专题报道。组建科技城军民融合磁性材料标准创新中心，推出首个军民通用标准——《永磁体磁偏角亥姆霍兹线圈法测量方法》。

【军民融合产业发展】2017年，科技城着力打通军转民、民参军渠道，军民融合企业群体逐渐壮大，军民融合产业载体更加坚实。持续开展军民融合企业认定工作，85家企业通过认定，全市军民融合企业总数达到321家。支持民营企业通过技术、产品、服务、股权等重点途径参与国防军工生产领域，飞腾精密等5家企业与中国航发四川燃气涡轮研究院签订配套协议，全市民参军企业达到193家。全国首创军民融合企业统计报表制度，实现军民融合企业统计工作标准化、制度化。推进科技城集中发展区建设，实施集中发展区基础设施项目建设52个，完成投资102.12亿元，启动区5平方千米基本建成，产业和人口承载能力增强。实施“梧桐”计划，加快培育和打造十大军民融合产业园，2017年聚集企业186家，完成投资133.66亿元，实现产值391.6亿元，九洲空管二次雷达产业园、中物院化工新材料产业园已基本建成，光电产业园等8个产业园正在建设中。总投资465亿元的京东方6代线和453亿元的汉能移动能源等特大项目相继落地。国家核医学基地完成选址并启动建设，北斗卫星导航产业区域综合示范项目通过竣工验收。六合锻造航空与燃机合金及高端模具锻件锻材等150个总投资480余亿元的军民融合产业化项目稳步建设。

【军民融合生态环境】2017年，科技城强化军民融合人才支撑，加强金融与科技更紧密结合，不断扩大对外开放，军民融合创新要素更加集聚。2017年，新增“两院”院士3名，中国国际人才市场国家科技城（绵阳）分市场正式对外运营，举办“英才风华·辉映绵州——2017中国（绵阳）科技城人才之夜”活动，四川省军民融合战略研究中心获教育厅批准设立，成立四川省唯一以军民融合为特色研究方向的“军民融合发展研究智库”，办好四川省军民融合研究院、“两弹一星”干部学院、西科大国防科技学院、四川省军民融合产业高技能人才培训基地，年培养军民融合人才近4万人。组建全国首家军民融合保险支公司、首家军民融合科技支行、首家军民融合担保公司等金融专业机构，打造“军工贷”“军融宝”等系列金融创新产品，军民融合贷款余额超过200亿元，为军民融合企业提供风险保障超过1000亿元。成立天府（四川）联合股权交易中心军民融合绵阳分中心，牵头打造全省新四板市场“军民融合板”。举办第5届科博会，连续四年蝉联“中国十佳品牌展会”。连续举办6届中国创新创业大赛军转民大赛。

【四川省军民融合大型科学仪器共享平台挂牌运营仪式在创新中心举行】2017年1月12日，四川军民融合大型科学仪器共享平台在中国（绵阳）科技城创新中心举行揭牌仪式，标志该平台正式运营。市委主要负责人出席揭牌仪式并讲话，省国防科工办主任许州出席揭牌仪式，市委副书记、市长刘超主持揭牌仪式，省科技厅副厅长韩忠成出席揭牌仪式并代表省科技厅讲话。中物院军转民部处长白桦，省分析测试服务中心主任耿萌辉，省发改委全创综合处副处长陈伟国出

图6 四川军民融合大型仪器共享平台

席揭牌仪式。揭牌仪式上，许州、刘超、韩忠成、白桦、耿萌辉、陈伟国等共同为四川军民融合大型科学仪器共享平台揭牌。中物院理化分析与无损检测网副主任黄姝珂代表仪器共享单位发言，省科技厅财务处处长李粟璇宣读支持建设四川军民融合大型科学仪器共享平台文件；市科知局相关负责同志介绍平台有关情况。市委常委、科技城党工委副书记、管委会常务副主任、市国资委党委书记元方，副市长孙福全，市政府秘书长谭岗参加揭牌仪式。中国工程物理研究院、中国空气动力研究与发展中心、中国燃气涡轮研究院、西南自动化研究所等在绵阳的科研院所和军工单位相关负责人、四川省分析测试服务中心、国家军民两用技术交易中心、绵阳市生产力促进中心负责人，市内部分高校、企业负责人，相关县市区、园区分管负责人和市级部门主要负责人参加揭牌仪式。

资料链接：四川军民融合大型科学仪器共享平台主要由仪器共享、检验检测、培训服务板、设备供销、数据服务五大板块构成，平台以大型科学仪器设备、分析测试服务、测试方法与标准研究等为对象，充分利用现代信息技术、网络技术，通过对相关资源进行整合集成、优化配置、合理布局、开放共享，致力于提高仪器设备资源的使用效率，避免仪器设备的重复购置和浪费，保持科学仪器设备的先进性，为科技创新及经济、社会发展提供支撑；为政府配置仪器设备资源提供决策依据，为企业提供开放服务，促进科技创新驱动发展，提升科技创新能力。截至2017年底，该平台由四川省分析测试服务中心牵头，已聚集核心共建单位12家，整合31.59亿元的大型科学仪器资源，拥有8000个检验检测项目，专业测试人员达3381人，形成专业人才最多、仪器种类最全、范围最广、代表全省最高水平的检测平台。

【科技城3家机构入选工信部“军民融合科技服务机构推荐名录”】2017年3月，“军民融合科技服务机构推荐名录”由工信部编制完成，并在国家军民融合公共服务平台新开设的“科技服务机构”专栏发布。推荐名录旨在落实军民融合发展战略，充分发挥市场机制作用，引导科技服务机构参与军民两用技术转移转化和军民设备设施资源共享。推荐名录设置供需对接、创业孵化、科技评估、管理咨询和科技投融资5个业务类别。国家军民两用技术交易中心入选科技评估类，业务范围对科技活动及相关责任主体进行专业化评价，考察各类科技活动的必要性、合理性、规范性和有效性，具体服务包括技术解释、技术成熟度评价、技术价值与市场价值评估等。西南科技大学国家大学科技园、四川中物技术股份有限公司入选创业孵化类。业务范围以科技型创业企业为服务对象，通过开展创业培训、辅助、咨询，提供研发、试制、经营的场地和共享设施以及政策、制度、法规、财务等方面的服务，培养从事军民两用技术科研生产的科技企业。

【全国首个电子信息军民融合创新实验室在长虹集团组建】2017年3月，四川省国防科技工业办公室、电子科技大学、四川长虹电子控股集团有限公司联合成立国内首个“电子信息军民融合创新实验室”。该实验室结合校企双方已有的成果及资源，开展雷达系统及其关键技术、新体制雷达、新能源、新型电子元器件等领域关键技术研究和产业化应用。通过持续合作，实验室打造成集前沿技术开发与应用研究、新产业孵化、技术信息交流、人才培养为一体的综合性管理与服务平台，助力长虹军民深度融合发展。

【全国首家军民融合科技支行绵阳挂牌运营】2017年3月1日，经中国银行业监督管理委员会四川监管局核准同意，绵阳市商业银行科技支行正式更名为军民融合科技支行，这是全国首家军民融合科技支行。在随后举行的军民融合银企对接会上，该支行与4家军民融合企业对接，现场签约授信33亿元。全国首家军民融合科技支行的成立，是绵阳构建军民融合金融服务体系重要成果。在各类军民融合企业中，融资问题最突出的是中小型企业，尤其是“民参军”企业。针对这一问题，绵阳市商业银行军民融合科技支行专门开发系列信贷产品，以解决军民融合企业的融资难、融资贵问题。以订单贷为例，经过绵阳认证的军民融合企业，可免去评级授信环节，只需提供军工订单，就可直接发起贷款审批流程。与之相仿，申请到相关国防科研补贴的企业，在等待补贴资金到位期间，可凭借补贴批复申请补贴贷。

【河北省军民两用技术交易中心挂牌成立】2017年6月16日，“河北省军民两用技术交易中心”在河北省石家庄市鹿泉区正式挂牌成立，这是京津冀首家军民两用技术交易中心。同时揭牌的还有河北省军民融合知识产权交易中心、国家军民两用技术交易中心河北分中心、石家庄市军民融合创新发展中心、石家庄市科技创新中心。该中心依托绵阳国家军民两用技术交易中心为主和西安科技市场平台及中电科集团54所、13所技术成果库等建设线上服务和交易平台，依托科技成果展示厅、信息发布厅、产品路演厅引进线下交易，为交易技术转化为交易成果提供金融、政策、人才等资源支持。综合服务部为技术交易开设军工“四证”办理、科技查新、设备共享、产品标准认证等服务，助力河北省军民融合示范基地创建。

【北斗卫星导航产业区域综合示范项目通过验收】2017年8月26日，绵阳市北斗卫星导航产业区域综合示范项目通过竣工验收评审。评审工作由四川省发展改革委、四川省财政厅受国家发展改革委、财政部委托，组织专家进行。绵阳市北斗卫星导航产业区域综合示范项目是国家发改委2014年北斗卫星导航产业重大应用示范发展专项区域示范应用类项目之一，项目由绵阳市政府牵头，以四川省北斗卫星导航产业联盟理事长单位——四川九洲电器集团有限责任公司及其旗下专业从事北斗导航与位置服务的高技术企业——四川九洲北斗导航与位置服务有限公司为建设主体，旨在通过项目实施，推动区域北斗导航技术创新和产业发展资源聚集，通过示范区域内北斗规模应用，促进北斗产业与国民经济发展的深度融合，加速全国自主北斗卫星导航系统发展进程。项目建设期内，绵阳市政府先后成立“绵阳市北斗卫星导航产业发展推进小组”，发布《绵阳市五个强化力推北斗卫星导航产业发展》《绵阳市北斗卫星导航产业发展推进方案》等专项支持政策。经过三年建设实施，绵阳市完成四川省北斗高精度导航与位置服务总平台建设，针对旅游、交通领域完成18个应用系统建设、研制13类北斗终端，实现终端推广部署93969台/套，实现北斗卫星导航系统在绵阳市交通、旅游等领域的全面应用。

【北斗开放实验室西南地区首个分实验室成功落户绵阳】2017年9月8日，第五届中国（绵阳）科技城国际科技博览会北斗卫星导航产业军民融合创新发展论坛上，绵阳市举行北斗开放实验室·中国（绵阳）科技城实验室授牌仪式，这是北斗开放实验室在西南地区布局的首个分实验室。该实验室定位智慧城市应用，建设“一中心四基地”，即对外交流、管理服务、科研试验及产品测试中心，数据与服务共享基地、科研与教学培养基地、测试服务基地、成果转化及创投孵化基地，合作构建服务中国（绵阳）科技城及西南地区，辐射全国的北斗应用与军民融合相结合的北斗资源开放共享基地。该实验室由九洲集团联合政府、高校进行资源共建，构建军民融合示范平台，并为北斗在四川智慧城市的应用提供方案服务、技术及人才保障、试验测试条件以及数据信息支持等。

【航天军民融合成果转化基地（四川）在绵阳科创区挂牌成立】2017年10月19日，中国航天科工集团第三研究院第三一〇研究所和科创区联合主办的“航天军民融合成果转化基地（四川）”揭牌仪式在绵阳科技城创新中心举行。市委常委、科技城党工委副书记、管委会常务副主任、市国资委党委书记元方，副市长罗宗志，中国航天科工集团第三研究院副院长徐涛，中国工程院院士刘永才，省军民融合办专职副主任、省国防科技工业办公室副主任施遐，区党工委书记周钰出席。该基地由中国航天科工第三研究院第三一〇所与绵阳科创区共同建立，旨在开展科技成果转化，并发挥航天科技对绵阳经济产业的引领作用，并结合绵阳市在区位、经济、资源、产业发展等领域的综合优势，打通“民参军”和“军转民”的双向转化渠道，促成技术对接，实现航天技术成果产业化。（陈金学）

军民融合企业认定

【概况】2017年4月，绵阳市按照《绵阳市军民融合企业认定管理办法（试行）》（绵府办发〔2015〕84号）、《〈绵阳市军民融合企业认定管理办法（试行）〉实施细则》（绵市经信军民〔2016〕17号）文件精神，市经信委、市财政局、市科知局、科管委军民融合办等多部门联合启动2017年军民融合企业认定工作，向各县市区（园区）工业主管部门、中物院军转民发展部、中国电科九所、中国航发涡研院、西南科技大学等单位和科研院所发布《关于开展2017年度军民融合企业认定工作的通知》（绵市经信军民〔2017〕159号）。截至4月30日，各县市区（园区）工业主管部门共初步审核并推荐申请认定企业130家。7月27日，市经信委、市财政局、市科知局、科管委军民融合办，联合组成评审专家组，对申请认定企业进行现场评审，最终确定85家企业通过专家评审。8月，经过企业申报、县市区（园区）初审、专家组与市级部门联审，全部评审工作全面结束。7月，四川省军民融合发展推进领导小组办公室印发《四川省军民融合企业（单位）认定管理办法(试行)》，在全省范围内复制推广绵阳市军民融合企业认定标准、认定机制及经验做法。

【2017年绵阳市军民融合企业名单发布】2017年10月19日，市政府第29次常务会议召开，审议通过2017年军民融合企业认定授牌等有关事宜；11月10日，市府办印发《关于公布2017年绵阳市军民融合企业名单的通知》（绵府办函〔2017〕157号），绵阳市金久电气有限公司等85家企业被认定为2017年绵阳市军民融合企业。至此，全市军民融合企业总数达321家。新认定的军民融合企业覆盖全市八大产业和“两新”产业规模以上企业，科技城军民融合企业实现总产值1530亿元，在工业总量比重超过50%。

2017年绵阳市军民融合企业认定名单

表4

序号	企业名称	所属行业	所在区域	军民融合重点产品
1	绵阳市金久电气有限公司	装备制造	涪城区	节能环保变压器和特种变压器设备及配套产品
2	绵阳春意燃气安全设备有限公司	装备制造	涪城区	可燃气体检测探测器、工业与家用安全防护控制系统
3	四川华科恒达科技有限公司	装备制造	涪城区	飞机移动式系统气密检测设备、特种洗消设备、钢厂设备、防护防化及其他自动化定制设备
4	绵阳市新为创扶科技有限公司	电子信息	涪城区	电力金具报箍、光纤跳线、军用级别光缆
5	四川华信智创科技有限公司	电子信息	涪城区	温湿度传感器、力学传感器、飞机移动式系统气密检测装置电控部分
6	绵阳元鼎科技有限公司	生产性服务业	涪城区	数值计算信息管理系统
7	绵阳鼎甲国桑科技有限公司	电子信息	涪城区	安全增强容灾备份及运维级容灾备份软硬件
8	四川龙华光电薄膜股份有限公司	新材料	涪城区	高端聚碳酸酯薄膜/片材、PMMA结构设计及产品开发、显示面板、背光模组、PS扩散板、PMMA亚克力板
9	绵阳捷智科技股份有限公司	电子信息	涪城区	TFT-LCM背光及模组、低功耗智能LED平板灯、新型显示光学材料
10	四川经曼光电科技有限公司	装备制造	涪城区	激光类光机电智能设备、精密物理靶
11	绵阳市信安联软件评测有限公司	生产性服务业	涪城区	军民融合共享测试云平台
12	绵阳聚强极风科技有限公司	电子信息	涪城区	特种光源、风洞试验配套系统、防热瓦地面测试图像分析
13	四川隆盛科发实业有限公司	装备制造	涪城区	汽车发动机/变速器橡胶减振器、发动机/变速器液压悬置、橡胶密封件、橡胶制品
14	绵阳涪瑞成节能科技有限公司	节能环保	涪城区	保温节能材料、建筑节能材料
15	绵阳市瑞丰机电制造有限公司	装备制造	涪城区	发动机和核电中小型叶片、炮长箱体和锻模
16	绵阳市久华机电科技有限公司	电子信息	游仙区	光学元件、纹影仪、环抛机及配套设备
17	绵阳天胜机电有限公司	装备制造	游仙区	动量靶板测试装置、防锈铝单层靶碰撞实验装置、双雷管爆炸开关电极及其组件

续表

序号	企业名称	所属行业	所在区域	军民融合重点产品
18	绵阳嘉泰智能制造有限公司	装备制造	游仙区	工业自动控制系统装置、精密电极压铸和焊接件
19	绵阳飞腾精密机械科技有限公司	装备制造	游仙区	舵机直属件、爆破阀用驱动装置
20	四川中物节能环保设备有限公司	节能环保	游仙区	节能环保设备、军工科研生产非标设备、中国工程物理研究院各研究所试验设备
21	中科西奥电梯有限公司	装备制造	游仙区	激光切割及激光焊接智能装备、电梯产品
22	绵阳云燕航空科技有限公司	航空与燃机	游仙区	大疆“悟”INSPIRE 2 航拍无人机、电力巡检无人机
23	绵阳市游仙区宏盛金属配件厂	装备制造	游仙区	高效矿用风机叶片、锑锡铅棒
24	四川省嘉联重型机械制造有限公司	装备制造	游仙区	导流盆、铁铸件主轴座
25	绵阳鑫光光电科技有限公司	电子信息	游仙区	光电系列元器件及产品
26	四川开元创亿生物科技有限责任公司	新材料	游仙区	军需产品的塑料膜制品、工程塑料部件、可降解塑料制品
27	绵阳沃升节能科技有限公司	节能环保	游仙区	新型金属装饰保温板、金属复合板
28	绵阳市盛宇新材料有限公司	新材料	游仙区	PPS、绝缘导热材料、电磁屏蔽材料
29	绵阳市振华科技有限公司	节能环保	游仙区	污水系列产品及危害垃圾分类处理设备
30	四川九洲环保科技有限责任公司	节能环保	经开区	特种润滑油、危险废物无害化处理装置
31	四川德鑫源机器人有限公司	装备制造	经开区	离心机摄像支架、盖章机器人
32	四川国安启祥科技有限公司	生产性服务业	经开区	国家军民融合大数据产业集群
33	四川金润昌科技有限公司	装备制造	经开区	航空箱、机械模具
34	四川宝天智控系统有限公司	航空与燃机	经开区	无人机数据链路及接口、单兵作战巡飞弹
35	绵阳六合机械制造有限公司	装备制造	经开区	汽车发动机精密配件
36	四川峻豪电子科技有限公司	电子信息	经开区	贴片式铝电解电容器
37	四川旭虹光电科技有限公司	新材料	经开区	军用直升飞机透明防护玻璃
38	绵阳市鑫科源环保科技有限公司	节能环保	经开区	危险废弃物处置装置
39	绵阳富莱特航空科技有限公司	航空与燃机	高新区	BD-10 中高空高速无人机
40	四川聚强创新科技有限公司	电子信息	高新区	微波器件及组件、高精密仪器、天线
41	绵阳瑞洋科技开发有限公司	装备制造	高新区	高精度非标件、轴类、套类、箱体类零配件
42	四川福德机器人股份有限公司	智能制造	高新区	军用特种机器人、军民两用智能装备
43	绵阳市宏扬科技有限公司	新材料	高新区	加速器用铁氧体材料
44	绵阳紫阳科技开发有限公司	装备制造	高新区	常规武器系统的机械零部件
45	四川九州光电子技术有限公司	电子信息	高新区	军用多模光纤光通信模块
46	绵阳钢猫科技有限公司	新材料	高新区	精密模具、特殊钢材料
47	绵阳市欧讯信息产业有限公司	电子信息	高新区	对数周期天线、多馈多模短波天线、超短波天线

续表

序号	企业名称	所属行业	所在区域	军民融合重点产品
48	绵阳高新区科光宏盛线缆有限责	电子信息	高新区	线束线缆、电子零部件产品
49	四川豪斯特电子技术有限责任公	电子信息	高新区	无人机、无人机反制系统、智能终端
50	绵阳莫仕科技有限公司	电子信息	高新区	系统仿真、集成测控、便携测控设备、机电一体化
51	四川安能能源技术有限公司	电子信息	高新区	恒流源控制柜、野外应急广播系统、数据控制机箱、塔放式基站、服务器控制柜
52	四川德维微纳科技有限公司	装备制造	高新区	高效节能分级式冲击磨、超微粉碎设备
53	绵阳市兴和模具有限公司	装备制造	高新区	塑料模具、铁装宝盒、落料模成型模切边模
54	四川虹杰高科技有限公司	新材料	高新区	碳纤维防弹头盔、防弹衣、防弹挡板
55	绵阳市有芯电子有限公司	生产性服务业	高新区	有芯电子元器件电商平台
56	绵阳信元达科技有限公司	装备制造	科创区	ADS-B 接收机、雷达检校飞仪、雷达目标指示仪、无人机 TCAS 系统
57	四川元易云科技有限公司	生产性服务业	科创区	CAE 云计算仿真平台、高精度的结构力学分析软件
58	绵阳市长力科技有限公司	装备制造	科创区	航空发动机受感部探针、航空航天领域非标试验件、发动机火焰筒、旋流器
59	四川海恩瑞捷测控技术有限公司	装备制造	科创区	纹影成像系统分幅成像系统长焦、短景深光学系统高速动态干涉测量系统、窗口外密度变化时间特性测量系统
60	四川九洲北斗导航与位置服务有限公司	电子信息	科创区	北斗形变监测卫星接收机、北斗高精度车载终端、汽车行驶记录仪、北斗手持机、北斗高精度基准站
61	四川中科融创科技有限公司	生产性服务业	科创区	军民融合科技服务
62	四川艾客思科技有限责任公司	电子信息	科创区	电源控制系统软件、多媒体信息管理发布系统
63	绵阳市星宇电子技术有限公司	电子信息	科创区	军民用机场低空探测识别和警示反制系统、维护公共安全用非致命性大功率声波驱散装置、哨位安防预警系统
64	四川九州电子科技股份有限公司	电子信息	科创区	应急广播系统、卫星接收系统
65	绵阳乾龙科技有限公司	电子信息	科创区	霍尔传感器、压力传感器、电感式传感器、连接器
66	四川科瑞软件有限责任公司	生产性服务业	科创区	软件测试、电子交互手册、电子技术手册
67	绵阳赛恩新能源科技有限公司	装备制造	科创区	高品质低干扰永磁同步发电机、安全电源柴油发电机组、雷达用新型永磁同步驱动电机
68	四川红色北斗科技有限公司	电子信息	科创区	北斗/GPS 车辆监控管理及调度系统、北斗数据传输系统、基于北斗应用的政务系统
69	江油市长祥特殊钢制造有限公司	装备制造	江油市	低合金结构钢、不锈钢
70	四川汇通能源装备制造股份有限公司	装备制造	江油市	核电厂工艺管道支吊架、标件和非标件紧固件、锻材
71	四川省江油润生石墨毡有限公司	新材料	江油市	储能碳材料、高温真空炉用热场碳材料
72	四川省卓辰精密机械制造有限公司	装备制造	江油市	钢板、电液阀、液压阀、机电设备
73	四川省洪发车辆配件有限公司	装备制造	安州区	军用装甲车配件、阀门、重型拖车配件

续表

序号	企业名称	所属行业	所在区域	军民融合重点产品
74	四川银河星源科技有限公司	电子信息	安州区	太阳能光伏用低温导电银浆
75	四川绵阳海天电子科技有限公司	电子信息	安州区	精密塑胶模具及配件、塑胶零件
76	四川科翔科技有限公司	电子信息	科学城	工业仿真三维动画
77	四川碧朗科技有限公司	电子信息	科学城	水质在线监测分析仪、掺硼金刚石薄膜电极片
78	四川省科学城控电科技有限公司	电子信息	科学城	便携式加固计算机系统、数据采集板卡
79	绵阳市恒通机电设备有限公司	装备制造	科学城	精密机械加工和电子产品
80	绵阳科技城工创科技有限公司	生产性服务业	科学城	科技创新成果发布、军工“四证”办理服务、技术咨询服务
81	四川九高科技有限公司	装备制造	科学城	拉曼激光气体在线快速检测仪
82	四川华卫生物智能科技有限公司	装备制造	科学城	移动周界及智能不干胶、激光器支撑结构、智能壁挂隔离带
83	四川旌致科技有限公司	装备制造	科学城	神光-Ⅲ主机装置光传输系统、激光器支撑结构
84	四川西部动力机器人科技有限公司	智能制造	西科大	自动化设备、机器人
85	四川纵横无人机技术有限公司	航空与燃机	北川县	大鹏系列无人机，CW-20 无人机及飞控系统

（李芝军）

十大军民融合产业园

【概况】2017 年，为抢抓系统推进全面创新改革试验重大机遇，深入实施军民深度融合发展战略，以创新驱动、军民融合为主线，以高新技术产业和战略性新兴产业为核心，以国防科研院所科技成果转化和产业化为重点，以龙头、骨干企业为主体，以产业集群为目标，围绕军民科研资源整合和关键技术攻关，集中力量推进十大军民融合产业园建设，着力实施一批军民融合重大产业化项目，培育一批军民融合科技协同创新平台，打造一批军民融合产业集群。1 月 6 日，市政府第 8 次常务会议召开，审议通过《绵阳市特色产业园区（军民融合产业园）认定管理办法（试行）》（以下简称《管理办法》）、《绵阳市十大军民融合产业园培育“梧桐计划”》（以下简称《梧桐计划》）。《管理办法》《梧桐计划》的出台，推动科技城实施一批军民融合重大产业化项目，培育一批军民融合科技协同创新平台，打造一批军民融合产业集群。

【光电产业园】2016 年启动，位于高新区新区，占地面积 120.07 公顷，重点发展的产业方向为新型显示技术、光电线缆、通讯线缆等。推进主动矩阵有机发光二极管、航空航天用辐照交联型高温特种电缆加工中的氟塑料双层薄壁一次性挤出技术、辐照交联成型技术等核心技术的研发与应用。打造集空管、航空航天用光缆线缆等产品的集聚区，提升九洲特定环境高可靠射频信号专用电缆等军民融合系统产品的研发及规模化生产能力。园区内有绵阳京东方光电科技有限公司、四川九洲线缆有限责任公司等龙头企业。2017 年，园区集聚企业 7 家，引进项目 4 个，完成投资 56 亿元，实现产值 23.5 亿元。

【长虹智慧制造产业园】2016年启动建设，位于经开区绵州大道中段。产业园分A、B两个区域，总占地66.67公顷，预计总投资40亿元，建设周期3~5年。A区基本建成，B区规划建设中。有四川长虹电源有限责任公司、四川华丰企业集团有限公司、四川旭虹光电科技有限公司等龙头企业入驻。重点发展智能终端、智能家电、电源系统等产业。推进电子精密连接器研发与制造、大数据物联技术、新能源车专用高可靠性蓄电池系统、实物成分识别功能技术等核心技术的研发和应用。依托长虹电源公司重点发展以锂离子电池、高性能动力电池、电源系统及系统集成解决方案为代表的军民结合型产品，具备蓄电池2亿安时（其中动力锂离子电池1.5亿安时）的生产能力。依托长虹智能终端、长虹智能空调、美菱冰箱、旭虹光电、海立电器、华丰连接器、金华洋连接器等，重点建设平板整机、移动终端设备、电子材料和元器件项目，布局实施长虹空调、美菱冰箱等智能白电产业及华丰连接器、信息化物流园及相应的前端配套产业，形成智慧制造产业链。2017年，园区集聚企业25家，引进项目6个，实现投资10.2亿元，实现产值47.2亿元。

【九洲空管二次雷达产业园】位于科创区九华路。园区占地面积88.8公顷，是九洲集团在绵阳的主要集中发展地和全力打造的国家军民融合示范基地。军品区依托九洲集团本部、九洲空管公司、北斗导航与位置服务公司等企业，重点发展军工电子、空管、北斗等核心及重点产业；民品区依托九洲智慧城市事业部、九州电子科技、九州光电、科瑞软件等企业，重点发展智慧城市、三网融合、LED、电子商务与软件等核心及重点产业。推进综合识别技术、通信干扰技术、无线组网技术、卫星通信技术、空管系统总体技术、加解密技术、光电组件及光通信技术、北斗报文通信网络组网技术等核心技术的研究与应用。产业园内有四川九洲电器集团有限责任公司、四川九州电子科技股份有限公司、四川九洲空管科技有限责任公司、四川九洲北斗导航与位置服务有限公司、四川九州光电科技股份有限公司、四川科瑞软件有限责任公司等龙头企业入驻。2017年，园区集聚企业20家，引入项目9个，总投资额7亿元，完成投资6.03亿元，实现产值129.7亿元。

图7　九洲集团大门

【智能制造与信息安全产业园】位于游仙区石马镇、东林乡、游仙镇。重点发展智能制造、信息安全等产业。主要有加密外挂技术、机器人应用、武器装备信息与控制、高危产品安全自动化生产等核心技术的研究与应用。有北京兵港科技发展有限公司、四川科莱电梯股份有限公司、中国兵器装备集团自动化研究所等龙头企业（单位）入驻。产业园分A、B两个区域。A区尚在规划建设中，规划面积13平方千米，以兵港科技（绵阳）硅谷数据化产业基地、中物技术智能制造示范基地、中国兵器工业集团公司绵阳智能制造产业基地、智能电梯制造基地等项目为依托，建设智能制造与信息安全产业园。B区已建成，即中国兵器装备集团自动化研究所（五八所）本部及以下属企业维博电子为主导的产业集聚区，重点发展数控系统、电量传感器、防化及核辐射监测产品。2017年，园区集聚企业35家，并引进中尚能源大功率LED器材及新型散热材料生产基地项目等20个项目，总投资额320亿元，完成工业投资17.4亿元，实现产值94.3亿元。

【中航发航空与燃机产业园】位于游仙区小枧沟镇。规划面积5平方千米，2016年启动建设。有中国燃气涡轮研究院、四川东材科技集团股份有限公司等龙头企业（单位）入驻。重点发展航空发动机、绝缘材料产业，致力于核心燃机、树脂合成技术等核心技术的研发与应用。以中国燃气涡轮研究院为依托，重点引进航空航天产业及其配套产业、新能源、电子信息等科技含量高、投资规模大、带动效应强的工业项目和为园区服务的高端综合性配套产业。2017年，集聚企业3家，引进“北斗低空空管系统”等5个项目，总投资额30亿元，完成工业投资3.98亿元，实现产值26.8亿元。

【中电科磁性材料产业园】位于高新区。重点发展磁性材料等产业。致力于速凝制片、微细制粉、低氧串接、低温烧结及热处理、磁体晶界相改良等核心技术的研发与应用。有中国电子科技集团公司九所、绵阳西磁磁电有限公司等龙头企业（单位）入驻。分A、B两个区域。建成A区，占地13.33公顷，主要从事磁性功能材料与特种器件的研制、开发、中试生产以及应用磁学基础研究，为国内最大的综合性应用磁学专业研究、开发、生产、服务基地。B区在建设中，计划投资5亿元，占地10公顷，致力打造中国电子科技集团（绵阳）南方磁性材料产业基地，产品涵盖高性能锰锌铁氧体材料、微波毫米波单晶材料、多晶材料及器件、磁性材料专用设备和仪器等。2017年，园区集聚企业15家，引进项目3个，完成投资2.6亿元，实现产值3.2亿元。

【中电科智慧能源产业园】位于河北—平武工业园内。重点发展新能源、新材料、汽车及零部件等产业。致力于锂离子动力电池智能制造及模组装配技术等核心技术的研发与应用。有绵阳力神动力电池系统有限公司、四川泰坦豪特新能源汽车有限公司等龙头企业入驻。园区规划面积约3.47平方千米，入驻企业39家，依托天津力神动力电池，富临新能源汽车、华晨集团乘用车南方基地、新朝阳汽车基地及富骅新材料、泰坦充电桩、长虹新能源等重点项目，突出新能源汽车储能装置制造、新能源汽车零部件配件制造等重点产业领域。2017年，园区集聚企业41家，引进项目3个，总投资额5亿元，完成投资3.2亿元，实现产值8亿元。

【中物院核技术应用产业园】位于游仙区游仙镇和石马镇（A区）、江油工业园区儒林路（B区）。重点发展核医学、新材料产业。致力于同位素应用、中子吸收材料、辐射防护材料、铍件等核心技术的研发与应用。有中物院一所和二所、中国核应急处理中心、中物院材料所、四川聚能核技术工程有限公司、四川超声印制板有限公司等龙头企业（单位）入驻。

A 区，即中物院核医学中心，位于游仙区。规划面积 5 平方千米，总投资 10 亿元，依托中物院一所、二所核技术应用研发能力，规划建设核医学研发与临床实验中心、核诊疗中心、核医药品制造与配送中心、核医疗设备制造中心、核医疗科技孵化中心、核技术应用交流培训中心等。重点承载同位素研究、核医学、疗养、国家级核应急反应处理中心等项目，配套建设核医疗设备制造、核医药品制造与配送、核技术应用交流培训等项目。2017 年，A 区初步进行园区规划选址论证，草拟建设方案，测算、摸底拆迁安置和基础设施建设，并与四川发展新兴产业园投资建设公司（川发展全资控股子公司）商谈园区共建事宜。入园企业 2 家，引进质子、粒子加速器等 3 个项目，总投资额 86 亿元，完成工业投资 3.5 亿元，实现产值 5.6 亿元。

B 区，即中物院核能环保技术与装备产业基地，位于江油工业园区。园区占地约 20 公顷，计划总投资 4.5 亿元，依托中物院七所，拟分步实施精密机械加工中心、先进粉末冶金材料研制中心、辐射防护材料及制品生产线、铝基碳化硼中子吸收材料生产线、设备安装调试库、无损检测中心、石墨制品生产线、铍件生产车间、综合测控系统及产品生产车间等子项目以及综合配套设施建设。2017 年，园区集聚企业 7 家，引进项目 7 个，完成投资 3.75 亿元，实现产值 5.1 亿元。

【中物院化工新材料产业园】位于经开区塘汛镇。重点发展精细化工、新材料产业。致力于微电定位取代、高效分离合成、化工新材料智能化控制改造等核心技术的研发与应用。有利尔化学股份有限公司、禾大西普化学（四川）有限公司、四川日普精化有限公司等龙头企业入驻。园区规划面积约 5 平方千米，依托中物院的科研实力，发挥利尔化学、久远化工等企业的技术和人才优势，重点建设天然气化工、精细化工、新型材料、环保示范工程基地等项目，推进处理废弃金属、酸、碱固（液、气）体、废油等再生循环利用项目。2017 年，园区集聚企业 20 家，引进项目 6 个，实现投资 20 亿元，实现产值 44.1 亿元。

【通用航空产业园】位于北川县永昌镇。重点发展轻型飞机（无人机）研发制造、航空发动机及关键零部件制造、航空教育培训、航空运营服务等产业。致力于无人机飞控技术、飞行器空气动力学设计、复合材料机体结构设计生产、机载设备集成等核心技术的研发与应用。有四川特飞科技股份有限公司、四川纵横无人机技术有限公司、四川泛美教育投资集团、四川楠迎投资有限公司等龙头企业入驻。园区规划面积 15 平方千米，起步区 5 平方千米，规划建设通用航空研发中心，打造一个通航小镇，形成轻型飞机制造、航空发动机及关键零部件制造、北斗及空管系统研发制造、运营培训、旅游服务五个产业集群。2017 年，园区签约绵阳特飞科技、楠迎通航、纵横自动化公司、无人机产业园、泛美教育集团等项目；园区集聚企业 11 家，引进“载重无人机项目”等 3 个项目，总投资额 13 亿元，完成投资 7 亿元，实现产值 4.1 亿元。

（张晨航　刘　刚）

重点军民融合企业

【概况】2017 年，绵阳市开展第二批军民融合企业认定，85 家企业被认定为军民融合企业，全市军民融合企业达 321 家。主要有以研发为主代表的中国航发四川燃气涡轮研究院、中国兵器装备集团自动化研究所、西南应用磁学研究所（中国电子科技集团公司第九研究所）等国家级、省级科研院所；还有以研发和生产为一体的长虹电子控股集团有限公司、四川九洲电器集团有限责任公司、四川东材科技集团有限公司、攀钢集团江油长城特殊钢有限公司等为代表的龙头企业。截至年底，全市军民融合企业的产值达 1530 亿元，占全市工业总产值的 50%以上。

【中国航发四川燃气涡轮研究院】中国航发四川燃气涡轮研究院（以下简称“涡研院”），始建于 1965 年 4 月，隶属于中国航空发动机集团公司，是中国航空发动机技术预先研究、型号研发以及高空台试验鉴定的大型科研机构，是中国航空发动机主要主机研究所之一。主要承担“两机专项”任务，中等推力四代机动力、冲压组合发动机动力和五代机动力等技术验证机研制，参与大推力四代机动力和“民机”动力等两项核心部件技术研究。涉及临近空间飞行器动力及新概念发动机预先研究、航空发动机型号研制和行业高空模拟试验、整机及零部件试验研究等技术阶段或领域。累计完成国家投资 29 亿元。拥有全国唯一的连续气源高空模拟试验台（以下简称“高空台”），试验范围覆盖飞行器动力装置的高空模拟试验要求。

2017 年，涡研院参加第二届中国军民两用技术创新应用大赛，小型公务机用动力装置、大中型公务机及小型支线客机用大涵道比涡扇发动机、不可逆示温漆研制与应用等 3 个项目从全国 816 个项目中脱颖而出，晋级决赛。高速滑环引电器、数字压力扫描阀、数字温度/电压采集仪、气动热力探针等多项技术产品实现销售收入 4500 万元。“民参军”方面，组织绵阳市 24 家民营配套相关单位，通过一系列审查工作，确定绵阳鼎鑫、永贵科技、飞腾精密、龙兴科技、六合锻造 5 家企业进入潜在供应商名录。组织“民参军”社会企业参加军品型号、试验件的承制和关键技术研究工作。与在川 40 多家民营企业形成长期稳定的合作关系，与无锡航亚、无锡永瀚等 7 家单位签订战略合作协议或技术协议。

【中国兵器装备集团自动化研究所】中国兵器装备集团自动化研究所（以下简称“兵装集团自动化所”）成立于 1977 年 11 月，隶属于中国兵器装备集团公司，是专业从事自动化与信息化技术的军民融合型研究所。该所坚持以“推动装备信息化、提升国防制造力”为使命，形成以信息与控制技术及产品研发为主业，武器装备、智能制造、智能传感、辐射监测为重点应用领域的军民融合型研究所。

兵装集团自动化所是国防科技工业弹药自动装药技术研究应用中心技术依托单位，是中国兵器装备集团智能制造技术研发中心、国家“863 计划”智能机器人产业化基地、四川省机床数控工程技术研究中心、四川省军民两用技术转移孵化中心、中国兵工学会装药装备专业委员会主任单位、中国兵器装备研究院武器装备信息与控制技术研发中心，具有四川省院士（专家）工作站、博士后科研工作站、博士后创新实践基地、计算机应用专业硕士学位授权点。先后获得全国文明单位、全国“五一劳动奖章”、中央企业先进集体等荣誉。

2017 年 1 月，兵装集团自动化所被正式确定为首批国有企业混合所有制改革试点单位。同年 5 月，被确定为首批 41 家军工科研院所转制单位之一。

【西南应用磁学研究所（中国电子科技集团公司第九研究所）】1967 年，建立（以下简称“电科九所”），先后隶属于国防科工委、第四机械工业部、电子工业部、信息产业部。2002 年，部属科研单位改制后，正式成为中国电子科技集团有限公司的成员单位。2016 年，与重庆声光电公司整合，融入“声光电磁”子集团。

电科九所是中国唯一的综合磁性材料与器件研究所，属一类军工研究所。主要从事磁性材料、磁应用技术及产品的设计、开发、生产和服务。是全国磁性材料与器件行业的学科和技术领

图 8　中国电子科技集团公司第九研究所

头羊，四川省磁性材料工程技术研究中心，磁性行业唯一的核心期刊《磁性材料及器件》主办单位。主要产品有软磁材料及元件（组件）、永磁材料及元件（组件）、微波多晶铁氧体材料及器件（组件）、微波单晶铁氧体材料及器件（组件）、低温共烧铁氧体材料及器件等磁性材料及器件品种，产品工作频率覆盖低频、中频、射频到微波、毫米波。2017 年，电科九所资产规模 16 亿元。

【四川长虹电子控股集团有限公司】长虹创始于 1958 年，公司前身国营长虹机器厂是国家“一五”期间的 156 项重点工程之一，是当时国内唯一的机载火控雷达生产基地。从军工立业、彩电兴业，到信息电子的多元拓展，是集军工、消费电子、核心器件研发与制造为一体的综合型跨国企业集团，发展目标为具有全球竞争力的信息家电内容与服务提供商。2017 年，长虹排名中国电子百强第 7 位，中国制造业第 64 位，四川百强企业第 1 位，控股集团工业总产值 1075 亿元，产品销售总值为 807 亿元，利润约 5 亿元。公司产品项目“基于变频技术的家电控制系统集成化研究及应用”获省级科技进步二等奖；“4K 超高清电视显示技术研究及应用”“氧化铍陶瓷杆制备”项目分别获得省级科技进步三等奖；获市项目二等奖 3 项、三等奖 3 项。共申请 1872 项件专利，其中发明 896 项。授权书 1001 项，获得中国专利优秀奖 2 项。至 2017 年底，公司拥有有效专利 4933 件。

【四川九洲电器集团有限责任公司】1958 年公司始建，是国家“一五”期间 156 项重点工程之一。1995 年改制为有限责任公司，1999 年规范为国有独资公司，为绵阳市属国有独资企业。公司是国家重点国有企业，四川省高新科技产业型企业和综合成长型企业，四川省高新技术产业龙头重点企业，是以军事电子和智慧城市为核心业务的军民融合式发展的典型代表企业。2017 年，九洲集团加大科研投入，推进创新平台能力建设，聚焦军事电子和智慧城市两大主营业务，坚持创新驱动、军民融合发展战略，全年累计承担重点科研项目396项，开发新产品250余项。实现新产品销售收入近80亿元。公司国家企业技术中心在全国1364家企业技术中心考评排名中位列第58位，九洲公司荣列中国电子信息百强企业第30位、中国软件和信息技术服务业综合竞争力百强企业第55位、中国制造业企业500强第296位、四川企业技术创新发展能力100强第14位，获得省级科技进步二等奖、三等奖各1项，市级科技进步奖一等奖1项、二等奖3项、三等奖1项。2017年，实现营业收入220.32亿元，工业总产值210.01亿元，销售回款258.43亿元，国际业务回款6.58亿美元，出口创汇5.04亿美元，利润总额4.02亿元；企业上缴税金5.04亿元。

【四川东材科技集团股份有限公司】四川东材科技集团股份有限公司是一家专业从事新材料研发、制造、销售的科技型上市公司，长期致力于为社会提供安全、环保的新材料解决方案。东材科技旗下拥有8家子公司。公司一贯秉承“科技立企、实干兴业”的发展理念，坚持走自主创新之路，依托国家绝缘材料工程中心、国家级企业技术中心、博士后科研工作站三大创新平台，依靠一支主要由博士、硕士组成的高素质的研发团队，重点发展绝缘膜材料、光学膜材料、新型绝缘材料和制品、环保阻燃材料、精细化工材料等系列产品，服务于新能源、轨道交通、智能电网、消费电子、平板显示、电工电器、军工等诸多领域。公司产品以其优异的性能和良好的声誉远销50多个国家和地区，与众多国内外知名企业建立长期稳定的合作关系。2017年，四川东材在国家绝缘材料工程技术研究中心、国家级企业技术中心、博士后科研工作站等五大创新平台的基础上，组建由国家发改委批准的发电与输变电设备用绝缘材料开发与应用国家地方联合工程研究中心。同时，联合清华大学、四川大学等国内知名高校和科研院所开展产、学、研联合研发合作。公司重点发展绝缘膜材料、光学膜材料等系列产品，服务于新能源、智能电网等诸多领域，主要产品市场占有率居国内行业前列。2017年，公司被受理发明专利17项，授权专利13项，有效发明专利101项；通过国家高新技术企业认定；获批四川省第六批院士（专家）工作站；获得中国石油和化工行业技术创新示范企业、四川省大企业大集团省级“双创”示范基地、2017科技创新企业等；位居四川省企业技术创新发展能力100强第一名。“特高压直流输电换流阀用绝缘结构件关键技术研发”项目获得四川省科技进步奖二等奖。2017年，实现销售收入17.3亿元，利润总额10501万元，科技活动经费支出总额为8561万元，占销售收入的4.9%，新产品销售收入达到7.8亿元，占销售收入的45%。（张晨航）

全面创新改革试验
Comprehensive Experiment on Innovation and Reform

概　述

【概况】2017年，科技城按照《四川省系统推进全面创新改革试验方案》要求，全面贯彻国家、省部署要求，立足军民融合主攻方向，全面创新改革试验工作重点突出军民融合，加快建设国家军民融合创新示范基地。聚焦国家授权和“九张清单”任务实施，在重点改革事项和重大军民融合项目实施上实现重大突破，形成一批可复制推广的具有重大影响力的“绵阳经验”。国务院向全国首批推广的13条全创经验中，绵阳贡献2条；新向国家报送10条经验；第二批四川省可复制推广经验清单绵阳入选7条、涉及5条，数量位居全省第一；军民融合重大制度性的省经验成果主要由绵阳贡献。中央电视台新闻联播专题报道绵阳市全创改革成果和经验，《强军》专题片对绵阳市全创试验进行深度报道。

2017年，科技城范围内地区生产总值（GDP）1476.88亿元，同比增长9.9%；第二产业增加值746.8亿元，同比增长9.1%，规模以上工业增加值增长10.5%；第三产业增加值730.08亿元，同比增长10.9%；全社会固定资产投资总额达1137.51亿元，同比增长13.4%；社会消费品零售总额达833.78亿元，同比增长12.7%。

国家军民融合服务机构绵阳3家入选，位居全国第2。九洲空管二次雷达等军民融合专业园区入驻企业186家，完成投资133.66亿元。开展第二批军民融合企业认定，新增认定军民融合企业85家，军民融合企业累计321家，军民融合企业产值突破1500亿元，同比增长11%，占全市工业总产值50%。科技城范围内园区实现规模以上工业总产值2656.6亿元，同比增长17.6%，占全市规模以上工业总产值的86.9%，产业集中度82%。

【军地院地合作机制拓展】2017年，绵阳市建立军地深度对接机制，在全省率先成立市委军民融合发展委员会，整合全市军地军民融合职能资源，完善以项目建设为核心的院地军地协调机制。定期召开院地军地联席会议，研究制定军民融合发展规划、政策和重点任务，解决军民融合工作中的重大问题。建立高效服务保障机制。2017年，全力支持在绵国防科研院所承担和参与重大国防科研生产项目。中国工程物理研究院某装置建成，某重大装置开工建设；中国空气动力研究与发展中心20余座风洞全部建成，成为亚洲最大风洞群，连续式跨音速风洞和数值模拟平台加快推进，深度参与国产C919客机、高铁动车等重要试验，被习近平总书记批示表扬为“攻坚克难融通军民的排头兵”。中国航发四川燃气涡轮研究院承接国家“两机”重大专项，建成亚洲最大的高空模拟试验台。建立改革联合推进机制。推动中物院等在绵国防科研院所实施后勤社会化改革。推动非经营性资产转经营性资产、军民两用技术再研发等重点改革。支持中国兵器装备集团自动化研究所改革，混改和转制方案先后获批，成为全国首家生产经营类军工科研院所转制为企业的单位。西南科技大学开展职务科技成果权属混合所有制改革试点，2017年成功转让7项国家发明专利，并成立9家创新创业企业。

【重大科研成果双向转移转化】2017年，国家重大专项进展顺利。中物院某装置建成，某重大装置开工建设，“神龙二号”获得2017年度国防科技工业十大成果。中国空气动力研究和发展中心基地20余座风洞全部建成，成为世界一流、亚洲最大风洞群，是载人航天器、国产C919客机和高铁动车等重要气动试验平台。国家经济建设和国防建设融合发展“十三五”规划21个军民融合重大示范项目中，连续式跨音速风洞和国家空气动力数值模拟平台军民融合重大工程在绵布局。中国航发四川燃气涡轮研究院航空发动机试验基地投入运行，承接国家“两机”重大专项，新建4个高空试验舱，航空发动机研保能力建设等新一轮国家重大项目加快实施。

【科技创新能力提升】2017年，科技创新综合水平指数达到70.64%，居全省第二位，相比2015年提升2.36个百分点。创新投入指数位列全国第8位，是西部唯一进入全国前十位的非省会城市。2015—2017年，先后有省部共建环境友好能源材料国家重点实验、四川省燃气轮机燃烧工程技术研究中心、四川省精密超精密加工工程技术研究中心等国省级研发平台获批建设。建成国家级技术转移中心3家，国省级科技企业孵化器23个。新增“两院”院士3名，总数达到28名、占全省一半，集聚各类专业技术人才23.2万人。国家知识产权示范城市加快建设，全市年度专利申请量在2016年首次突破万件大关，2017年，专利申请量达10889件，累计申请量达到55345件，万人发明专利拥有量达到8.54件。

【军民融合产业发展】2017年，绵阳市“两新”产业产值占规模以上工业总产值比重分别达54.1%、37.5%，相比2015年分别提升2.11、3.5个百分点，工业发展质量显著提升。军民融合产业对全市工业发展支撑作用明显，军民融合产值占全市工业总产值的比重超过50%。2017年，全市八大重点产业产值同比增长14.9%，增速提升5.4个百分点，军民融合企业产值在电子信息、高端装备、新材料、化工的占比分别为90.8%、76.1%、73.4%、60.1%。在战略性新兴产业中产值占比达到65.5%。全市服务业增加值从2015年581亿元提高至2017年的944.3亿元，稳居全省第二位；增速由2015年的9.4%提高至2017年的10.8%，创近10年来的历史新高；增速全省排位从2015的第13位跃升至2017年的第1位；服务业占GDP比重45.5%，比2016年提高9.8个百分点，全市经济结构首次由“二三一”调整为“三二一”，现代化经济体系正加快形成。（朱　炜　李维怡））

全面创新载体建设

【概况】2017年，科技城抓住军民融合上升为国家战略，以及四川系统推进全面创新改革试验重大机遇，推进军民深度融合深度发展。以军民深度融合为中心，科技城推动一大批重大科技专项落地开建，并通过强化创新载体建设等打造创新驱动发展的试验田。全创载体建设工作聚焦技术、设施、人才、资金等关键要素，培植发展沃土。科技城逐渐构建起国、省、市三级“政策支撑平台”，打造以科技城集中发展区为核心的“一核三区多园”的“产业承载平台”，加快建设以创新中心、软件产业园等为代表的“创新驱动平台”，做强做大以科博会为亮点的“开放合作平台”。

【创新平台建设】2017年，科技城建成四川省首个军民两用技术再研发中心，实施60余项再研发项目，推进52项成果转入企业开展规模化生产。北斗开放实验室西南地区首个分实验室落户绵阳。四川省首个中央军工集团智能制造技术中心布局中国兵器装备集团自动化研究所。建成省内首个军民融合磁性材料标准创新中心，磁材军民通用团体标准计划发布。建成大数据产业研究院，依托中物技术建设省内首个军民融合智能制造现代服务业产业化基地。与360集团共建军民融合网络安全示范基地、国家级大数据安全实验室及安全智慧城市示范工程等项目。推动长虹集团组建四川电子信息军民融合创新实验室，新增国省重点实验室1个、国省工程技术研究中心1个、国省企业技术中心7个。设立国家军民融合创客空间，入驻团队40家，孵化项目12个。国家军民融合服务机构推荐名录，绵阳有3家机构入选，数量仅次于北京。

【科技成果转化体系建设】2017年，四川军民融合大型科学仪器共享平台以国防军工资源向民营单位开放为重点，整合国、省上百家单位、3000余台套仪器设施，为近千家企业提供服务3000余次，中央电视台《新闻联播》以《体制破冰，促进军民融合产业发展》为题进行专题报道。国家军民两用技术交易中心运营服务能力提升，并在河北省设立分中心。2017年，中心技术合同交易同比增长31%，累计实现交易额19.2亿元。与航天科工共建航天军民融合成果转化基地。全市新增国家级孵化器1家，省级孵化器4家，孵化总面积突破110万平方米，入孵企业3500家。绵阳天眼激光科技有限公司获第六届中国创新创业军转民大赛一等奖。加快筹建四川省军民融合知识产权服务平台，获批创建全国版权示范城市。全市专利申请量9875件，专利授权量3878件，军民融合领域专利占62%。

【院所高校改革】2017年，中国兵器装备集团58所被确定为首批混合所有制改革试点和首批41家军工科研院所转制改企试点，混改试点方案于2017年4月获国家发改委批复，转制方案初步获得国防科工局认可。西南科技大学推进职务科技成果权属混合所有制改革试点，明确学校与成果完成人2∶8产权归属比例，转让7项国家发明专利，成立9家创新创业企业。推动绵阳市农科院开展去行政化改革试点，出台改革方案和实施细则。

【军民融合产业发展载体】2017年，绵阳市推动科技城集中发展区基础设施建设，完成项目投资102.12亿元。启动区5平方千米基本建成，产业和人口承载能力不断增强。总投资81.27亿元的核心区综合管廊及市政道路建设工程项目，总投资465亿元的京东方第六代柔性生产线项目和投资453亿元的汉能移动能源产业园等重大项目稳步建设。

【特色产业园区建设】2017年，科技城加快实施“梧桐计划”，聚焦航空与燃机、军工电子、核技术应用等国防科技工业，建设军民融合产业园；完成国家核医学中心选址；推进中电科九所军民融合磁性材料产业园、长虹智慧制造产业建设；北川通用航空产业园被确定为全国首批航空飞行营地、全国通用航空第一批示范工程。十大军民融合产业园聚集企业 186 家，完成投资 133.6 亿元，实现产值 391.6 亿元。

【企业群体规模壮大】2017 年，四川军民融合高技术产业联盟不断发展壮大，成员单位达到 112 家。上线运行“四川军民融合在线”资源共享云平台，共推送外协供需 3000 多个，产品供需近 2.5 万个。持续开展军民融合企业认定，在全省率先建立《军民融合企业报表制度》。新增认定军民融合企业 85 家，全市总数累计 321 家。新增取得军工资质的民营单位 11 家，总数 70 家。全市 214 家高新技术企业中军民融合企业占 49.17%。加速实施大企业大集团培育“领航计划”，全市 50 亿元以上企业达到 9 家。长虹集团稳居四川企业 2017 年度双百强榜首，东材科技位列川企技术创新发展能力百强第一。科技型中小企业累计认证超过万家，新增规模以上企业 69 家。2017 年，绵阳市军民融合企业产值 1530 亿元，占工业总产值比重超过 50%。

【人才开发引进体系建设】2017 年，中国国际人才市场国家科技城（绵阳）分市场正式对外运营，成为四川唯一的综合性国际人才市场。2017 年，引进 13 个国省高端引智项目，项目数同比增长 37%；柔性引进高层次外国专家 71 人次，同比增长 21%；引进海归人才 97 名。建立拥有年度资金 6000 万元的人才发展专项资金，全年引进 28521 名大学毕业生到绵阳创新创业，其中海外人才 97 名、博士 310 名、硕士 2139 名，柔性引进院士 5 名、外国专家 100 名。人才培养模式创新。2017 年，绵阳新增“两院”院士 3 名，总数 28 名。发布全国首份地方军民融合人才培养白皮书，建设国家科技城大学创新中心。7 所高校在绵设立分支机构，与国防科技大学建立高层次人才互访合作对接机制，依托国家级高技能人才培训基地——四川九洲技师学院，成立全省唯一的四川军民融合产业高技术人才培训基地。西南科技大学军民协同育人机制不断完善，四川省军民融合战略研究中心获教育厅批准设立。与中物院共同入选四川省首批新型智库。组建“两弹一星”干部学院。举办全省首个军民融合企业家培训班。全市 2017 年培养军民融合人才 3.8 万人。人才服务能力提高。制定出台《关于军民人才深度融合发展的实施意见》《2017 年全市人才工作要点》《关于激励科技人员创新创业的实施意见》等支持政策。实施全国首个军民融合人才专项资助计划，全年资助 77 个团队和人才，资助总额 4107.67 万元。建设国内首个军民融合专业化人才交流服务平台，推动中央军工单位与地方合作开发军民融合人才；启动建设军民融合人力资源服务产业园；举办“英才风华·辉映绵州——2017 中国（绵阳）科技城人才之夜”；绵阳市支持军民融合人才创新创业做法受到中央政治局常委赵乐际肯定，成为全国科研人员激励计划试点城市。

【金融服务体系建设】2017 年，科技城落实金融对接清单，开展军民融合专业化、特色化、系统化金融服务体系建设，打通金融资本支持军民融合产业通道。金融服务机构运转高效。在全省首批 3 家军民融合金融服务中心基础上，新组建全国首家军民融合保险支公司、首家军民融合科技支行、首家军民融合担保公司等金融专业机构。推出“军工贷”等 20 多个军民融合金融产品，军民融合企业贷款家数 261 家，银行业机构对军民融合企业授信金额 333.97 亿元，贷款余额 246.3 亿元，其中信用贷款 129.8 亿元。为 40 余家军民融合企业提供风险保障金额 1000 亿元。多层次资本市场作用显著。成立天府（四川）联合股权交易中心军民融合绵阳分中心，牵头打造川藏两省四板市场军民融合板，337 家企业挂牌，其中军民融合板 130 家、科技金融板 148 家，军民融合企业挂牌数居全省第一。建立全市拟上市发债企业数据库，入库企业 350 家。新增新三板挂牌企业2家，全市上市挂牌公司总数32家。全市实现直接融资和其他融资120亿元。金融服务能力提升。建设绵阳市产融合作信息共享服务平台，出台《金融支持军民融合发展的十条措施》，争取到国家级产融合作试点。申建国家军民融合金融创新改革试验区，推广应收账款融资服务模式，新增融资额12亿元，达到43亿元。举办天府金融论坛——金融助力军民融合发展专业论坛。

【军民融合资源集聚】2017年，绵阳市成为中国十佳品牌展会城市之一。科博会规模和水平提高，国家级、国际性科技博览会地位巩固，搭建起绵阳与国内外地区交流合作的重要平台，促进各类创新要素在绵阳加速汇聚。第五届科博会吸引44个国家、地区，国内10余个国家自主创新示范区、全面创新改革试验区、国家级高新区和754家单位参展，签约各类项目665个、金额1114亿元，国务院总理李克强、以色列总理内塔尼亚胡分别向第五届科博会和以色列主宾国活动发来贺信。2017中国（四川）电子商务发展峰会接待38.5万人次观展，促成线上线下总成交15亿元。开放合作载体建设。2017年，国际企业孵化器挂牌运营，引进欧盟项目创新中心科技城分中心、英国剑桥科创孵化园等国际合作项目，入驻各类平台、企业共18个。中德绵阳高新技术产业合作加快推进，宝马N20发动机项目投产，引进王子发动机生产项目。综合保税区建设平稳推进，确定拟入区项目24个，总投资112亿元。建设中国（绵阳）科技城跨境电商产业园，入驻电商企业150家，全年电商交易规模实现500亿元。区域协作创新效能提升。与成都、德阳共同申建军民融合创新示范区、成德绵创新驱动发展人才示范区，争创国家首批军民科技协同创新平台。建立成德绵跨区域知识产权行政执法机制。加强与国内先进地区的战略合作，深化与兰州兰白试验区合作，建好绵阳经开区—昆山经开区合作平台。加快建设贵州大数据战略重点实验室中国（绵阳）科技城研究基地，在大数据产业、军民融合发展等方面开展深度合作。　　（朱　炜　吴雨泽））

全创成果模式探索

【概况】2017年，科技城坚持立足“首创性、普适性、可操作性”的要求，坚持“基层发现、地方总结、专家提炼、部委确认”的经验梳理提炼路径，深入在绵军工科研院所、高校企业现场调研座谈70余次，多次邀请国、省军民融合领域专家学者，对全市军民融合发展和经验总结提炼问诊把脉，对军民融合重大改革和创新举措挖掘梳理，提炼储备地方军工企业探索军民融合发展路径、院校共同培养军民两用人才、军民两用技术再研发等36条经验做法，建立经验清单并滚动更新。对国家、省确定推广的改革经验制定分类推广方案，明确推广的责任主体、组织形式和进度安排，部分经验引领发展的作用明显，形成示范带动作用。依托四川军民融合大型科学仪器共享平台，加速绵阳市重大科研基础设施和大型科研仪器向社会开放，集聚价值36亿元的3000多台套特色仪器设备，形成1万多项指标检测能力。应收账款融资服务模式推动全市173家银行机构、6家核心企业和240家中小企业对接融资80.034亿元。

科技城加强与国家、省级主流媒体的对接合作，通过开设专题专栏以及在科博会等重大展会开设专区等方式，宣传全创改革典型案例和经验成果。中央电视台、四川电视台多期专题报道，四川省第4期全创专报系统宣传全市全创改革试验和军民融合发展成效。

【军民两用技术市场化再研发机制】中国工程物理研究院以市场化方式组建中物院技术转移中心，成立四川中物技术公司（以下简称“中物技术”)，探索依托国防科研院所的科研力量和资源优势，以利益共享机制调动多主体协作推进再研发，打造投资主体多元化、运行机制市场化、管理制度现代化的技术再研发平台。主要措施有：依赖中物院资源优势市场化开展项目储备；建立市场化的多方联动研发合作机制；建立政府资金支持再研发机制。中物技术整合科研院所（中物院)、军工企业（九洲集团)、地方创投公司（久盛创投）三方力量和资源，深入梳理中物院科技成果资源，先后组织与宁波、威海、天津、成都等地的产研对接与交流，推动形成与地方区域及重点企业的多元化合作模式，通过自身引导性投资，同时引入外部资本完成包括聚苯硫醚改性、工业 CT、CVD 金刚石、融石英玻璃、激光表面干涉仪、工业特种电源等一批具有自主知识产权的技术成果转化和项目孵化；组建中物热分析、中物材料、中物仪器、秦皇岛耀华石英、太科光电、中物海通电源、中物超硬材料等近十个科技项目公司。公司总资产从 1000 万元增至 2.18 亿元，拥有一支 150 人技术转移专业团队，被授予国家技术转移示范机构、国家高新技术创业服务中心（国家科技企业孵化器)。2017 年，入选工信部“军民融合科技服务机构推荐名录”。

【军民融合金融服务新模式探索】2017 年，科技城实现银行信贷业务向军民融合企业覆盖。创新设立专业机构。支持绵阳商行设立全国首家军民融合专业支行，在全国率先成立工行绵阳科学城支行、中行彭州支行等 5 家“军民融合金融服务中心”，引导军民融合企业集聚地区银行业机构通过打造专业机构、专业团队、专属产品、专门机制，突出产业和区域等服务特色，建立完善有别于传统企业信贷业务的组织架构、管理流程、体制机制以及保障体系。

【创新打造专属信贷产品】2017 年，科技城针对军民融合企业需求，以信用贷款为主，量身定制军民融合企业订单融资贷、技改融资贷、研发融资贷、补贴融资贷、军民融合供 e 融、军民融合保贷通等特色化专属信贷产品，有针对性地推出军工供应链融资信贷产品，降低融资门槛。实行利率优惠，综合考虑军民融合企业不同产品及风险度、贡献度、忠诚度等因素，适当降低利率浮动比例，减免有关收费，降低企业融资成本。提供定制服务，依据军民融合企业军用产品订单、有权部门的项目及资金批文等独特要素，设计封闭管理项目资金，匹配系列金融产品的金融服务方案。

【应收账款融资服务新模式】2017 年，构建多方联动工作格局，确立核心企业带动，打造在线融资服务流程，推动落实主办行制度，加大财经互动政策支持。市政府出台核心企业奖补、中小企业融资贴息、金融机构融资增量奖补和融资风险分担补偿等政策，兑现 100 万元核心大企业奖励。综合运用货币信贷政策和外汇管理政策，加大对核心企业的支持，降低核心企业财务成本，提高中小企业融资可获得性。2015—2017 年，全市累计实现平台融资 485 笔金额 82.77 亿元，长虹、九洲等核心企业累计支持 52 家供应商融资 434 笔金额 22.74 亿元。国家层面出台《小微企业应收账款融资专项行动工作方案（2017—2019 年)》《关于推广支持创新相关改革举措的通知》等有关中小企业融资模式和政策在全国推广。

【军民融合信贷安全管理制度建议】2017 年，科技城建立有别于传统银行信贷业务的指标和绩效考核机制，单独考核军民融合业务贷款客家数、贷款增长额和贷款质量等指标，提高军民融合企业不良贷款容忍度，建立独立审批人制度，开辟“绿色通道”，实行高于传统业务平均信贷增长计划 10 个百分点的信贷政策。创设保密制度，理清银行与企业间保密责任，联动市政府保密主管部门指导银行成立保密组织机构，建立健全保密制度，界定涉密岗位和涉密人员，加强对涉密人员的教育培训，确定保密要害部门、部位，按照保密要求加强管理，实现保密业务单独开展、保密档案资料单独管理。

【创新建立风险分担机制】2017 年，科技城创设目标明确、管理专业、政府兜底的风险控制体系。以绵阳市认定的军民融合企业为基础，向上下游进行延伸，建立企业客户清单，实行名单制动态管理，根据企业涉军程度（核心涉军、外围涉军）和涉军业务，确定企业等级，明确军民融合业务覆盖对象。统筹制定系列内控和风险管理制度，开展前后台分离的信贷管理和风险控制，配备适量的专业风险管理业务人员，引入外部专家评审机制，按需开展风险评估。引入担保公司等机构共同分担风险，政府建立适应军民融合企业贷款的风险分担补偿机制，设立军民融合企业贷款“风险池”，提升信贷风险的分担补偿能力。在四川银监局的引导推动下，各银行业机构主动对接企业发展需求，提升军民融合企业金融服务质效，军民融合企业金融服务覆盖面、可得性和满意度不断提高。截至 2017 年 6 月末，5 家授牌军民融合中心和 1 家专业支行为军民融合企业授信 149.2 亿元，贷款余额 65.88 亿元，其中信用贷款 42.8 亿元。截至 2017 年 6 月末，全省银行业机构向军民融合企业提供授信 742.18 亿元，贷款余额 241.18 亿元，其中向持有“军工四证”之一的军民融合企业发放贷款 166.14 亿元。

【军民融合金融机构保密制度】2017 年，绵阳市商业银行军民融合科技支行通过建立保密制度，理清银行与企业间保密责任，有效破解金融机构服务军民融合企业的保密难题。具体措施为：保密主管部门指导下银行设立保密委员会（保密领导小组）。在绵阳市国家保密局指导下，商业银行军民融合科技支行设立以行长为组长的保密委员会（保密领导小组），明确行长为保密工作第一责任人，统筹领导和管理全行保密工作。保密委员会（保密领导小组）下设保密办公室，由业务部门负责人担任主任，配备专兼职保密工作人员，具体负责保密工作。确定保密岗位，分类确定涉密人员。设立军民融合事业部，明确保密业务范围，按照军民融合企业信贷业务需求，拟定信贷审批岗、资料审查岗、业务受理岗等保密岗位，根据岗位分类确定涉密人员，突破以涉密项目确定涉密岗位再明确涉密人员的传统保密工作方式。涉密业务员工持证上岗。涉密人员由省绵阳市国家保密局统一开展保密资格审查、保密业务培训，合格后发放“涉密人员资格证”，统一签订保密承诺书，严格加强涉密人员管理。主管部门确认涉密区域。确定保密要害部门、部位，配备监控、门禁系统、保密计算机、保密档案柜等保密设备，由绵阳市国家保密局进行确认。实行业务功能分区，建立军民融合企业业务客户安全通道，实现保密业务单独开展、保密档案资料单独管理。截至 2017 年，绵阳市商业银行军民融合科技支行有 12 名员工通过保密资格审查和培训，取得“涉密人员资格证”，并在绵阳市军民融合企业中开展涉密业务。

【军地协同制定军民通用标准探索】2017 年，中国电子科技集团公司第九研究所、四川省标准化研究院、绵阳市产品质量监督检验所、西磁磁业等单位共同发起，针对磁性材料领域，成立全国首家磁性材料领域的军民融合标准创新中心——中国（绵阳）科技城军民融合磁性材料标准创新中心。探索构建军地协同、平等合作、开放共享、互惠共赢的新机制，开展磁材军民两用标准研究和制定。建立标准信息发布和共享制度。在创新中心共建单位之间实行标准化信息公开，由行业龙头单位牵头，瞄准行业需求，定期梳理发布国内外磁性材料标准资讯、更新信息、技术成果等查询信息。建立检验检测设备军地共享机制。利用军民融合质量发展联盟成员单位的各类大型检测设备组建专业研发和检测平台，将电子九所、中物院等非涉密检测检验设备信息在平台公布，涉密设备采用“一事一议”单独与科研人员议定合作方式。为众多中小磁材企业提供人才设备共享、数据、文献检索、专业技术咨询等服务，提升企业自主创新能力。军地共同开展两用标准分析研究。利用全国磁性元件与铁氧体材料标准化技术委员会（设在电子9所）专家资源，联合龙头企业组建专家团队，对磁材在军用、民用不同应用条件下的关键技术要求、试验方法和检验规则的适用性研究，对现有的军用标准提出民用转化结论，对先进的适用民用标准提出替代军用标准的适用修改建议，对性能参数、环境适应性以及质量保证等方面进行科学合理的规定，制定出磁材军民通用标准。标准创新中心吸纳24家企事业单位，21名国内知名专家，整合磁性能检测、电子电器安全性能检测、环境检测、ROHS检测、物理性能检测及原材料检测研发所需的各类大型检测设备约300余台（套），建成1200平方米标准研究实验室、电磁标准创新检验检测试验平台，初步实现从标准的立项到联合研发、标准实施、应用效果评价、动态使用维护等多个阶段开展军地工作协同。2017年，发布钐钴永磁军用检测标准，成为创新中心推出的首个军民通用标准。

【军民融合企业统计报表制度】2017年，科技城创设军民融合企业统计报表制度，全面反映军民融合企业发展情况，为制定支持军民融合企业发展政策提供科学依据。创设指标体系，科学设置表样。采用统一的统计分类标准和编码，设置6张基层表、11张综合表，围绕企业基本情况、生产经营情况、研发情况、主要产品产量四个方面建立产值、营业收入等为核心的指标体系。基层表、综合表均分年报表和定报表，年报表每年报送一次，定报表每月报送一次，17张表包含204项指标，其中基层表74项，综合表130项。细分企业类别，明确数据来源。将军民融合企业细分为规模以上军民融合工业、服务业企业，规模以下军民融合工业、服务业企业。规模以上军民融合企业报表数据来源于国家一套表，根据《绵阳市军民融合企业名单》超级汇总，规模以下军民融合企业报表由绵阳市经信委负责组织实施并汇总，全部军民融合工业企业以及服务业企业数据由绵阳市统计局根据规模以上和规模以下企业汇总。制定《绵阳市军民融合企业统计报表制度》，由市统计局、经信委组织全市军民融合企业开展月表和年报，科学体现全市军民融合产业发展水平。

【国企人才分类评价新机制】2017年，四川九洲电器集团有限责任公司探索建立国有企业人员分类评价机制，设置“行政”“三师”“工人”三个序列。行政类，建立领导力梯队模型，将干部队伍（含中层助理）划分为中层助理（基层管理者）、中层干部（中层管理者）、公司级领导（高层管理者）三类，以三个层级为基础，以制度约束为原则，实行动态管理，选拔每一个层级的优秀者。“三师”类，分设“技术三师”（即设计师、工艺师、质量师）、“管理三师”（即管理师、财会师、统计师）、“技术支持三师”（即设备支持师、标准支持师、信息支持师），每类划分6个等级，分类制定专业水平、专业能力、工作业绩、工作经验评价标准，逐级晋升。技能类，分设技师、高级技师、首席技师，依据资格证书、理论知识、技能操作、解决工艺难题和传授技艺情况，评定为不同层级技师。三个序列可互相流动。截至2017年，九洲拥有各类管理干部和专业技术人才6500余人，其中高层次人才1500余人、硕博士830人。并先后完成100多项重点工程研制任务，多项技术和产品填补国内空白，先后主持、参与制订74项国家或行业标准，拥有有效专利1589项，先后两次被党中央、国务院、中央军委授予“国家某工程重大贡献奖”。

【《绵阳市科技型中小企业认定管理暂行办法》】 2017 年，继续实施科技型中小企业认定，明确培育对象。制定《绵阳市科技型中小企业认定管理暂行办法》，将符合国家《中小企业划型标准规定》，且拥有一定数量科技人员，研发投入达到一定水平，掌握自主知识产权、专有技术，从事高新技术产品研发、开发、生产和服务的企业（含微型企业）认定为绵阳市科技型中小企业，统一颁发证书。基于企业全生命周期发展不同阶段，制定扶持措施，因企精准培育。将认定的科技型中小企业全生命周期按年销售收入细分为“金苗工程、拔萃工程、卓越工程”三个阶段，其中企业从创意萌芽到注册初创阶段（年销售收入 50 万元以下）的支持措施由“金苗工程”来涵盖，通过支持众创空间、星创天地等平台建设，举办市区两级创新创业大赛，吸引创新创业项目落地，给予注册奖励、无息免担保贷款、风险补偿、免费使用孵化场所等扶持；企业从蓄势培育到加快成长阶段（年销售收入 50 万元至 2000 万元）的由“拔萃工程”来支持，重点通过扶持建设科技型孵化器、加速器等平台，吸纳创业服务资源，资助扶持创业团队、将创业项目纳入科技金融扶持项目库、免费享受大型科学仪器检验检测服务等；企业从壮大入规到稳定成熟阶段（年销售收入 2000 万元以上）列入“卓越工程”来助力，给予企业升规入统奖励、购房补贴、优先保障企业用地、厂房租赁补助、上市辅导费用补助、上市奖励等扶持。科技型中小企业快速发展，2014—2016 年，每年新增科技型中小企业均超过 2000 家，截至 2016 年底，全市认证的科技型中小企业 9282 家，其中金苗工程企业 5878 家，约占 63.3%；拔萃工程企业 2759 家，约占 29.7%；卓越工程企业（年销售收入 2000 万元以上的）645 家，约占 6.95%。科技型中小企业的创办、成长和壮大，带动了就业量的增加和经济效益的提升。科企从业人员约 21 万人，约占全市就业总量的 20%，形成以创业带动就业的格局。

【四川军民融合大型仪器共享平台】 2017 年，建立四川军民融合大型仪器共享平台，该平台是地方与科研院所大型国防科研资源跨军民、跨行业、跨地区开放共享平台。与在川军工科研院所、大专院校及专业检测机构合作，引导相关资源数据入网。加强宣传，树立品牌。创新服务模式，搭建涵盖仪器共享、仪器金融、仪器研发、仪器首发、报告溯源、认证培训等服务为一体的一站式平台。布局服务网络，完善以成都市为中心，辐射成都经济区服务网络、设立遂宁市站点，形成川东区域服务网络。平台聚集共建单位 100 余家，各类仪器服务专家达 215 人，其中院士 3 人，高级职称 41 人，博士 63 人。拥有高低速风洞、核辐射检测、物理性能测试仪器等 15 个大类，涵盖材料学、应用化学、仪器分析等领域的仪器设备 4100 台套，形成超过 10000 多个指标的检测能力，总价值超 36 亿元。为超过 1100 家用户提供服务超过 3000 次。

【军民融合企业认定标准和认定机制】 2017 年，对接《四川省军民融合企业（单位）认定管理办法（试行）》，优化完善军民融合企业认定管理办法，与市统计局共同建立军民融合企业统计制度和指标体系。建立完善军民融合产业统计监测体系，综合运用财政、税收、金融等多元手段，为军民融合企业（单位）提供更加有效的政策支持和公共服务。2016 年、2017 年连续两年开展军民融合企业认定，共认定军民融合企业 321 家，认定工作经验实现全省范围内复制推广。

【军工企业带动民营企业“小核心、大协作”机制】 2017 年，完善院地联席会议制度，依托中国航发四川燃气涡轮研究院与本地企业已形成的军工核心企业与民营配套企业“主配牵手”的合作模式，提升在绵阳市军工单位本地配套率，实现军工与地方“合作共赢”。加大对企业申办军工资质的指导帮扶力度，帮助更多民营企业进入武器装备科研生产和维修领域。通过建立绵阳市与中国航发四川燃气涡轮研究院等在绵国防科研院所联席会议制度，筛选推荐一批民营优势企业参与军工生产，六合锻造、飞腾精密等一批企业成果纳入合格供应商目录。规划打造中航发航空与燃机产业园、中物院核技术应用产业园等重点对接军工重大专项配套的特色产业园，“小核心、大协作”承载基础夯实。

【军民两用技术联盟股权合作新机制】 2017年，科技城以四川军民融合高技术产业联盟为依托，通过召开产业联盟峰会、搭建联盟科技成果转移平台、院校企合作等形式，推动产业联盟内的技术研发单位与生产制造单位开展技术成果股权化转移合作，联手打造四川的优势产业链。成员单位从58家发展至117家，并成立深圳分中心。与全国首家军民融合科技支行、四川天府弘威军民融合产业发展股权投资基金签订战略合作协议，计划围绕军民融合高技术产业、企业技术改造、军工能力专业化重组以及产业基地等领域和“航空、航天、互联网+军民融合、化合物半导体芯片、信息安全和军民融合机制创新”等六大工程进行股权投资。

【国税地税业务“一厅通办”】 2017年，科技城范围内按照四个层级具体落实合办工作。其中第一层级为共建大厅互派人员、互设窗口、联合进驻政务中心，实现国地税业务“一厅通办”；第二层级为增设联合办税窗口数量，通过“一窗两人两机两系统”，实现一厅“一窗通办”；第三层级为通过“一窗一人两机两系统”或“一窗一人一机两系统”，实现一厅“一人通办”；第四层级为整合信息系统，实现“一窗一人一机一系统”办税。2017年，全市国税地税34个办税服务厅中，23个全部实现国税地税业务“一厅通办”，其中达到第一层级的有18个，达到第二层级的有1个，达到第三层级的有4个。各办税服务厅在人员配备、窗口设置、排队叫号及双值班、双导税等工作上落实到位，各办税功能区布局合理，引导分流有序，“一厅通办”运行情况良好。

【专项税收优惠政策】 2017年，科技城针对符合条件的众创空间等新型孵化机构、科研人员科技成果转化股权、创新活动投资等，绵阳市加强与税务部门、科知局等部门的联系沟通，共同促进《财政部国家税务总局关于科技企业孵化器税收政策的通知》（财税〔2016〕89号）、《财政部国家税务总局关于完善股权激励和技术入股有关所得税政策的通知》（财税〔2016〕101号）、《财政部税务总局关于创业投资企业和天使投资个人有关税收政策的通知》（财税〔2018〕55号）等税收政策落地生效。

【职务科技成果权属混合所有制改革试点】 2017年3月，绵阳市推进职务科技成果权属混合所有制改革试点，提升科技成果供给质量和转化效率。西南科技大学与遂宁市政府签署合作协议，校地共建“西南科技大学遂宁工业技术转移中心”。火山石培养食用菌菌种等7项国家发明专利进行转让或实施许可，由学校教师发起并新成立创新创业企业达到9家。同时在遂宁市11家企业建立西南科技大学专家工作站。

【社会资本参与军工企业混合制改革】 2017年，科技城按照分类指导、稳步实施、规范有序、有效监管的原则，推进中国兵器装备集团58所首批国有企业混合所有制和军工科研院所转制双试点，鼓励支持各类符合要求的社会投资主体参与军工企业股份制改造。58所被确定为首批国有企业混合所有制和军工科研院所转制双试点单位，按照国家发改委批复的改革方案推进各项改革工作，并先后与80余家战略投资者开展对接。

【专利权质押融资新模式】2017年，绵阳市印发《绵阳市知识产权质押融资试点工作实施方案》。加强试点工作研究，引进培育知识产权质押融资服务机构，开展知识产权质押融资培训，搭建银企对接平台，建立项目库。截至年底，全市累计实现知识产权质押融资贷款93笔，贷款额累计突破4亿元，完成质押登记57件，为22家融资贷款企业发放贷款贴息达104万元。

【企业集群注册登记】2017年，绵阳市被确定为企业集群注册登记试点单位，首选科创园区开展试点。出台《绵阳市科创园区企业集群注册登记管理暂行规定（试行）》。规范托管公司，确定绵阳市科创孵化器管理有限责任公司等4家企业作为绵阳市首批获得集群式登记资格的企业名单。总结科创园区试点的基础上，制定出台《企业集群注册登记管理暂行办法（试行）》，为企业创建“零边际成本”，促进园区创业经济形成。2017年2—12月，科创区新登记市场主体1725家，同比增长33.74%，新登记企业901家，同比增长31.74%，促进科技城大众创业、万众创新。

【外籍人才停居留特别通道】2017年，绵阳市建立外籍人才签证证件受理“绿色通道”。外籍高层次人才办理签证证件，享受“人才优先窗口”办理，全流程无纸化办公，保证外籍高层次人才签证证件业务在最短时间内办结。

【知识产权类型化案件快审机制】2017年，绵阳市针对知识产权类型化案件建立快审机制，制定类型化案件“两表”（诉讼要素表、有效抗辩释明表）。开庭时仅针对“两表”反馈的争议焦点进行集中、快速审理。提高审判效率，“两表”让审判人员能够针对双方的争议焦点，释明案件裁判的法律依据。优化庭审效果，“两表”使当事人的诉讼请求、抗辩理由、质证意见、争议焦点和无争议的事实等内容在开庭前即得以固定，有效排除庭审过程中的干扰因素。

【科技金融服务模式】2017年，绵阳市在高新区、江油市和科创区率先试行“科金云”服务模式。以试点带动示范，不断完善体制，创新机制模式，加快形成多元化、多层次、多渠道的科技投融资体系，为科技企业解决融资难、融资贵问题。推广期间，大部分县（市）区间相互交流学习，借鉴好的经验，结合具体情况，因地制宜地开展科技金融工作。

【装备制造业高端技术技能人才培养模式】2017年，绵阳市将该模式在市属高校绵阳职业技术学院进行推广，绵阳职业技术学院的机械工程系重新制定人才培养模式，加大工学结合和校企合作。与中物院五所联合开展人才培养，分别与京东方科技公司等20余家企业开展合作。在绵阳职业教育集团内联合30余家学校、科研院所、企业，组建“机电工程专业教学指导委员会”。学生在全国行业大赛中获一等奖等20余项，在省级大赛中获奖获一等奖等40余项。先后与四川吉利汽车部件有限公司共建“成蝶计划”订单班，与四川百联盛世科技有限公司开展深度校企合作；2015—2017年，累计为企业培养培训员工3000余人。

【国际高端技术技能人才培养模式】2017年，绵阳市在绵阳职业技术学院、四川汽车职业技术学院、四川电子机械职业技术学院推广。四川汽车职业技术学院与上海大众、中国一汽等企业共建实验室，共同培养专业人才。与四川致恒汽车销售服务有限公司等构建校企合作伙伴关系。3所院校累计为社会输送1万余名技术应用毕业生，校企合作订单班培训人才4000余名。全市200余名大学生在全国全省技能大赛中获得奖牌；绵阳职业技术学院有20余名高职学生进入韩国等国际高校继续深造。

【高技能人才绝技绝活代际传承模式】2017年，绵阳市把该模式作为以首席技师带动为标志的高技能人才绝技绝活代际传承模式。宣传首席技师评聘试点企业成功经验，指导推广企业建立首席技师岗位及薪酬制度。指导企业依托首席技师建立技能大师工作室，为高技能领军人才提供施展才能的平台。优先推荐首席技师领办的技能大师工作室参选市、省、国家级工作室。以首席技师为代表的高技能人才团队共取得32项国家发明专利，完成项目攻关，技术革新等合理化建议180余条，累计为企业节约成本1300余万元；通过传帮带共计培养徒弟130余人，培养省部级技能大赛获奖选手33人。

【科技创新券模式】2017年，绵阳市就科技创新券的情况与省科技厅进行交流对接，7~10月先后到成都、杭州、天津等地考察学习创新券实施经验。研究形成《绵阳市科技创新券实施方案》，对创新券的使用方向、适用条件、依托平台、资金支付、运营机构等提出建议。

（朱　炜　李维怡））

科研院所

【概况】中国（绵阳）科技城拥有中国工程物理研究院、中国空气动力研究与发展中心等国家级研究院所18家，国家级、省级工程技术中心21家（国家级5家），国家级、省级重点实验室26家；科技企业孵化器58家，其中国家级科技企业孵化器7家，孵化器总面积达110万平方米。2017年，科技城的科技进步综合指数达70.64%，科技进步贡献率达58%。

【中国航发四川燃气涡轮研究院】1965年4月始建，原中国燃气涡轮研究院。1997年，经国家批准改为研究院建制，是全国航空发动机科研、设计、生产和使用单位的主要技术后方和试验研究基地。2014年，从江油迁至绵阳市游仙区。隶属中国航空发动机集团公司，是中国航空发动机技术预先研究、型号研发以及高空台试验鉴定的大型科研机构，是中国航空发动机研究所之一。主要承担“两机专项”任务中等推力四代机动力、冲压组合发动机动力和五代机动力等技术验证机研制，参与大推力四代机动力和“民用机”动力等两项核心部件技术研究。涉及临近空间飞行器动力及新概念发动机预先研究、航空发动机型号研制和行业高空模拟试验、整机及零部件试验研究等技术阶段或领域。累计完成国家投资29亿元。拥有全国唯一的连续气源高空模拟试验台，试验范围覆盖飞行器动力装置的高空模拟试验要求。2017年，参加第二届中国军民两用技术创新应用大赛，小型公务机用动力装置、大中型公务机及小型支线客机用大涵道比涡扇发动机、不可逆示温漆研制与应用等3个项目从全国816个项目中脱颖而出，晋级决赛。高速滑环引电器、数字压力扫描阀、数字温度/电压采集仪、气动热力探针等军民融合多项技术产品实现销售收入4500万元。

【中国电子科技集团公司第九研究所】1967年始建，原西南应用磁学研究所。2002年改制后，成为中国电子科技集团有限公司的成员单位。2016年，与重庆声光电公司整合，融入“声光电磁”子集团。电科九所占地33.33公顷，建筑面积10万平方千米。2017年，电科九所资产规模16亿元。主要从事磁性材料、磁应用技术及产品的设计、开发、生产和服务。主要产品包括软磁材料及元件/组件、永磁材料及元件/组件、微波多晶铁氧体材料及器件/组件、微波单晶铁氧体材料及器件/组件、低温共烧铁氧体材料及器件等磁性材料及器件品种等。全国唯一的综合磁性材料与器件研究所，磁性行业唯一的核心期刊《磁性材料及器件》主办单位。

【中国兵器装备集团自动化研究所】1977 年 11 月成立，又称西南自动化研究所，占地 20 公顷，隶属于中国兵器装备集团公司。2017 年 1 月，被确定为首批国有企业混合所有制改革试点单位。5 月，被确定为首批 41 家军工科研院所转制单位之一。该所是以信息与控制技术及产品研发为主业，智能制造、智能传感等为重点应用领域的军民融合型研究所。是中国兵器装备集团智能制造技术研发中心、国家“863”计划智能机器人产业化基地、四川省机床数控工程技术研究中心、四川省军民两用技术转移孵化中心、中国兵工学会装药装备专业委员会主任单位、中国兵器装备研究院武器装备信息与控制技术研发中心，具有四川省院士（专家）工作站、博士后科研工作站、博士后创新实践基地、计算机应用专业硕士学位授权点。先后荣获全国文明单位、全国“五一劳动奖章”。（彭　敏）

国家级工程与企业技术中心

【概况】2017 年，科技城范围内有国家级企业技术中心 8 家，分别是：四川长虹电子集团有限公司技术中心、四川九洲电器集团有限责任公司技术中心、四川东材科技集团股份有限公司技术中心、绵阳新晨动力机械有限公司技术中心、利尔化学股份有限公司技术中心、四川铁骑力士实业有限公司技术中心、四川好医生药业集团有限公司技术中心、四川省银河化学股份有限公司技术中心；有国家绝缘材料工程技术研究中心等 5 家国家级工程技术中心。

【四川长虹电子集团有限公司技术中心】长虹技术中心是长虹集团核心研发机构，是国家级企业技术中心。2017 年，技术中心加快构建与完善包括“先进性技术、竞争性技术、技术生态圈”三类不同技术来源的技术研发体系，筹建第一个灯塔实验室（AI 实验室）；重点围绕 AI、大数据、物联网、机器人、信息安全等领域加强技术能力建设；持续与微软、ABB、腾讯、华为等企业和高校的技术合作；推进“双创”示范基地建设工作，打造“双创”服务平台，公司被国务院正式批复为第二批国家级“双创”企业示范基地；推出全球首款搭载 ARM 旗舰级芯片的智能电视，上市全球首款具备声纹识别功能的人工智能电视；发布全球首款搭载水分子激活保鲜技术的 M 鲜生系列冰箱；推出搭载智能语音控制和一级能效技术的“小蛮腰”柜式空调；研发并推出第一代智能厨房机器人等。公司产品项目“基于变频技术的家电控制系统集成化研究及应用”获省级科技进步二等奖；“4K 超高清电视显示技术研究及应用”“氧化铍陶瓷杆制备”项目分别获得省级科技进步三等奖；获市项目二等奖 3 项、三等奖 3 项。共申请 1872 项件专利。其中发明 896 项，授权书为 1001 项，获得中国专利优秀奖 2 项。至 2017 年底，公司拥有有效专利为 4933 件。

【四川九洲电器集团有限责任公司技术中心】九洲集团技术中心是四川九洲电器集团有限责任公司核心研发机构，是国家级企业技术中心。2017 年，九洲集团加大科研投入，推进创新平台能力建设，聚焦军工科技和智慧城市两大主营业务，坚持创新驱动、军民融合发展战略，技术中心全年累计承担重点科研项目 396 项，开发新产品 250 余项。实现新产品销售收入近 80 亿元。技术中心在全国 1364 家企业技术中心考评排名中位列第 58 位，九洲集团荣列中国电子信息百强企业第 30 位、中国软件和信息技术服务业综合竞争力百强企业第55位、中国制造业企业500强第296位、四川企业技术创新发展能力100强第14位，获得省级科技进步二等奖、三等奖各1项，市级科技进步奖一等奖1项、二等奖3项、三等奖1项。

【四川东材科技集团股份有限公司技术中心】2002年12月，被国家发改委、财政部、海关总署、国家税务总局联合认定为国家级企业技术中心，是四川东材科技集团股份有限公司核心研发机构，发展成为国内最具影响力的企业绝缘材料专业研发机构。技术中心主要制定企业技术创新规划、开展产业技术研发、创造运用知识产权、建立技术标准体系、凝聚培养创新人才、构建协同创新网络、推进技术创新全过程实施。技术中心设专家委员会、博士后科研工作站、新材料研发部、技术发展中心、测试中心、东科联合研发中心、东川联合研发中心。2012年，结合公司发展战略，技术开发部下新增设树脂材料部和涂覆材料部两个专业开发部；技术发展部下设知识产权办公室、科技项目管理办公室、信息中心和档案室4个职能室。企业技术中心组建成为国内专业的绝缘材料综合性实验室，并在2015年通过CNAS国家实验室认可，拥有材料电学性能、力学性能、物理性能、热老化、仪器分析、理化分析等专业实验室，可开展多种绝缘材料、绝缘制品及相关材料的性能（电学、力学、热学、理化分析等）测试。2017年，四川东材在国家绝缘材料工程技术研究中心、国家级企业技术中心、博士后科研工作站等五大创新平台的基础上，组建由国家发改委批准的发电与输变电设备用绝缘材料开发与应用国家地方联合工程研究中心。同时，联合清华大学、四川大学等国内知名高校和科研院所开展产、学、研联合研发合作。公司重点发展绝缘膜材料、光学膜材料等系列产品，服务于新能源、智能电网等诸多领域，主要产品市场占有率居国内行业前列。2017年，公司被受理发明专利17项，授权专利13项，有效发明专利101项；通过国家高新技术企业认定；获批四川省第六批院士（专家）工作站；获得中国石油和化工行业技术创新示范企业、四川省大企业大集团省级“双创”示范基地、2017科技创新企业等；公司位居四川省企业技术创新发展能力100强第一位。“特高压直流输电换流阀用绝缘结构件关键技术研发”项目获得四川省科技进步奖二等奖。2017年，中心科技活动经费支出总额为8561万元，占企业销售收入的4.9%，新产品销售收入达到7.8亿元，占销售收入的45%。

【绵阳新晨动力机械有限公司技术中心】2007年，技术中心获中国合格评定国家认可委员会认定，是国内轻型汽车发动机企业中首家通过国家认定的实验室。技术中心是绵阳新晨动力机械有限公司主要产品研发机构。绵阳新晨动力机械有限公司是中国独立品牌汽车发动机生产商，由华晨汽车集团和五粮液集团联合控股，是四川省首家汽车类上市集团。公司依托技术中心，提升产品研发能力。拥有汽车发动机独立研发能力，有车用柴油机、车用汽油机共40余款产品，产品全部具有完整自主知识产权，其中十多款产品填补国内空白。发动机排量1.0升至2.7升，功率50千瓦至170千瓦，应用于乘用车及轻型商用车，包括轿车、越野车、多功能车、小型及微型客车、小型及轻型卡车等。2017年，公司与德国宝马签订发动机生产许可协议，授权生产宝马CE发动机。截至年底，公司共申请专利175件，其中实用新型专利118件、发明专利42件、外观设计专利15件；获得授权专利92件，其中实用新型专利71件、发明专利6件。技术中心“国家认可实验室”拥有68项国家认可测试项目，其中发动机检测项目25项，整车检测项目17项，零部件检测项目26项。完成宝马CE16、CE18发动机研发；同时优化现有柴、汽油机机型产品性能。2017年，科技活动经费支出总额为 9481 万元，占销售收入的比重为 3.06%。

【利尔化学股份有限公司技术中心】2009 年，利尔公司企业技术中心通过国家发改委、科技部等部委联合认定评审，先后投入 9000 余万元用于技术中心建设。中心在研究、检测、试验设施和开发条件等方面均处于行业领先水平。2017 年，技术中心依靠自身在杂环类化合物合成研究方面的技术优势，实施并完成多项重点创新项目，包括除草剂草铵膦工艺优化，除草剂丙炔氟草胺等新产品的小试开发，敌草快和 TCMSP 的中试开发，中试工艺通过验证，达到预期目标；中试装置实现小批量产品试制，产品品质达到企业标准要求；草铵膦新工艺应用于规模化生产。重视清洁生产工艺的开发以及高级氧化技术、催化还原等工业废水处理技术研发，成立安全环保研究室，在研发过程中力求通过源头控制和末端治理以提高工艺的清洁化程度，实现生产的可持续发展。截至年底，公司共申请专利 138 件，其中发明专利 108 件、实用新型专利 3 件、外观设计专利 27 件；拥有有效授权专利 67 件，其中发明专利 37 件。

【四川铁骑力士实业有限公司技术中心】技术中心是四川铁骑力士实业有限公司的主要研发技术机构，是国家级企业技术中心，拥有 4 个试验基地和 2 个中试车间，仪器设备 888 台套。2017 年，企业技术创新投入达到 21858.8 万元。开展科技项目 118 项，申请国家专利 15 项，其中发明专利 13 项；4 月 1 日，牵头制定的《中华人民共和国农业行业标准——天府肉猪》正式颁布实施；组织 335 场次科技下乡活动，开展 533 场次工艺改进、工具创新活动。公司与中国农业科学研究院院长唐俊华院士及团队、四川省畜牧科学研究院合作建立院士（专家）工作站；引进四川省畜牧科学研究院培育的川藏黑猪配套系。

【四川好医生药业集团有限公司技术中心】技术中心是四川好医生药业集团有限公司研发机构，国家级企业技术中心，有研发人员 185 人。2017 年，技术中心在中药创新研究（包括创新中药开发、中药材种植基地建设、中成药上市后再研究、新型中药饮片研发等研究方向）、化学药创新研发（包括创新药物开发、仿制药开发、化学药一致性评价等研究方向）、工艺和质量标准优化研究、服务平台建设等方向进行重点研究工作，技术创新和研发投入近亿元。共开展科技项目 77 项，重点推进以康复新液、桑姜感冒系列产品、复方蛤青系列产品为主的中药创新研究及中成药再评价研究工作；开展经方颗粒等新型中药饮片研究工作；化学药物研究方面，重点推进四个一类新药研究，仿制药研究开发以及化学药一致性评价研究工作；以及大健康产品开发工作等。2017 年，申请专利 42 项，其中国内发明专利 26 项，实用新型专利 3 项；获得授权专利 74 项，其中发明专利 6 项，实用新型专利 8 项。"中药大品种康复新液系统创新及产业化关键技术研究应用"项目获四川省科学技术进步一等奖；"中药制剂共性技术——制粒关键技术及其产业化应用"项目获得四川省科技进步二等奖。

【四川省银河化学股份有限公司技术中心】技术中心是四川省银河化学股份有限公司研发中心，国家级企业技术中心，有 1 个分析测试中心、7 个研发实验室、3 个中试车间、3 个联合实验室、1 个 CNAS 认可实验室、1 个 CMA 认可检测室。技术中心致力于新技术、新工艺、新产品的研究与开发方面，牵头完成 80 余项铬化学创新研发项目及成果，先后获得国家发改委、工信部等 9 个国家重点支持产业化项目。掌握铬化学及无机颜料产业化技术 30 余项，其中 15 项具有自主知识产权的关键技术。2017 年，技术中心开展在研项目 76 项，其中对外合作项目 23 项；组织完成 20 余次对外技术交流活动；申请专利 11 件，占国内同行业年申请量的65%以上。新产品销售收入超7.2亿元，占总销售收入的60%以上。截至年底，中心累计申请专利105件，共授权74件，其中授权发明专利39件。

【国家绝缘材料工程技术研究中心】2007年，科技部批准组建的全国唯一的绝缘材料工程技术研究中心；2011年4月，通过国家工程技术研究中心验收。依托四川东材科技集团股份有限公司和合作单位西南科技大学，以四川东材绝缘技术有限责任公司为载体，实行董事会领导下的“中心”主任（总经理）负责制。中心重点研发绝缘材料中有害物质的替代物技术及应用，节能变频电机专用耐电晕绝缘材料及应用，低成本高性能树脂合成及应用三大核心技术。拥有高级技术职称人员40人、中级技术职称28人；有博士23人、硕士38人；外聘专家10人。中心以引导绝缘材料行业技术进步，推进电机、电器及电子等领域产品升级换代，打破国外关键绝缘材料在国内核电、大型发电机组、军用特种电机、集成电路等领域的技术垄断，为国家电机、电器、航空、航天、国防军工装备等行业提供关键绝缘材料技术与产品为宗旨。

2017年，中心拥有工程化技术研究实验室、无卤阻燃添加剂实验室、苯并噁嗪树脂实验室、纳米改性技术应用实验室、复合绝缘材料实验室等5个实验室。拥有意大利在线漆包线漆涂线试验机、美国耐电晕测试仪、德国薄膜测微仪、美国旋转黏度计、德国配色仪、红外光谱仪、热重分析仪、气相色谱仪、液相色谱仪、精密pH计、紫外光栅分光光度计、偏光显微镜、原子吸收分光光度计、电导率仪等实用的和技术水平较高的研发装备。拥有100吨/年薄膜工程试验线、100吨/年薄膜涂敷中试线、20吨/年电磁线中试线、500吨/年无卤阻燃树脂中试线、50吨/年添加剂合成反应釜、20吨/年云母带中试线、100吨/年树脂合成中试线、2000吨/年特种聚酯合成中试线、100吨/年层压制品中试线、100吨/年上胶中试线、100L固相增粘转鼓、2000L系列电子级特种树脂中试合成线、五层共挤薄膜实验及双拉中试线、大尺寸制件模压中试线、20L多功能聚酯反应中试线等中试生产线。中心自成立以来承担国家、省级以上项目近20项，与依托单位及合作单位联合开发项目26项，取得省部级成果4项，申请专利13项，参与14项国家标准的起草与制定工作。（彭　敏　舒　军）

国家地方联合工程研究中心

【概况】2017年，绵阳市国家地方联合研究中心有2家，分别是：四川东材科技集团股份有限公司“发电与输变电设备绝缘材料国家地方联合工程研究中心”，四川九洲电器集团有限责任公司基于北斗的“多模式智能信息技术研究与应用国家地方联合工程试验室”。

【发电与输变电设备绝缘材料国家地方联合工程研究中心】2017年12月22日，四川东材科技集团股份有限公司“发电与输变电设备绝缘材料国家地方联合工程研究中心”由国家发展改革委正式批复成立。研究中心制定技术战略、人才战略、经营计划等，明确未来发展经营理念。技术战略：基于国内未来几年高压/特高压、柔性直流输电线路及新能源大规模投资建设所带来的对新型绝缘材料需求，借助公司在绝缘材料领域的优势，在发电和输变电设备绝缘材料的关键核心技术方面有所突破，为东材科技集团公司在全球发电与输变电设备绝缘材料领域提供技术支撑；为中国绝缘材料行业的整体研发水平和生产技术水平的提升，提供技术平台支持对内经营计划；发挥市场配置资源的基础性作用和宏观政策规划的引导作用，推动技术、人才和资金等资源向创新平台的集聚，提高创新平台的运行效率和水平；借助于创新平台，可解决发电与输变电设备绝缘材料生产的关键技术和核心问题，产品质量大幅提高，单位产品综合能耗大幅降低，能开发出多种应用领域的、具有竞争力的通用性产品和针对特定应用领域、附加值高的专用产品，缩短从产品研发到生产转化的时间，降低研发成本和制造成本。在传统绝缘材料基础上，致力于研究具有远距离、大容量、低损耗输电能力的特高压输电系统设备绝缘材料、中高压输变电、柔性输变电设备绝缘材料及核电、太阳能、风能等清洁能源发电设备绝缘材料的研发；开展发电与输变电设备绝缘材料核心技术的攻关和关键工艺的试验研究、产业化技术开发及产业结构优化升级的战略性前瞻性技术研发；突破一批重大技术装备和产业关键技术，缓解中国大型发电机组、输变电等电力行业发展的绝缘技术瓶颈约束，提升产业核心竞争力；加强基础研究和产业化研发之间的有机衔接，从产业技术源头上强化技术创新体系布局，提高持续创新能力；引导企业加大研究开发设施建设和研发活动的投入，有效整合产学研资源，促进企业成为科技投入和技术创新活动的主体，夯实绝缘技术基础，突破绝缘材料行业的关键技术问题，研究产业技术标准；培养工程技术创新人才；促进绝缘材料工程实验室重大科技成果应用、为行业提供技术服务；开展绝缘技术研发的国际交流与合作，实现绝缘技术的自主创新，提升绝缘技术创新能力的支撑平台，成为中国绝缘技术研发和推广中心和凝聚、培养绝缘材料工程技术创新人才的重要基地。对实验室进行适应性改造，搭建绝缘材料技术创新平台，建成包括薄膜材料实验研究室、复合材料研究室、电机绝缘材料研究室和功能材料研究室、工程化研究室和测试试验室在内的技术开发研究部及综合管理部两大部门。技术突破的方向：包括薄膜材料研究技术、复合材料研究技术、功能材料研究技术等方面。

【多模式智能信息技术研究与应用国家地方联合工程实验室】 2016年成立，实验室以九洲集团为依托，整合四川省北斗卫星导航产业联盟成员单位优势资源，构建室内外位置服务架构体系，以突破导航与位置服务领域关键核心技术，大力推进以自主卫星导航系统为基础的导航和位置服务产业化发展，加快北斗终端产品的工程化应用，为军用、民用及大众用户提供服务，完善位置全覆盖能力，进行室内外定位融合的工程化研究，创新位置服务。同时，培养一支专业技术水平过硬、工程化研发能力突出的中青年骨干科研队伍，为加快北斗产业发展提供人才保障。2017年，联合工程实验室完成北斗相位增强数据生成和播发技术、相位增强差分数据解算技术等8项关键技术研究；开展北斗高精度相位增强关键技术研究与验证系统研究、基于北斗卫星定位的数字化景区管理应用示范研究等9个工程化研发项目；研制开发公交车高精度监控终端，北斗RDSS蓝牙手机伴侣等11种终端产品；形成车道级监控平台软件、终端APP软件等软件产品4项；先后开展斗高精度相位增强关键技术研究与验证系统在高速路段的应用示范，基于北斗卫星定位的数字化景区管理应用示范研究等4项行业示范应用；拥有专利和著作权超过50项，申请专利11项，其中发明3项、实用新型3项、软件著作权5项；累计完成北斗集群式指挥机、手持北斗/GPS双模定位通信终端等6项省级科技成果鉴定。 （舒　军）

国家级和省级重点实验室

【概况】 2017年4月，西南科技大学“四川省非金属矿粉体改性与高质化利用技术工程实验室”和四川思迈科技有限公司“四川省光波导分路器集成技术工程实验室”获得省发展改革委批复筹建。截至年底，科技城范围内有国家级和省级重点实验室27家，其中省级工程实验室15家。实

2017 年绵阳市省级工程实验室名录

表 5

序号	实验室名称	所属单位名称
1	计算机应用研究所计算机网络及应用四川省工程实验室	中国工程物理研究院
2	四川省基于北斗的多模式位置感知及服务工程实验室	四川九洲电器集团有限责任公司
3	四川省发电与输变电设备绝缘材料工程实验室	四川东材科技集团股份有限公司
4	四川省激光增材制造工程实验室	四川三阳永年增材制造技术有限公司
5	四川省电子标识芯片技术与应用工程实验室	四川凯路威电子有限公司
6	四川省互联网健康服务融合工程实验室	西南科技大学
7	四川省农作物专用配方肥工程实验室	四川台沃农业科技股份有限公司
8	四川省废旧轮胎胶粉功能化及应用工程实验室	绵阳锐洋新材料技术开发有限公司
9	四川省杂环农药工程实验室	利尔化学股份有限公司
10	四川省数字音响应用技术工程实验室	四川湖山电器有限责任公司
11	四川省平板电视智能制造工程实验室	四川长虹电器股份有限公司
12	四川省特种装备数字化制造技术工程实验室	四川省绵阳西南自动化研究所
13	四川省水泥基绿色建筑材料工程实验室	西南科技大学
14	四川省非金属矿粉体改性与高质化利用技术工程实验室	西南科技大学
15	四川省光波导分路器集成技术工程实验室	四川思迈科技有限公司

验室研究涉及计算机网络、电子标识芯片技术、互联网健康服务等为主的计算机互联网技术；平板电视智能制造工程、数字音响应用技术工程等为主的电子信息技术；以基于北斗和多模式位置感知及服务等为主的高端装备技术；以输变电设备绝缘材料、激光增材制造等为主的新材料技术；以农作物专用配方肥工程、杂环农药工程等为主的现代农业技术。做好西南科技大学建设“环境友好能源材料重点实验室”申报省部共建国家重点实验室工作。

【四川省非金属矿粉体改性与高质化利用技术工程实验室成立】 2017 年 4 月，四川省发展和改革委员会印发《关于四川省光波导分路器集成技术工程实验室项目的批复》文件（川发改高技〔2017〕190 号）批准由西南科技大学组建四川省非金属矿粉体改性与高质化利用技术工程实验室立项建设，是西南科技大学首个非金属矿粉体材料制备与深加工方面的省级重点工程实验室。该实验室将围绕非金属矿产资源综合利用可持续发展对非金属矿物材料深加工和高质化利用技术创新及科技成果转化的迫切需求，开展非金属矿粉体低成本规模化超细加工、矿物纳米化处理与功能化改性、粉体表面工程与功能化改性、粉体界面工程与高质化利用等关键共性技术研发及应用，突破非金属矿粉体低成本规模化加工、功能化改性与工程化配套技术瓶颈制约，满足经济社会发展需求。实验室拥有超细粉碎、纳米化处理与功能化改性、表面工程与功能化改性、界面工程与高质化利用等 4 个研究室，1 个综合分析检测室和 1 个中试平台。主要面向非金属矿粉体改性、制备及高质化利用方面的技术研发、粉体加工装备研发、企业技术服务等。

【四川省光波导分路器集成技术工程实验室成立】2017年4月，四川省发展和改革委员会印发《关于四川省光波导分路器集成技术工程实验室项目的批复》文件（川发改高技〔2017〕191号），批准四川思迈科技有限公司实施四川省光波导分路器集成技术工程实验室项目建设。该工程实验室的建设目标和任务为围绕光通信产业可持续发展对光通信器件制造业技术及科技成果转化的迫切需求，开展基板用特殊光学玻璃材料、基于离子交换的电化学工艺、硅基二氧化硅光波技术、PLC光分路器耦合对准工艺、反应离子刻蚀（RIE）工艺等核心技术的研究，突破集成芯片、PLC光分路器封装技术瓶颈制约，满足全国光通讯市场需求，逐步实现进口替代。截至年底，实验室参与行业标准制定1个；申请发明专利2项，实用新型专利15项；成果转化2项；开发新产品10个；培养高水平人才20人，建成一支拥有50余人的专业技术团队。项目建设的主要内容为在充分利用现有研发和试验条件的基础上，适应性改造研发及辅助设施建筑面积1500平方米，购置主要研发试验仪器、设备及软件142台（套）。建设光波导材料、封装工艺、光分路器芯片、光纤阵列、陶瓷插芯等5个研究室，1个中试车间，1个综合测试分析中心。

【环境友好能源材料国家重点实验室】2017年，实验室围绕新能源，尤其是核能资源的可持续发展，定位为以材料促进能源与环境协调发展，促进军民深度融合。主要研究方向为：聚变裂变能利用的关键材料、核废物处理处置与辐射安全材料、能量的存储和转换机制、高效节能材料。实验室申报“省部共建国家重点实验室”工作被列入2017年四川省与科技部的“部省会商”议题和四川省全面创新改革试验工作计划。3月，实验室申报通过科技部合规性审查，并获得优先支持，省科技厅给予1000万元经费支持。全年实验室先后多次邀请相关领域专家围绕实验室待解决的关键科学问题和研究方向进行凝练；组织召开学术委员会对《重点实验室建设运行实施方案》进行论证；召开“环境友好能源材料国家重点实验室”第一届学术委员会及学术委员会第一次会议，明确实验室的建设目标、发展思路和研究方向，审议通过《实验室实施方案论证意见》。全年论文成果与项目申报均有成果，相关论文被《Applied Physics Letters》《Nano Energy》《Advanced Materials》《Inorganic Chemistry》等学术期刊刊载。

【固体废物处理与资源化省部共建教育部重点实验室】2007年成立。该实验室按照《固体废物处理与资源化教育部重点实验室管理条例》《固体废物处理与资源化省部共建教育部重点实验室学术委员会工作章程》等规章制度运行。2017年，实验室立项项目51项，项目经费1000余万元；发表SCI文章89篇，EI文章15篇，中文核心文章63篇，其他文章3篇；授权发明专利25项，申请发明专利18项，出版专著3部，获得省部级奖励3项。在人才引进培养和团队建设方面，实验室引进边亮教授、彭铁锋教授、舒建成博士、胡志波博士、黄腾博士等优秀青年人才，并划拨专项经费用于实验室科研团队的建设；徐龙华博士获批“博士后创新人才支持计划”，并破格晋升为教授，实验室成员获得西南科技大学“龙山计划”等20余项项目支持，并组建ESI团队2个和创新团队1个；培养3名博士研究生和22名硕士研究生；第四届“资源循环利用科学创新班”本科生结业，并推荐优秀本科生到中南大学、昆明理工大学、中科院上海硅酸盐研究所、北京矿冶研究总院等单位攻读硕士研究生。在开放交流与合作方面，实验室组织召开“2017年‘一带一路’非金属矿与绿色综合利用学术会议暨固体废物处理与资源化教育部重点实验室成立十周年庆典”。全年参与国内外相关学术会议，受邀作特邀报告或主题报告达24

人次。实验室内部定期组织学术交流，邀请国内外专家做学术报告 22 次。

【制造过程测试技术省部共建教育部重点实验室】2010 年 6 月经教育部批准组建；2017 年 4 月，通过教育部验收，是西南科技大学第二个教育部重点实验室，实验设备价值突破 4000 万元。实验室主要研究方向为：制造过程界面状态检测与理论；微纳制造方法与检测；先进测试技术与方法。2017 年，发表论文 54 篇，其中 SCI 四区及以上 13 篇，EI 检索 4 篇，重要核心 24 篇，国外期刊 16 篇；发明专利授权 7 项，实用新型授权 16 项；著作 2 部；获中国物流与采购联合会科技进步二等奖 1 项；有国家级项目 2 项、省部级 4 项、地市级 9 项、横向 15 项、校内 19 项，其中国家自然科学基金“长囊水云生长发育过程中的细胞生物力学特性及形貌演化”课题，引领学科前沿；立项经费 722 万元，到校经费 476.96 万元。

【特殊环境机器人技术四川省重点实验室】2017 年，实验室以国家和四川省科技发展规划为指导，在支撑单位中国科学院成都分院、中国科学院沈阳自动化研究所、中国科学院光电技术研究所的支持下，联合中国工程物理研究院、中国核动力研究设计院、西南自动化研究所东方电气集团、绵阳福德等产学研合作单位。研究方向为：特殊环境综合监测技术、特殊环境下的信息传输与智能决策、特种机器人作业技术等。年内，召开实验室学术委员会第二届一次会议；实验室新增项目 66 项，合同经费约 4500 万元，其中国家自然科学基金项目 4 项、国家级军工项目 1 项、四川省科技厅项目 3 项、四川省教育厅项目 3 项、横向项目 53 项；全年总到账科研经费 1400 余万元，其中纵向项目到账 900 余万元；申请 1 项国家“十三五”核能开发科研项目“核应急处置机器人关键技术研究”，立项经费达 3200 万元，当年到账经费 600 万元；1 项国防技术基础研究项目通过验收；发表论文 110 篇，其中 SCI、EI 收录 61 篇；授权发明专利 32 项。

【生态安全与保护四川省重点实验室】2011 年 6 月，四川省科技厅批准建立，依托于绵阳师范学院，原为生态安全四川省高校重点实验室。实验室以“盆周山地”，尤其是龙门山断裂带为对象，聚焦生态安全与保护，为四川省盆周山地，尤其是龙门山断裂带地区的生态安全和保护提供理论支撑、技术支持和人才培养平台。研究方向为：生态安全格局与评价、生态系统维持与保护、生态系统服务与利用。实验室有 8 个研究团队，8 个专业实验室、1 个生态实验园和 1 个野外生态站。2017 年，发表论文 26 篇，其中 SCI 刊物论文 9 篇，中文核心刊物 4 篇；有在研项目 47 项，年度到账经费 182.59 万元；有在研纵向项目 34 项，年度到账经费 73.86 万元，其中国家自然基金项目 6 项、省部级项目 10 项、市级和省厅局级项目 10 项、各类校级项目 8 项；有横向合作项目 13 项，年度到账经费总计 108.73 万元，其中新增横向服务项目 10 项，到账经费 88.68 万元。

（李芝军　彭　敏）

省级企业技术中心

【概况】2017 年，省经信委会同省发改委、科技厅、财政厅、省地税局和成都海关组织 2017 年省级企业技术中心认定工作，经专家评审、现场核查等程序，确定 102 家省级企业技术中心。绵阳市的四川长虹电源有限责任公司、绵阳铜鑫铜业有限公司、攀钢集团江油长城特殊钢有限公司、四川安和精密电子电器有限公司、中九建工集团有限公司、四川绵阳德鑫机械有限公司、四川隆盛科发实业有限公司等 7 家企业技术中心通过认定。至此，全市省级企业技术中心 67 家，总数量位居全省第二。

2017 年绵阳市省级企业技术中心名录

表 6

序号	单位名称	序号	单位名称
1	四川华丰企业集团公司技术中心	35	四川皇龙智能破碎技术股份有限公司技术中心
2	四川矿山机器集团有限公司技术中心	36	四川中物环保科技有限公司技术中心
3	禾大西普化学（四川）有限公司技术中心	37	四川九洲空管科技有限责任公司技术中心
4	四川省绵阳市丰谷酒业有限责任公司技术中心	38	四川金和新型建材有限公司技术中心
5	绵阳佳禧印染有限责任公司技术中心	39	绵阳西磁磁电有限公司技术中心
6	四川金发科技发展有限公司技术中心	40	四川科莱电梯股份有限公司技术中心
7	四川绵阳三力股份有限公司技术中心	41	新希望六和股份有限公司技术中心
8	四川丰泰包装股份有限公司技术中心	42	四川雪宝乳业集团有限公司技术中心
9	四川长虹模塑科技有限公司技术中心	43	四川海瑞尔包装集团有限公司技术中心
10	四川科瑞软件有限责任公司技术中心	44	绵阳高新区恒奥电子科技有限公司技术中心
11	四川光友薯业有限公司技术中心	45	四川中油天能科技有限公司技术中心
12	绵阳佳联印染有限责任公司技术中心	46	四川清香园调味品股份有限公司技术中心
13	绵阳开元磁性材料有限公司技术中心	47	江油市长祥特殊钢制造有限公司技术中心
14	四川龙华光电薄膜股份有限公司技术中心	48	中国核工业二四建设有限公司技术中心
15	四川长虹新能源科技有限公司技术中心	49	四川长虹技佳精工有限公司技术中心
16	四川九洲光电科技股份有限公司技术中心	50	绵阳华晨瑞安汽车零部件有限公司技术中心
17	四川省三台县固锐实业有限责任公司技术中心	51	四川永贵科技有限公司技术中心
18	际华三五三六职业装有限公司技术中心	52	四川绵阳好圣汽车零部件制造有限公司技术中心
19	绵阳灵通电讯设备有限公司技术中心	53	绵阳市维博电子有限责任公司技术中心
20	四川长虹包装印务有限公司技术中心	54	太极集团四川绵阳制药有限公司技术中心
21	四川三台剑门泵业有限公司技术中心	55	四川三台力达泵业有限公司技术中心
22	鸿凯双泰（四川）零部件有限公司技术中心	56	四川九州光电子技术有限公司技术中心
23	四川六合锻造股份有限公司技术中心	57	四川旭虹光电科技有限公司技术中心
24	四川九州电子科技股份有限公司技术中心	58	绵阳高新区天力机械有限责任公司技术中心
25	绵阳华瑞汽车有限公司技术中心	59	绵阳高新区经纬达科技有限公司技术中心
26	绵阳高新区三阳塑胶有限责任公司技术中心	60	四川长虹电源有限责任公司技术中心
27	绵阳富临精工机械股份有限公司技术中心	61	绵阳铜鑫铜业有限公司技术中心
28	四川兴事发门窗有限责任公司技术中心	62	攀钢集团江油长城特殊钢有限公司技术中心
29	四川台沃农业科技股份有限公司技术中心	63	四川安和精密电子电器有限公司技术中心
30	四川九洲线缆有限责任公司技术中心	64	中九建工集团有限公司技术中心
31	雅化集团绵阳实业有限公司技术中心	65	四川绵阳德鑫机械有限公司技术中心
32	四川湖山电器有限责任公司技术中心	66	四川隆盛科发实业有限公司技术中心
33	三台县启明星磷酸盐有限公司技术中心	67	四川长虹器件科技有限公司技术中心
34	四川圣迪乐村生态食品股份有限公司技术中心		

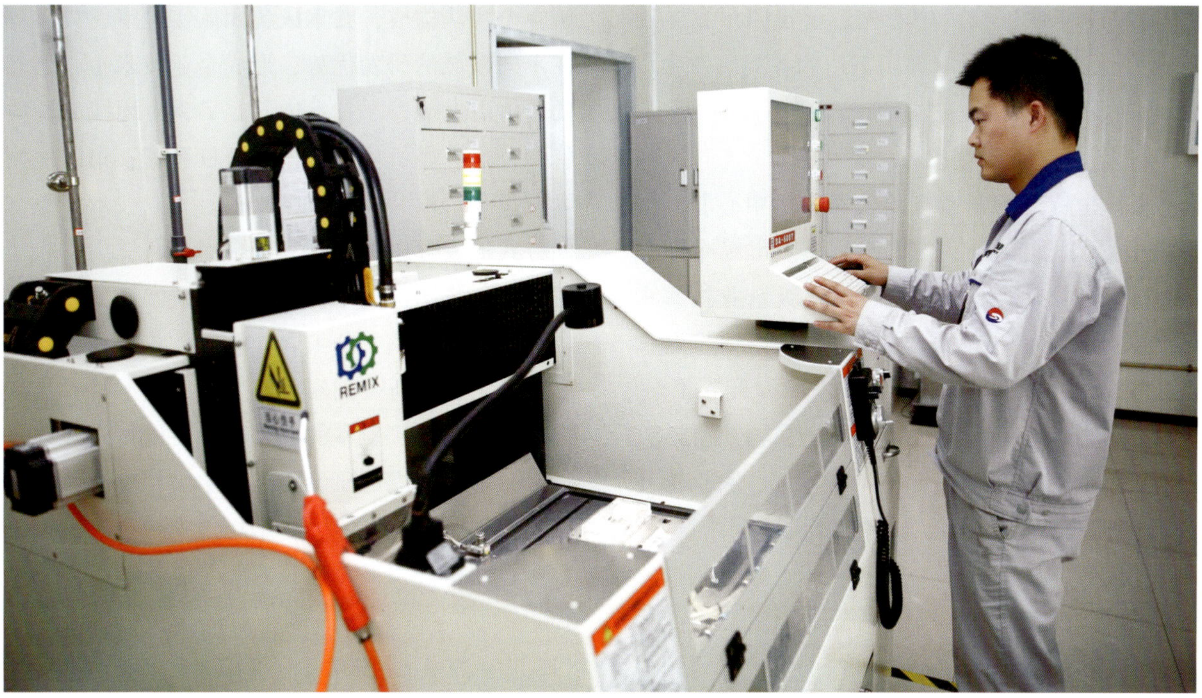

图 9　四川旭虹光电科技有限公司技术中心

【四川六合锻造检测中心】2005 年启动开建，2011 年建设完成，是六合锻造公司旗下的材料检测中心，省级企业技术中心。中心下设化学检测室和物理检测室，有各类高中档理化检测设备 30 余台套，能够进行化学分析、物理金相、机械性能检测等材料专业检测。2011 年，按照 CNAS-CL01：2006《检测和校准实验室能力认可准则》要求，建立实验室管理体系；2012 年，通过中国合格评定国家认可委员会的认证审查，成为绵阳市首家具有冶金材料检测国家认可资质的民营企业，具备对外检测的软硬件基础。2013 年，四川六合锻造股份有限公司被绵阳市金属学会认定为冶金企业指定检测单位。中心主要服务六合锻造公司炼钢车间、成品车间、锻钢车间、技术中心、德阳分公司、周边冶金企业等。服务内容包括冶金原辅材料检验、成品化学成分检验、成品物理性能检测、炼钢炉中分析、科研新试产品理化检验、新工艺模拟实验、产品缺陷分析、外部客户委托理化检验、产品外事异议理化分析等。

【四川六合锻造股份有限公司技术中心】2009 年成立，2011 年被评为四川省级技术中心。中心设技术部、研发部、检测中心 3 个部门。有专业研发、技术和检测人员 42 人，其中高级工程师 2 名、工程师 4 名、助理工程师 9 名。中心设有化学和物理检测室，主要进行钢铁材料的化学成分和物理性能检测（包括力学性能、金相、低倍、热处理等），具备较为完备的研发检测设备，主要有进口光谱仪 2 台，进口的氧氮分析仪 1 台，德国造碳硫分析仪 1 台，进口室温拉伸机 1 台，高温拉伸机 1 台，高温持久蠕变试验机 8 台，冲击试验机 2 台，热处理炉 8 台，硬度计 3 台，具有齐全的钢铁材料常规检验能力。2012 年，通过中国合格评定国家认可委员会（CNAS）评审，成为国家认可的实验室。中心与钢铁研究总院、国家先进钢铁材料国家工程研究中心、成都理工大学、上海大学等科研院所进行合作，是成都理工大学硕士、博士工作站和绵阳市院士、专家工作站。公司每年投入 1000 万元以上的研发经费，累计申报发明专利 62 项，授权 9 项。

截至 2017 年底，技术中心先后承担四川省、绵阳市、江油市三级政府部门下达的各类研发项目 30 余项。

【江油长祥特殊钢制造有限公司技术中心】2008 年 2 月成立，2010 年被认定为绵阳市级企业技术中心，2014 年被认定为四川省级企业技术中心。技术中心总人数 45 人，专职从事研发与试验发展人员 42 人，其中高级技术职称人员 3 人，中级技术职称 29 人。中心主要开展冶炼、锻造、热处理方面的技术研发。在冶炼发面，大钢锭浇注温度控制，微合金化，夹杂物快速上浮技术，稀土改变易切削钢硫化物状态技术已处于国内领先水平。在锻造方面，异型阀体锻件二次变形法，使该类锻件合格率达 100%，处于国内领先水平；大型模具钢模块的宝塔锻造工艺，能使锻件心部得到充分变形；专用刀砧能使切料效率提高 50%，达到国内先进水平。在热处理方面，拥有厚度大于 500 毫米大模块浸透技术，高合金钢多次回火消应力技术，开发的大型模块及锻件的淬回火技术处于国内领先水平，特别是模具钢的热处理产品达到欧洲标准。截至 2017 年底，公司拥有 10 项实用新型专利技术、3 项发明专利，并通过独占许可方式获得 1 项授权发明专利。

【攀钢集团江油长城特殊钢有限公司技术中心】2017 年通过第 22 批省级企业技术中心认定。是攀钢集团江油长城特殊钢有限公司集产品研发、新材料研究、工艺研究和特种材料应用研究一体化的研发机构。技术中心以长城特钢现有技术中心为基础，整合集团公司内外研发及技术创新资源。主要包括长城特钢技术中心、集团外技术合作平台、集团内技术协同平台及海洋装备用金属材料及其应用国家重点实验室海工特材研究所。中心技术创新体系由长城特钢技术中心、集团外技术合作平台、集团内技术协同平台及海工特材所 4 个团队构成，并集成各团队实验室优势以及在不同领域的研发优势，形成企业技术中心强大的整体研发能力。技术中心是攀钢集团江油长城特钢公司直属机构，由公司全权管理；集团外技术合作平台以共同承担国家项目和以技术服务合同方式形成合作关系，分工合作、科技成果和利益共享；集团内技术协同平台以技术服务合同方式形成合作关系，分工合作、科技成果和利益共享；海工特材所是国家海洋装备用金属材料及其应用国家重点实验室的下属机构，以科研项目为纽带，承担相应的研发任务。中心拥有国内特殊钢行业一流的研发能力，承担国家和行业科研课题，行使全公司科技及研发等专业管理职能。

【四川皇龙企业技术中心】2005 年正式成立，2006 年 12 月，被评为绵阳市技术企业中心；2012 年 10 月，被认定为四川省企业技术中心。2017 年，技术中心建有破碎设备综合测试分析中心、传动技术研究与应用技术工程实验室、锻造技术研发中心、破碎机辅助设备研究室、粗中颗粒破碎研究室、细颗粒破碎研究室等部门；并与四川大学、西南科技大学建立联合研发机构。有大专以上专职技术研究员 53 名，其中高中级技术人员级 11 人，技术带头人 3 人。公司技术创新投入、科研经费主要来源于企业自筹，公司每年按销售收入的 8%的比例提取科研经费；同时，公司每年均有部分项目获得省、市立项项目扶持资金。

【四川矿山机器（集团）有限责任公司技术中心】川矿集团公司技术中心通过多年发展，形成包括集团公司技术中心、成都中智金源科技有限公司（暨成都技术中心）、电气研究所、四川省架空索道研究所等一套完整、健全、成熟的技术研发体系。中心通过一系列支撑企业发展需要的战备技术、产业发展前沿技术的研发、设计、制造和引进技术的工作，强化创新能力。为激发广大科技

图 10　绵阳佳联印染有限责任公司企业技术中心

人员的创新热情，并实施重大创新项目专项奖励，奖项设置 5 个档次，每个项目资金 5 万元至 20 万元。2017 年，技术中心完成 CAD-CAPP-BOM 设计系统二次建设；先后投入 K3 财务管理系统、管理婆库房管理系统、OA 办公自动化、智能化系统；启用自主研发的下料排程系统和生产管理系统。组织和派遣中心技术骨干、技术带头人和管理干部，前往美国、德国、奥地利、东南亚等国家和地区进行技术交流、考察和培训。先后与重庆大学、中国矿业大学（北京）等建立战备合作伙伴关系，共同参与研发项目，加强技术人才培养；与南京、天津、成都水泥工业设计院合作，自主或引进开发更大规格、更高产能、更加清洁环保的主打产品；与成都正远机电有限公司共同开发 CK150×90 辊压机，委托中国矿业大学研发往复式索道钢丝强智能检测系统等 20 余种新产品。公司有各类注册发明专利、实用新型专利、外观专利共计 108 项，形成一批具有自主知识产权的专有技术核心。

【绵阳佳联印染有限责任公司企业技术中心】2008 年 9 月，技术中心被认定为“四川省企业技术中心”。中心主要从事阻燃、抗静电、耐高温水洗、耐 50 次水洗、耐氯漂、防紫外线、防红外线、防蚊虫、抗菌、吸湿排汗、抗酸碱等特种功能工装面料的研发，产品应用于航空航天、军警、行政执法、石化、电子、医院、电焊消防、租赁、道路交通、制造等数十个行业。公司迷彩面料产品应用于美国、英国、西班牙、俄罗斯等国家的作战服，飞机、坦克、导弹隐身罩衣；公司是美军亚洲唯一军服面料供应商，也是神舟七号酒泉发射控制中心工作人员的服装面料供应商。中心主要成果有：承担国家重大开发项目 3 项、省级重点科研项目 9 项；省部级科技进步奖二等奖 3 项、三等奖 9 项；发明专利授权 1 件，申请发明专利 19 件，其中 13 件进入实质审查阶段，实用新型专利授权 33 件，中国印染优秀面料奖 12 项，主导制订国家标准 1 项，参与制订国家标准 2 项。

【四川省特种工装印染工程技术研究中心】2017 年 9 月成立，中心依托单位为绵阳佳联印染有限责任公司，共建单位有绵阳佳联印染有限责任公司、四川大学、西南科技大学、四川省纺研院、成都纺织高等专科学校。该中心研究重点为围绕特种工装面料、功能性迷彩面料印染技术，印染清洁生产、节能减排技术研发中存在的重大关键性、基础性和共同性技术问题，发挥核心研究作用，推动行业技术地进步；广泛开展技术合作与交流，成为印染企业开发新产品、提高产品质量的依托平台。同时以市场为导向，开发具有重大经济效益和国际化前景的新产品，加强行业急需的复合型工程技术人员的培养，提高川内印染上下游企业的整体技术水平和市场竞争力，加速本行业产业经济的发展。（舒　军）

国家军民两用技术交易中心

【概况】 2010年，科技部授牌成立，是全国唯一的军民两用技术交易平台。2015年，为推进军民融合国家战略实施，加快绵阳科技城军民融合示范点建设，结合全面创新改革试点内容，在科技部、省科技厅等相关部门的支持下，绵阳全面启动国家军民两用技术交易中心（以下简称“交易中心”）建设。2016年被四川省评为“2016四川十大改革转型发展案例”。2017年3月，入选工信部“首批军民融合科技服务机构”。交易中心通过整合军地科技资源，构建互动转化平台，打通“军转民、民参军”渠道，完善交易服务功能，促进技术转移转化，实现军民深度融合。是以政府主导、社会参与、市场化运营的方式，构建线上线下相结合，集技术评估、拍卖、交易、服务等为一体的专业化交易平台。2017年，交易中心组织完成中国（绵阳）科技城科技成果发布与金融对接会；联合河北省政府举办河北省军民两用技术科技成果发布对接会；组织企业参展第五届科博会；参加由自贡市人民政府主办的军民融合大会。实施点局全国战略，建立国家军民两用技术交易中心河北省分中心，并在服务体系、成果共享、资源对接等方面取得明显成效。加强技术交易体系建设，面向市场重点提供技术交易、需求对接、民参军服务业务，先后为500余家企业提供技术需求对接，为300家企业提供民参军培训服务，实现技术合同交易额8.8亿

图11　军民融合股权交易中心

元，提供10家10证“军工四证”服务。聚集科技资源，收录成果20152项、企业11122家、评估评价师400人、技术经纪人111人、专家407位、设备仪器2376个、创新需求553项。打造交易中心品牌，参加第五届科博会、中国（绵阳）科技城科技成果发布与金融对接会、自贡市军民融合大会，宣传交易中心运行模式，集中展示交易中心的优质技术成果。

【技术交易服务】2017年，交易中心在技术交易服务方面，主要工作为：讨论制定交易规则、科技成果挂牌交易流程、科技成果交易公示流程、需求对接流程、评估评价流程等，聚焦业务，面向市场重点提供技术交易、需求对接、评估评价等服务。2017年，交易中心对军民两用先进技术进行展示，累计征集展品487套；组织专家亲临企业一线，开展技术需求挖掘活动，编制《科技成果汇编册》，为500余家企业提供需求对接服务，挖掘技术需求553项，并在中国（绵阳）科技城国际科技博览会科技成果和专利技术发布与交易专场进行需求发布，参加省科技厅组织的“四川省重大科技成果发布对接会”并集中进行需求发布。签订7家10项“军工四证”认证服务合同，其中5家企业获得武器装备质量管理体系认证证书。

【创新创业服务】2017年，交易中心新引进项目团队15个，创客空间入驻团队总数达42个；新引入创业导师11人，创业导师及专家总人数达43人。组织创客沙龙、创业讲堂活动8场、专家辅导22次。实现6个项目团队组建企业，帮助3家企业申请成为绵阳市军民融合企业，3个项目团队实现融资750万元，协助入驻项目团队完成工商、税务、财务、法务等方面的创新创业服务。

【对外合作】2017年，交易中心为推动军民两用资源共享共用，交易中心探索在全国开展分中心、工作站、业务点三个层次分支机构建设工作。2017年，交易中心与河北石家庄、山东青岛开展业务对接，与河北省石家庄市签署合作协议，建立国家军民两用技术交易中心河北分中心，走访对接北京市、河北省相关机构、企业30余家，召开座谈会近30次，掌握民参军需求、转型需求、融资需求10余项；与山东青岛达成战略合作协议。截至2017年底，交易中心接待参观考察团队580余个，参观人员近万人次。

【数据库建设】2017年，交易中心为实现信息渠道的畅通，推动科技成果及资源的高效互动，与国家科技成果网、中国兵器工业集团新技术推广研究中心、清华大学新能源研究院、西南石油大学等30余所高校或科研院所建立技术成果共享渠道。全年新增成果10048项、企业3031家、专家200人、技术经纪人125人、科技评估评价人员100人、仪器1326台、需求389个。

（李芝军）

中科创新育成中心

【概况】绵阳科技城中科创新育成中心是由中科院成都分院和绵阳市人民政府共同组建的民办非企业单位，实行理事会领导下的中心主任负责制，2013年12月26日正式运行。中心定位为：中科院系统与绵阳市开展区域科技创新和技术交流的桥梁、纽带；实施技术转移和成果转化的公共服务平台；推动区域产业结构升级、促进高新技术和战略性新兴产业发展的动力引擎。

【环保项目转移转化】2017年7月，中科院直属中科实业集团与绵阳水务集团共建中科绵投环保循环经济产业园正式点火投产，日处理垃圾1000吨，日产电量43万千瓦时，截至2017年底实现收入3076万元。中科院兰州化学物理研究所和江油建诚化工公司共建的江油鑫达聚甲氧基二甲醚项目完成4亿元投资；绵阳麦思威尔科技有限公司与中科院宁波材料技术与工程研究所共建的石墨烯水性涂料研发中心项目，预计可实现经济效益1000万元；四川豪特实业集团与中科院成都山地灾害与环境研究所共建的环保污水处理设施设备、黑臭水体与河道治理和清洁流域建设的技术研发和工艺改进项目，规划在平武豆叩实施。

【新能源新材料】2017年，天津力神西南动力电池生产基地项目第一阶段PACK生产线实现正式量产，并具备年产5亿瓦特小时圆形兼具方型动力电池系统的生产能力，建成1条小型电池组装测试生产线，满足军民融合项目对特种电池的需求。工业用地450亩获省上批复，第二阶段项目《可行性研究报告》编制工作完成。

【高效生态农业】2017年，绵阳雄丰种业有限公司与中科院成都生物研究所合作小麦良种“川育26”推广项目，合同总价6万元，预计2018年销售该品种小麦1000吨；由平武县康昕生态食品集团有限公司与中科院成都生物研究所合作的聚谷氨酸（γ-PGA）高效有机肥制备技术研发与示范项目，完成场平；中科院成都生物研究所、成都山地灾害与环境研究所3个STS高效生态农业项目平稳推进。

【生物科技】2017年，四川利尔作物科学有限公司与中科院大连化学物理研究所合作微胶囊农药制剂工程化技术项目，预计可实现经济效益600万元；中科院成都生物研究所与四川宇康中药材科技开发有限公司合作的厚朴资源开发项目，与平武县蜜之源蜂业有限公司合作的中药材蜜源花粉对蜂蜜品质影响项目均顺利推进。

【高科技产业】2017年，四川宝天智控系统有限公司与中科院沈阳自动化研究所合作无人机技术合作项目，预计可实现经济效益1000万元；绵阳市星宇电子技术有限公司与中科院声学研究所合作水下探测用高频声呐成像系统项目，共同开发高频单波束前视声呐系统和高频声波束侧扫声呐系统两款产品，计划一年内出产；网络变压器自动绕线工艺自动化设计项目签订合作协议，由育成中心引入荷兰先进的FMI工业自动化公司，帮助绵阳高新区经纬达科技有限公司解决生产制造过程中的技术难题；中科院微电子研究所与四川省豆萁科技股份有限公司合作高端闪型存储芯片设计研发及测试项目，完成投资超过2000万元。

【大数据产业】2017年，中心基于大数据共建共享的智慧城乡项目获得专利17项，其中“基于共建共享城乡物联网的智慧社区解决方案”获得“2017年智慧家庭及社区优秀应用案例”称号；无锡中科富农物联科技有限公司、北京沃野神州科技有限公司、平武县人民政府共同推进的平武县智慧农旅项目，签约金额3300万元，预计于2018年3月完成系统的上线准备工作。

【院地合作共建创新平台】2017年，育成中心与中科院工程研究所共建军民融合成果转化平台，在科技成果转化、人才培养、技术支撑等方面建立长效合作机制；长虹电子、中科院互联网研究发展中心与绵阳科创园区共建智慧城市研究院，拟成立四川中科新型智慧城市技术服务有限公司，预计年度销售收入2000万元，主体税收纳税总额不低于100万元；协调中科院宁波材料技术与工程研究所与西南科技大学及相关企业合作，在绵建立公共技术服务平台及分析测试中心。

【科技企业孵化器建设】2017年，中心发挥科技合作与服务功能，推进孵化器建设，在已有合作企业的基础之上，新增绵阳麦思威尔科技有限公司、绵阳市星宇电子技术有限公司等 10 余家合作企业。被四川省经信委批准为省级中小企业公共服务示范平台，完成申报四川省技术转移示范机构答辩工作。

【院企专题对接】2017 年，中心组织相关企业拜访中科院微电子研究所、西安光学精密机械研究所、长春光学精密机械与物理研究所等数十家院所；先后联系中科院相关院所企业到绵与绵阳本地企业单位洽谈合作近 30 次。

【科技智库建设】2017 年，中心按照市级相关部门规划要求，完成办公场地的搬迁以及各功能区规划、分区，成果展示厅建设；整合中科院系统的人才资源，建立以院士牵头的绵阳科技城中科智库，通过院地重大产业化项目的实施和科技产业创新平台建设，汇聚中科院系统以及国内外知名院所、高校的专家、学者和科技创新人才，建设院地创新人才集聚区，建立 50 人专家库。

（何　璇）

四川省军民融合研究院

【概况】四川省军民融合研究院（以下简称“研究院”）2016 年 1 月 18 日成立，是绵阳市人民政府和西南科技大学共同建设、共同管理，依托西南科技大学为主运行并纳入四川省科技厅统一管理的省级产业技术研究院。实行“市校共建、以校为主”的管理模式和“多方协同、开放共享”的运行机制，是区域科技创新体系的重要组成部分，是面向产业发展需求，整合科技创新资源，围绕产业技术创新链，开展产业共性技术及关键技术研发、科技成果转化、企业孵化、产业技术服务和人才培养等活动的公共技术创新服务平台，是四川军民融合高技术产业联盟副理事长单位。研究院定位为面向四川省高校、国防科研院所、军工企业、驻军部队的军民融合战略中的军队军工人才培养、国防科技协同创新、科技成果转化孵化、区域特色高端智库的重要平台。主要依托平台有：极端条件物质特性实验室、核废物与环境安全国防重点学科实验室（四川协同创新中心）、四川省新型含能材料军民融合协同创新中心、军民两用技术转移和产业孵化中心、国防科技学院及国家大学科技园等。2017 年，西南科技大学与涪城区人民政府签署合作共建四川省军民融合研究院协议，同意研究院整体入驻金家林总部经济试验区 27 号楼。

【创新平台建设】2017 年，研究院四川省军民融合服务平台专项资金项目“四川省军民融合研究院协同创新平台”获批，立项经费 120 万元。研究院作为 6 家单位之一，参与由中国工程物理研究院牵头的“西南军民科技协同创新平台”建设工作，制定该平台的建设规划实施方案，并获得省科技厅 800 万元平台建设费用支持。研究院与四川中医药高等专科学校签订合作协议，共建四川省军民融合研究院中医药分院。“军民融合大数据平台”建设取得阶段性成果，完成军民融合指数分析平台、军民融合科技服务平台建设。

【人才队伍建设】2017 年，研究院引进中国工程物理研究院研究员曹磊峰，建立“X 射线光学与应用研究团队”；引进中国空气动力发展与研究中心研究员桂业伟作为首席科学家，组建“热科学研究创新团队”，并筹建“飞行器热科学研究中心”；与科技部“国际科技战略与政策研究中心分中心”合作，建立“军民融合科技战略与政策研究团队”。军民融合大数据团队获得“四川省教育厅创新团队”。

【科技创新能力建设】2017 年，研究院依托西南科技大学环境友好能源材料国家重点实验室、极端条件物质特性国防重点实验室、核废物与环境安全国防重点学科实验室、四川省新型含能材料军民融合协同创新中心、燃烧空气动力学研究中心等协同创新平台，获批各级各类科研项目60余项，科研经费达1800余万元，其中国防军工项目6项、国家级项目15项、省部级项目10项、其他项目30余项；发表学术论文80余篇，其中SCI检索48篇，EI检索8篇，核心期刊30余篇；申请或授权发明专利25项；出版学术专著1部；获得省市级奖项4项。组织四川省军民融合研究院2017年开放基金项目立项工作，立项重点项目11项，一般项目24项，拨付立项经费96.5万元。

【学术及合作交流】2017年，研究院举办“中国科技论坛·军民融合协同创新与全面创新改革”专家论坛、“军民融合论坛2017·二维材料与能源环境”研究生学术研讨会、“军民融合”科技情报服务研讨会暨四川信息管理与服务研究中心2017学术年会、“军民融合论坛2017·极端条件下的技术与方法”等学术研讨会。军民融合研究院与中国工程物理研究院成都科学技术发展中心、清华四川能源互联网研究院、四川省退役士兵就业创业服务促进会、四川长虹电子控股集团有限公司、中国投资协会等单位开展合作交流，并达成合作意向或协议。

（唐继平、邹国荣）

中国（绵阳）科技城工业技术研究院

【概况】中国（绵阳）科技城工业技术研究院（以下简称“工研院”）于2012年11月成立，是绵阳市委、市政府为推进科技成果产品化、商业化、产业化而成立的事业单位，隶属于科技城管委会。是政府支持、产学研结合、面向市场的集应用技术研究、高新技术转移、公共技术服务、新兴企业孵化、创新人才集聚功能“五位一体”的新型研究机构，是中国科技城创新服务平台的重要组成部分。工研院以发展高新技术产业和战略性新兴产业为目标，承担公共技术、技术研发、成果转移交易、创新创业、投融资、成果发布与企业宣传、民参军等公益性服务。先后打造出四川省军民两用技术再研发中心、国家军民两用技术交易中心、中国（绵阳）科技城军民融合高技术产业联盟、北斗开放实验室·中国（绵阳）科技城分实验室成果转化及创投孵化基地、国家级军民融合创客空间、省级军民融合孵化器7个创新孵化转化平台，北斗安全监控、电子技术、分析计量、环境检测、微波暗室等5个实验室。四川省人社厅、绵阳市委组织部在工研院分别建有“四川省专家服务基地”和“院士专家工作站”。

【省级军民两用技术再研发中心】2017年，工研院为推动军民两用技术成果、技术资源双向转移转化，探索军民融合新模式，工研院组建军民两用技术再研发中心，并被省科技厅批准为四川省军民两用技术再研发中心。以“虚拟研究所”“注册工程师”模式，吸引入驻再研发团队10个、注册工程师56人。投入300余万元，推进基础设施建设，新增试验设备360余台（套），打造能力和成果展示、产品装调与验证、知识产权等3个技术支撑服务平台。以市场化模式实施再研发项目，组建化工新材料、激光应用等9个专业应用研究所和3个实验室，同步启动再研发项目32项。对已取得的再研发成果进行系统梳理和推广，形成84项成果册，编制2篇再研发论文。

【军民融合产业服务能力提升】2017年，工研院聚焦军民融合，优化国家级军民融合创客空间、省级军民融合孵化器等创新载体功能，发挥定期成果发布平台和双创服务平台作用，服务军民融合企业开展产品推广、创新创业、投资融资活动。加强与中国科学技术信息研究所的合作，全年组织成果发布会11场，对外发布成果35项；引进孵化项目和企业52项，组织创新创业培训15场、专家精准辅导52次，培训人数500余人；举办第三届科技城大学生毕业设计大赛。帮助菲纳理科技3个项目团队实现融资730万元；“生物质能纯氧气化成套装置”“高强度无汞紫外脉冲杀菌成套装置”“强紫外催化低浓度VOC治理设备项目”等3个再研发项目荣获第六届创新创业大赛全国总决赛优胜奖；机载激光雷达系统产品，业务量实现增加7~8倍。

【北斗领域创新成果】2017年，工研院为推动科技成果产业化，以北斗领域为突破口，加强团队孵化、技术研发和对上争取的力度。与九洲集团共建北斗开放实验室·中国（绵阳）科技城分实验室，由工研院直接负责运营成果转化及创投孵化基地，推动基于RDSS的北斗通信导航终端及应用研发和九洲北斗位置服务等多家公司多个项目的产业化，实现3377万元经济效益；牵头联合四川省安科院、西南交大、九洲集团共建北斗安全监控技术实验室，桥梁监测监控系统等3个项目进入实施推广阶段，实现技术经济效益2590万。完成“2017制造业双创平台试点项目”“国家中小企业公共服务平台项目”等15个项目申报工作，落实经费225余万元；荣获“四川省专家服务基地”称号。

【管理体系建设】2017年，中物院、中国气动中心、长虹、九洲、科管委综合办等24家在绵阳的科研院所、大型企业、行政机关等组建第二届理事会，并与中国兵装集团五八所、九洲集团等7家副理事长单位签订协议。下属企业管理方面，出台控股企业负责人绩效考核、三重一大等政策制度，2017年两家控股公司均实现盈利，共计51万余元，工研院新增权益36.8万元。

（李汶航）

产业发展
Industrial Development

概　述

【概况】2017 年，产业实力明显增强，形成以电子信息、汽车、新材料、节能环保、高端装备制造、生物、食品、化工八大重点产业为支撑的较为完备现代工业体系。全年八大产业累计实现产值 2397.3 亿元，同比增长 14.9%，占全市工业比重达到 75%。八大重点产业产值增长 9.5%，其中电子信息产业增长 9.9%，汽车产业增长 30.8%，新材料产业增长 20.8%，节能环保产业增长 27.6%，高端装备制造产业增长 20.8%，生物产业增长 13.3%，食品产业增长 8.4%，化工产业增长 18.4%。全年全市纳入统计的战略性新兴产业企业总数达到 252 家，占全市工业比重达到 37.5%。

2017 年，绵阳市按照《绵阳市工业重点产业及布局方案》和科技城“一核三区多园”规划布局等要求，加强特色产业园区建设，支持在绵阳国防科研院所和产业龙头企业建设特色产业园，着力打造光电产业园、长虹智慧制造产业园、九洲空管二次雷达产业园等十大军民融合产业园，全市特色产业园已达 15 个。全年全市产业园区规模以上工业总产值增长 17.6%；园区规模以上企业达 705 家，占全市规模企业总数的 76%；产业集中度达 82%，较 2016 年提高 1 个百分点。全市规模以上工业企业主营业务收入 2723.2 亿元、增长 18.2%，盈亏相抵后利润总额 133.3 亿元、增长 19.9%。

2017 年，完成工业投资 493.21 亿元、增长 26.6%，技改投资 454.8 亿元，增长 26.8%。总投资 465 亿元的京东方第 6 代柔性面板、总投资 453 亿元的汉能移动能源产业园等 193 个重点项目开工建设，宝马王子发动机生产线等 73 个重点项目竣工投产，旭虹光电曲面显示用盖板玻璃生产线等 84 个在建项目加快建设，引进工业项目 232 个，签约金额 1307 亿元。全市单位工业增加值能耗下降 16.56%，完成全市工业节能约束性指标。

【汉能集团移动能源产业项目落户涪城】2017 年 5 月 18 日，总投资 453 亿元的汉能集团绵阳移动能源产业园项目举行签约仪式。汉能控股集团与绵阳市政府、涪城区政府分别签订绵阳汉能集团绵阳移动能源产业园项目战略合作协议。四川省政府副省长朱鹤新，市委主要负责人，汉能控股集团董事局主席李河君，涪城区领导出席签约仪式。绵阳汉能移动能源产业园项目由汉能移动能源控股有限公司投资建设，项目计划总投资453亿元，分四期建设，预计三至五年内全部建成。其中一期投资66亿元建设20兆瓦柔性砷性镓薄膜太阳能电池组件制造项目和600兆瓦铜铟镓硒薄膜太阳能电池组件制造项目；二期投资194亿元建设230兆瓦柔性砷化稼组件制造项目、5万辆全太阳能动力汽车制造项目、600兆瓦铜铟稼硒组件制造项目和汉能移动能源亚太研发中心项目；三期投资163亿元建设350兆瓦柔性砷化稼组件制造项目和900兆瓦铜铟稼硒组件制造项目；四期投资30亿元建设汉能清洁能源智慧小镇项目。（张晨航）

“两新”产业

【概况】2017年，全市高新技术产值达到1701.37亿元，占工业总产值54.1%，认定高新技术企业87家（包含重新认定企业），高新技术企业总量达到239家。全市纳入统计的战略性新兴产业企业总数达到252家，战略性新兴产业产值占全市工业比重达到37.5%。以“两新”产业为主的八大重点产业完成工业总产值2397.3亿元，占全市规模工业总产值的78.41%，同比增长14.9%。

△“两新”产业：指高新技术和战略性新兴产业。高新技术产业主要包括信息技术、生物技术、新材料技术三大领域；战略性新兴产业在现阶段主要包括节能环保、高端装备制造、新一代信息技术、生物、新材料、新能源、新能源汽车等产业。

【创新型企业培育】2017年，绵阳市做好科技型中小企业培育工作，全市科技型中小企业以年均2000家以上的速度递增，累计认证科技型中小企业突破1万家，升规入统科技型中小企业累计超过200家。引导和支持科技型中小企业按照高新技术企业标准推进企业建设。开展高新技术企业认定培训会和宣讲会。邀请省科技厅领导、高企认定专家到绵召开高企认定培训会，深入各县市区（园区）、高校、科研院所和企业开展科技调研培训会20余次。

【科技创新载体建设】2017年，加强创新研发平台建设。指导西南科技大学建设“环境友好能源材料重点实验室”，该实验室申报工作通过科技部合规性审查，并列入四川省与科技部的“部省会商”议题和四川省“全创改革试验”工作计划；指导西南科技大学建设“工程结构与材料动载特性四川省重点实验室”；指导四川兴事发门窗有限责任公司申报的“四川省特种门窗工程技术研究中心”，该中心已通过现场考察和专家答辩环节；指导绵阳富临精工机械股份有限公司申报“四川省新能源汽车驱动系统工程技术研究中心”。科技创新服务平台建设。完善国家军民两用技术交易中心，提高技术交易质量和水平，全市合同成交额8.8亿元；四川军民融合大型科学仪器共享平台揭牌、创新中心1号楼2楼物理平台建设完成，并为近千家企业提供服务3000余次。创新创业孵化平台建设。全市新增孵化机构8家，累计达到58家，其中新增国家级孵化器1家（共6家），省级孵化器6家（共17家），科技部备案的众创空间7家，科技部备案的星创天地10家，孵化总面积达到110万平方米，入驻孵化企业和服务机构3400余家。高新技术产业载体建设。指导游仙区、江油市申报建设四川省高新技术产业开发区，并通过专家评审。

【技术转移体系建设】2017年，绵阳市依托西南科技大学国家大学科技园、中物院四川中物技术有限责任公司、市农业科学研究院三个国家级技术转移示范机构及科技部火炬中心“中国创新驿站”绵阳工作站、中国技术交易所绵阳工作站、中科院创新育成中心等技术转移服务平台，促进高校和科研院所技术转移转化，提升全市成果转化服务能力和水平。

【科技金融体系建设】2017 年，绵阳市作为全国首批开展科技和金融结合试点的唯一地级市，设立 5 亿元的军民融合产业发展基金、5 亿元的“两新”产业发展基金、5.65 亿元的“创业投资引导基金”及 1.08 亿元的“信贷融资风险池资金”；创新设立全国首家军民融合科技支行，重点发展军民融合特色化金融服务；成立 19 家科技金融专营服务机构；启动全国首创的绵阳“税鑫融”财税资综合智能服务平台，形成政策扶持、基金引导、平台保障、创新服务、风险补助的科技金融服务模式即“科金云”服务模式；天府（四川）联合股权交易中心军民融合板落户绵阳，挂牌企业总数达 337 家，其中军民融合板 130 家、科技金融板 148 家、双创企业板 50 家，核准挂牌数居全省第二；推出四川省首款“住房公积金信用贷”产品；“长虹应收账款融资”新模式被列入2017 年四川省全面创新改革试验 11 项全省复制推广的经验清单；深化与银行、保险、担保等金融机构合作，截至 9 月末，全市科技型企业贷款余额 261.58 亿元，贷款企业 1475 家，专利权质押贷款累计 3.54 亿元。据不完全统计，60 余家市内外创业投资机构共为全市 80 余家科技企业投入风险资本约 23 亿元。

【新一代信息技术产业】2017 年，科技城新一代信息技术产业在基础电子、集成电路、智能硬件和应用电子、高端软件和新型信息技术服务等行业，具备较强的人才、技术优势和坚实的产业基础。有长虹、九洲等重点企业，2017 年长虹位居中国电子信息百强企业第 6 位，九洲位列中国电子信息百强企业第 30 位。

【新材料产业】2017 年，科技城新材料产业拥有国家绝缘材料工程技术研究中心、国家磁性产品质量监督检验中心和中物院、电子九所等国内一流的新材料领域研发机构，聚集攀长钢、东材科技、开元磁材等一批重点企业。在高端金属结构材料、先进高分子材料、特种金属功能材料、新型无机非金属材料、高性能复合材料等领域的研发和生产方面都具备研发和产业基础。

【节能环保产业】2017 年，节能环保产业主要拥有保和富山、中科城环保等重点企业。在节能领域，高效节能设备制造、电光源制造、新型建筑材料制造等形成产能；在环保领域，城市污水处理和水净化、大（空）气净化、工业固废及生活垃圾处理技术和装备等达到国内领先水平；在资源循环利用领域，构建再生铜、废旧轮胎再制造循环型产业链；在节能服务产业领域，建成 3 个与节能环保产业紧密相关的国家级工程技术研究中心。

【高端装备制造产业】2017 年，高端装备制造产业主要集中在航空装备、卫星及应用、轨道交通装备、智能制造装备领域。在航空装备产业方面具有较深厚的技术沉淀和较强的研发能力。拥有九洲空管、永贵科技等一批代表性企业，并形成具有一定规模和技术水平的产业体系。

【生物产业】2017 年，生物产业有好医生、利尔作物、禾大西普等一批重点企业，形成生物药品制造、生物农业用品制造和功能性食品制造等三大子产业。生物药品制造包括中药饮片加工、生物制剂、兽药制造和成药制造等，生物农业用品制造包括配方肥和育种等，功能性食品制造主要是魔芋提取物生产。

2017年科技城范围内产值亿元以上战略性新兴产业企业名单

表7

序号	企业名称	行业领域
1	四川长虹电子控股集团有限公司	新一代信息技术
2	四川九洲电器集团有限责任公司	新一代信息技术
3	四川九州电子科技股份有限公司	新一代信息技术
4	艾默生网络能源（绵阳）有限公司	新一代信息技术
5	四川长虹电子部品有限公司	新一代信息技术
6	四川九州光电子技术有限公司	新一代信息技术
7	四川虹锐电工有限责任公司	新一代信息技术
8	四川爱联科技有限公司	新一代信息技术
9	四川迪佳通电子有限公司	新一代信息技术
10	四川湖山电器有限责任公司	新一代信息技术
11	四川海格承联通信技术有限公司	新一代信息技术
12	四川超声印制板有限公司	新一代信息技术
13	四川安和精密电子电器有限公司	新一代信息技术
14	绵阳高新区经纬达科技有限公司	新一代信息技术
15	绵阳普思电子有限公司	新一代信息技术
16	四川维德通信技术有限公司	新一代信息技术
17	绵阳市登丰科技有限公司	新一代信息技术
18	四川思迈科技有限公司	新一代信息技术
19	四川华拓光通信股份有限公司	新一代信息技术
20	四川普兰特电源制造有限公司	新一代信息技术
21	绵阳捷智科技股份有限公司	新一代信息技术
22	绵阳四联电子科技有限公司	新一代信息技术
23	江油星联电子科技有限公司	新一代信息技术
24	绵阳宁瑞电子有限公司	新一代信息技术
25	绵阳虹润电子有限公司	新一代信息技术
26	江油股田电子科技有限公司	新一代信息技术
27	绵阳锐达精密电子有限公司	新一代信息技术
28	绵阳灵通电讯设备有限公司	新一代信息技术
29	绵阳鑫通实业有限公司	新一代信息技术
30	四川科莱电梯股份有限公司	高端装备制造
31	四川永贵科技有限公司	高端装备制造

续表

序号	企业名称	行业领域
32	四川天利科技有限责任公司	高端装备制造
33	四川中油天能科技有限公司	高端装备制造
34	四川品固交通新材料有限公司	高端装备制造
35	绵阳市维博电子有限责任公司	高端装备制造
36	绵阳龙兴科技有限公司	高端装备制造
37	四川惠百民石化机械制造有限公司	高端装备制造
38	绵阳流能粉体设备有限公司	高端装备制造
39	攀钢集团四川长城特殊钢有限责任公司	新材料
40	四川东材科技集团股份有限公司	新材料
41	四川六合锻造股份有限公司	新材料
42	江油市长祥特殊钢制造有限公司	新材料
43	江油炳辉改性沥青有限公司	新材料
44	绵阳开元磁性材料有限公司	新材料
45	四川金发科技发展有限公司	新材料
46	绵阳高新区三阳塑胶有限责任公司	新材料
47	江油市光巨新材料科技有限公司	新材料
48	四川远方高新装备零部件股份有限公司	新材料
49	四川龙华光电薄膜股份有限公司	新材料
50	江油市鸿翔特殊钢有限公司	新材料
51	江油中化炉窑工程有限公司	新材料
52	四川欣达复合材料有限公司	新材料
53	四川省江油市豫蜀夜视利反光材料有限公司	新材料
54	四川旭虹光电科技有限公司	新材料
55	绵阳中研磨具有限责任公司	新材料
56	平武县雄升科技开发有限公司	新材料
57	四川新为像塑有限公司	新材料
58	四川威邦科技发展有限公司	新材料
59	江油市重鑫特种金属材料有限公司	新材料
60	绵阳市胜源耐磨合金厂	新材料
61	四川泰铸耐磨材料有限公司	新材料
62	绵阳西磁磁电有限公司	新材料

续表

序号	企业名称	行业领域
63	四川开元创亿生物科技有限责任公司	新材料
64	四川鑫鼎新材料有限公司	新材料
65	绵阳朗迪新材料有限公司	新材料
66	绵阳市聚合新材料有限公司	新材料
67	北川天讯新材料有限公司	新材料
68	绵阳市盛宇新材料有限公司	新材料
69	绵阳华通磁件技术有限公司	新材料
70	江油三丰汽轮机材料有限公司	新材料
71	绵阳德华磁材有限公司	新材料
72	四川好医生药业集团有限公司	生物
73	四川恒益科技有限公司	生物
74	四川台沃农业科技股份有限公司	生物
75	太极集团四川绵阳制药有限公司	生物
76	四川利尔作物科学有限公司	生物
77	四川华西动物药业有限公司	生物
78	禾大西普化学（四川）有限公司	生物
79	太极集团·四川天诚制药有限公司	生物
80	四川江油中坝附子科技发展有限公司	生物
81	绵阳神农药业有限公司	生物
82	四川农大高科农业有限责任公司	生物
83	四川惠泉生物科技有限公司	生物
84	四川天雄药业有限公司	生物
85	四川魔力科技有限公司	生物
86	四川金辉生物工程有限公司	生物
87	四川兴盛源药业有限公司	生物
88	四川天誉制药有限公司	生物
89	绵阳市均益农业科技开发有限公司	生物
90	四川国豪种业股份有限公司	生物
91	四川野马汽车绵阳制造有限公司	新能源汽车
92	四川瑞可达连接系统有限公司	新能源汽车
93	四川兴事发能源科技有限公司	新能源

续表

序号	企业名称	行业领域
94	宏源地能热泵科技有限公司	新能源
95	绵阳铜鑫铜业有限公司	节能环保
96	绵阳金循环金属材料有限公司	节能环保
97	绵阳金鑫铜业有限公司	节能环保
98	四川兴事发门窗有限责任公司	节能环保
99	中科城环保集团股份有限公司	节能环保
100	绵阳保和泰越通信线缆有限公司	节能环保
101	四川矿山机器（集团）有限责任公司	节能环保
102	四川保和新世纪线缆有限公司	节能环保
103	四川皇龙智能破碎技术股份有限公司	节能环保
104	绵阳市中邦节能玻璃有限公司	节能环保
105	四川江油新川矿山机械有限公司	节能环保
106	绵阳海立电器有限公司	节能环保
107	绵阳市振华科技有限公司	节能环保
108	绵阳美能材料科技有限公司	节能环保
109	四川三台力达泵业有限公司	节能环保
110	绵阳立新科技发展有限公司	节能环保
111	四川铁鹰机械制造有限公司	节能环保
112	四川新金鑫照明科技有限公司	节能环保
113	四川翠微新型建材有限公司	节能环保
114	四川交安环保科技有限公司	节能环保
115	四川九洲光电科技股份有限公司	节能环保
116	四川同一热能设备有限公司	节能环保
117	江油市润凯农业科技有限公司	节能环保
118	四川天丰节能板材有限公司	节能环保
119	绵阳科勤环保科技有限公司	节能环保
120	四川沃姆斯能源技术有限公司	节能环保
121	四川绵阳华元航升环保科技有限公司	节能环保
122	四川南联环资科技股份有限公司	节能环保
123	四川沃姆斯科技有限公司	节能环保
124	四川昊宇龙星科技有限公司	节能环保

【新能源汽车产业】2017年，新能源汽车产业有野马汽车绵阳公司、长虹电源、豪特集团等新能源汽车整车、零部件及配套设施企业，组建新能源汽车产业联盟以及新能源汽车智慧服务创新产业联盟，成立科技城新能源汽车重点实验室、新能源汽车工业技术研究院、锂电工业技术研究中心，在纯电动整车制造、动力电池及材料、驱动电机、电源管理、电机控制、电动转向、车载电子等领域有较强的研发力量。 （张晨航）

电子信息产业

【概况】绵阳是中国西南地区军工科研和制造的重要基地，也是国家“三线”建设重点地区。“一五”和“三线”建设时期，国家在绵阳布点建设了一批重要的电子军工企业，奠定了电子信息产业发展的基础。1985年建市以来，绵阳大力实施“军转民”科技兴市战略，积极引导以长虹、九洲为代表的企业，实现全市电子信息产业跨越式发展，形成以电子信息产业为主导的工业体系。绵阳电子信息产业主要产品门类有家用电器、军事电子产品、通信设备及器件、卫星导航、电子基础元器件等，在数字视听设备、军事电子产品、高性能电连接元件等领域具有较强的竞争力。数字家庭、北斗卫星、军工电子、信息安全、电子元器件、软件等优势产业蓬勃发展。

2017年，绵阳电子信息产业迈入千亿级产业集群，全市电子信息产业规模以上企业76家，实现总产值约1067亿元，增长9.9%，占全市工业总产值的34.9%，位居全省第二，约占全省电子信息产业制造业的四分之一。长虹、九洲两家龙头骨干企业在中国电子信息百强企业排名分别为第6位和第30位。

【重点领域发展】2017年，电子信息产业优势领域凸显，数字家庭、物联网等重点领域技术水平持续提升。智能家电方面，率先推出搭载声纹识别的人工智能电视CHiQ Q5K系列，CHiQ电视581N获得中国电子商会颁发的最佳客厅电视奖；机顶盒产品向三网融合类产品转型；冰箱持续推进变频、智能化等高端转型升级；无线连接模块市场占有率跃居全国第一；自主研制综合监制系统、一体化二次雷达装备、多通道ADS-B系统等新一代空管产品；针对5G Wireless（5G无线）应用推出SFP28 LR产品；多款具有自主知识产权超高频RFID芯片在全国处于领先地位。产业集聚优化，以数字家庭、通信产业为发展重点的高新区聚集电子信息规模以上企业30余家，经开区为智能家电集中区，科技城软件产业园入驻144家软件企业，科创园区集聚一大批科技型创业企业。围绕完善产业链，培养“专、精、特、新”的配套中小企业，以智能家电为代表的数字家庭产业链配套企业逾200家。九州光电、艾默生、华正电子、海格恒通、华拓光通信等一批光通信器件、移动通信网、专网通信企业规模扩大，形成通信产业集群。

【四川长虹电子控股集团有限公司】1958年成立，原国营长虹机器厂，是国家“一五”期间的156项重点工程之一，是当时国内唯一的机载火控雷达生产基地。长虹是集军工、消费电子、核心器件研发与制造为一体的综合型跨国企业集团，自2004年启动“三坐标”产业发展战略以来，经多元化拓展、融合发展、智能转型等阶段发展，拥有涵盖智能电视、冰箱、空调、现代服务业等完善的信息家电产业体系。2004年到2017年，长虹公司年销售规模从117亿元增加到1170亿元，工业总产值从136亿元增加达到1075亿元，解决就业逾9万人。2017年，长虹品牌价值达1319.75亿元，居中国电子百强第6位，中国制造业500强第146位，四川百强企业第1位。实现营业收入776.32亿元，同比增长15.57%。

【四川九洲电器集团有限责任公司】1958年始建，是国家“一五”期间156项重点工程之一，是国家唯一保留核心科研生产能力的地方军工骨干企业。已由单一军工厂发展为以军事电子、智慧城市为核心业务高科技企业集团，九洲集团本部为国家二次雷达系统产品的科研生产基地，空管系统及设备科研生产基地，数字电视设备和有线电视网络设备的研发、制造基地，西部最大的LED产业基地。2017年九洲集团实现工业总产值210亿元，营业收入31.65亿元。

【维谛技术有限公司】即原艾默生网络能源有限公司控股公司，2009年成立，一期厂房占地约1.8万平方米，共有生产线19条，主要生产200K以下中小型UPS及风能变流器，客户遍布全球。2010年投产第一自然年半年产值达2.04亿元；2017年，产值12.65亿元，累计上缴各项税款1.3亿元。

【四川华拓光通信股份有限公司】2010年12月成立，国家级高新技术企业，是行业领先的光模块制造商，主要从事光纤通信技术、光纤通信产品的技术开发、生产、销售，通信产品及技术的进出口。拥有全系155M-100G光收发模块、10G-100GCable高速互连产品。致力于研发基于5G通信的25G、100G、200G、400G的高端光模块产品。产品广泛应用于数据通信、SDH、FTTX、数据中心、物联网、云计算和超级计算机等领域。公司生产的ATOP品牌的光电设备遍及欧美、东南亚、中东等30多个国家和地区。2017年，实现产值达2亿元。（王周耀）

2017年科技城产值超亿元电子信息企业一览

表8

序号	企业名称	序号	企业名称
1	四川长虹电子控股集团有限公司	21	四川华拓光通信股份有限公司
2	四川九洲电器集团有限责任公司	22	绵阳高新区鸿强科技有限公司
3	艾默生网络能源（绵阳）有限公司	23	绵阳捷智科技股份有限公司
4	四川长虹电子部品有限公司	24	绵阳四联电子科技有限公司
5	绵阳市建诚电子有限公司	25	江油星联电子科技有限公司
6	四川虹锐电工有限责任公司	26	绵阳宁瑞电子有限公司
7	绵阳华正电子科技有限公司	27	四川省川西电缆有限责任公司
8	绵阳高新区恒奥电子科技有限公司	28	绵阳虹润电子有限公司
9	四川海格承联通信技术有限公司	29	江油市华盛电力线缆制造有限公司
10	绵阳德虹电器有限责任公司	30	绵阳新洋电子科技有限公司
11	四川久远环通电源有限责任公司	31	高新区资江电子元件有限公司
12	四川超声印制板有限公司	32	江油殷田电子科技有限公司
13	四川安和精密电子电器有限公司	33	绵阳高新区科光宏盛线缆有限责任公司
14	四川长新制冷部件有限公司	34	四川绵阳海天电子科技有限公司
15	绵阳高新区经纬达科技有限公司	35	绵阳奋飞电子科技有限公司
16	绵阳普思电子有限公司	36	绵阳锐达精密电子有限公司
17	四川朗迪塑胶电器有限公司	37	绵阳灵通电讯设备有限公司
18	绵阳得润电子有限公司	38	绵阳鑫通实业有限公司
19	四川江虹线缆制造有限公司	39	绵阳江海电容器有限公司
20	四川维德通信技术有限公司	40	四川思迈科技有限公司

汽车产业

【概况】2017年，绵阳市汽车产业有规模以上企业65家，其中有中国重汽绵阳公司、华瑞汽车、野马汽车绵阳公司、威马汽车、申龙客车等整车企业；有汽车产业领域国家级技术中心1个，省级技术中心7个，市级技术中心9个。部分企业通过ISO 9000、ISO 9001、TS 16949等相关质量体系认证。整车产品包括重卡、轻卡、皮卡、SUV、轿车、新能源汽车等，拥有智尚S30、S35、金杯大力神、蒂阿兹、野马T70、E70、T80、重汽专用重卡、LNG重型卡车等多款车型；零部件涵盖发动机总成、转向器总成、传动轴总成、汽车支架、各种滤清器、新能源汽车“电池、电机、电控”等100余种产品。2017年，全市汽车产业规模以上企业实现总产值231.5亿元，同比增长30.8%；整车产量11.1万辆，同比增长5.1%，产值85.6亿元，同比增长25.1%；新能源汽车生产3212辆，产值7.7亿元。

【绵阳市汽车产业推进会】2017年5月18日，由绵阳市工业经济暨“两新”产业发展领导小组主办、四川绵阳汽车产业园承办，以“发展、协作、共享、生态”为主题的绵阳市汽车产业推进会在安州工业园区召开。市政府副市长罗宗志等市领导出席会议，相关市级部门、各县市区及园区负责人和来自省内外业界100余户企业负责人参会。推介会重点介绍绵阳市提升政务服务水平，优化营商环境；京东方、惠科、汉能等一批企业陆续来绵投资发展情况；全市汽车产业发展现状、优势、思路、目标及重点等情况；四川绵阳汽车产业园概况、规划布局、承载环境、投资方向等情况。华瑞汽车、野马汽车、中国重汽等企业代表分别就企业发展规划、配套需求、产品协作研发等情况作专题报告。推介会发放《绵阳市汽车产业产品名录》，并发布《绵阳市整车企业本地配套需求信息》。50余户汽车整车及零部件企业现场举行产品展示，展示智尚S35、金杯大力神、蒂阿兹、野马T70、E70、T80、重汽卡车等多款“绵阳造”整车，以及发动机总成、转向器总成、传动轴总成、新能源汽车“三电”（电池、电机、电控）产品及充电桩等百余种零部件产品。推介会现场签订11个项目投资合作协议，项目总投资金额达21.2亿元。

【华晨年产25万辆整车项目】2017年6月21日，华晨集团南方基地汽车整车项目签约仪式在绵举行，该项目将普明工厂整体搬迁至安州区花荄镇，普明工厂原有产能15万辆/年，搬迁后维持总产能不变。同时对安州区花荄工厂年产5万辆冲压、焊装、涂装、总装生产线进行改造扩能，形成年产10万辆整车的生产能力。项目总投资30亿元，其中整车产品研发投资10亿元、生产基地迁建投资15亿元、生产改造投资5亿元。项目达产后，预计实现年销售收入250亿元，年缴纳税收4.5亿元，带动当地就业1万人。项目全部完成后，将形成年产25万辆整车生产能力。

【新华内燃机发动机关键零部件项目】2017年9月22日，绵阳新华内燃机股份有限公司30万套发动机关键零部件项目开工仪式在安州工业园区举行。项目计划投资约3.5亿，用地103.23亩，总建筑面积45469.5平方米，计划新建汽车零部件生产厂房及生产生活配套设备设施。项目达产后，预计可实现年销售收入5亿元，年缴纳税收约2000万元，带动当地就业500余人。

【绵阳汽车产业园】2015年12月，经市政府批复，依托四川绵阳安州工业园区，成立四川绵阳汽车产业园，与安州工业园区实行两块牌子，一套人马。园区科学选择发展方向，与成都、重庆差异化错位发展，委托中国汽车技术研究中心编制完成《四川绵阳汽车产业园发展战略规划》，以“乘、智、新、专”为产业发展方向，并打破现有行政区域布局限制，编制规划范围50平方千米的空间布局，园区规划2020年前建成面积30平方千米，形成年产50万辆整车、50万套零部件能力；2025年前建成50平方千米，重点发展汽车整车、关键零部件、汽车后市场、汽车文化创意等产业,最终构建起集整车制造、零部件配套、汽车后市场为一体的专业化汽车产业园区。加快工业园基础设施建设，打造汽车整车生产集中区、零部件生产集中区、汽车商贸等特色板块，形成空间和产品双集聚的合理布局。近期规划面积15平方千米，完成开发约10平方千米。园区内有华瑞、野马、中国重汽在内的规模以上汽车及零部件企业65家，其中有中国重汽绵阳公司、华晨汽车南方基地（华瑞汽车、华祥机械）、野马汽车绵阳公司等汽车整车企业3家，成为全省重要的重卡、轻卡、皮卡、SUV、微型面包车等整车生产基地。新华股份、新晨动力、华晨瑞安、波鸿好圣等企业产品广泛涵盖发动机总成、转向器总成、传动轴总成等10余个汽车零部件门类，宝马N20发动机、宝马王子发动机落户园区，天津力神、长虹电源、中科西控、英志新能源、天明科技等新能源电池生产企业落户园区。投资30亿元的东旭集团新能源客车项目、投资30亿元的华晨集团年产25万辆整车项目、新华股份“年产30万台套汽车发动机关键零部件”项目、深圳华益盛模具产业园项目等重大项目平稳推进。

【新能源汽车发展】2017年，科技城继续推进四川野马汽车绵阳制造有限公司年产12万辆新能源及传统能源乘用车生产基地二期项目、华瑞汽车普明生产基地搬迁改造项目、天津力神锂离子动力电池西南生产基地二期项目等一大批重点项目；将新能源汽车产业作为重点培育产业，野马汽车绵阳公司的纯电动乘用车E70实现量产；华瑞汽车的新能源汽车样车试制成功；长虹电源、豪特集团、赛恩科技、英志新能源等零部件及配套设施企业持续发展。长虹集团、九洲集团等企业推动新能源汽车的智能化和配套设施智慧化。组建新能源汽车产业联盟和新能源汽车智慧服务创新产业联盟，建成中国科技城新能源汽车重点实验室、新能源汽车工业技术研究院、锂电工业技术研究中心、四川新能源汽车产业研究院研发中心。

【汽车配套发展】 2017年，全市汽车产业企业中，有50余家本地汽车及零部件企业形成相互配套关系，有30余家企业与上汽集团、长安集团、一汽东风、郑州日产、上柴动力、北京汽车等整车及零部件企业形成配套关系。

【宝马王子发动机投产仪式】2017年10月27日，宝马集团授权绵阳新晨动力机械有限公司9以下简称“新晨动力”）王子发动机投产仪式在绵阳隆重举行。该授权行为是继百年宝马2012年12月12日首次授权体系外企业生产宝马N20发动机以来，对新晨动力的第二次授权。该项目是基于宝马“王子发动机”升级的1.6升汽车发动机，内部代号为“王者项目”。辽宁省政协原席刘国强，绵阳市委副书记、市长刘超，四川省商务厅副厅长王蔚荩，宝马集团高级副总裁伍腾，华晨宝马高级副总裁恩格宏，华晨集团董事长祁玉民，华晨宝马董事会主席吴小宏，五粮液集团董事长李曙光，新晨动力全球主要供应商代表等出席投产仪式。宝马王子系列发动机是宝马乃至全球最优秀的发动机之一，连续8年获得由美国Ward’s Autoworld（沃德汽车世界）杂志评选的“年度最佳发动机”称号。新晨动力基于该系列升级的发动机排放可达国6标准，满足2020年以后的油耗法规要求，并提供先进的混合动力解决方案。

图 12　华晨汽车生产线

【华瑞汽车有限公司】华瑞汽车有限公司（以下简称“华瑞汽车”），成立于2004年，是华晨汽车集团的全资子公司，国家级高新技术企业，华晨汽车南方基地的核心企业。华瑞汽车及其子公司华祥机械制造有限公司（以下简称“华祥汽车”）拥有年产12万辆整车产能，产品线涵盖皮卡、微卡、轻卡、SUV等，产品主要为“金杯”品牌。公司销售网络覆盖全国90%以上省市，并出口到伊拉克、埃及、秘鲁、乌拉圭、哥伦比亚等11个国家和地区，与老挝等多个国家建立稳定的CKD供货关系。公司整车产品的发动机（部分排量）、保险杠、内饰、线束、座椅、轮胎、转向机、车架等均在绵阳现地采购。

【四川野马汽车绵阳制造有限公司】四川野马汽车绵阳制造有限公司（以下简称“绵阳野马”），是四川野马汽车股份有限公司的全资子公司。绵阳野马于2011年4月动工建设，总投资32.3亿元，分两期实施。2014年末一期工程投产，总投资16.8亿元，建成涵盖冲压、焊装、涂装、总装四大工艺、年产8万辆新能源及传统能源乘用车生产能力，主导产品为野马牌T70系列传统动力SUV和E70纯电动SUV。至2015年末拥有一级经销店近200家，服务站260家，并制定“细分全球市场、分阶段逐步开发”的海外业务策略，按照稳固市场、拓展市场、KD组装市场等步骤有计划地开展海外业务。绵阳野马使用母公司生产资质进行生产销售。

【中国重汽集团绵阳专用车有限公司】中国重汽集团绵阳专用车有限公司（以下简称“重汽绵专”），成立于2009年4月，2010年2月投产，是中国重汽的全资子公司。公司累计固定资产投资1.7亿元，具备年产1万辆专用汽车产能，是集产品研发、生产、销售及售后服务为一体的中国重汽在西南地区最大的改装车基地。公司产品线涵盖自卸车、罐类车、中轻卡自卸车等专用车型。2015年，重汽绵专累计生产专用汽车2088辆，西南地区市场是其重点销售市场。公司是绵阳市唯一骨干专用汽车生产企业，其借用中国重汽集团济南卡车公司的生产资质进行专用汽车产品的生产和销售。

【中国重汽集团济南卡车股份有限公司绵阳分公司】 中国重汽集团济南卡车股份有限公司绵阳分公司（以下简称“绵阳重汽”），成立于2010年10月，是中国重汽的全资子公司，2011年1月投产。绵阳重汽从事总装工艺生产，总装配线全长300米，由车架预装线和总装配线两部分组成，设计生产能力为双班年产2万辆，主导产品为重汽HOWO牌6×4自卸车、重汽HOWO牌8×4自卸车等，2014年取得LNG气瓶安装资质，于当年开始装配T5G重卡，并为重汽绵专等企业提供中重型载货车底盘。公司使用母公司中国重汽生产资质制造中重型载货车产品，也依托中国重汽的营销网络开展销售、服务，重点市场在云贵川渝等西南地区，部分产品销往国内其他市场。

【新晨动力机械有限公司】 新晨动力机械有限公司（以下简称“新晨动力”），由华晨汽车集团与五粮液集团共同投资组建。公司拥有包括铸造、机械加工、装配和测试在内的15条生产线，拥有28个型号的轻型汽油发动机和8个型号的轻型柴油发动机产品，排量从1.0升至2.7升，产品功率涵盖了38.5千瓦至120千瓦，广泛应用于乘用车及轻型商用车，包括轿车、越野车、多功能车、小型及微型客车、小型及轻型卡车。公司与华晨集团、东风股份、郑州日产及一汽吉林等主要客户建有长期稳定的合作关系。与宝马集团、华晨宝马签订发动机生产许可协议，授权生产N20发动机；与东风股份和郑州日产签署战略合作协议，共同研发及生产先进发动机；与一汽吉林签署发动机生产线托管协议，为其生产专用发动机。公司拥有独立研发汽车发动机的技术实力，公司研发中心于2004年被评定为“国家认定企业技术中心”。

【四川绵阳好圣汽车零部件制造有限公司】 四川绵阳好圣汽车零部件制造有限公司（以下简称“波鸿好圣”），成立于2004年6月，主要生产球墨铸铁、灰口铸铁、蠕墨铸铁等铸件及加工件，产品涵盖发动机系统（发动机缸体、缸盖、排气

图13　四川绵阳好圣汽车零部件制造有限公司生产车间

管)，底盘系统（传动类、转向类、制动类）等。波鸿好圣第一工厂投资9.2亿元，占地19.6公顷；第二工厂投资16.6亿元，占地32.7公顷。公司拥有全球装备设备最好的铸造车间，单体面积达到5.4万平方米，也是全球最大的单一铸造车间，处于国内领先、国际一流水平。公司主要为世界500强中的汽车零部件企业集团供货，与包括天合（TRW）、舍弗勒、爱信精机等企业建立供货关系，也为一汽大众、上海大众供应EA888发动机缸体。公司第二工厂在保留铸造优势的同时，将业务领域从铸造向机加工、特别是精加工延伸，提高加工深度，提升产品附加值和企业盈利能力。第二工厂设备能力可为19升以下各类型发动机提供铸造件。

【富临精工机械股份有限公司】富临精工机械股份有限公司（以下简称“富临精工”）前身是绵阳富临精工机械有限公司，成立于1997年11月，于2010年8月改制为股份制公司。富临精工是专业从事汽车发动机精密零部件的研发、生产和销售的高新技术企业，在发动机零部件领域拥有以液压挺柱、机械挺柱、液压张紧器、摇臂、发动机可变气门系统（VVT、VVL）、喷嘴、缸内直喷系统用高压油泵挺柱和泵壳、自动变速器精密零部件等的产品系列，品种达800余种。公司客户涵盖上汽、一汽、二汽、长安、广汽、奇瑞、江淮等国内主流汽车企业，以及标致雪铁龙、三菱、通用、铃木、日产、菲亚特、康明斯等多家合资企业，与通用、约翰迪尔、科勒、辉门、盖茨、博格华纳等世界500强企业建立出口业务关系。公司获得专利108项，其中发明专利8项，实用新型70项。

【四川英志新能源股份有限公司】四川英志新能源股份有限公司（以下简称“英志新能源”）是西南地区第一家、也是国内最早的大功率锂离子电池生产企业之一，历经十余年发展，产品生产及实际应用均已成熟，进入大规模生产阶段。公司是国家级高新技术企业，旗下锂离子电池产品被评为“四川省名牌产品”，其60安时、100安时、180安时、200安时、252安时等规格产品通过国家动力电池强制性检测和矿用锂离子电池安标认证，在新能源汽车、煤炭安全、备用电源、光伏发电与风能发电储能、智能电网储能、航空航天、国防军事等领域得到广泛应用，是集研发、生产、销售大功率动力、大容量储能锂离子电池以及应用产品开发的专业厂家。公司与中国工程物理研究院联合成立中物英志新能源研究中心，致力于新能源电池的研发工作，其产品具有能量密度高、循环寿命长和一致性好等性能特点，在纯电动城市公交车、公安巡逻车、旅游观光车、电动物流车、电动环卫车等领域均有应用。公司为安凯客车、普拉格等纯电动客车企业提供动力电池组配套，实现一次性充电可行驶380千米以上、快速充电20分钟可充电80%，大功率放电、行驶里程、行驶寿命等指标，稳居国内领先水平。

（任　为）

2017年科技城产值超亿元汽车及零部件企业名录

表9

序号	企业名称	序号	企业名称
1	绵阳华祥机械制造有限公司	17	绵阳好圣汽车零部件制造有限公司
2	绵阳市万欣汽车配件有限公司	18	绵阳华晨瑞安汽车零部件有限公司
3	绵阳市阳晨汽车零部件有限公司	19	绵阳野马动力总成有限公司
4	四川绵阳瑞晨汽车零部件有限公司	20	四川瑞可达连接系统有限公司
5	绵阳秦川恒远汽车电器有限公司	21	绵阳市宏发机械制造有限责任公司

续表

序号	企业名称	序号	企业名称
6	富卓华祥汽车零部件（绵阳）有限公司	22	绵阳市川金机械制造有限公司
7	绵阳市启林实业有限公司	23	绵阳市万欣测控技术有限公司
8	四川自胜机电设备有限责任公司	24	绵阳宇兴机械制造有限责任公司
9	绵阳富临精工机械股份有限公司	25	绵阳市游仙区宏盛金属配件厂
10	四川绵阳三力股份有限公司	26	绵阳市游仙区鑫辉机械厂
11	绵阳神州新材料有限责任公司	27	绵阳市燊达机械加工有限公司
12	绵阳华瑞汽车有限公司	28	绵阳市鑫盛机械制造有限公司
13	绵阳新华内燃机股份有限公司	29	绵阳市新兴机械有限责任公司
14	四川汽车工业集团绵阳汽车制造有限公司	30	四川天利科技有限责任公司
15	中国重汽集团济南卡车股份有限公司绵阳分公司	31	四川江油中恒特钢有限公司
16	中国重汽集团绵阳专用汽车有限公司	32	鸿凯双泰（四川）零部件有限公司

新材料产业

【概况】2017 年，绵阳市拥有国家绝缘材料工程技术研究中心、国家磁性产品质量监督检验中心和中国工程物理研究院、中国电子科技集团公司第九研究所、西南科技大学等国内一流的新材料领域研发机构，聚集攀钢集团四川长城特殊钢有限责任公司、四川东材科技集团股份有限公司、绵阳开元磁性材料有限公司等一批在国内领航新材料产业发展的创新型企业，在电工绝缘材料、功能高分子材料、改性塑料、聚碳酸酯（PC）薄膜、高性能烧结钕铁硼永磁材料、高性能铁氧体软滋材料、软体功能膜材料、新型环保水性涂料、高品质不锈钢、高温合金、高合金工模具钢、取向硅钢、双（多）金属复合材料等领域处于国内同行业领先地位。成立“高端熔石英玻璃产业推进工作小组”，结合国家重大光学工程落户绵阳及全市电子信息产业发展优势，依托神光石英公司的高端熔石英玻璃产业化项目建设，聚集相关原材料及配套产业，打造横向共生、纵向闭合的高端熔石英玻璃产业。石墨烯产业处于从研究、实验阶段走向产业化的关键时期，依托中物院、麦斯威尔，召开“绵阳市石墨烯产业发展应用对接会”，搭建政产学研沟通对接平台，打造“石墨烯水性功能涂料系列产品产业链”。麦思威尔新建石墨烯水性功能涂料项目开工建设。2017 年，全市有新材料产业规模以上企业 58 家，其中新增 15 家，实现总产值 212.7 亿元，同比增长 20.8%。

【绵阳市新材料产业推进会】2017 年 8 月 11 日，全市新材料产业推进会在安州区召开。市政府副市长、市国资委主任罗宗志出席会议，各县市区（园区）党委或政府分管领导、工信局（经发局）主要负责同志、永柏领导中创投基金代表以及部分重点新材料企业负责人 60 余人参加会议。会议由市政府副秘书长龙佳林主持。会上，市经信委主任韩晓清通报全市新材料产业发展情况；江油市、高新区、游仙区、攀长钢、六合锻造、东材科技做交流发言；永柏领中创投基金管理合伙人黄岩介绍创投基金情况。六合锻造、鑫鼎新材料、麦思威尔、积水科技分别与上海大学、中铁隆昌铁路器材有限公司、陕西汽车集团有限责任公司、芬尼克兹公司、长虹新能源公司签订《战略合作协议》。与会代表还参加麦思威尔“年产5万吨水性纳米及石墨烯高端特种涂料项目”开工仪式。

【攀钢集团江油长城特殊钢有限公司】攀钢集团江油长城特殊钢有限公司位于四川省江油市，公司产品覆盖12大类、350余个牌号、5000余个规格的高级优质特殊钢和金属制品，其中34个产品先后荣获国家、部、省级优质产品称号。主导产品是高温及耐蚀合金、金属钛及钛合金等高端金属材料，不锈钢，模具钢，轴承钢、低合金高强度等中高端合金钢。产品广泛用于国防军工、航空、航天、家电、工程机械、石化、医药器械、模具、核电等领域。2017年实现产值97亿元。

【四川东材科技集团股份有限公司】四川东材科技集团股份有限公司创建于1960年，是中国最大的综合性电工绝缘材料制造商，连续22年在全国同行业综合经济指标名列前茅。主导产品为B–C级耐热等级的电工绝缘材料产品、特种高分子材料和精细化工产品。在保持传统绝缘材料行业优势地位的同时，公司根据自身设备和技术优势，开发应用于背光源、液晶显示器等电子及光伏光电行业的PET保护膜、PET散射膜、PET离型膜等产品。2017年实现产值23亿元。

【四川六合锻造股份有限公司】四川六合锻造股份有限公司位于四川省江油市，成立于2004年4月，是国资委绵阳科技城投资发展（集团）有限公司下属企业。专业生产超临界、超超临界和核电汽轮机组叶片、转子、加强环、螺栓等主要部件用耐热耐腐蚀高品质不锈钢材料和高温合金及其锻材、锻件和高端工模具钢，产品规模达到2万吨/年。在国内汽轮机材料市场中，公司所占市场份额达14%，其中在动叶片锻材锻件方面的市场份额占到30%。公司所产超临界机组动叶片用钢已逐渐替代国外高价进口产品，国内市场占有率超过50%。2017年实现产值22.8亿元。

【绵阳开元磁性材料有限公司】绵阳开元磁性材料有限公司位于绵阳市游仙区，成立于1997年，是专业生产软磁（铁氧体）电子材料及器件的高新技术企业，是全国排名第三、西南最大的软磁生产基地。2017年实现产值18.5亿元。

【四川龙华光电薄膜股份有限公司】公司拥有国内最先进的聚碳酸酯薄膜生产线5条，年生产能力1.15万吨，是国内最大、亚洲第三的聚碳酸酯薄膜研发、生产销售企业。公司计划在2020年年产量达3万吨，将公司建成亚洲最大的光电薄膜研发、生产基地。2017年实现产值6.3亿元。

（李文华）

2017年科技城产值超亿元新材料企业名录

表10

序号	企业名称	序号	企业名称
1	四川东材科技集团股份有限公司	15	四川新为像塑有限公司
2	四川六合锻造股份有限公司	16	江油市重鑫特种金属材料有限公司
3	江油市长祥特殊钢制造有限公司	17	绵阳市胜源耐磨合金厂
4	江油炳辉改性沥青有限公司	18	绵阳西磁磁电有限公司
5	绵阳开元磁性材料有限公司	19	四川开元创亿生物科技有限责任公司
6	四川金发科技发展有限公司	20	四川鑫鼎新材料有限公司

续表

序号	企业名称	序号	企业名称
7	绵阳高新区三阳塑胶有限责任公司	21	绵阳朗迪新材料有限公司
8	攀钢集团四川长城特殊钢有限责任公司	22	绵阳市聚合新材料有限公司
9	四川远方高新装备零部件股份有限公司	23	北川天讯新材料有限公司
10	四川龙华光电薄膜股份有限公司	24	绵阳市盛宇新材料有限公司
11	江油市鸿翔特殊钢有限公司	25	绵阳华通磁件技术有限公司
12	四川欣达复合材料有限公司	26	江油三丰汽轮机材料有限公司
13	四川旭虹光电科技有限公司	27	绵阳德华磁材有限公司
14	平武县雄升科技开发有限公司	28	绵阳市东兴绝缘制品有限责任公司

节能环保产业

【概况】2017 年，全市节能环保产业规模以上企业共 38 家，实现工业总产值 250.1 亿元，同比增长 27.6%。其中产值过 50 亿元企业 1 家，产值过亿元的企业 24 家。2017 年，游仙区、江油市、经开区相关企业总产值为 234.5 亿元，占节能环保总产值近 94%。

游仙区以四川保和富山再生资源产业园（国家“城市矿产”示范基地）为基础，着力在园区内建成“三大”产业链，即以废旧铜为主的铜加工产业链，以废轮胎为主的改性胶粉、翻新轮胎产业链，以废旧汽车拆解为主的拆解及零部件修复加工产业链；“六大”中心，即再生资源集散交易中心、电子交易结算中心、废钢铁加工配送中心、废铝加工配送中心、废塑料加工配送中心、商务配套服务中心。

游仙区依托铜鑫铜业、保和泰越、金循环、锐洋新材料等一批“城市矿产”资源回收、加工和利用企业，初步构建起再生铜、废旧轮胎再制造两条较为完整的循环型产业链，形成年再生铜 15 万吨、生产改性胶粉 3 万吨的能力。2017 年，游仙区节能环保产业实现产值 197.2 亿元，占全产业比重为 78.8%。

江油市集聚矿山机器、皇龙破碎等一批龙头企业，带领新川矿机、国鼎机械等一批在节能专用设备制造方面优势突出的中型企业集群发展，2017 年，实现产值 32.4 亿元。

经开区依托九州环保、鑫科源、雄晖化工等企业实施的危险废物综合处置项目，处理化工及其他企业产生的高危固（液）废弃物，实现对危险废物的减量化、无害化和资源化的同时，着力打造川西北危险废弃物处置中心。

【高效节能领域】2017 年，科技城在高效节能设备设计制造方面，皇龙智能破碎、矿山机器、剑门泵业、力达泵业等在节能型设备设计、制造方面起到领头效应；海立电器作为国内唯一获得国家认可实验室证书的压缩机企业，自主研发出国际最先进的数字直流变频高效家用空调器，并实现产业化。节能电光源制造方面，九洲光电、新亚科技、维奇电子等企业的 LED、无极灯等照明产品生产达到一定规模，其中九洲光电承担的照明工程项目获得全球半导体照明示范工程 100 佳。在新型建筑材料制造方面，翠微新材料、天丰节能板材等企业的轻质建筑材料制造形成一定产能；兴事发门窗的节能型门窗畅销全国并出口 20 余个国家和地区，名列全国门窗行业前 8 强；中杨玻璃、中邦玻璃发展成为较具实力的 low-E

中空建筑玻璃深加工企业。

【先进环保领域】2017年，科技城在城市污水处理和水净化方面，聚集绵阳美能、中科成环保、科勤环保等一批企业，其中绵阳美能具备年产500万平方米各类中空纤维膜的生产能力；中科城环保致力于工业、城市污水处理技术与设备开发，并在多个领域建立示范工程，2017年产值达20.6亿元。大（空）气净化方面，恒泰环境作为“国家烟气脱硫工程技术研究中心”的实施主体，致力于开展燃煤烟气脱硫脱硝技术的研究、设备生产、工程建设与运营服务，并先后承担多项国家、省级高新技术产业化示范项目；瑞晨公司在汽车尾气治理研究及设备生产方面有一定突破，已具备年产50万套汽柴油车用排气后处理装置的生产能力。工业固废及生活垃圾处理方面，九州环保、鑫科源、雄晖化工等企业的建成，已形成危废处理产业集群；久远化工将自主研发的分子蒸馏工艺技术装备用于废机油再生，效果良好；振华科技、神工环保等一批企业在生活垃圾处理技术及设备方面形成一定规模。

【资源循环利用领域】2017年，科技城内的金鑫铜业、铜鑫铜业、泰越通信、新世纪线缆、金循环金属等一批企业建成投产，经济效益和环境效益明显；锐洋新材料公司作为第一批国家废旧轮胎综合利用行业准入企业，投资建设的利用废旧轮胎年产3万吨超声波改性胶粉项目投产；天捷新能源、明航矿物油等一批企业利用废矿物油生产基础润滑油，效果良好；美日佳、通美能源等企业在秸秆综合利用制碳方面形成一定产能。

【节能环保综合服务领域】2017年，绵阳市有“国家烟气脱硫工程技术研究中心”“国家城市污水处理及资源化工程技术研究中心”“国家非动力核技术工业化应用工程技术研究中心”3个与节能环保产业紧密相关的国家级工程技术研究中心；依托中国气动中心组建的“四川省风能工程技术研究中心”投入运行。经过多年攻关研发，全市获得百余项具有较大开发利用价值、成熟度较高的科技成果和国内发明专利。

【北控中科成环保集团有限公司】北控中科成环保集团有限公司成立于2001年，是一家以中国工程物理研究院的创新科技成果为依托，以污水处理投资、技术设计、建设、运营管理、关键设备生产及成套等业务为主业的中外合资专业化水处理集团企业。拥有国家建设部、发改委、环保总局等部委颁发的工程设计、咨询和运营管理甲级资质证书，是全国环境保护产业骨干企业和国家高新技术企业、全国十佳优秀污水处理单位。公司先后在四川、山东、广东、湖南、浙江、贵州等地取得16个污水处理项目（其中日处理规模20万吨以上项目4个），总规模近300万吨/天，建成近100万吨/天的污水处理能力，为四川、广东、重庆、甘肃等30余个污水处理厂提供设计等技术服务，资产总额近13亿元。2017年，实现工业产值20.6亿元，同比增长25%。

【绵阳铜鑫铜业有限公司】绵阳铜鑫铜业有限公司是香港上市的中国金属资源利用有限公司下属全资公司，是中金资源集团在绵实施再生铜产业集群发展中的重要骨干企业，公司总投资4亿元，总占地10.4公顷，拥有生产厂房4万平方米、科技研发楼1万平方米；拥有拉法特熔炼竖炉1台、平板式节能精炼炉3台、再生铜杆生产线2条、铜拉丝生产线10条；年可生产再生铜杆10万吨，产品广泛用于电线电缆、通信线缆行业。公司现有职工200余名，拥有25名技术研发人员，取得国家10项发明专利。“竖式氧化炉+节能式平板精炼炉+连铸连轧机联合生产工艺”属国内领先技术，通过四川省科技成果鉴定，取得游仙区科技进步一等奖、绵阳市科技进步三等奖。公司利用废旧电机、报废汽车、废电线电缆拆解的废杂铜为原料，通过分选、预处理、打包、熔融、连铸连轧、拉丝等工艺，采用智能控制熔融技术、节能燃烧控制技术、余热回收等国内领先技术，产品经四川省冶金产品质量检测检验站资源综合利用专项检验和四川省产品质量检测检验研究院质量鉴定，达到国家GB/T3952—2008《电工用铜线坯》标准，再生铜线坯含铜量≥99.8%，优于国标。2017年，实现工业产值79.7亿元，同比增长39.9%。

【四川矿山机器（集团）有限责任公司】四川矿山机器（集团）有限责任公司（以下简称川矿集团）是中国装备制造业大型骨干企业之一，企业综合实力连续多年位居中国机械500强以及中国专用设备制造业100强企业、中国建材机械制造20强企业，是中国重型机械工业协会常务理事及破碎粉磨设备专业委员会理事长单位、中国煤炭工业劳动保护科学技术学会副主任委员，被誉为中国西部冶金矿山设备和水泥建材设备领军企业、中国空中索道的摇篮和制造基地。川矿集团始创于1958年，位于江油市，分老厂区和新厂区，分别占地近21.33公顷和49.33公顷，拥有员工2000余人，建有铸钢、铸铁、木型、锻压、下料、铆焊、热处理、金加工、装配、电气系统集成等门类齐全的13个车间，拥有各类机械加工设备近2000台套，集合市场营销、研发、设计、工艺、制造、质量管控、采购、外包、运输、安装调试、EP、EPC工程总承包、维护保养、备品备件、售后服务等全部机械装备制造业业务流程。2017年，实现工业产值9.3亿元，同比增长9.5%。

【四川兴事发门窗有限责任公司】四川兴事发门窗有限责任公司是国内大型的门窗生产企业。公司有员工2000余人，资产总额达15亿元。公司主要生产经营防盗安全门、防火门、钢质门、保温门、室内门、自动车库门、楼寓对讲系统、防护窗、防火卷帘门、卷闸门窗等十大系列100余个产品，年产量达150万樘、年产值达11亿元。公司拥有成熟的销售市场和完善的营销、售后服务网络，产品畅销全国20多个省、市、自治区，并远销俄罗斯和中东等20余个国家和地区，与万科、万达、保利、恒大、首创、华润、龙湖等知名房地产企业建立起长期稳定的战略合作伙伴关系。公司不断进行技术创新，获得50余项专利技术，通过ISO 9001国际质量管理体系认证、ISO 14001环境管理体系认证。“兴事发”商标被国家工商总局认定为“中国驰名商标”，公司技术中心被认定为四川省级企业技术中心。（唐孝吉）

2017年科技城产值超亿元节能环保企业名录

表11

序号	企业名称	序号	企业名称
1	绵阳铜鑫铜业有限公司	13	绵阳市振华科技有限公司
2	绵阳金循环金属材料有限公司	14	绵阳美能材料科技有限公司
3	绵阳金鑫铜业有限公司	15	四川三台力达泵业有限公司
4	四川兴事发门窗有限责任公司	16	四川铁鹰机械制造有限公司
5	中科成环保集团股份有限公司	17	四川翠微新型建材有限公司
6	绵阳保和泰越通信线缆有限公司	18	四川交安环保科技有限公司
7	四川矿山机器（集团）有限责任公司	19	四川同一热能设备有限公司
8	四川保和新世纪线缆有限公司	20	江油市润凯农业科技有限公司
9	四川皇龙智能破碎技术股份有限公司	21	四川天丰节能板材有限公司

续表

序号	企业名称	序号	企业名称
10	绵阳市中邦节能玻璃有限公司	22	绵阳科勤环保科技有限公司
11	四川江油新川矿山机械有限公司	23	四川沃姆斯能源技术有限公司
12	绵阳海立电器有限公司	24	四川绵阳华元航升环保科技有限公司

高端装备制造产业

【概况】2017年，绵阳市高端装备企业主要集中在航空装备、卫星应用、轨道交通装备、智能制造装备领域。经过多年的积累，2017年，高端装备产业实现总产值36.8亿元，同比增长25.6%，产业发展呈现持续健康的发展态势。其中科莱电梯实现产值8.39亿元，同比增长16.8%，四川永贵科技实现产值6.4亿元，同比增长48.5%。

【四川科莱电梯股份有限公司】公司始创于1988年，是中国工程物理研究院投资控股的大型军转民企业，属国家高新技术企业。经过近30年发展，成长为集电梯开发、设计、制造、销售、安装、改造、维修、售后服务于一体的国家大型整梯企业。拥有河北科莱电梯有限公司、四川科莱立泊停车设备有限公司、四川科莱信息技术有限公司和四川科成机电设备有限公司四家全资子公司。公司拥有国家最高级别电梯制造和安装、改造、维修“A”级资质；唯一连续四届被四川省人民政府授予“四川名牌”称号的电梯品牌；省级守合同重信用企业；四川省电梯产业知名品牌创建示范区“标杆企业”；四川省著名商标；四川省知识产权试点企业。获得相关专利200余项(发明专利近30项)。产品涵盖乘客电梯、观光电梯、自动扶梯、自动人行道等18大系列，190余种产号以及平面移动、升降横移、垂直升降及简易式4个系列20余种机械式立体停车设备；公司基于物联网的电梯监测信息管理系统和电梯应急处置服务平台具有国内领先水平。产品销往全国各省市及东南亚、中东、独联体、非洲等50个海外国家，广受赞誉。产品入选国家发改委《“军转民”企业推进目录》，CL-B基于互联网大数据的安全电梯获得四川省重大新产品称号，CL-PFB电梯能量再生装置获得四川省重点新产品称号。2017年，完成产值8.39亿元，同比增长16.8%，在中西部电梯制造厂中销量稳居前列。

【四川永贵科技有限公司】2008年创办，公司主要从事电连接器的研发、制造、销售及服务。产品包括轨道交通用连接器、新能源电连接器、军工连接器和通信连接器四大板块上千个品种上万种规格。其中公司轨道交通用连接器位居国内轨道交通用连接器市场第一，新能源电动汽车连接器位居国内新能源电动汽车连接器市场第三。有员工800人，各类生产、研发设备近200台(套)，是轨道交通、新能源电动汽车、通信、化工、军工、航天航空、风电、重大装备等领域的电连接器技术及产品研发、制造、销售和技术服务的高新技术企业，四川省知识产权试点企业。公司先后承担国家、省、市科技项目10余项，拥有专利119项。公司技术研发中心被认定为省级技术中心。2017年，实现产值6.4亿元，同比增长48.5%，企业发展势头强劲。　(孟凡东)

2017 年科技城产值超亿元高端装备制造企业名录

表 12

序号	企业名称	序号	企业名称
1	四川永贵科技有限公司	5	绵阳龙兴科技有限公司
2	四川科莱电梯股份有限公司	6	四川惠百民石化机械制造有限公司
3	绵阳市维博电子有限责任公司	7	四川品固交通新材料有限公司
4	四川中油天能科技有限公司		

生物医药产业

【概况】2017 年，全市生物医药产业规模以上企业 40 家，其中新增 12 家，生物产业实现规模工业产值 90.5 亿元，同比增长 13.3%。2017 年 5 月，四川泰灵生物科技有限公司的天麻基地、四川江油中坝附子科技有限公司的附子基地、北川安特天然药业有限公司的白芨基地被选为 2016—2017 年度四川省中药材种植示范基地。10 月，四川省凯瑞药业有限公司在梓潼投资 3 亿元的生物制剂 IL-12/FC 融合蛋白和体外诊断生物原液研发生产项目达成协议。成都驷博生物科技有限公司多肽原料药及生物诊断试剂研发生产项目签订投资协议。2017 年，建立生物和化工产业项目库；好医生药业中药提取自控技术及其产业化、太极集团绵阳制药新建饮片颗粒剂车间、绵阳和润电子有限公司年产 4000 台膀胱扫描仪产业化项目进展顺利。

【中国中药（绵阳）产业园天雄药业生产基地项目】2017 年 8 月 10 日，中国中药（绵阳）产业园天雄药业生产基地项目奠基仪式在安州工业园区举行。项目计划总投资 6.68 亿元人民币，拟在安州区建设 4 条中药饮片生产线、年提取中药材 8000 吨的中药配方颗粒提取物的智能化生产线 10 条，项目建成达产后，预计年均销售收入 30 亿元，实现税收 1.5 亿元，解决就业岗位 600 个，至少带动 1500 户贫困农户种植中药材实现脱贫增收。

【四川好医生集团公司】公司成立于 1998 年，位于绵阳市安州工业园。位列四川省制造业 100 强，并连续五年进入全国医药工业 100 强。荣获四川省科技进步一等奖 2 个、中国驰名商标 1 件、四川省名牌产品称号 3 个。好医生先后与 50 余家国内外知名高校、科研院所及专业医院开展共享合作机制，取得各项专利近 40 个。2017 年，实现产值 44 亿元，同比增长 17%。

【四川台沃农业科技股份有限公司】公司成立于 2003 年，位于三台县，是一家集专用配方肥研发推广、现代种业、健康植保、优质农产品开发、农机农技服务于一体，为农户科学种田提供全面解决方案的农业科技服务型龙头企业。2017 年，实现产值 4.7 亿元，同比增长 5.9%。

【太极集团四川绵阳制药有限公司】该公司是一家拥有百年历史的老字号企业，1997 年加盟太极集团。注册资本 2000 万元，总资产 2.6 亿元。主要从事药品的研发、生产和经营，主营中成药及中药饮片，中成药有片剂、丸剂、颗粒剂、酊剂、擦剂、胶囊剂 6 个剂型。公司技术中心为四川省省级企业技术中心。经营状况良好，每年产值利税均以 20%以上的速度增长，多次荣获绵阳市“工业经济快速增长型企业”“市级农业产业化龙头企业”“纳税大户”等荣誉，主营业务被省级经信委认定为“国家鼓励类产业项目”。2017 年，实现产值 4.4 亿元，同比增长 24%。

（唐小茜）

图 14 太极药业糖浆自动灌装生产车间

食品产业

【概况】2017 年，全市食品产业以深化供给侧改革为主线，总体保持平稳、良性的发展的态势。截至年底，全市食品产业共有 136 家规模以上企业，较 2016 年底净增 11 家；累计实现工业总产值 361.7 亿元，较去年同比增长 8.4%，占八大产业总产值的 15.1%，占工业总产值的11.8%；产业规模在八个重点产业中优势明显，仅次于电子信息产业。全市食品产业可大致分为农副食品加工业、食品制造业、酒及饮料制造业、烟草制品业四大类。2017 年，农副食品加工业累计实现产值 214.4 亿元，同比增长15.6%；食品制造业累计实现产值 43.5 亿元，同比增长 21.9%；饮料制造业累计实现产值 43.7 亿元，同比增长 17.5%；烟草制造业累计实现产值 61.7 亿元，同比下降 20.2%。全市食品产业企业建有国家级技术中心 1 个（铁骑力士），省级技术中心 6 个（丰谷、光友、圣迪乐、新希望、雪宝、清香园），市级技术中心 9 个；中国驰名商标 6 件（光友、铁骑力士、圣迪乐、中坝、丰谷、金太阳荣强），四川省名牌产品 20 个，四川省著名商标 28 件，绵阳市知名商标 90 余件。

【四川中烟工业有限责任公司绵阳卷烟厂】1952 年创建，2008 年汶川特大地震后，工厂易地重建技改，迁址至绵阳市高新区永兴镇，新工厂建设用地 30 公顷，总投资 15 亿元，配置一条 4000 千克/小时的叶丝生产线、一条 1500 千克/小时的梗丝生产线和 10 组卷接包装设备，更新完善卷接包及配套辅助设备、公用工程设备和信息化管理系统，形成自动化、智能化、信息化的现代生产管理系统，设计年生产能可达 50 万箱。有员工 1480 人。工厂主要生产自主品牌“越王楼”“九寨沟”“娇子”系列和合作生产品牌“红塔山”“利群”“雄狮”，是行业 18 家品牌合作定点生产工厂之一。近年来，工厂荣获“全国五一劳动奖状”、中华全国总工会“抗震救灾重建家园工人先锋号”、全省“烟草发展税利突破300亿元先进集体”、全省“创先争优先进基层党组织”、全市“国有企业四好班子”等多项荣誉表彰。2017年，实现产值61.7亿元，入库税金12.91亿元。

【绵阳双汇食品有限责任公司】公司是河南双汇集团全资子公司，前身为绵阳市肉类联合加工厂，始建于1958年，1997年被双汇集团整体兼并。是中国西南地区规模最大的生猪屠宰、肉制品联合加工基地，是农业产业化国家重点龙头企业。拥有从日本、丹麦、德国、瑞士、荷兰等国引进的先进生猪屠宰和肉制品生产线。产品有近60个品种，其明星产品“王中王”是绵阳双汇高温产品优质代表产品之一，荣获卫生部首批公示“卫生安全食品”（全国火腿肠类唯一入围产品）。2017年，绵阳双汇全年实现产值26.4亿元，同比增长14.1%。

【丰谷酒业】丰谷酒业是一家集科研、生产、销售为一体的综合型酿酒企业。公司占地1800余亩，总资产逾35亿元，2016年第八届“华樽杯”中国酒类品牌排名中位列四川省白酒第5名，中国白酒第14名，品牌价值超过150亿元。公司有6个专业曲酒生产基地和数个大型成品包装中心，拥有员工2600余人，其中各类专业技术人员500余人，省白酒专家2人，白酒营销大师1人，经中国酒业协会、中国食品工业协会等机构认证的白酒评委7人，由四川省质量技术监督局认证的白酒评委14人，公司具有年产优质白酒逾10万吨的生产能力，是四川省大型专业酿酒企业之一。2017年，累计实现产值14.4亿元，同比增长52.0%；实现产量16321千升（合计1.6万吨），同比增长14.0%；实现主营业务收入8.7亿元，比上年同比增长13%；入库税金2.5亿元，较上年同比增长126.9%。利润总额亏损895万元，同比下降94%。

【四川雪宝乳业集团公司】四川雪宝乳业集团公司是绵阳市唯一一家省级奶业产业化经营重点龙头企业。2001年改制，至2017年底，占地约40公顷，总资产3亿元的大型现代化乳制品加工龙头企业，有员工近千人，拥有29条国内先进的

图15　四川雪宝乳业集团有限公司技术中心

2017 年科技城产值超亿元食品企业一览

表 13

序号	企业名称	序号	企业名称
1	绵阳烟厂	9	绵阳市恒力通企业有限公司
2	四川铁骑力士实业有限公司	10	绵阳大北农农牧科技有限公司
3	绵阳双胞胎饲料有限公司	11	四川天和饲料有限公司
4	绵阳正大有限公司	12	绵阳双汇食品有限责任公司
5	绵阳天大饲料有限公司	13	四川亿家园生态农业开发有限公司
6	四川金太阳畜牧饲料有限公司	14	绵阳市鑫庆食品有限责任公司
7	四川国喜饲料科技有限公司	15	北川大禹羌山畜牧食品科技有限公司
8	四川铁骑力士实业有限公司	16	四川翔风科技有限公司
17	四川长林肉类食品集团有限公司	36	四川省三台县凯河面粉厂
18	绵阳市天成肉食品有限公司	37	安县豪茂魔芋食品有限公司
19	四川天樱食品有限公司	38	绵阳市均益农业科技开发有限责任公司
20	绵阳市久诚食品有限公司	39	绵阳市永健食品有限公司
21	绵阳市游仙粮油购销有限公司	40	四川清香园调味品股份有限公司
22	四川艾尚乐活食品科技有限公司	41	绵阳市鸿滕食品有限公司
23	绵阳市绿清香植物油脂有限责任公司	42	梓潼县蜀国农业开发有限公司
24	大陈粮油有限公司	43	绵阳市亚子调味品有限公司
25	安县辉达油脂化工有限责任公司	44	四川雪宝乳业有限公司
26	江油市彰明金谷植物油有限责任公司	45	涪泉乳业有限公司
27	四川神龙粮油有限公司	46	四川省绿植农业有限责任公司
28	安县塔水志辉油厂	47	上海梅林正广和（绵阳）有限公司
29	四川省绵阳市晞臣食品有限公司	48	绵阳市丰谷酒业有限责任公司
30	安县宏帆粮油有限责任公司	49	江油市李白故里酒业有限公司
31	四川江油潼江河谷米业有限公司	50	四川奥威啤酒有限公司
32	绵阳仙特米业有限公司	51	华润雪花啤酒（绵阳）有限责任公司
33	三台县黎福加工厂	52	四川将台酒业有限公司
34	江油市睿成粮油制品有限公司	53	四川省平武雪宝顶茶业（集团）有限责任公司
35	江油市金河口粮油有限公司		

乳制品生产线，可生产袋装、杯装、瓶装、盒装、碗装五大类乳制品 100 多个品种，市场范围覆盖川内外 100 多个县市。公司为四川质量 AAA 级企业，全国学生饮用奶定点生产企业，产品连续 15 年被评为四川省名牌产品，雪宝商标被评为四川省著名商标。公司技术中心被授予省级技术中心。2017 年，实现产值 5.2 亿元，累计同比增长 9.0%。

【四川清香园调味品股份有限公司】公司位于四川省江油市，是四川东辰（集团）股份有限公司控股的四川调味品知名品牌生产企业。主要产品有酱油、食醋、料酒及蔬菜制品，先后荣获“中国驰名商标”“中华老字号”“中国地理标志保护产品”“中国调味品著名品牌50强”“四川名牌”“四川省著名商标”等荣誉。公司技术研发中心先后被评为绿色酿造工程技术中心、绵阳市企业技术中心、四川省企业技术中心。2017年，实现产值7.8亿元，累计同比增长18%。

（张　俊）

化工产业

【概况】2017年，全市化工产业实现规模工业产值同比增长18.4%，新增规模企业4家，总数达到40家，全年目标任务超额完成。有国家技术中心2个，省级技术中心3个、市级技术中心4个，产业的本地配套率、精细化率不断提高，企业竞争力不断增强。2017年，为推动产业转型升级，组织成立生物和化工专家咨询委员会，编制《2017年化工产业发展工作重点》《绵阳市化工产业“十三五”发展规划》《化工产业链图谱》；4月至5月，在全市范围内组织通过《禁止化学武器公约》生效20周年系列主题宣传活动；11月，利尔化学有限公司（第二类监控化学品生产企业）通过国际禁化武组织的国际核查。

2017年，全市优质产品产能扩大，银河化学自主研发的“5万吨双自返富氧液相化与碳化法制备红矾钠”技术改造项目完成试生产，利尔化学3000吨/年草铵磷生产线试运行，四川鑫达新材料公司基本建成，安县神龙重科通过技改实现产品转型。以雅化集团绵阳实业公司“高端民用起爆器智能制造新模式”，推进化工企业在设计、生产制造、信息采集、控制等环节精细化、信息化、智能化改造；以国家级绿色工厂、绿色关键技术银河化学公司为示范，开展行业内绿色工厂(车间)、绿色产业链试点示范工作；推动化学农药、化学肥料、专用化学品由单一生产型向“制造+服务”转变，2017年本地配套率达到18%；完成“人口密集区危险化学品生产企业搬迁改造”“长江经济带化工污染整治”摸底调查工作，依法依规淘汰落后产能。

【四川省银河化学股份有限公司】公司是中国最大的铬盐化工生产研发企业、四川省唯一一家铬盐生产企业、“万吨级碳化法制备红矾钠及铬基新材料”国家“863计划”重点项目承担单位。拥有全资、控股、参股子公司9个，分公司2个。公司以铬盐化工生产研发为主，集维生素系列精细化工、硫酸系列化工、太阳能电子浆料、机械制造、国际贸易于一体。先后荣获“中国质量诚信企业”“全国五一劳动奖状”“中国石油和化学工业环境保护先进单位”等称号。2017年，实现工业总产值达56.2亿元，同比增长17.9%。

【四川美丰化工科技有限责任公司】四川美丰化工科技有限责任公司（以下简称“美丰科技”）是四川美丰化工股份有限公司的全资子公司。公司建成行业内推进清洁生产和循环经济发展的示范工程，利用先进的合成氨工艺及下游有机合成产品完整的循环产业链，拓展上下游产业链，提高三聚氰胺、硝胺有机合成产品的生产，加大功能性复合肥开发力度，以测土配方肥、液体复混肥产品开发为主攻方向，提高复合肥的产能规模。主导产品为“美丰”“南光”牌尿素，“比利夫”牌复合肥，“美丰”硝酸铵。2017年，实现产值8.01亿元，同比增长9.7%。

（唐小茜）

电子商务

【概况】2017年，绵阳市以打造“中国西部电商城”为引领，承办电商峰会、开展网销品牌培育、推进电子商务与一、二、三产业深度融合，发挥电子商务在经济社会发展中的新兴先导作用，电子商务实现强劲发展。全年实现电商网络交易额2606.13亿元，同比增长28.94%，稳居全省第二位；实现网络零售额103.83亿元，同比增长35.23%。

【电子商务产业融合】2017年，绵阳市引导农产品生产经营企业、专合组织、种养大户开展农产品网上销售；鼓励工业企业开展个人定制、云制造等新型制造模式，提升营销流通智能化水平；打造“绵阳现代服务业+电商示范基地”，全市2517家服务业企业自建或利用第三方平台开展电子商务，产生线上订单41.6万单，交易额达28.23亿元。全年全市农业龙头企业电商应用率达100%，规模以上工业企业电商应用率达90%，服务业领域规模以上（限额以上）企业电商应用率达100%。

【网销品牌培育】2017年，绵阳市制定《特色网销品牌培育行动方案》，全市共培育三台米枣、涪城麦冬、北川腊肉等10余个特色网销品牌；圣迪乐村研发的儿童营养蛋荣获“中国好产品”大赛全国亚军，成为唯一获奖的农产品；“双11”期间，以长虹为代表的本地电视、空调、冰箱等家电类产品销量居全省前十位；全国前三大电商平台均开设“绵阳特色馆”，上线产品数近600个，实现线上交易额629.3万元。

【电子商务公共服务】2017年，全市整合电商产业园区、行业协会、电商企业等资源，提升绵阳电子商务公共服务平台水平。建成9个县级电商运营中心、1480个村级服务网点，搭建起信息发布、网点建设、业务拓展培训、孵化等功能于一体的政企对接、产业联合协作公共服务平台；定期开展优秀网商、网销能手评选活动，培育选拔一批优秀网销人才；全年举办各类电商培训50余场次，培训各类电商人员近万人次。

【电商产业扶贫】2017年，绵阳市针对北川、平武等贫困县和三台综改区等重点区域，制定电商产业扶贫计划，引导优势电商企业通过“产业扶贫、创业扶贫、用工扶贫”等模式融入精准扶贫，引导贫困户开展中药材、茶叶、蜜蜂、生猪等特色农产品种植、养殖和生产加工。北川普网·药博园通过建立“万亩中药材规模化种植”基地，帮扶贫困户600余人；平武发展“中蜂+产业”，利用“平武生态农特馆”商城，“平武蜜之源”微信公众号等销售渠道，帮助贫困户拓展蜂蜜销售渠道；三台云端363“线上集市”（综改区特色农产品展示馆）将农村“小散乱”产品集中打包上线，统一品牌、推广和营销，增强知名度和影响力。

（宋　伟　胡红娟）

会展业

【概况】2017年，全市举办展览、会议论坛及节庆赛事活动224场（其中展览54场、会议论坛47场、节庆赛事123场），展览总面积约71万平方米，实现会展总收入77.2亿元（其中直接收入7.72亿元、间接收入69.48亿元）。全市会展企业12家，其中规模以上企业3家，会展从业人员331人。2017年，市政府审议通过《绵阳市会展业发展“十三五”规划》，编写制定《绵阳市会展业2018年行动方案》，绵阳市荣膺“2017年度中国十佳品牌会展城市”称号，成为四川唯一、西部继桂林后第二个获此殊荣的非省会城市。

【第五届中国科技城国际科技博览会】 2017年9月7—9日，第五届中国（绵阳）科技城国际科技博览会（以下简称“科博会”）在绵阳举办，本届科博会以“军民融合、科技创新、开放合作”为主题，共开展36项主要活动。国务院总理李克强、以色列总理内塔尼亚胡分别发来贺信，全国政协副主席齐续春，四川省委书记王东明及22个国家部委，36位省部级领导、12位将军、8位“两院”院士及众多外国政商及学术界要员莅临盛会。参会嘉宾近万人，观众超过40万人次，其中专业观众近9万人次。44个国家、地区和国内10余个国家自主创新示范区、全面创新改革试验区、高新区参展参会。包括世界500强、知名企业、重点科研院所、高等院校在内的754家单位参展，参展项目3065项、展品10019件。签约产业投资、成果交易、产品采购、投融资、四大经济区等各类项目665个、金额1114亿元。本届科博会共设立4个室内展馆、1个室外展区，“国家科技奖获奖项目暨新技术展”“中科院成果展”两大国家级展会到会巡展，国防科工局首次从全国筛选9家“民参军”企业参展，中国兵装、中国电科、中船工业等11家央属军工集团、中科院、中物院等多家重点科研院所及企业组织军民融合先进科技产品参展，军民融合参展企业总数达207家。集中展示中国创新驱动、军民融合最新成果，全面展示中国、四川科技创新取得的新成就、新进展。

【中国科技城（绵阳）第三届农资交易展示会】 2017年3月18—20日，绵阳市委农工委、市博览事务局、市农业局、市商务局、市供销联社和涪城区政府主办的中国科技城（绵阳）第三届农资交易展示会在绵阳举行。此次展会室内展场8万余平方米，室外展场2万平方米，国内外80余家大型农资企业参展，现场成交额达1.1亿元。此次展会设立“绵阳造”农资企业展示区、“新、奇、特”农业展示区、农资新产品新技术推广宣传区、庄稼医生咨询专区以及农资电商平台推广。并举办美食节巡展及绵阳土特产展、稻草人主题艺术展等活动。

【2017中国科技城绵阳休闲农业博览会暨四川花艺展览会】 2017年3月24—28日，中共绵阳市委农工委、绵阳市农业局、绵阳市旅游发展委员会、绵阳博览事务局联合主办的“2017中国科技城绵阳休闲农业博览会暨四川花艺展览会”在绵阳会展中心举办。本届展会展览面积2万平方米，参展商家107家，汇集休闲农业、花卉花艺、绿植鱼鸟、民俗手工、农特产品等优质展品。吸引4.2万余人次参观，现场成交总金额约210余万元，意向成交金额约800余万元，先后举办各类文化及展销活动17场。

【2017（第六届）绵阳之春国际车展暨第三届绵德广国际汽车博览会】 2017年4月19—23日，华西都市报·封面新闻、尚格会展股份有限公司联合主办的“擎奏春之声、律动科技城”——2017（第六届）绵阳之春国际车展暨第三届绵德广国际汽车博览会在绵阳会展中心开幕。本届车展展览面积10万余平方米，囊括超跑、越野、家轿、房车、电动车、摩托车等各类车型，奔驰、宝马、奥迪等80余个主流品牌参展。共吸引20万人次观展，销售车辆约4793台，累计销售金额7.18亿元。

【中国爆破器材行业协会第五届第四次理事会暨第五届科技奖颁奖大会】 2017年6月15日，“中国爆破器材行业协会第五届第四次理事会暨第五届科技奖颁奖大会”在绵阳会展中心举办。大会由工业和信息化部、中国爆破行业协会主办，雅化集团承办，绵阳科发会展旅游公司承办。工信部副部长刘利华出席会议并致辞。本次大会展览面积5600平方米，吸引来自全国各地37家民爆企业携先进爆破装备和技术参会并现场展示，700余名专业观众前来观展参会。同期还举办民爆行业智能制造装备科技论坛、2017年民爆科技工作座谈会暨智能制造推进会等大型专业论坛。

【2017中国（绵阳）科技城首届国际儿童戏剧展暨童博会】2017年10月1—4日，2017中国（绵阳）科技城国际儿童戏剧展暨童博会在绵阳会展中心举行。此次展会是全国首个以“演出+展会+论坛”为核心内容的儿童主题活动。来自以色列、马来西亚、捷克、塞尔维亚、克罗地亚、罗马尼亚等“一带一路”倡议沿线国家和北京、上海、成都、宜宾等国内外优秀儿童剧团，演出近40部、200场经典儿童剧目。

【城记·第七届绵阳国际汽车展】2017年11月8—12日，城记·第七届绵阳国际汽车展在绵阳会展中心举办。本届车展展位数量突破100个，法拉利、阿斯顿·马丁、玛莎拉蒂、奔驰、宝马、奥迪、雷克萨斯、林肯、沃尔沃等90个汽车品牌、近800款车型参展。2000平方米新能源生态中心集中展出包括雷克萨斯、丰田、比亚迪、荣威、北汽、江淮、野马等品牌、近30款新能源车型，房车主题展区展出包括奔驰、凯伦宾威、丰田、大通、依维柯、GMC等品牌旗下20款房车。展期实现整车销售5510台，成交额约8.32亿元，10余万人次参观本届车展，主要展出指标创历届绵阳车展新高。

【绵阳2017中华全国专项集邮展览】2017年12月8—10日，中华全国集邮联合会主办，中国集邮总公司、绵阳市人民政府、中国邮政集团公司四川省分公司、四川省集邮协会承办的绵阳2017中华全国专项集邮展览在会展中心举办。邮展设非竞赛性展品（特邀类）和竞赛性展品两大板块。中华全国集邮联合会的31个成员邮展组织前来参展，全国各地的集邮爱好者及各省（区、市）300多位邮协代表前来观展，观展人数超10万人。此次展会是中华全国专项集邮展览第一次在四川举办。（杨　玲）

物流业

【概况】2017年，全市登记在册的快递品牌33个，法人企业37家，分支机构352家，行业从业人员4379人，行业车辆838台、三轮车1021辆。全市邮政业增长速度高于GDP增长，快递业继续保持高增长态势。2017年，全市快递服务企业业务量累计完成2720.33万件，同比增长35.91%；业务收入累计完成4.78亿元，同比增长53.37%。其中同城业务量累计完成380.98万件，同比减少5.34%；异地业务量累计完成2336.75万件，同比增长46.22%；国际及港澳台业务量累计完成2.6万件，同比增长146.75%。

【政策支持】2017年，市政府出台《关于促进快递业健康快速发展的实施意见》（以下简称《意见》）。《意见》从业务规模、服务能力、创新能力、基础设施、协同发展、安全快递六个方面细化目标要求，提出到2020年把绵阳建设成为西部具有自主创新力、品牌影响力、区域竞争力的“中国快递示范城市”。同时，绵阳邮政业被纳入全市“十三五”规划纲要实施意见及交通、电商、物流等多个“十三五”发展规划，有利于整合资源，产业联动发展。

【产业融合】2017年，全市快递业与制造业、电子商务融合发展，继续服务电子商务和“互联网+”一号工程。鼓励快递企业服务制造业，各主要品牌业务量达到100余万件，为客户寄递的产品价值达7亿余元，实现业务收入3000余万元。绵阳壹号递为长虹产品提供售后服务（长虹家电整机或维修配件的寄递派送），开发物流管理信息平台，依托申通快递网络、有效整合其他快递资源，规范快件包装并采取相应保护技术，保障服务质量，覆盖范围广泛，包括江苏、上海、安徽等华东地区，广东、广西、贵州、重庆等华南地区。

【简化流程提升服务】 2017年，绵阳市继续优化快递经营许可工作流程，大幅精简材料。许可准入类原需提供材料22项，取消13项，减少59.1%；许可变更类原需提供材料58项，取消31项，减少53.4%；分支机构备案类原需提供材料5项，取消3项，减少60%；年度报告类原需提供材料11项，取消7项，减少63.6%；许可注销类原需提供材料7项，取消3项，减少42.90%。2017年核查新增分支机构98家，核准新增法人企业1家，新增分支机构45家，延续换证5家，名录变更11家，地址变更15家、撤销分支机构17家、依法注销不符合快递市场经营要求的快递法人企业1家，分支机构备案112家。

【电子商务进农村和快递下乡工程】 2017年，绵阳市开展“电子商务进农村”和“快递下乡”工程，快递“向西、向下”不断拓展。通过加大宣传、简化程序、上门服务等方式，支持和鼓励快递企业在乡镇设立网点，鼓励快递企业与当地超市、“万村千乡”服务点、电讯营业点等合作，提高快件运转效率、服务水平和网点发展能力，指导市快递协会组织绵阳主要快递企业，整合快递品牌资源，成立第三方公司，快递组团集体下乡。2017年，各主要快递品牌在全市各县（市）区城区实现全覆盖，部分快递企业在各县（市）乡镇设立分支机构和代办点，乡镇覆盖率达94.56%。

【绿色邮政】 2017年，全市开展过期快递面单集中销毁，共销毁快递面单11吨，约1200万张，转化再生纸张6吨，强化寄递服务信息安全监管。要求快递企业使用绿色包装，促进包装绿色化、减量化和可循环。全市创新监管方式，建设绵阳市邮政行业远程视频监控系统（一期），实现对主要快递品牌快件分拨处理中心的实时监控。

（周秀淑）

科技城集中发展区

【概况】科技城集中发展区位于绵阳主城区西北方向，西接安州区、北靠江油市、南连德阳市罗江县，处于“三轴”交汇点。规划面积281平方千米，建设用地100平方千米。集中发展区以军民融合为主线，以创新驱动为动力，以开放合作为路径，全力打造“六大产业集群”，布局高新技术和战略性新兴产业，大力发展现代服务业，构建“141”产业体系，形成“一体两翼两轴五心”的整体空间格局。

集中发展区核心区，距绵阳城中心12千米，是集科研创新、商业商务、文化体育、国际交流于一体的绵阳城市新中心。2017年，5平方千米核心启动区基本建成，30平方千米核心示范区正在形成；规划到2020年，100平方千米集中发展区主体框架基本形成。

【建设规划编制】2017年3月，市城乡规划委员会审议并通过《集中发展区核心区控制性详细规划》；4月，国务院正式批复《绵阳科技城“十三五”发展规划》，明确努力把绵阳科技城打造成为创新驱动发展的试验田、军民融合创新的排头兵和西部地区发展的增长极。

【基础设施建设】2017年，科技城集中发展区基础设施计划实施项目52个，计划完成投资101.73亿元，实际完成投资102.12亿元，占年度投资计划的100.39%。至年底，科技城大道河边段（启动区范围）、科技城集中发展区启动区1号路、2号路、4号路、新区B1号道路、集中发展区供水扩网工程等项目顺利完工；地下综合管廊及道路工程、高铁大道西段、滨河北路、科技城会展中心三期等项目顺利推进，启动区路网基本成形。

【重大产业项目建设】2017年，科技城集中发展区推动实施重点产业项目67个，计划完成投资82.11亿元，实际完成投资106.37亿元，占年度投资计划的129.55%。京东方项目80万平方米厂房提前实现封顶；新晨动力王子发动机下线投产；电子九所磁性材料产业园项目、湖山电器数字视听产品及出口加工基地二期等项目加快建设。投资202亿元的威马汽车自动驾驶示范园、30亿元的东旭新能源汽车、投资10亿元的360

信息安全项目等重大项目签约落地。

【科技城集中发展区建设领导小组第三次会议】 2017年1月12日，科技城集中发展区建设领导小组第三次会议召开。会议由市委副书记、市长、科技城集中发展区建设领导小组组长刘超主持，会议听取2016年工作推进情况，审议2017年建设计划，并安排部署基础设施建设、产业项目引进等重点工作。

【科技城集中发展区建设工作座谈会】 2017年2月3日，市委副书记、市长刘超带队现场调研集中发展区并召开科技城集中发展区建设工作座谈会。会议要求：强化资金筹措，加强汇报衔接，拓宽建设资金来源，着力破解集中发展区建设的资金瓶颈；强化要素保障，抓好土地、能源保障，科学合理安排用地指标，扎实做好水、电、气等资源供应；强化组织领导和督查考核，细化分解工作任务，层层签订目标责任书，严格落实奖惩，确保各项任务按时按质完成。

【科技城集中发展区重大基础设施建设项目暨绵阳市2017年第二季度111个重大项目集中开工仪式】 2017年5月15日，科技城集中发展区重大基础设施建设项目暨绵阳市2017年二季度111个重大项目集中开工仪式在科技城集中发展区内高铁大道西段项目处举行。市委副书记、市长刘超，市人大常委会主任马华，市政协主席张锦明，市委常委、常务副市长颜超，市委常委、科技城党工委副书记、管委会常务副主任、市国资委党委书记元方，副市长赵迎春，高新区管委会主任董泓，市委秘书长邹若力，市政府秘书长谭岗，中国五冶集团公司副总经理谭兴山出席开工仪式。此次集中开工仪式上，共开工项目111个（省市重点项目16个），比2016年同期增长79%，总投资337亿元，为2016年同期的4倍。此次开工的项目中，基础设施项目48个，总投资159亿元（其中科技城集中发展区基础设施项目12个、总投资126亿元，涉及4条综合管廊33.6千米、骨架路网48.8千米、草溪河综合整治等重点建设项目），产业项目47个，总投资131亿元。

【科技城集中发展区核心区综合管廊及市政道路项目签约仪式】 2017年11月3日，科技城集中发展区核心区综合管廊及市政道路项目签约仪式举行。市委副书记、市长刘超出席仪式并致辞。该项目总合同额81.27亿元，是国内最大规模的装配式综合管廊项目，包括4条装配式地下综合管廊、2座综合管廊监控中心及附属市政道路工程，其中道路总长32.02千米，仅装配式综合管廊就长达33.65千米。该项目采用DBFOT（设计—建设—融资—运营—移交）合作模式，由科技城管委会作为项目实施机构，科发集团作为政府出资代表与中建股份组成中建科发管廊公司，对项目公司的运行及日常管理履行股东权益；中建科技有限公司代表中建股份，统筹负责项目实施。

【科技城集中发展区建设领导小组第四次会议】 2017年11月23日，科技城集中发展区建设领导小组第四次会议召开。会议由市委副书记、市长、科技城集中发展区建设领导小组组长刘超主持。会议听取科技城集中发展区建设情况汇报，审议《关于增补科技城集中发展区建设领导小组组成人员及成立专项工作组的建议方案》，研究2018年建设项目计划，安排部署下阶段工作。

（何　璇）

绵阳高新技术产业开发区

【概况】 绵阳高新技术产业开发区（以下简称“高新区”）是1992年11月经国务院批准建立的首批国家级高新技术产业开发区之一，辖永兴、磨家、河边3个镇及普明街道办事处，辖区总面积105平方千米，总人口30万人，是国家知识产权试点园区、全国科技服务体系试点园区、全国“十佳电子商务园区”、四川省重点培育的2000亿园区。其发展宗旨为“发展高科技、实现产业化”，着力推动以高新技术产业、战略性新兴产业为核心的现代化工业和以“互联网+”为龙头的现代服务业发展，全力发展以京东方、长虹、维谛等为代表的电子信息产业，以中国重汽、新晨动力、川汽新能源等为代表的汽车及零部件产业，以金发科技、西磁磁电等为代表的新材料产业；以大龙网、长虹智易家、光彩国际为代表的电子商务和跨境电商企业聚集成势，并形成完善的产业生态链。

2017年，高新区实现地区生产总值（GDP）310.9亿元，同比增长9.9%；实现全区规模以上工业总产值1125.37亿元；区属规模以上工业增加值增长11.2%；完成固定资产投资133.09亿元，同比增长20%；完成社会消费品零售额140.9亿元，同比增长14.2%；完成地方公共财政收入11.23亿元，同比增长10.46%。全区综合总量实现高基数上的较快增长，经济总量占到科技城的40%。

【企业服务创新】2017年，高新区创新服务企业方式，落实重点企业领导联系“直通车”制度，累计为企业争取各类资金1.52亿元，为区内175个项目兑现各类奖励资金1.72亿元，占区财政一般公共预算收入的16%。其中给予长虹集团、野马汽车等118家企业一次性奖励1018.1万元。打造“税鑫融财税资综合服务平台”“军民融合知识产权运营服务平台”“科技金融创新运营服务平台”等高新服务品牌，支持企业使用“园保贷”“应急转贷”等资金项目，注重企业培育，实施“领航计划”，围绕川汽、维谛技术（艾默生）等龙头企业，全区79家企业实现产值846.9元，同比增长12.1%；全年产值超1亿元以上企业达到45家、产值超4亿元以上企业达到21家，新增规模以上企业15家。发展“两新”产业，加强大企业大集团的培育，实现“两新”产业产值857.7亿元，同比增长11.8%，新增军民融合企业17家，新增省级企业技术中心2家。

【高新区招商引资】2017年，高新区坚持开放合作，推动招商引资，围绕主导产业精准招商。组织赴韩国京东方配套企业推介会、赴德国汉诺威高新技术产业推介会等专场活动；开展京东方、野马汽车、山东重汽等配套企业的10余场市内外招商推介活动；促成世界500强法液空大宗气站项目、陆利达数控机床项目、安和移动互联产业园等项目签约；促成维谛技术（艾默生）二期、皇冠假日酒店等项目签约；跟进日本住友化学、伟创力、合力创科、碧桂园、华润集团等项目。围绕重大项目配套，做好上下游产业链招商。促成长虹智能制造产业园项目落地，京东方海悦润景酒店签约，跟进北京诚吉通达、东莞亚马电子以及京东方小镇、京东方数字医学中心、京东方大学绵阳分校等项目。共引进项目75个，招商引资协议资金169亿元，国内省外到位资金95亿元，同比增长51.4%。固定资产投资、工业投资、技改投资、民间投资增速和省市重点项目五个指标均位居全市前三。

【项目落地保障机制】2017年，高新区推行重点项目领导联系“直通车”制度同时，全面推行“项目专员”代办审批手续制度和审批服务“跑一趟”机制、“重点项目前期工作联动推进”机制，提高审批效率，实现重点项目落地大提速。共审批项目68个、备案项目78个，实现京东方B11项目1个工作日办结工商注册，3个工作日出具用地范围图，1个月完成征地拆迁，创造京东方历史上环评速度、国家政策获批速度两项业内第一的纪录。促成长虹智能制造产业园项目实现3个月内完成规划、产业布局、可研和地块环评，土地挂牌出让等工作。成立集中发展区建设指挥部，把指挥部办公室设在项目现场，实现领导在项目一线指挥、干部在项目一线落实、情况在项目一线了解、问题在项目一线解决的点对点“保姆式”服务。全区实行挂图作战的重点推进项目共62个，其中省、市重点项目共15个总投资额536.87亿元，完成投资45.48亿元。

【知识产权改革深化】 2017年，高新区科学技术和知识产权局正式成立，开展专利、商标、版权“三合一”改革试点，成为四川第3个完成“国家知识产权试点园区”建设工作的园区。共申请专利2056件，获得授权专利928件，技术合同成交6014万元。全年新增2万平方米孵化场地，总面积已达20余万平方米；鼓励企业加快自主创新步伐，新增科技型中小企业344家，培育规模以上科技型中小企业8家，组织申报高新技术企业16家，全区高新技术产业总产值完成935亿元。

【民生项目建设】 2017年，高新区投入资金20843.51万元，实施省市民生项目58个，开展“强基惠民路灯工程”，为4个老旧社区发放路灯补助14.1万元，安装路灯438盏，创新采用“合办民营”模式建成450平方米石桥铺社区日照中心；委托“绵阳市微波电子职业培训学校”“绵阳市艺得职业培训学校”对辖区内的下岗失业人员、农民工进行技能培训、搭建就业供需对接服务平台，开展“就业援助月”“春风行动”等系列公共就业和人才服务专项活动，实现城镇新增就业人员4198人，城镇失业人员再就业403人，城镇登记失业率低于3.8%；开展“最多跑一次、群众最满意”服务活动，公布46项社保大厅业务为“最多跑一次”服务项目。

【环境保护】 2017年，高新区制定出台《高新区环境保护委员会议事规则和工作制度》《绵阳高新区环境保护工作职责分工方案》等相关制度，健全环保工作“党政同责”“一岗双责”责任体系。制定《高新区贯彻落实省环境保护督察组督察反馈意见整改方案》，省环保督察现场点位、信访、反馈意见问题41个，完成整改35个，整改完成率85.4%；及时处理涉及中央第五环境保护督察组转交群众来电来信案件共计40件，按时办结率100%。开展高新区环境污染防治“三大战役”，对全区234家“散乱污”企业和4家砖厂开展集中整治；完成畜禽养殖污染整治，全面关停禁养区养殖场，完成限养区养殖企业的整改。（李虹雨）

绵阳经济技术开发区

【概况】 绵阳经济技术开发区（以下简称“绵阳经开区”）成立于2000年8月，2012年2月与绵阳科技城现代农业科技示范区整合，2012年10月经国务院批准升级为国家级经济技术开发区，是中国（绵阳）科技城“一城三区”发展战略中“城南新区”的核心区，是四川省优秀工业园区、四川省新型工业示范基地、四川省“51025”重点产业园区、四川省生态工业园区建设试点园区。辖区面积近70平方千米，城市规划面积50平方千米，实有人口15万人。

2017年，辖区实现地区生产总值238.0亿元，同比增长12.7%；工业总产值765.3亿元，同比增长6.2%；财政收入25.5亿元，同比增长20.4%；社会消费品零售总额43.44亿元、增长率11.2%，服务业增加值增长率12.5%。全年签约项目65个（5亿元以上项目4个）、签约金额73.08亿元，到位外资2200万美元。

2017年，经开区有各类企业3631家，规模以上工业企业97家；获省著名商标企业12家、市知名商标企业17个，拥有省名牌产品7个。上市企业或上市企业分公司14家，年纳税50万元以上企业189家。实施并入库工业技改项目60个，总投资90.1亿元，入库投资50.5亿元。区属国有平台通过主体信用 AA 评级评定，与广发银行、天津银行、华融赣南等 8 家银行及机构达成融资合作，实现融资 14.91 亿元。建筑面积为 2.85 万平方米的生产力促进中心回购完成交接，万声绵阳职场呼叫中心、绵阳领行电商产业园等入驻。累计建成科技企业孵化器 6 个，其中省级 2 个、市级 1 个，国家级众创空间 1 个、市级 2 个，总面积 17.65 万平方米，在孵企业 165 家，新认定科技型中小企业 281 家，培育规模以上科技型中小企业 8 家，专利申请完成 1200 件，专利授权 433 件，专利技术项目转化产值 22.64 亿元。培育高新技术企业 10 家，实现高新技术产业产值 41.73 亿元。引进落家电商企业 30 余家，实现电子商务交易规模 4.26 亿元。

【项目建设】2017 年，经开区累计拨付拆迁安置资金 30456 万元，拆迁农家 544 家、企业 18 家、村社集体资产 21 家，为项目建设提供用地 246.67 公顷，出让国有建设用地 11 宗、79 公顷。推进长虹空调、华丰连接器等 17 个重大工业项目年内实现实质开工，华晨瑞安汽车凸轮轴等 4 个工业项目竣工投产，13 个省市重点项目实现年度投资 25 亿元。实施并入库工业技改项目 60 个，总投资 90.1 亿元，入库投资 50.5 亿元。增加 66 个项目进入国家三年滚动计划库。

【招商引资】2017 年，经开区成立投资促进工作领导小组，实施党政“一把手”工程，主要领导带队外出招商 26 次，跟踪促进英国史密斯、禾大西普等项目 70 个。实施《项目投资促进管理办法》等政策，组织企业参加中外知名企业四川行、“万企出国门”，邀请区内企业参与党工委管委会领导外出招商活动，实现以商招商、以企招商。全年签约项目 65 个，签约金额 73.08 亿元，签约 5 亿元以上项目 4 个、10 亿元以上重大项目 1 个，外商投资实际到位资金 2200 万美元。

【基础设施建设】2017 年，经开区完成投资 1.97 亿元，推动总投资 5.37 亿元的基础设施项目 37 个。投入 1.02 亿元，实施绿化美化亮化工程。翥鹤堰经开区段整治工程、交通信号灯及标示标牌、金广桥加固、F2 道路东二段、F17 道路等 8 个项目完工。城南新区排水、F19 南延段道路等 4 个项目年底竣工。三江闸坝路与绵州大道交叉口北侧公共绿地及广场、中 13 道路、S9-1 道路、S17 南延段在建设中。采取“合同能源管理”方式完善辖区 8 个小区 355 盏路灯。对 16 宗、119.78 公顷各类闲置土地完成登记，并整改 11.54 公顷。（侯治强　马敬明）

绵阳科教创业园区

【概况】科教创业园区（以下简称“科创区”）位于绵阳城区以北的园艺山片区，成立 2001 年 8 月，是中共绵阳市委、市人民政府根据党中央、国务院关于建设绵阳科技城的决定而建立的创新创业基地。2006 年 1 月，园区通过国家发改委审核，批准园区为“绵阳工业园区”，成为四川省省级开发区。园区面积 13 平方千米，辖 1 个街道办事处，有 9 个社区、3.6 万人，常住人口约 14 万人。2011 年 8 月，绵阳市第六次党代会明确“以科创区为主导建设科教创新区”的发展战略，四川省建设绵阳科技城领导小组第十四次会议明确科技城“一核三区多园”布局。在市委六届十次全会《关于全面创新改革推动率先发展的决定》中明确将科创区定位为“科技城创业经济承载地”。园区形成以电子信息、节能环保为支柱产业，电子商务、云计算、大数据、高端装备制造等相关产业齐头并进、融合发展的特色发展道路。科创区是经认定的国家军转民科技园，国家级科技企业孵化器、国家科技创新创业基地、四川省电子商务示范基地、四川省现代服务业科技服务集聚区、四川省大学生创业示范园、四川省知识产权试点园区。

2017年，全区地区生产总值67.07亿元，较2016年增长11%，全年实现地区生产总值增速11%，完成目标任务的100%；完成一般公共预算收入6.01亿元，同口径增长9%，完成市政府下达全年目标任务同口径增幅8%的112.5%。

【工业发展】2017年，科创区出台《科创区支持工业发展若干政策申报指南》，设立每年投入2000万元的工业发展专项资金，完成全社会固定资产投资29.04亿元、工业投资3.26亿元、技改投资7.60亿元、民间投资9.41亿元。包括“基于北斗卫星通信技术的船舶通设备研发及产业化项目”“面向电双向网的可管可控安全智能终端产业化项目”等13个在统工业投资项目，计划总投资9.25亿元，全年完成投资3.26亿元，所有项目均按计划正常推进；在统技改项目26个，计划总投资40.67亿元，全年完成投资7.60亿元。

【基于北斗卫星通信技术的船舶通设备研发及产业化项目】该项目于2015年10月启动，2017年12月竣工投产，总投资5395.46万元，以北斗卫星通信技术为核心技术，进行船舶通设备产业化，在四川绵阳九洲科技工业园内改造原有生产厂房2000平方米，完善船舶通设备的测试、验证环境，新建测试、贴片、老化等生产线，新增音视频分析仪、示波器等设备仪器120台套。项目建成后形成年产6万套船舶通设备的产能。项目产品能够安装在船舶等移动载体上，为政府、海洋产业及公众用户提供卫星导航和精准位置服务；并正常接收卫星电视信号，收看不同卫星转发的电视节目和图文电视；可根据用户所在位置采用推送或查询等方式按照用户兴趣点、需求提供可供参考的智能服务信息。

【面向电双向网的可管可控安全智能终端产业化项目】该项目于2015年10月启动，2017年12月竣工。规划总投资17000万元，实际完成投资16174万元。项目采用多屏互动、高级安全等关键技术，实现智能终端安全启动、安全升级和APK安装管控等功能；在绵阳九洲科技工业园内改造现有生产厂房9800平方米，新增购置关键生产、测试、检验设备仪器500台套，完善研发、测试、验证环境，搭建智能终端产品测试平台，新建高速贴片、总装测试、PCBA插件、老化、维修等生产线20条，形成年产200万台套可管可控安全智能终端的生产能力。

【新兴产业发展】2017年，科创区电子信息和高端装备制造两大主导产业实现规模以上工业总产值26.56亿元，产业集中度进一步提高。其中电子信息产业实现规上工业总产值22.09亿元，同比增长7.2%；高端装备制造产业实现规模以上工业总产值4.46亿元，同比增长14.2%。两个“一号工程”项目已引进40个，完成目标任务的133%。

2017年，科创区平均每月工商登记企业高达100家以上。新增科技型中小企业316家，完成目标任务的101.3%，其中新增规模以上科技型企业8家，科技型中小企业总数突破1700家，位居全市第三。培育高新技术企业16家，实现高新技术总产值172.67亿元，完成专利申请量1749件，发明专利申请量640件，专利授权量600件，技术合同成交额9411.36万元，R&D经费支出达8478万元。

【服务业发展】2017年，科创区创建国家级电子商务示范基地，投入电商基地使用面积5万平方米，清华大学电子商务交易技术国家工程实验室绵阳研究院、四川君豪电子商务有限公司等电商企业和机构入驻；全年完成电子商务交易额446亿元，网络零售额8.34亿元，新增电商企业30家，园区电商企业累计达250余家。服务业增加值增长率12.2%，完成目标任务的114.02%。规模以上服务业企业入库3家，完成目标任务的150%。社会消费品零售总额全年完成50.38亿元，社会消费品零售总额增长率达到11.3%，完成目标任务的151%。跟踪、洽谈、推进重点项目完成54个，完成目标任务的300%。储备、包装、推出项目完成50个，完成目标任务的340%。投资额5亿元以上（含5亿元）项目完成1个，完成目标任务的100%。重点打造乐荟城、温莎国际周边商业圈、上马社区特色餐饮区等服务业聚集区；打造科技服务集聚区，通过不断完善中小企业一站式科技服务平台运营（即“微服驿站”），逐渐形成线上云服务平台与线下一站式服务相结合的新型服务模式。

【军民融合产业发展】2017年，科创区作为全国唯一的国家级军转民科技园，依托九洲集团、国家军民两用技术交易中心、军民融合股权交易中心等资源，在军工技术、产品、服务等方面，促进资源共享、军民融合发展。截至年底，全区新申报军民融合企业23家。军民融合产业实现产值206亿元，实现营业收入214亿元。

【国家军民两用技术交易中心】国家军民两用技术交易中心（以下简称“交易中心”）是2010年科技部授予绵阳市的全国唯一军民两用技术交易平台，2016年5月26日揭牌运营。交易中心以成果遴选、评估、评价、再研发、交易担保等服务为手段，以推进科技成果、科技资源进行交易和转移转化为目标，构建1个线上平台、7大核心数据库、7大军民融合服务平台。线上平台涵盖军民两用技术信息对接、在线交易服务、大数据分析等功能，集成果库、企业库、专家库、评估评价师库、技术经纪人库、创新需求库、大型仪器设备库7大核心数据库，线下平台总面积8700平方米，建设军民融合综合服务、金融服务、知识产权服务、民参军服务、成果展示与交易、国际合作、创业服务7大军民融合服务平台。交易中心采取PPP模式，由市场化的科技服务公司营运管理。

【天府（四川）联合股权交易中心军民融合绵阳分中心】天府（四川）联合股权交易中心军民融合绵阳分中心是天府（四川）联合股权交易中心的分支机构，2016年6月12日揭牌运营，分中心以突出军民融合特色，为全省“军转民”“民参军”企业特设的提供私募证券融资、证券转让、股权质押融资和其他融资业务服务的平台。

【四川昊伶军合科技有限公司】公司系昊伶科技下辖子公司。由昊伶科技联合国家机械科学研究总院、中联认证中心、四川省电子学会、认证服务工作委员会等机构设立。公司办公占地近2000平方米，拥有行业资深专家、教授、讲师、咨询师和技术团队25人，其中高级工程师5人，审核师6人，检查员4人。公司主要从事军工体系、常规管理体系的认证服务及专业培训辅导、军工项目产品工业设计（为军工单位技术配套）等产业的综合性服务。2017年7月，军合科技与省科工办、绵阳市保密局、国安（国保）局、市教育局、市科工办、科创区管委会、（区）公安分局等单位，共同在科创园区设立并运营“军民融合——军工体系认证、技术研究中心”“绵阳市保密局（军合定点）培训（学院）中心”。

【绵阳市耐特电子实业有限责任公司】公司成立于1995年3月，是专业从事微波器件的研发、生产和服务的高新技术公司，也是国内较早取得军品产品质量管理体系认证的民企之一。其产品包括隔离器、环行器、滤波器、微波组件等，主要供给四川九洲电器集团有限公司、九洲空管科技、九洲迪飞兵装、武汉滨湖电子、成都970厂、天津764厂、中电科26/54所等10余家大中型军工单位。拥有2项发明专利，多项实用新型专利。公司专注于微波器件的研发，特别是环形器、隔离器及其组件技术，是公司最具优势的军民产品，被国内大中型军工单位及部分民品单位广泛使用。公司为四川九洲电器集团配套研制高功率环形器用于某型雷达发射系统，已实现批量生产；为九洲空管某防撞系统配套生产L波段、环形器、隔离器产品。被四川九洲电器集团有限责任公司评为优秀供应商。同时，在军民融合领域，公司也是四川空管系统产业联盟成员、微波通信技术产业联盟成员、磁性材料及器件产业联盟成员、中国（绵阳）科技城军民融合磁性材料标准创新中心共建单位。

【四川光发科技有限公司】公司成立于2011年2月，是专业从事光电子产品、通信设备、网络产品的研发、生产、销售和相关技术服务的国家级高新技术企业，也是园区规上工业企业。公司产品受控于ISO 9001质量体系，广泛运用于广电、电力、军网以及电信等领域，多项产品获国家广电总局入网许可证。针对军用领域导航定位系统对关键零部件的精密要求，公司研发生产微机械组合定位定向系统、保偏光分路器、陀螺仪等军民两用导航系统配套的零部件产品，且部分产品技术指标已达到国际水平。公司研发生产的保偏光分路器、微机械组合定位定向系统、陀螺仪等产品，可直接配套运用于卫星定向、跟踪、姿态/航向基准系统、舰艇、导弹及军民用飞机的惯性导航、汽车导航仪、天线/摄像机的稳定、石油钻井定向、机器人控制、各种极限作业的控制等领域。

【资本大厦运行体系】2017年6月，天府（四川）联合股权交易中心军民融合绵阳分中心正式成立，科创区在天府联合股权交易中心（四板）挂牌上市企业达46家。截至年底，科创区共聚集各类金融、类金融、投资类企业及中介服务机构122家，科技城军民融合成果转化基金、中信产业投资基金、硅谷天堂等15家天使、VC、PE在园区设立机构，博石资本、天阔资本、深港投资等18家投资机构对绵阳企业进行各类投资。

【国家级科技企业孵化器】2017年，科创区搭建以英国剑桥科创孵化园和欧盟项目创新中心·科技城分中心为代表的国际化孵化平台，引进以芯联芯科技、奥斯廷科技为代表的具有海外及港澳台背景的企业18家，引进博士、高工150余人，硕士300余人，海外高层次人才60余位。其中欧盟项目创新中心·科技城分中心策划组织“第十二届中国—欧盟投资贸易科技合作洽谈会科技城专场推介会”“欧盟科技官员绵阳行项目推介会暨绵阳优势产业推介会”“奥地利驻华大使馆科技参赞到绵访谈”“德国宇航中心交通研究所项目对接会”等多场专题活动。搭建中欧大学国际交流合作机制，建立200余家中方企业对欧合作项目数据库。

【英国剑桥科创孵化园投资推介活动】2017年4月，英国剑桥科创孵化园投资推介活动——中国（绵阳）科技城投资推广会在法国巴黎举行。活动促成中欧大数据应用研究联盟与绵阳共建科技城大数据产业研究院、英国达医社医疗公司与绵阳三医院共建国际跨境联合会诊平台等10余个合作项目签约落地。

【军民融合协同创新项目签约仪式】2017年5月8日，科创区军民融合协同创新项目签约仪式在创新中心举行。市委常委、科技城党工委副书记、管委会常务副主任、市国资委党委书记元方，市政府副市长孙福全出席签约仪式。签约仪式上，星宇电子与中国兵器装备集团西南自动化研究所、西南自动化研究所、湖山电器、长虹电子、昆仑发展股权投资基金分别签订合作协议。

【安琪儿妇女儿童医院项目签约仪式】2017年6月16日，安琪儿妇女儿童医院项目签约仪式在创新中心二期一号会议室隆重举行。科创园与西藏天使医疗投资有限公司现场签约。项目计划由西藏天使医疗投资有限公司投资6亿元在科创区建设、运营、管理以妇科、产科、儿科、生殖医学科等服务川西北地区的高端妇女儿童专科医院，计划于2019年建成运营。

【“双创”活动周举行】2017年9月15—21日，科创区在创新中心二期开展“双创”周系列活动。此次活动组织园区相关部门和孵化器，开展科技金融培训、知识产权培训、双创税收优惠政策解读公益讲座、如何从零开始做网商创业培训、如何管控企业税务风险讲座等5场创新创业活动，累计吸引高校、科技型企业等企事业单位650余人参加。活动邀请绵阳国家税务局、农行、建行、商行、九鼎天元、人保财险等各类创新创业要素部门人员，从多方面为企业问诊把脉、建言献策。

【“航天军民融合成果转化基地（四川）”揭牌仪式】2017年10月19日，中国航天科工集团第三研究院第三一〇研究所和科创区联合主办“航天军民融合成果转化基地（四川）”揭牌仪式在绵阳科技城创新中心举行。市委常委、科技城党工委副书记、管委会常务副主任、市国资委党委书记元方，副市长罗宗志，中国航天科工集团第三研究院副院长徐涛，中国工程院院士刘永才，省军民融合办专职副主任、省国防科技工业办公室副主任施遐，区党工委书记周钰出席揭牌仪式。

【四川九州电子科技股份有限公司】四川九州电子科技股份有限公司成立于2000年，注册资本40965万元，是国内产销规模较大、技术水平先进的有线电视宽带网络和数字电视设备专业制造商和系统集成商，是科创园区内规模以上企业。公司的“九洲”商标是中国驰名商标。九州公司拥有31年广播电视和15年数字电视领域的技术积累和运营经验，CATV产品市场占有率自1986年以来一直居国内同行业首位，数字机顶盒市场占有率位居行业前三，连续六年被评为“中国机顶盒市场最具竞争力品牌”“中国机顶盒市场最具影响力品牌”。公司是国家“村村通”卫星直播试验平台（CBTV）、国家卫星远程教育平台（CETV）、CCTV互动电视传输平台定点设备供应商，中国广播电视工业协会有线电视分会理事长单位，“中国数字电视产业联盟”“中国数据广播联盟”和“AVS产业联盟”成员单位。公司拥有绵阳本部的四川省级企业技术中心和北京研发分中心，300余名专业技术开发人员，在数字技术、光通信技术、软件技术及信息处理等高新技术方面积累丰富的技术经验，是多项国家数字电视终端设备标准起草和制订者之一。在下一代广播电视网、IPTV（网络电视）、机顶盒、光网络、家庭多媒体中心、互联网业务等方面形成了拳头产品，同时承担“家庭数字多媒体益智娱乐终端”“面向移动终端的多媒体通用平台软件”“交互式数字电视前端系统的研发及产业化”等多项国家智能家庭重大科技攻关和产业化项目。公司具有完整的贴片、插件、组装、测试、老化等全套工艺和大规模批量生产电子产品的生产能力，拥有各类精密加工及检测设备500余台套，仪器仪表1500余台套，可实现年产1000万台家庭数字终端设备、110万台套以数字电视前端系统设备为主的宽带网络系统设备。公司在全国设有50个分公司、300多个特约维修服务站，业务范围遍及全国各地及南亚、东南亚、中东地区。截至2016年12月31日，公司总资产275157万元，净资产为104526万元，负债170631万元，资产负债率62.01%；2017年实现销售收入214382万元，利润总额2441万元，上缴税金9541万元。公司经营业绩突出，资信状况良好，是工商银行AA级信用企业。

【四川九洲光电科技股份有限公司】四川九洲光电科技股份有限公司（以下简称“九洲光电”）是中国电子信息百强企业四川九洲电器集团的控股子公司，是科创园区内规模以上企业。注册资本1.74亿元，总资产8.45亿元，净资产2.11亿元。2014年8月，在全国中小企业股份转让系统挂牌。公司致力于高效节能LED产业的发展，为客户提供LED照明显示整体解决方案。主要产品包括市政景观亮化、LED家内与家外照明、LED显示及封装器件等。产品通过ISO 9001：2008国际质量体系认证和ISO 14001环境体系等认证。并于2012年被顺利纳入节能产品政府采购清单和广东省标杆体系，获得四川省名牌、中照照明奖、全球半导体照明示范工程100佳等多项殊荣，被评为2013年四川省地方名优产品推荐目录、2013世界照明灯饰行业年度领军品牌、LED行业最具创新性品牌、2015年中国LED照明灯饰行业100强、中国LED照明企业国际竞争力TOP10等多个社会荣誉。

公司有绵阳和深圳两大运营基地，下辖深圳九洲光电公司、四川九洲半导体照明工程公司、天津九洲光电公司、九洲格瑞普（香港）有限公司等四家全资子公司。公司拥有深圳5万平方米、四川1.2万平方米的超洁净、防静电厂房，建有全系列LED应用产品生产线，具备世界一流水平的全自动半导体产品生产设备，在两大基地建均有专业照明实验室和先进的实验仪器和光学、热学等仿真程序。公司是中国半导体照明工程研发和产业联盟理事单位、广东省半导体照明产业联合创新中心理事单位、中国半导体照明/LED产业与应用联盟常务理事单位、中国半导体照明技术标准工作组成员单位、中国照明电器协会团体会员单位、中国照明学会团体会员单位。

公司是国家级高新技术企业，建有省级企业技术中心，有专业研发人员100余人，承担4项“中国高技术研究发展计划”（国家“863”计划）课题、1项国家科技支撑计划项目，有核心专利共97项，其中发明专利17项。掌握LED行业产业链上多项核心关键技术，形成以半导体照明、显示应用等为核心的产品研发体系。

公司承担国家半导体照明产品规格接口课题，牵头组织射灯、筒灯产品的规格接口标准制定，参与平面灯、球泡灯产品规格接口标准制定。公司是全世界顶级的LED生产商组成的联盟协会——Zhaga的成员单位，参与相关技术项目的研究。此外，公司作为核心成员参与科技部“十城万盏”半导体照明应用工程成都和绵阳LED示范城建设，在部分地震灾区实施城镇LED照明工程等。

公司在海内外50余地区建立销售网点，产品远销欧洲、美洲、非洲及中东、东南亚地区。国内客户有成都双流机场、香港地铁、广汽本田、成都宽窄巷子、横店影视城等。

【四川迪佳通电子有限公司】四川迪佳通电子有限公司（以下简称“迪佳通”）是四川九洲电器集团有限责任公司下属子公司，是科创园区内规模以上企业。成立于2001年1月17日，注册资本300万美元，其中深圳市九洲电器有限公司出资225万美元，占75%的股权；香港九洲多媒体有限公司出资75万美元，占25%的股权。公司致力于卫星接收产品、移动通信产品、数字电视机顶盒研发与生产，是最早进行DVB等相关技术开发的厂家之一，是数字接收终端产品的主要制造商之一，处于行业领先地位。产品远销欧洲、北美、南美、非洲、东南亚、中东等70余个国家和地区。公司现有员工251人，研发技术人员196人。2016年，主营业务收入5.81亿元，利润1986万元，工业总产值5.57亿元，出口创汇3627万美元，税金266万元。公司通过ISO 9001：2008质量管理体系认证，具有年产1000万台数字机顶盒的生产能力，产品开箱合格率为99.65%；直通率达到99%。

【新加坡美能材料科技有限公司】新加坡美能材料科技有限公司（Memstar Technology Ltd.）是专业从事中空纤维膜及其应用产品的研究、开发及制造的高科技公司。公司拥有中国广州及绵阳制造基地。公司建有中空纤维膜和膜组件生产线，拥有年生产能力500万平方米聚偏氟乙烯（PVDF）和聚醚砜（PES）材质的微滤/超滤膜及年生产能力20万台的家用水处理设备生产线。产品在工业、民用及商业领域广泛应用。工业应用产品包括压力式中空纤维膜组件和浸入式膜组件，可应用于给水/污水处理、水回用、海水淡化、食品、制药、石油、化工、电力、生物分离及其他分离过程。家用/商用净水设备包括膜净水器或集成水净化系统，适用于家庭、商用楼、小企业、酒店、学校、医院等。

【四川福润得数码科技有限责任公司】四川福润得数码科技有限责任公司，成立于2004年1月，注册资本2000万元，为中外合资企业，由九洲数码科技有限公司、天津德力电子仪器公司、香港汉海国际有限公司及自然人共同出资，采用股份制组建的高新技术企业。公司位于绵阳市科创园区九洲大道259号九洲工业软件园内。公司总资产5500万元、生产厂房面积3500平方米、员工120人。主要从事高频技术和高频器件的科研开发、生产经营、国际市场拓展及技术服务等业务。公司数字调谐器、RF调制器系列产品，是数字卫星接收机、有线电视机顶盒、卫星定位系统等信息传输终端产品的关键配套器件。产品出口欧洲、拉美和南亚地区。截至2017年9月，销售收入7900万元，利润200万元，上缴税金100万元。

【四川恒泰环境技术有限责任公司】四川恒泰环境技术有限责任公司成立于2000年11月，由中国工程物理研究院、四川大学和四川省环境科学研究院等科研院所投资组建，注册资本4480.5万元。公司被评为高新技术环保企业、中国环境保护产业骨干企业、中国环保产业协会常务理事单位，公司是国家烟气脱硫工程技术研究中心和国家水污染防治和治理工程技术研究中心的依托单位。公司主要从事燃煤烟气脱硫、脱硝、除尘、工业废气治理、工业及生活废水处理的技术开发、工程设计、系统集成和工程总承包。公司拥有环境工程（废气、废水和固体废弃物）专项设计乙级证书及环保工程专业承包一级证书及安全生产许可证、质量、环境和职业健康三体系认证；拥有环境污染治理等级证书甲级资质和环境污染设施运营等级证书甲级资质。公司拥有自主开发的电子束氨法烟气脱硫脱硝技术、脉冲放电等离子体烟气脱硫脱硝技术、活性炭吸附法烟气脱硫技术、软锰矿法烟气脱硫技术、城市生活污水处理、垃圾填埋场渗滤液处理、高含盐废水处理、高浓度有机废水处理、VOC治理及焦化废水处理等技术。（范帆　李安）

绵阳市仙海水利风景区

【概况】绵阳市仙海水利风景区成立于2003年6月，总面积75平方千米，总人口2.3万人，辖15个村和2个居委会。2017年，全区实现地区生产总值8.12亿元，同比增长8%；实现服务业增加值5.35亿元，同比增长10.8%；完成固定资产投资24.8亿元，同比增长7.15%；实现社会消费品零售额5.15亿元，同比增速12.5%；地方公共财政收入8500万元，同口径增长9.25%；到位内资11.3亿元；农村居民可支配收入达到17986元，同比增长12%；城镇居民可支配收入达到33040元，同比增长12.5%；实现旅游收入3.48亿元，同比增长30%，接待游客近200万人次。

2017年，财政补助近800万元，完成社道建设16.5千米，渠系硬化12.3千米，提灌站新建4座、维修5座，桥梁新建2座，塘堰精修及清淤27口。财政投入1000万元，支持“萄源仙谷”“绿博花都”“奥亿森”等农业企业抱团发展，做大做强。建设水果、核桃专业合作社，铜瓦枇杷专业合作社申报省级专业合作社已经省委农办审批通过，并实施“互联网+农业”工程，发展农村电商。

【旅游景区建设】2017年，仙海通过省标评委专家组对创建国家级旅游度假区工作的技术评估，纳入省旅发委、市旅发委“十三五”期间重点指导创建单位。拟定创建国家级旅度假区项目建议书，并通过创建指导单位的公开招标工作，完成与指导单位的合同签订，经实地勘察、座谈调研等工作，开展创建国家级旅游度假区规划编制工作。全面深化旅游度假区基础设施、公共服务、商业配套等度假体系，全面为创建国家级旅游度假区奠定基础。

【招商引资工作】2017年，仙海区出台《仙海水利风景区招商引资专项管理办法》，修订《招商引资政策汇编》，进一步优化招商引资环境，践行全员招商政策，全年签约项目合同3个，其中：与中建国际工程有限公司签订总投资约18亿元文化旅游基础设施打捆项目；与岭南园林签订1.8亿环湖整体提升项目；与四川美丽多彩房车俱乐部有限公司签订0.78亿元美丽多彩房车营地项目；与深圳天荣集团签署体育小镇项目合作框架协议。全年在谈重点招商项目12个。

【重点项目建设】2017年，仙海区出台《仙海区重点项目推进办法》和《仙海区“项目专员”全程协调服务代办机制》文件。全区固定资产投资项目库内共21个项目，其中续建项目9个、全年新入库项目12个、新入库30.31亿元、库存22.03亿元。市重点项目4个，其中续建项目2个（科技城沉抗大道、海地达·海珀澜山）、新开工项目2个（仙海橘子功成旅游商业综合体、仙海教育旅游康养产业园），计划总投资20.8亿元，年度计划投资5.7亿元。

【生态环境保护】2017年，仙海区制定印发《仙海区重污染天气应急预案》《水污染防治条例仙海区工作方案》《仙海区环境应急预案》，配合绵阳市完成环境监测年度工作任务，完成仙海区迎宾广场等35个项目的环评工作，启动10余个项目的环评工作。在省环保督察中是全市唯一实现现场点位零问题的地区，在中央环保督察中是全市唯一实现无信访的地区。

【端午文化旅游节】2017年5月28—30日，2017年绵阳旅游发展大会暨中国（仙海）首届湖泊旅游发展高峰论坛启动仪式、第六届绵阳（仙海）端午文化旅游节在仙海区举行。本次端午文化旅游节以“动感仙海、时尚仙海、绝味仙海、乐在仙海”为主题，推出“地方特色文艺展演、激情端午龙舟公开赛、仙海主题美食季”等系列活动，充分融合文化、体育、旅游多种元素。其中龙舟公开赛来自全市绵阳各县市区、企事业单位、大中专院校、社会组织等群体的46支代表队，800余名运动员在22人男子大龙舟，12人女子小龙舟和男子小龙舟三个组别中展开竞技，参赛队伍和参与面成为历届之首。

【铁人三项赛】2017年9月17日，2017绵阳仙海湖铁人三项挑战赛在仙海举行。本次赛事是由中国铁人三项运动协会批准举办的C级赛事，是绵阳举办首届大型铁人三项挑战赛。是中铁协赛事，设置全程组、半程组、接力组和小猎豹5K四个组别，总奖金设置近10万元，吸引国内铁人三项运动协会会员、铁人三项俱乐部成员及境外业余运动爱好者410名运动员参赛。中央电视台体育频道、绵阳电视台和人民网、新华网、凤凰网、中新网、中国网等40余家新闻网络媒体对赛事情况进行全程跟踪报道。　（吉　敏）

金家林总部经济试验区

【概况】中国（绵阳）科技城金家林总部经济试验区（以下简称“金家林试验区”）成立于2010年4月，规划面积24.5平方千米。金家林试验区位于绵阳市主城区中部偏西，与高新区、安州区交会，是绵阳承载成德绵一体化发展的重要区域。根据绵阳城市建设发展规划和科技城集中发展区规划，金家林试验区全域纳入科技城集中发展区，处于绵阳城市规划建设的新中心范围内。根据科技城建设的产业定位，加快集聚发展现代金融、总部经济、信息安全、科技服务、军民融合、高端商住为主导的产业集群。金家林试验区按照高起点规划、高标准建设、高质量发展的新要求，全面拉开新一轮大开发，建设城市新中心、产城融合示范区。已建成面积4平方千米，先后获“国家级科技企业孵化器”“省级科技孵化器”“省级大学生创新创业园区”“省级信息安全产业基地”等。2017年，建设产业项目24个。其中基金小镇达到入驻条件，大地保险西南呼叫中心建成投用，智能终端产业园、西部冷都二期等项目开工建设，总部城、永贵科技二期、军民融合产业园、西科大国家大学科技园等项目稳步推进，核医学中心项目完成交地，华康能仁项目前期工作进展顺利。

2017年，洽谈项目97个，签约项目37个，在谈项目35个。引进国科、成绵乐、科信鸿、中建科发管廊等一批企业入驻；签约360集团全国安服总部、四川省军民融合研究院、手机智能终端企业群、板载光子服务器等项目；引进中科招商基金、中资国本基金、富海长虹基金、北京盈科律师事务所、七洲餐饮等项目。

【中国（绵阳）科技城集中发展区（涪城区属范围）规划建设】涪城区纳入中国（绵阳）科技城集中发展区规划面积59.1平方千米，涵盖金家林总部经济试验区全部，以及城郊乡（金家林街道）、青义镇和龙门镇部分区域；纳入集中发展区核心区规划面积24.5平方千米，主要为金家

图16　金家林总部试验城

林总部经济试验区部分。按照市委、市政府战略部署，着力将科技城集中发展区（涪城区属范围）建设成为涪城发展的新载体、新引擎。

科技城集中发展区（涪城区属范围），坚持以城促产，按照“一核两线多点布局”，以绵阳城市新中心建设为核心，形成以涪江沿线为主体的城市新城、以科技城大道沿线为主体的科技文化产业走廊，重点发展现代金融、总部经济等现代服务业，智能终端、信息安全等现代都市工业，城市CBD、高端商业居住等城市经济，加快培育总部城、城市之心、科技智谷、科技文化融合产业新区等经济增长点。其中金家林总部经济试验区聚焦“绵阳城市新中心、产城融合示范区、现代服务业集聚区”建设，推动基础设施建设迅速突破，加快现代金融、总部经济、信息安全、科技服务、军民融合、高端商住等产业集聚，当好科技城集中发展区建设的主力军和排头兵。城郊乡全力服务金家林总部经济试验区建设，抓好旧城区转型升级，培育发展城市经济。青义镇依托科技教育旅游特色小镇建设，大力发展教育科研、“双创”经济、城市旅游等产业。城郊、青义连片区域聚焦拓展城市框架，加快打造城北城市新区，全面提升功能和品质。龙门镇以省级重点镇建设为抓手，重点发展农产品交易物流、绿色生态商住、休闲旅游等相关产业，加快建设产业型城市新区。

2017年，涪城区创新科技城集中发展区（涪城区属范围）基础设施建设模式，策划包装6个大项、64个小项、总投资134亿元的基础设施项目，采取PPP、EPC+融资建设、委托代建等方式，全部落实建设主体和资金来源，完成基础设施投资超过40亿元。由中国五冶承建的投资21亿元道路及居民安置点PPP项目全面开工建设；由中建二局承建的投资39.79亿元综合管廊及道路项目全面开工建设；由中铁十八局承建的投资25.87亿元核心区东片区道路项目、投资18.6亿元核心区西片区道路项目有12条道路完成清表；由中铁十八局承建的投资27.88亿元青义和龙门片区道路项目前期准备工作进展顺利；由科发集团承建的投资1.45亿元安昌河综合整治项目加快前期工作。加强配套公共服务设施建设。配合启动绵阳文化艺术中心、科技之心中央公园等市级项目前期工作；加快科技城特色医疗中心、鼓楼山中小学、青义片区学校等项目前期工作，开工建设金家林幼儿园、2个社区服务中心、科研园区环境打造提升工程、青义涪城区中医院、龙门公墓等项目。

【“绵阳市海峡两岸青年创新创业基地”授牌】2017年12月13日，金家林试验区“绵阳市海峡两岸青年创新创业基地”授牌仪式在金家林软件产业园举行。市台办主任陈福林为基地授牌，区委副书记顾建、金家林总部经济试验区管委会副主任邓先义参加活动并揭牌。涪城区优秀创新创业青年代表和在涪城创业的台商台青等20余人参加活动。

【绵阳福建商会签订战略合作协议】2017年12月17日，绵阳福建商会与绵阳市金家林总部经济实验区签订战略合作协议。在绵阳的福建商人逾2万人，福建商会会员企业300多家，主要从事房地产开发、电子商务、环保新兴产业、建材、建筑、矿山开采、五金机电、医疗器械、体育服装、餐饮娱乐等行业，为绵阳解决就业近8万人。根据协议，绵阳福建商会将投资10余亿元在金家林总部经济实验区修建商业地产、商业物流、商会大厦等项目。

【科技城软件产业园】该项目规划用地面积54公顷，分三期建设，建成面积6万平方米。以软件开发和信息技术为主导产业，军民融合和智能制造为特色产业，重点发展应用软件、通信网络、智能生活、电商服务等产业。秉承“政府建园，企业办园”的发展理念，由政府引入的亿达科技新城管理有限公司进行专业化市场运营，已成为集政务服务、综合服务、商务服务、生活服务于一体的“一站式”大型服务平台。先后被认定为“国家级科技企业孵化器、国家级众创空间、四川省大学生创新创业孵化园区”。一期占地近5万平方米、建筑面积6万平方米，建成投用后，正式入驻办公企业127家，集聚科技型人才近3000人。2017年，实现软件产业销售收入17.28亿元。

【总部城项目】该项目规划占地460公顷，首期启动建设183公顷，总投资65亿元，以总部办公、金融中心、软件开发、现代商务、高端居住、会展中心六大板块为发展方向，建设具有科技城特色的总部基地，完成投资30.5亿元，开工50万平方米，建成40万平方米。完成总长3.64千米、投资约1亿元的环湖路建设，并全线实现贯通；完成金西湖（水面面积38公顷）蓄水及沿湖绿化美化；建成总部办公区域总面积12万平方米、77栋办公用房；引进工商银行、邮储银行、绵阳汇川房产、绵阳市融汇典当等总部型企业33家，形成办公集聚功能。

【科技城核医学中心项目】该项目计划总投资23亿元，占地28公顷，建设的总建筑面积约16万平方米。项目建成后将成为国内第一家集诊疗、医用放射性同位素（药物）应用，基础研究、临床研究，专业培训和疗养为一体的，具备临床（康复）诊疗、核医学研发、教学能力的综合研究机构和三甲综合医院。

【360全国网络安全运营中心项目】该项目拟分期建设安全服务运营总部、全国网络安全工程师人才培养绵阳基地和网络空间安全军民融合创新中心绵阳分中心。项目建成后3年内，将累计输出网络安全工程师人才5000人，直接带动就业超过5000人。项目建成后十年内预计累计实现产值64亿元、税收3.84亿元以上。2017年，企业已完成工商注册，完成企业办公用房、过渡住房、人才培训基地选址。

【四川省军民融合研究院项目】该项目由西科大与涪城区合作共建，拟入驻金家林试验区总部城27栋，首期使用5000平方米的办公楼，建设军民融合协同创新平台、军民融合大数据平台（JMR信息中心）、军民融合科技成果转化平台。2017年，项目办公场所装修已完成50%。项目计划投资3000万元，完成军民融合研究院项目办公场地的装修和入驻，军民融合协同创新平台投用，启动大数据中心的建设工作。

【智能终端产业园项目】该项目引进深圳心迪宝通讯设备有限公司、深圳市鼎视普锐科技有限公司等7家企业，拟在园区建设手机整机生产线。其中电子厂房建设计划投资3.75亿元，占地面积近6万平方米，总建筑面积约10万平方米。2017年，项目完成土方外运和桩基施工等工作，4号楼完成二层楼浇筑。（王旭久）

绵阳游仙经济开发区

【概况】游仙经济开发区（正县级）于2010年5月经绵阳市人民政府批准成立；2012年12月，被省发改委批准为省级循环经济示范园区；2013年4月，被省政府批准升级为省级经济开发区；2013年6月，列为四川省“51025”重点产业园区发展计划500亿园区重点培育对象；2013年9月，园区保和富山再生资源产业园被国家发改委、财政部批复为第四批国家“城市矿产”示范基地；2014年8月，获评“四川最具投资价值产业园区”；2014年11月，获批“省级知识产权试点园区”；2015年1月，获批“国家循环经济教育示范园区”；2016年被省人社厅等部门评为“四川省模范劳动关系和谐工业园区”。园区

图 17　游仙经济技术开发区

规划面积 36.88 平方千米，由南区、北区、东区“一区三组团”组成。重点打造循环经济示范园、军民融合产业园、光电产业园、新材料产业园、电梯产业园、化工工业园六大专业园区。

开发区有国家级重点实验室 3 个，国家高新技术企业 12 个，省级技术中心 8 个，市级技术中心 17 个，企业技术中心 33 个，产学研用合作技术创新组织 4 个，获国家、省、部科技进步奖项目 8 个。中国驰名商标 4 个，四川省著名商标 17 个。园区内有军民融合企业 37 家，其中规模以上企业 23 家，东材科技、开元磁材、海格承联通信、科莱电梯等一批军转民、民参军骨干企业，军民融合氛围初步呈现。

2017 年，开发区实现主营收入 530 亿元，同比增长 17.5%；实现税收入库 5.15 亿元，同比增长 5.1%；实现固定资产投资 121.9 亿元，同比增长 24.6%；实现规模工业总产值 437 亿元，同比增长 21.4%；实现工业（技改）投资 58.4 亿元，同比增长 15.9%；实现招商引资到位资金 50.2 亿元，同比增长 13.4%。

【园区重点项目建设】2017 年，开发区南区争取产业引导、重点项目、二期基础设施建设、化债资金等项目资金 13 笔、共 21.36 亿元。二期 PPP 基础设施项目快速推进；光联光电产业园基地项目临时生产厂房、万级无尘车间和办公用房完成装修，购置土地摘牌，进入场平阶段。尤灵卡日用品新材料科研及应用互联网+产业园项目进入场平阶段；中科国兴秸秆纤维丝新材料生产（一期）项目完成前期手续办理，进入生产阶段；奥格莱壁挂炉换热器生产线项目完成标准厂房内的环氧树脂地坪漆装修，进入生产线的安装调试阶段；凯越东湖 1 号商住楼项目于 12 月开盘；特锐祥陶瓷电容器和电子变压器生产项目完成土地摘牌，进入场平阶段。

2017 年，开发区北区按照“新签项目开工，现有项目达产”要求，全年完成工业技改投资 12.6 亿元，实现工业产值 90 亿元，全年争取省财政的园区统建安置房及拆迁安置化债资金、省发改委基础设施建设引导资金等共 6589 万元。中物技术智能制造基地申报为四川省现代服务业产业化基地，中物技术创业孵化平台、技术服务平台等5个工程技术研究中心入驻基地；科莱电梯二期完成设备安装，进入试生产阶段；中科西奥电梯正式投产；湖山二期办公大楼封顶，进行室外装修工程，厂房改造接近尾声；浩东食品二期完成8500万元投资，购置新设备并启动新厂房建设；盛宇新材料完成固定资产投资4800万元，新引进3个生产线正式投入生产；聚合新材料扩能项目完成用地拆迁安置，进行招拍挂前期工作；东兴绝缘扩能项目完成用地摘牌，并进场开建；坤俊新型建材贸易物流园项目完成用地拆迁安置工作和场平，进行地勘作业。

【园区基础设施】2017年，开发区南区续建及新开工建设项目19个，总投资8.9亿元，计划完成投资3.9亿元，实际完成投资4.58亿元，其中完工项目6个。二期基础设施建设PPP项目前期工作完成，笔架路、彩虹路、9号地块场平等10个子项目开工建设，完成投资1.8亿元，全年完成项目财评12个，完成项目审计8个。

2017年，北区基础设施建设项目任务11个，其中续建项目7个，新开建项目4个，项目估算总投资67.24亿元。全年计划完成投资13.95亿元，实际完成16.85亿，占年度计划的120%，其中全面完工项目4个。

【招商引资】2017年，开发区南区有签约投资15亿元的5G网络产品及100G光收发模块项目、投资5亿元的秸秆纤维丝新材料项目、投资5亿元的奥格莱壁挂炉换热器生产项目、投资5亿元的海创利电子产品项目等15个重大项目，协议引资总额达51.5亿元。项目全部建成后，预计可新增工业产值71.5亿元，实现税收2.86亿元。

2017年，北区加强与重点军工企业、科研院所、产业龙头对接，围绕建设军民融合高新技术产业基地，发展产业集群，开展精准招商。全年在各类博览会上签约项目7个，概算总投资188.3亿元；引进中尚能源、尚道电能、高达科技、兵装集团五八所、恒创锐通、绝铷科技及西部军民融合创新研发试验区军融创新1号至8号等项目25个，概算总投资516亿元；跟踪在谈铂瑞能源分布式能源站、恒创锐通等项目40个，概算总投资超过200亿元；完成工商注册入园企业21家。

【拆迁安置】2017年，开发区南区完成拆迁项目14个，拆迁农房273家，企业2家、迁坟317座，青苗补偿523家，拆迁面积达到73.33公顷，清运建筑垃圾约5万立方米，支付拆迁资金约2.12亿元。北区首期启动400公顷范围内应拆迁农家1313家，签订农家拆迁补偿协议1083家，完成726家农房拆迁；应拆迁企业37家，完成37家企业的清点丈量和评估工作，签订企业拆迁协议7家，完成3家企业拆迁，累计支付各类拆迁补偿资金约5亿元。全面完成启动区一期内16个社的社集体资产赔付工作。启动第一批209名、第二批452名拆迁农家的社保安置工作。

【科技城电梯产业园建设】中国科技城电梯产业园是以电梯全产业链为主的智能制造专业化园区。园区位于中国科技城集中区、游仙经济开发区北区（石马镇、东林乡），规划面积5平方千米，首期启动建设2.5平方千米，二期选址在东林乡，距园区一期约500米，规划面积约200公顷。2015年10月以来，科莱电梯一期、绵州通力电梯、四川广丰层门控制器3家企业相继建成投产，实现产值近18亿元。其余6家企业建设有序推进，预计项目全面建成投产后，可实现产值100亿元。经中国质量认证中心最新评定，园区区域品牌价值评估为51.14亿元。2017年，园区一期签约入驻科莱电梯、绵州通力、台湾腾达、中科西奥、佛斯特电梯5家电梯整机企业，美艺包装、四川振华轿厢、四川广丰电子、九升科技等4家电梯配套企业。（张　洁　刘　刚）

安州工业园区

【概况】四川绵阳安州工业园区是省级工业开发区、四川省“51025”重点产业园区、四川省知识产权试点园区，被纳入绵阳国家科技城军民融合集中发展区规划建设。2015 年，绵阳市委、市政府批复成立四川绵阳汽车产业园，与安州工业园区实行两块牌子、一套人马，打造四川第二大汽车产业基地。2017 年，园区共有规模以上企业110 家，工业总产值实现 262.05 亿元，同比增长 25.05%；规模企业利润实现 13.68 亿元，同比增长 31.67%。其中核心区 55 家规模以上企业工业总产值实现 128.33 亿元，同比增长 32.18%；利润实现 7.09 亿元，同比增长 42.37%；新增规模企业 8 家。

【重点项目建设】2017 年，园区实施“项目年”“百日攻坚”等行动，确保项目推进。四川爱联、天濠药业、国药控股等 7 个项目正式投产运营；纳川管材、鸿永盛模具、通泰科技、辉达粮油等 10 个项目进展顺利；华晨 25 万辆整车、东旭新能源汽车、新华内燃机、新希望六和等 27 个待建项目做好开工准备工作。完成安州区 2017 年第一季度重点项目、2017 年四川省重大产业项目集中开工绵阳市分会场、2017 年四川省第四季度重大项目集中开工绵阳分会场暨绵阳新华内燃机股份有限公司 30 万套发动机关键零部件项目、天雄药业年产 1.5 万吨中药配方颗粒项目、绵阳麦思威尔年产 5 万吨高端特种涂料项目开工仪式等重大活动。

【开展“清闲促建”行动】2017 年，园区新增盘活闲置低效用地 25.8 公顷，新引进投资合计 17.68 亿元。鸿永盛整体使用联众电力厂房和办公楼，并进入批量试生产；通泰通讯使用原泰亮科技厂房和部分办公室楼；攀极科技租用德虹电器厂房，朗迪新材料整体购买华兴精机闲置用地，天雄药业、启明星购买银河星源低效用地等项目顺利实施。“清闲促建”经验被《四川日报》《四川经济日报》等媒体宣传报道。

【汽车产业发展】2017 年，市政府正式批准实施《四川绵阳汽车产业园发展战略规划（2017—2025 年）》；承接绵阳市汽车产业推进会；参加第七届中国国际新能源汽车论坛并推介绵阳汽车产业，与中国汽车技术研究中心签订年度服务合作协议；组织企业参加第四届成都国际汽车零配件及售后服务展览会；制作园区招商引资宣传画册和宣传片。

【创新创业】2017 年，园区协调重大项目四川中油九洲北斗入驻创业服务中心新办公地点；推进大学生创新创业，与 8 家科研院所建立合作关系；发展爱联科技、通泰通讯等科技型中小企业 16 家；完成省级孵化器验收工作；做好国家级孵化器项目申报工作；通过省级知识产权试点园区验收。

【重大项目服务】2017 年，园区实施项目“四级”负责工作推进和项目专员制度，每月不定期召开重大项目推进工作会议，研究解决重大项目推进过程中遇到的困难和问题。推进数字化园区建设，10 月，完成一期建设的项目管理系统、应用数据综合管理系统、企业产品展示平台、三维仿真 VR 展示系统、展厅改造等，并通过省、市经信委专家组验收。开展“助保贷”“园保贷”业务，促成金润特机械等小微企业成功贷款 600 余万元。

（赵德银）

江油工业园区

【概况】江油工业园区位于江油城区东南，规划面积 28.02 平方千米，是一个以高端金属材料、高端装备制造、电子信息与光电、生物医药与食品为主要产业的新型工业园区，是省级高新技术产业园区、四川省新型工业化产业示范基地、重点产业园区、新型工业化产业示范基地、知识产权试点园区、“园保贷”试点园区。

园区有院士（专家）工作站 2 个，博士、硕士工作站 1 个，国家级检验检测中心 1 个、省级工程技术研究中心 1 个，省级企业技术中心 6 个、市级企业技术中心 14 个，建有科技创新孵化平台 2 个，总面积达 1.42 万平方米；历年累计申请专利1317 件，获得授权专利 944 件，拥有中国驰名商标 1 个、四川省著名商标 7 个、绵阳市知名商标 6 个、中国地理标志保护产品 2 个、名牌产品 13 个。

园区设党工委（中共四川江油工业园区工作委员会）、管委会（四川江油工业园区管理委员会），为中共江油市委、江油市人民政府派出机构。党工委、管委会按市委、市政府授权，负责园区内的经济发展建设和社会事务管理工作。园区内设综合管理办公室、监察局、党群工作部、项目办、建设和环境保护局、社会事务局、财政局、经济发展局和招商服务中心 9 个机构。

2017 年，园区实现规模工业总产值 441.4 亿元，同比增长 23.3%。营业收入 422.7 亿元，同比增长 21.3%。税收收入 3.82 亿元，同比增长 16.9%。完成固定资产投资 71.6 亿元，新增规模企业 16 家，规模以上工业企业达到 160 家，其中引进高新技术项目 7 个，战略新兴产业项目 8 个，新培育高新技术企业 7 家。

2017 年，园区以高端金属材料、高端装备制造、电子信息及光电、生物医药产业集群为核心，各项产业加速发展，加快建设一园八区工业集中发展区及西南模具产业园。全年引进艾格瑞特、森邦汽车等 10 余家模具企业，投资近 15 亿元，模具产业链初具雏形；围绕“互联网+创新创业”行动，加大高新企业技术企业孵化培育力度，完成 3 万平方米的园区科技孵化及创新创业中心建设。

【招商引资】2017 年，园区选派干部建立产业组，围绕高端装备制造、电子信息与光电以及食品医药三大战略型新兴产业，多方位开展招商引资工作。全年共签约项目 24 个，其中直接协议投资项目 19 个，协议总投资 142.15 亿元。

【重点项目】2017 年，园区建立健全“四十”项目攻坚联系责任机制，抓好项目零距离精准服务；设立产业发展、项目建设专项资金，发挥平台公司融资功能，有效化解项目资金难题，分类施策推动项目建设提质增效。艾格瑞特汽车精密模具制造基地项目、长祥万吨模具钢超市项目等 16 个项目顺利竣工验收，六合锻造航空与燃机合金项目、东方玻璃 12 万吨中高档玻璃屏项目等 20 个在建项目顺利推进。（谢小东）

三台工业园区

【概况】四川省三台工业园区是 2006 年经国家发改委批准命名的省级开发区，是“省级中小企业创业园区”。园区规划面积 44 平方千米。2017 年，园区明确“一园两区多组团”的发展空间，按照三台县工业“2+1”主导产业发展定位，明确区域、组团产业发展重点，打造梓州产城新区机械电子及新材料专业园区、芦溪工业区食品医药大健康专业园区、刘营工业组团装配式建材专业园区、青东坝工业组团鞋服专业园区。

2017 年，有规模以上企业 64 家，其中新增 7 家，实现工业总产值 72.38 亿元，同比增长 22.91%；固定资产投资 7.37 亿元，同比增长 181%；工业投资 14.45 亿元，同比增长 34.1%；技改投资 13.87 亿元，同比增长 31.5%；高新技术产业总产值实现 22.62 亿元，同比增长 27.77%；实现税收 2.3 亿元。

【企业服务保障】2017 年，园区实行每个项目 1 名联络员，同时组建招商引资、供地报建、建设秩序、要素保障、企业运行、标准厂房 6 个服务团队，形成“1+6”服务体系。保障 25 家入园企业开工建设，解决企业要素保障、施工进场、招工等各类问题 500 余件（次）；争取县政府授权办理前期建设手续 17 项，推动行政审批前移，基本实现项目前期手续园区受理、园区办结。高效地办理各类项目建设手续 40 余个，协调解决各类遗留问题 20 余件。

【园区重点项目推进】2017 年，园区投入 1 亿余元，完成土地整理 133 余公顷，拆迁 700 余家。宏达杭萧钢构、台沃二期、桦欣纸业、成都启发等建成投产；耶华科技一期、崇源庆一期等进行试生产；祺又环保材料、谛维铱等进入设备安装阶段；华硕、梅林二期、铁骑力士等 15 个项目平稳推进。

【基础设施建设】2017 年，三台县通过引进社会资本、包装运营项目等方式，启动基础设施、安置房等各类项目近 20 个，完成投资 6 亿元以上。五里梁污水管网、黄家坝配套服务中心全部建成，青东坝鞋服产业园配套设施全面完成；梓州产城新区基础设施、招商运营中心和安置房等项目持续推进；芦溪工业区麦冬大健康试验园、环境提升等项目有序推进；五里梁创新科技孵化园、污水处理厂、青东坝五期安置房、黄家坝二期安置房等全面启动。

【招商引资】2017 年，三台县围绕农业“3+2”、工业“2+1”主导产业发展方向，组建专业招商团队，实施精准招商。开展重点招商 20 余次，跟踪洽谈项目 60 多个，签约入驻项目 29 个，总投资 47.52 亿元，持续跟踪项目 11 个。

【闲置资产清理】2017 年，三台县开展清闲促建行动，通过取协商返租、依法回购、租赁转产、合作共建等措施盘活闲置资产。依法回购明杰服饰，返租代管波鸿机电、玛斯特闲置资产，协助谛维依、卓越纺织、蜀龙泵业等出租闲置厂房。盘活存量土地 66.67 公顷、闲置厂房 12 万平方米。

【融资渠道拓展】2017 年，三台县以工投公司为载体，组建基础设施建设基金、重点产业发展基金和麦冬产业发展基金，启动园区项目收益债发行工作。采用 BOT、BLT、EPC 等多种方式，吸引民间资本和社会资金合作共建园区。至年底，工投公司总资产达 11.87 亿元，实现资产租赁收入 160 万元。完成项目融资 7 亿元，到位融借现金 2.05 亿元。

【技术创新】2017 年，力达泵业、朝育机械等企业累计投入研发资金 4000 余万元，获得省财政资金 275 万元支持相关研发平台建设。推进佳联佳禧争创国家级企业技术中心、雅化三台公司争创省级企业技术中心。雅化三台公司获得工业和信息化部授予智能制造示范企业称号；台沃科技获得省级工程实验室授牌。

【绵阳佳联（佳禧）印染有限责任公司】佳联印染公司于 2003 年 5 月落户三台，2012 年 12 月迁入三台县潼川镇南寺坝工业集中区内，并与佳禧印染公司（2007 年 1 月成立）建成佳联（佳禧）印染工业园，是中国西部产品档次最高、规模最大染整生产企业，省市纺织龙头企业，公司总资产达 7 亿元，有员工 760 余人，是国家首批“印染准入公告制”企业、“国家高新技术企业”“中国印染 20 强企业”，国家级“工人先锋号”企业，省“节水型示范企业”，拥有省级企业技术中心 2 个、省级工程技术研究中心 1 个；2015 年荣获全国纺织行业管理创新大奖；有专利 73 项（其中发明专利 20 项）、科技进步奖 7 项；累计实现特种工装面料、军用防红外迷彩服装面料产量 7 亿米，累计实现产值 50 亿元，上缴税金

3.5 亿元，出口创汇 2 亿美元；累计发放员工薪酬 2.5 亿元，带动间接就业 2000 余人、带动 5 家企业投资落户三台，公司达到人均产值 180 万元/年，人均上缴税金 10.7 万元/年，月人均工资 4500 余元。2017 年，公司实现产量 1.47 亿米，产值 13.68 亿元，税金 7266 万元，出口创汇 1812 万美元。

【四川台沃农业科技股份有限公司】公司创建于 2003 年，发展成为以台沃科技集团股份有限公司为主体，下属控股四川台沃种业有限责任公司、四川台沃新秀健康植物保护服务有限公司、四川台沃生态农业发展有限公司、云南台沃农业服务有限公司、泸州台沃农业服务有限公司等企业，集研发、生产、销售、服务于一体，涉足肥料、种业、植保、农产品、农业技术服务等领域，产品畅销四川、重庆、陕西、云南、新疆、安徽、宁夏、广西等省市。2017 年，台沃公司总资产 4.7 亿元，有员工 500 余人，其中科技人员 60 多人；公司生态环保专用配方肥产品涵盖 37 种作物、300 多个配方，产品畅销四川及省外，建有技物结合直销网点 7000 余个；是国家高新技术企业、全国配方肥推广百强试点企业、全国农技协会常务理事单位、四川省农业产业化经营重点龙头企业、西部大开发重点支持企业、四川省创新型试点企业，四川省科教兴川示范基地，四川省企业技术中心、四川省农作物专用配方肥工程实验室、绵阳市院士（专家）工作站，绵阳市农作物专用配方肥工程技术研究中心；已获专利 29 项（其中发明专利 11 项），获科技进步奖 5 项、专利奖 1 项，通过生态环保产品和无公害农产品认证各 1 项。2017 年，公司研发推广专用配方肥 18 万吨，推广面积达 34 万公顷，节约化肥折纯用量 1.8 万吨，减少二氧化碳排放 12 万吨，建成水稻繁育基地 400 余公顷，推广水稻、玉米、油菜良种 1290.7 吨，建立优质粮油基地 3.4 万公顷（其中优质大米基地 6666.7 公顷），稻鸭共育模式让三台县 5408 户贫困户脱贫；2017 年，实现产量 17.1 万吨，产值 4.75 亿元，税金 3859 万元，助农增收 12 亿元。

【上海梅林正广和（绵阳）有限公司】公司于 2006 年落家芦溪工业集中区。2009 年底，一期年产猪肉类罐头 2 万吨项目建成投产，占地 115 亩，总投资达 2.65 亿元，有员工 300 余人，生产线为进口及国内先进，通过 ISO 9001：2008 质量管理体系和 ISO 22000：2005 食品安全管理体系、HACCP 认证，“梅林”牌罐头享誉中外，产品 60% 销往澳大利亚、菲律宾、马来西亚、阿联酋、刚果等国家和中国香港、澳门等地区，是西南地区罐头行业领头羊。2016 年 7 月，公司年产 4 万吨猪肉罐头生产线（续建 2 万吨）技改项目开工建设，计划总投资 7554 万元，形成年产 4 万吨猪肉罐头的生产能力（新增年产肉类罐头 2 万吨能力），预计 2018 年 12 月底前竣工。2017 年，实现产量 2.77 万吨，产值 4.48 亿元，税金 2914.31 万元，出口 122.22 万美元。

【四川省水电投资经营集团永安电力股份有限公司】四川省水电投资经营集团永安电力股份有限公司（简称永安公司）主营水力发电、电力供应、承装（修、试）电力设施，下设子公司经营：水电工程、工业及民用建筑工程施工及安装，房地产开发，水电物资供应；公司有永安电厂、文峰电厂、吴家渡电厂（不含在建冬瓜山电站）3 个发电部门，潼川供电所、芦溪供电所、花园供电所、刘营供电所、金石供电所、西平供电所、古井供电所、新生供电所、观桥供电所、景福供电所、富顺供电所、塔山供电所 12 个供电部门；截至年末，公司注册资本 24416.76 万元，总资产 23.10 亿元，净资产 8.80 亿元；水力发电站 3 处（不含在建冬瓜山电站）总装机 9.18 万千瓦，110 千伏变电站 8 座，主变容量 460.5 兆伏安，线路 148.92 千米，35 千伏变电站 15

座，主变容量 221.90 兆伏安，35 千伏线路 326.46 千米；10 千伏线路 3808.74 千米，低压配电线路 11106 千米，配变容量 806.58 兆伏安；2017 年，实现发电量 5 亿千瓦时，售电量 8.25 亿千瓦时，营业收入 4.67 亿元，利润 3755.76 万元，上缴税金 3570.88 万元。

【绵阳中研磨具有限责任公司】绵阳中研磨具有限责任公司（以下简称“中研磨具”）成立于 2006 年 7 月 24 日，位于三台县工业园区，是一家专业生产磨具、磨具原料、工业砂布、砂纸、砂布轮及机械配件的专业制造公司，注册资金 500 万元，占地 150 余亩，生产车间 1.5 万余平方米，办公用房 1370 余平方米，员工 330 余人，主要生产各类高性能平面轮、千叶轮、砂布及黏结剂，拥有 20 条平面轮自动生产线，具备年产平面砂布轮 1 亿个、轮盘托盖 7000 万个、特种高分子复合材料 3355 吨等主要产品的生产能力；公司与四川大学、西南交通大学、四川省机械研究设计院等高等院校、科研院所长期合作，公司有技术开发人员 58 人；公司有研发项目 15 项，年均科技成果转化项目为 5 项，每年可实现销售的新产品 13 个以上，有各类专利 30 个以上，取得 10 余项专有核心技术。2017 年，实现产值 3.88 亿元，税金 1855.6 万元，出口 115 万美元。

【太极集团·四川天诚制药有限公司】太极集团四川天诚制药有限公司成立于 2001 年 5 月，是太极集团在川大型口服液体制剂生产基地、植物药提取中心和全集团唯一的外用软膏类制剂生产基地。公司位于三台县灵兴镇，占地 30.27 公顷，厂房面积 13.9 万平方米，注册资金 3612.18 万元，员工 500 余人，管理及科研人员 100 余人，具备年产糖浆剂、合剂 1.5 亿瓶、口服液 5 亿支、外用软膏类制剂（凝胶剂、软膏剂和乳膏剂）7000 万支的生产能力。公司常年生产各类糖浆剂、口服液、外用凝胶剂等治疗性产品近 30 个，产品覆盖全国市场，部分产品已成为区域性领导品牌。全国独家低糖型百咳静糖浆，曾获国家科技部、国家质量技术监督局等五部委联合颁发的“国家重点新产品”证书；国家中药保护品种川芎茶调口服液为全国首家上市；与北京军事医学科学院联合研制的盐酸特比萘芬凝胶，为治疗手癣、脚癣、体癣、股癣等真菌感染所致皮肤病的首选药物；川贝清肺糖浆为川贝系列优质止咳糖浆畅销全国。2017 年，有在研产品 2 个（其中一个产品生产工艺已获国家发明专利证书）；公司“太极集团四川生产基地”项目，投资 5 亿元（其中固定资产投资 3 亿元），新征土地 20 公顷，新建厂房约 6 万平方米，购置安装设备 300 余台套，预计年产能达到 20 亿元。一、二期工程建设项目全部完工，累计完成投资约 2.5 亿元，并于 2014 年 4 月、7 月、12 月相继通过省食药监局组织的新版《药品生产质量管理规范》（GMP）认证，取得中华人民共和国药品 GMP 证书；2017 年，实现产量 0.79 万吨，实现产值2.54 亿元，上缴税金 1616 万元。

【四川三台力达泵业有限公司】四川三台力达泵业有限公司成立于 1995 年 5 月 30 日，位于青东坝工业集中园区四号路，注册资金 2000 万元，占地 4.3 公顷，固定资产约 2128 万元，流动资金约 1524 万元。有员工 112 人，其中专业技术人员 28 人，高级工程师 2 人，经济师 1 人，助理工程师 5 人。公司主要生产 IS 离心泵、LDZ 卧式直联泵、S.SH 大型中开泵、GC 锅炉给水泵、PW 污水泵、WQ、QS 全扬程电泵等多系列 300 余种规格的泵类产品，其中自主研发产品获国家实用新型专利 17 项。公司注册的四川省著名商标“长源”牌系列水泵产品的生产和服务通过 ISO 9001：2008 国际质量管理体系认证；公司多年来被省、市、县评为“质量达标企业和产品质量稳定合格企业”“中国名优产品”“中国高效新产品”“全国质量信得过产品”“全国质量、信誉AAA级示范单位”“全国质量服务诚信示范企业”“中国离心泵十强企业”。公司在成都、重庆、武汉、昆明等大中城市设立分公司及销售网点。2017年，实现产量3万吨，产值0.5亿元，税金257万元。

【四川泰宇达棉纺有限责任公司】四川泰宇达棉纺有限责任公司于2009年2月落户潼川镇南寺坝，注册资本金1000万元，总投资5000多万元，占地2.4公顷，拥有厂房和研发楼1万余平方米。购置安装YR788型高档剑杆织布机200台，全自动GA306A型浆纱机1套，全自动高速整经机2台，年生产各类坯布800多万米，产品销往重庆、广东等地，销售收入约1亿元，税金100余万元，有员工176人。公司主要为佳联佳禧印染公司提供配套。公司新注册四川佳满源棉纺有限责任公司，2014年在两江工业集中区（青东坝）新征土地100亩，新建新型气流纺、无梭特阔高档家纺面料纺织全能厂项目，总投资1.97亿元（其中固定资产投资1.68亿元），新建纺纱和织造车间2.3万平方米，辅助生产用房8000平方米，办公、生活及其他用房1.23万平方米，新上6720头气流纺生产线及无梭特阔高档家纺面料生产线各1条，EA800型喷气织机120台、进口DELTA110型自动穿扣机1台、国产GA310型高速超宽浆纱机1台、高速整经机1台，生产紧密纺纱、转杯纺纱和特阔高档家纺服装面料，形成年产纱6500吨、纯棉特阔坯布1200万米的生产能力。预计项目投产后可实现年产值25000万元、利润1200万元、税金1000万元。2017年，实现产量0.2万吨，产值1.38亿元，税金186万元，出口39万美元。

【绵阳恒昌制衣有限公司】绵阳恒昌制衣有限公司有刘营镇和中新镇两个厂区，2004年由香港三昌国际投资有限公司设立，投资总额为5100万元，注册资金3570万港元，主要从事英国国防部陆军军装、科威特军装、西班牙军警作战服、加拿大特种行业工装、英国厨师服系列工装的生产及新产品研发，主要品牌“侨纳琛”，产品质量标准为国际通用标准AQL 2.5，公司获得ISO 9001质量管理体系认证、SA 8000社会责任认证标准、BRC全球消费品管理认证体系、Oeko-tex生态纺织认证体系，公司拥有稳定的国际市场，是英国陆军在亚洲唯一军装生产供应商；自创品牌JONATHAN（侨纳琛），主要生产工作服、医疗服装系列、厨师系列、服饰等。2017年，实现产量120万件，产值0.38亿元，上缴税金150万元，出口475万美元。

【雅化集团三台化工有限公司】雅化集团三台化工有限公司位于刘营镇，是四川雅化实业集团公司的全资子公司，是国家定点民用爆破器材生产企业和省民间爆破行业重点骨干企业，集生产、研发、销售、爆破服务为一体，主营业务为制造销售工业炸药，工程爆破，机器设备研发、生产及销售，应用软件开发及销售，从事与本企业生产经营相关的对外贸易；公司占地面积约10万平方米，注册资本4100万元，员工50余人，专业技术人员20余人，中高级工程师13人；公司拥有专利39项，其中发明专利4项；公司依托集团国家级技术中心技术实力，建立市级企业技术中心，从事工业炸药技术和装备的研发及应用；先后被评定为高新技术企业、科技型中小型企业、省建设创新型企业试点企业、省实施卓越绩效模式先进企业、省信用等级AAA企业，公司生产的乳化炸药为四川省名牌产品，被列入2015年四川省名优产品目录；公司与南京理工大学、西南科技大学签约共建“火工产品及含能材料共建实验室”，是西南科技大学含能材料专业实习基地，2017年9月入围工信部智能制造试点示范项目；公司有年产1.2万吨胶状乳化炸药（年产2000吨乳胶基质）生产线，采用硝酸铵溶液、液态复合油相、高温静态敏化、美国迪博泰装药机、机器人包装、机器人装车、视觉识别等先进技术，产品主销绵阳、遂宁、南充、阿坝州、重庆、贵州、云南等地。2017 年，实现产量 9278.136 万吨，产值 5690.50 万元，上缴税金 582.37 万元。（冉进财）

盐亭经济开发区

【概况】四川盐亭经济开发区是 2014 年省人民政府批准设立的省级开发区，被认定为绵阳（盐亭）生物技术特色产业园。经开区毗邻盐亭县城新区，规划面积 14.36 平方千米，其范围为东至黄甸镇，南至麻秧乡天水村，西至巨龙镇，北至云溪镇，建成区面积 10 平方千米，辖 7 个社区，总人口约 1.5 万人。2017 年，实现工业总产值 15.54 亿元，同比增长 24.7%，其中规模以上工业总产值 10.79 亿元；工业企业营业收入 13.7 亿元，同比增长 19.2%，其中规模以上工业企业营业收入 9.69 亿元；完成税收总额 2217 万元，增速为 13.9%；入驻工业企业总数达到 48 家（规模以上企业 20 家），从业人员总数 1636 人，产业集中度达到 83.2%。2017 年，新型建材产业实现产值约 3.4 亿元；生物医药产业实现产值约 1.8 亿元。

【招商引资】2017 年，开发区围绕主导产业，实行以园招商、以企招商，做大项目增量，拉长产业链。成功引进四川威斯卡特工业有限公司、绵阳双辉金属科技有限公司、四川创润机电制造有限公司、四川银朗交通设施有限公司、四川一加一家具有限公司、盐亭京豹电动车有限责任公司等 6 家企业，新增就业岗位 500 个。

【项目资金投入】2017 年，开发区向上争取产业发展资金支持，大力推进“园保贷”试点工作。为建丰林业争取担保贷款指标 1000 万元，担保贷款 400 万元；为天鸿科技、群琪科技争取担保贷款指标各 500 万元。

【社会民生发展】2017 年，园区危旧房改造有序推进，临江 8 社、9 社、10 社居民自建安置点完成政府配套的补助项目。社会保障体系和社会救助体系进一步健全，3456 人享受城市最低生活保障、1720 人享受农村最低生活保障，累计发

图 18　盐亭经济开发区

放低保资金1200余万元，全年社会救助120人，发放救助资金8万余元，建立残疾人“量体裁衣”个性化服务335人次。房屋地震保险参保2900家。民政优质救济资金、残疾人救助资金、退耕还林、地力补贴、独生子女奖扶、拆迁安置等涉农资金实现及时兑现。

【绵阳（盐亭）生物技术特色产业园】2017年，绵阳（盐亭）生物技术特色产业园稳步发展，已入驻新华康、迪澳制药、天鸿生物科技等生物技术企业5家，实现总产值1.82亿元。建成亚洲最大规模的柑橘类提取及衍生物研发、生产、出口基地，企业产品远销30个国家和地区，美迪康、新华康在法国巴黎及美国洛杉矶均设有仓储式销售中心。

【建丰林业生产线改造项目】四川建丰林业有限公司投资8000万元购置摇筛、干燥、刨片、打磨、中间仓储、砂光机等主要设备14套，将原有15万立方米中/高密度纤维板生产线技改升级为18万立方米的刨花板生产线。项目于2017年11月26日投产下线。项目竣工后，公司实现年产值3亿元以上，每年上缴各类税收1000万元，可提供就业岗位200个。

【盐亭盈基生物质发电项目】项目位于盐亭县经济开发区内，其建设规模为30兆瓦生物质直燃热电厂。配备1台130T/h高温、高压直燃式循环流化床锅炉和1台30兆瓦抽凝式供热汽轮发电机组。用地262.55亩，总投资2.89亿元。项目建成投产后，年可消化农业秸秆和林业废弃物28万吨，每年可供电量约2亿千瓦时，供热20万吨，产值2亿元，实现税金1200万元。年可节约标煤11万吨，减少CO_2排放量18万吨。可为当地农家增收8000万元，同时可带动燃料加工、运输等产业的兴起与持续发展。

【盐亭县梓江左岸月园段堤防建设工程项目竣工】2017年，盐亭县梓江左岸月园段堤防建设工程项目全面竣工，该项目总投资1.96亿元，由堤防工程和污水管网两部分组成，投资额分别为1.3亿元和0.65亿元，工程全长4.3千米，分上下两段，分别为3.4千米和900米，属于振冲碎石桩基础、页岩石渣料填筑而成的生态河堤。

（董晶晶）

盐亭经开区规模以上企业名单

表14

序号	企业名称	企业名称
1	盐亭县京基商品混凝土有限公司	(20家) 规模以上工业企业
2	绵阳兴隆科技发展有限公司	
3	四川金和新型建材有限公司	
4	绵阳美迪康生物科技有限公司	
5	四川建丰林业有限公司	
6	四川省盐亭活性白土有限责任公司	
7	绵阳市金明木业有限公司	
8	盐亭县峻峰建材有限公司	
9	四川新华康生物科技有限公司	
10	四川晋深新型建材科技有限公司	
11	绵阳天鸿生物科技有限公司	

续表

序号	企业名称	企业名称
12	绵阳润翔生物科技有限公司	(20 家) 规模以上工业企业
13	四川群琪科技有限公司	
14	盐亭县全成生态科技有限公司	
15	绵阳迪澳药业有限公司	
16	绵阳市理想丝绸有限公司	
17	盐亭县坤昇食品有限公司	
18	四川弥江酒业有限公司	
19	盐亭中民燃气有限公司	
20	四川绵阳盛丰磷化工有限责任公司	

梓潼经济开发区

【概况】四川梓潼经济开发区前身为2002年4月30日成立的梓潼县经济技术产业园区；2014年7月10日，四川省人民政府《关于设立四川梓潼经济开发区的批复》（川府函〔2014〕128号）同意设立四川梓潼经济开发区。

开发区规划范围为：东至潼江河，南至长交路和污水处理厂，西至长卿山和百家湾，北至白虎嘴，包括南桥村、幸福村和长卿镇石河村部分区域。文昌镇青龙工业集中区、长卿西侧圣迪乐村和位于宏仁乡的华信铁合金项目作为经开区控制发展区域。控制面积10.5平方千米，规划控制面积4.17平方千米，规划范围在国道108线和绵梓路之间，与绵江产业带相衔接，向国道108线南面延伸。开发区辖南桥村、幸福村和南桥社区，总户数6189户，总人口12767人。经开区党工委管委会内设综合管理办公室、经济发展局、建设和环境保护局、财政局、监察局5个内设机构，1个经开区管理的公益类事业单位——社会事务中心。经开区机关行政编制18名，工勤编制3名，事业编制10名，2017年底，在编在岗共25人。

2017年，经开区集聚各类工业企业79家，其中规模企业34家。规模企业实现产值118.99亿元，同2016年相比（下同）增长16.02%；实现营业收入106.1亿元，同比增长5.97%；实现利润2.26亿元，同比增长5.4%。以上三项指标分别占全县工业企业的94.27%、94.19%和95.9%。其中食品产业实现产值64.34亿元，同比增长1%；轻纺产业实现产值16.73亿元，同比增长10.5%；电子机械产业实现产值2.19亿元，同比增长24.43%，主导产业集中度达到78%以上。

2017年，完成绵阳市下达的园区营业收入增速7%和园区产业集中度70%目标任务，完成率100%；完成固定资产投资4.92亿元目标；完成竣工工业项目5个（健腾生物、睿意达服装厂、梓伯林家具厂、葛根精深加工项目、国药集团川北医疗器械物流中心）；完成招商引资目标，国内省外到位资金12.55亿元，引进亿元以上项目6个。

【基础设施建设】截至2017年，经开区累计投入基础设施建设资金7.5亿元，建成面积2.54平方千米，建成率达到60%以上，其中规划道路建成13.1千米；2003年以来规划建设7个拆迁安置小区，安置拆迁户822户，占地24.52公顷，建成小区道路7.5千米；完成幸福B区二期和南桥C1区道路建设工程；川文艺道路建工程、川文艺小镇完成规划，进入招商程序；工业污水处理厂项目，计划投资1.5亿元，日处理1.9万吨，完成项目前期工作；投资4000余万元的城镇生活污水处理厂技改扩能项目于2017年12月26日建成并投入使用。

【棚户区改造】2017年，城南棚户区（城中村）改造项目推进平稳，该项目主要涵盖幸福村幸福农家乐片区和南桥村金家堡片区，项目投资4.3亿元，采取政府购买服务的方式实施，计划于2019年4月底结束，项目实施范围内共有被征收人约618户，需安置人员约2016人，征收房屋15.68万平方米。截至12月31日，签订协议339户，拆平房屋260余户，拨付拆迁补偿款251户，补偿资金11020.72万元。

【生物医药产业园建设情况】2017年，园区内有一康生物制药、信得华西、合力植化、金辉生物等一批生物医药支柱性企业，其中原料药加工企业5家，成品药生产企业5家，全年实现总产值8.48亿元，实现营业收入8.19亿元。编制完成《绵阳生物医药产业园区发展规划（2017—2025）》，明确1平方千米的绵阳生物医药产业园核心示范区；确立以中药饮片加工、成品药生产、医疗器械三大生物医药产业发展重点；制定生物医药一、二、三产业与产业培育、聚集、升级相融的绵阳生物医药产业园发展路线图。绵阳生物医药产业园标准化厂房及孵化中心项目，计划总投资1亿元，规划面积5万平方米，截至年底，5栋标准化厂房主体完工，孵化楼开工建设。

【天然气分布式能源项目】梓潼经开区天然气分布式能源项目是由梓潼县人民政府引进的现代清洁能源集中供能项目，由国机集团下属中机国能智慧能源有限公司全资投建，该项目固定资产总投资约1.9亿元，计划分三期实施，预计于2018年10月正式投产。预计项目全部建成后发电总装机容量为24兆瓦，综合能源利用效率约85%，总蒸汽供热能力可达150T/H，可向园区企业提供冷热空调供能“三联供”服务，能满足园区中长期发展规划需求。

【汇智投资发展有限公司】2016年，汇智投资发展有限公司成立，是国有控股企业。公司内设立财务（融资）部、建设（资产）部、综合（招商）部3个内设机构，有员工11人。2017年，公司实现经营收入42.7万元、上缴税金70余万元；实现融（引）资6.66亿元，其中25个乡（镇）污水处理厂（站）及管网配套工程3.66亿元，城南棚户区改造项目2.9亿元；支付县委、县政府、管委会签批（同意）的新增建设用地报征、土地出让、闲置土地收购、过度安置等重大项目费用4000余万元。

【四川福欣食品有限公司】四川福欣食品有限公司（以下简称公司）是集生产、销售调味品（固体、半固体）以及蔬菜制品，食品技术开发及推广服务等产业，是梓潼县的农业产业化的重点龙头企业，公司注册地为绵阳市梓潼县，注册时间为2014年3月6日，注册资金2000万元，信用等级A级。公司立足于农副产品的种植、精深加工、研发、生产、加工以及销售。占地面积8.67公顷，建筑面积6.52平方米，有固定资产1.6亿元。产品先后获得中国驰名商标、四川著名商标、四川省名牌产品、四川省重点新产品称号。公司成立“现代生物技术研发团队”，有核心成员18人，依托浙江大学、四川大学、西华大学、成都大学等高校科研力量，成立企业技术中心，先后开展“蔬菜低盐乳酸菌发酵腌制技术的开发及其应用”“农产品传统发酵技术研发平台创新能力提升”“乳酸菌二次发酵清水泡菜关键技术研究及应用”等多项研发项目。公司乳酸菌直投式二次发酵生物科技技术，通过 ISO 9001 质量管理体系认证和 HACCP 食品安全管理体系认证、出口卫生注册、美国 FDA 认证等。公司有固定员工 245 人，其中高级技术人才 18 人。截至年底，已成功实施发明专利 6 项，外观专利 8 项，科技成果 1 项等荣誉。（王　波）

北川经济开发区

【概况】2012 年 6 月，四川北川经济开发区由四川省人民政府批准成立的省级开发区，规划面积 12.87 平方千米，主要发展新材料、电子信息、机械制造、食品药品加工等产业。2016 年，确立为绵阳市十大军民融合产业园。

2017 年，开发区完成工业总产值 14.68 亿元，比2016 年增长 13.53%，其中规模以上企业完成工业总产值 12.55 亿元，比 2016 年增长 22.44%，规模以上工业总产值占全县规模以上工业总产值的 40.7%；规模以上企业实现利润 5700 万元，比 2016 年增长 22.58%，占全县规模以上企业利润的 36.35%；实现税收 1336 万元。全年新增规模企业 4 家，累计规模以上企业 20 家；新增军民融合企业 1 家，军民融合企业家数累计 5 家，新增国家高新技术企业 1 家，高新技术企业家数达到3 家。入园企业 80 家（孵化企业），解决就业近 3000 人。园区总投资 500 万元以上的重点项目 44 个，年内完工项目 34 个，在建项目 10 个，完成固定资产投资 17.46 亿元。跟踪招商项目 40 余个，签约项目 17 个，合同金额 15.7 亿元，其中签订正式投资协议项目 14 个，合同金额 9.7 亿元，框架协议项目 3 个，协议投资 6 亿元。

【山东产业园】山东产业园区位于北川新县城东南，是北川经开区起步区，面积 1.2 平方千米，园区基础设施由山东省援建，2010 年投入使用，主要发展电子信息、新材料和食品药品加工等产业。2017 年，加大山东产业园闲置资产处置工作力度，引进乐川科技、沃姆斯科技、展塑科技等 11 家企业入驻山东产业园，全年利用山东产业园闲置资产 4.6 万平方米，累计利用闲置厂房 17 万平方米，新增就业 600 余人。至年底，产业园共有入驻企业 45 家，规模以上企业 16 家，高新技术企业 2 家。2017 年，实现工业总产值 10.85 亿元，带动就业 1500 余人。

【通航产业园】绵阳科技城（北川）通航产业园位于北川新县城西南部，是 2014 年 2 月由绵阳市委、市政府依托四川北川经济开发区设立，是绵阳市十大军民融合产业园，科技城“一核三区多园”的重要组成部分。北川通用航空机场被四川省人民政府列入《四川省“十三五”规划”》《四川省通用机场布局规划（2016–2030 年）》和《成都平原经济交通规划》，被国家发改委、国家体育局、国家旅游局、国家民航局四部委列为全国首批、四川省唯一的国家级航空飞行营地示范工程。园区落地泛美教育投资集团、四川省航空运动学校、中电科、四川纵横无人机、绵阳特飞科技、天津华科通航等 14 个通航项目，累计签约合同金额超过 90 亿元。至年底，完成机场 1 路建设，建成长 1.3 千米，宽 20 米沥青混凝土路 1 条，完成投资 1619 万元；泛美航空科技城项目，一期项目工程用地 41.13 公顷，开工建设；航空飞行营地示范工程项目完成立项审批，征用林地 9.7 公顷。

【香泉新材料产业园】该产业园位于北川羌族自治县香泉乡，园区面积 1.58 平方千米，是以石材产业为支柱的产业园。2017 年，香泉新材料产业园内有如玉大理石、巴源矿业、尔玛大理石、香阁娜大理石、正泰矿业等 10 家规模较大的石材企业建成投产，建成厂房 13.3 万平方米，矿产平台 7.85 万平方米，形成年产“羌山米黄”大理石板材 200 万平方米，各类碳酸钙粉体 100 万吨能力。2017 年，园区实现产值 3.53 亿元，解决就业 300 余人。

【永安智慧家居产业园】永安智慧家居产业园位于北川羌族自治县永安镇，距北川新县城 9 千米，距绵阳 40 千米，距成都 130 千米。园区规划面积 1.34 平方千米，主要依托北川林木资源优势，借助成都产业转型，是集研发、设计、生产、展示、物流仓储服务等为一体的现代智慧家居产业园。园区基础设施投资 2.5 亿元，园区内建成道路 6 千米，燃气管道 1.5 千米，自来水管 6 千米，建成 35 千瓦专用变电站 1 座，保障住房 8000 平方米，标准化厂房 6 万平方米。至年底，签约入驻森趣木业、柏丽金、亿达弘美、安瑞迪 4 家企业，协议引资 1.6 亿元。

【北川双创谷】双创谷原名北川科技企业孵化器，位于经开区办公大楼内，面积近 6000 平方米。是以促进科技成果转化和产业化，为通用航空、高端制造、食品药品等初创型、中小型企业提供创新创业服务的综合孵化器。主要为入驻企业提供研发、中试生产经营场地和办公设施，提供政策、管理、法律服务、商务配套等服务。至年底，北川双创谷入孵企业 45 家，在孵企业 36 家，其中 25 家被认定为市级科技型中小企业，培育科技型中小企业 7 家。在孵企业拥有专利 28 件，申报专利 61 件，已取得授理 4 件（2 件发明专利，2 件实用新型），授权 3 件（实用新型）。完成园区项目包装 30 件（园区企业 8 件，在孵企业 22 件）。完成在孵企业的科技成果转化 5 件。永瑞达、纵横、特飞、军豪等 5 家企业已孵化毕业并入驻园区。同年，北川双创谷被命名为“省级科技孵化器”“市级返乡农民工创业园”“星创天地”和“市级创客俱乐部”。在孵企业实现产值 4000 万元，上缴税金 110 余万元，解决就业 730 余个。

【泛美航空科技城项目】2017 年 3 月 28 日，“大美羌城”——泛美航空科技城项目开工，项目总投资 50 亿元，占地 200 公顷，包括西南航空飞行学院、双创文化街沙朗恰、泛美创客公园、通航小镇朗巴瓦以及泛美汇晶高科技产业园五大板块。一期工程建设西南航空飞行学院的主体。建设内容包括第一教学大楼、图书馆、实训大楼、国际交流中心、运动场、学生食堂、学生宿舍及学生服务中心等。至年底，完成项目一期施工图的设计，建成临时施工通道路基 1500 米，办公区及生活区 5000 平方米。

【通航高峰论坛静态展活动】2017 年 9 月 7—9 日第五届科博会期间，通航产业发展高峰论坛和通航产业园展馆静态展在绵阳科博会会展中心举行。中科院院士曹春晓、中央军委科学技术委员会委员曾路生、西部战区空军副政治委员钟卫国、军事科学院世界军事研究部原副部长罗援等，英国航空器持有者及驾驶员协会首席执行官马丁·罗宾逊，世界机场城市大会执行副主席亚历山大·科比，京东 X 事业部无人机研发中心政策标准总监史睿及省、市产业主管部门领导、新闻媒体、知名通航企业等参会。论坛出席人数达 300 人。静态展展馆面积 348 平方米，展品包括航空发动机、无人机、空管系统、航空应急装备等前沿科技产品共计 100 余件。展示活动结合北川特色、羌族元素，举行多场伴有羌族舞蹈的推广活动。活动累计接待观众超过 1.5 万人次，发放各类宣传资料 5000 余份，接受专业咨询 800 余次，收集合作意向单位 60 余个，吸引各类媒体 50 余家。

【成都家居产业转移专题招商会】2017 年 8 月 29 日，绵阳·北川承接成都家具产业转移投资推广会暨项目签约仪式在成都举行。会议由北川自治县县委副书记张伟主持，县委副书记、县长瞿永安，绵阳市投促局成渝分局局长童坤明出席并致辞，130余家家具企业和协会参加推介会。现场签约宗南家具、传杰家具、鑫华美办公家具3家企业和成都市橱柜协会、彭州市家具协会、安岳家具协会3家协会，总投资12.7亿元。

（谢雁萍）

河北—平武工业园区

【概况】河北—平武工业园区是汶川特大地震后，由河北省对口援建平武县，采取“飞地”模式设立在绵阳市高新区磨家镇、河边镇辖区内的工业园区。2009年，园区筹备工作启动；2010年开始建设。园区规划占地3.47平方千米，建设1个核心企业区、1个中小企业区及1个生活服务区，总投资9.4亿元。

园区设党工委、管委会，挂河北—平武工业园区党工委、管委会牌子，为中共平武县委、平武县人民政府的派出机构。党工委、管委会按照县委县政府授权，独立负责园区内的经济开发建设和社会事务管理工作。园区内设综合管理办公室、监察局、规划建设局、投资服务和经济发展局、投资服务中心。行政编制15人，在编在职10人。事业编制4人，在编在职4人。

2017年，累计完成固定资产投资3亿元，完成县委县政府下达目标任务的100%；形成工业总产值8亿元，完成目标任务的114.3%；规模以上企业总产值达到5亿元，同比增长208%。累计实现综合性税收2433.49万元（地税753.2万元、国税1680.29万元），完成全年2300万元目标任务的105.8%；园区实现非税收入1.1亿元(其中商住用地出让4.93公顷，6750万元；工业用地13.96公顷，4250万元)。正式签订投资协议项目4个，完成招商引资新进企业3家目标任务的133.3%；协议引资5亿元，完成引资5亿元目标的100%；实现省外到位资金5亿元，完成0.8亿元目标任务的625%。协助园区企业成功申报各级各类补助项目116个，争取省、市各类专项资金871万元，完成年度500万元目标任务的174%。完成企业新入规3家。园区企业申报各类专利81个，获得发明专利21个、专利授权78个，争取到省市位科技补助项目5个补助资金170万元，为2018年上报省市拟立项目3个争取补助资金145万元，新增国家高新技术企业1家、科技型中小企业2个。

截至2017年，园区引进企业总数41家（入驻标准化厂房11家），其中建成投产企业30家（入驻标准化厂房11家），完成全年29家任务的104%。对接启动区2号、4号路及草溪河整治工程相关事宜；完成园区统建房二期的审计工作。全年报征土地40.67公顷，供地104公顷；工业用地完成供地13.96公顷，商住用地完成供地5.87公顷，共计完成供地19.84公顷。实现融资1亿元，完成全年1亿元目标任务的100%。园区营业收入增速达到144%，完成市上下达营业收入增速12%目标的120%；产业集中度为80%，完成市上下达产业集中度78%目标的102%。

【高新技术产业和战略性新兴产业】2017年，高新技术产业总值达2.1亿元，完成目标任务2亿元的105%；培育高新技术企业1家，完成目标任务1家的100%；重点产业增速（新能源汽车装置及配件制造）26%；完成目标任务25%的104%；包装推出项目12个，完成目标任务10个的120%。

【科技城集中发展区建设攻坚重点工作】2017年，园区有2号路、4号路及草溪河上游综合整治工程3个基础设施建设项目，全面完成2017年度目标责任，其中科技城集中发展区启动区2号路全面完成建设，完成投资约930万元，占项目总投资30%；科技城集中发展区启动区4号路全面完成建设，完成投资约4612万元，占项目总投资68.84%；草溪河上游综合整治工程完成项目前期工作，主体工程完成30%，完成投资估算约5400万元。

【企业服务】2017年，园区协助泰虹企业完成“两证一书”的办理工作，并配合企业协调市质检站进行竣工验收；协助提供园区企业办理规划、环保手续所需的各种资料；协助企业协调各市级部门；做好入园项目规划审查、规划建设服务、基础设施建设等前期工作。为园区企业代办核名、登记、变更、注销业务21件，代办查询业务25件，协助企业申报获批省级著名商标1件、省名牌产品1件。

【供地协调工作】2017年，园区完成2015年第3批、第4批、第8批及2016年第23批城市建设用地征地拆迁安置补偿费用核算工作，与市国土局协调，做好供地准备工作。清理完成园区11宗土地成本的拨付和预拨付，协调市国土局拨付泰虹土地成本中应返园区部分382.18万元。清理园区“未供即用”项目基本情况，代县人民政府对“未供即用”项目完善用地手续的建议请示市政府。

【招商引资】2017年，园区先后策划筹备市、县领导赴天津、北京、苏州项目考察活动，策划筹备中电科、力神等重点企业考察活动5次；接待各类企业到园区考察36批次。新签约投资协议项目4个，完成年度目标任务100%，协议引资5亿元，完成年度目标任务100%。

【重大项目推进】2017年，加强天津力神西南基地项目建设推进，安排专人联系服务力神项目，全方位服务，提升力神与园区、市、县政府的有效沟通。至年底，该项目平设计已经完成；项目一期PACK生产线建成投产；基地建设送中电科集团待审批立项。

2017年，包装“两新”产业项目12个，收集整理国内70家优质新能源相关企业信息，建立新能源项目跟踪台账，重点跟踪对接深圳沃特玛新能源汽车产业联盟、康永昌国际集团香港有限公司电子产品生产项目、深圳迈科轻量电动中巴车生产项目、黑龙江宝泰隆煤集团三元正极材料、负极材料研发、生产项目、苏州胜利精密新能源锂电池隔膜生产项目、中科院微电子所新能源车中控系统研发生产等项目12个。

【拆迁安置】2017年，园区拆迁任务合计51栋农房、3家企业。已拆迁22家，完成目标任务的23.2%；完成科技城集中发展区2号、4号道路涉及的22幢农房拆迁；完成全市范围内单体体量最大的容茂奶牛场拆迁（协议金额4700万元）；完成园区首宗74亩商业用地范围内迁坟248棺；斥资2460万元兑现园区失地农民社保；实现所有拆迁农家的全部安置；按季度保障失地农民生活费、过渡费足额发放。（顾　林）

绵阳出口加工区

【概况】绵阳出口加工区于2005年6月3日经国务院批准设立，规划面积0.56平方千米。2007年11月1日，一期经国家九部委验收通过，成为实行封关运作的特殊监管区，享受国家级出口加工区的各项优惠政策，是四川省唯一的国家级出口加工区。2016年9月，绵阳市人民政府按照海关总署要求对批准未建设验收土地面积进行整改，申请核减绵阳出口加工区未封关验收土地面积0.4077平方千米。2017年1月，绵阳高新区整合资源将电子商务产业发展工作交由绵阳出口加工区负责，绵阳出口加工区管委会围绕“一核四区多点”的布局推进电子商务工作。2017年12月15日，经国务院办公厅（国办函〔2017〕146号）同意绵阳出口加工区核减规划面积，核减后剩余0.1373平方千米，其范围为：

北临安昌河，西临石桥铺大桥，南至石桥铺大道，东临尚高国际创意联邦地块。绵阳市按照国务院《关于促进海关特殊监管区域科学发展的指导意见》文件规定，整合绵阳出口加工区资源设立绵阳综合保税区。

【基础设施建设】2017 年，绵阳出口加工区累计投入 5 亿多元，园区基础设施建设成熟。建成道路 5 千米，隔离围网 4 千米，建成 3000 平方米检验检疫平台、海关监控系统“全域通”系统和海关报关辅助管理平台、永久性关卡等通关设施，建成标准厂房 13 幢共 14.4 万平方米，监管仓库 2 座共 1860 平方米，职工宿舍 2 万平方米，大型餐饮中心 2340 平方米，便民服务中心 4000 平方米，综合办公大楼 3546 平方米等配套设施。

【产业状况】绵阳出口加工区基本形成以电子信息和电子商务为支柱的产业格局。封关区内引进美国普思电子有限公司、四川虹锐公司等 5 家工业企业，中外运、华泰等 3 家物流企业，配套区累计引进四川安和、台湾利庆等 24 家工业企业，佳里大通、民航快递等 6 家物流企业，美捷达、恒隆 68 家等中小微科技企业，其中中外项目 2 个。2017 年，全区完成工业总产值 13.44 亿元，同比增长 7.43%；完成投资 1.14 亿元，同比增长 128%。其中基础设施建设 0.33 亿元；技术改造 0.81 亿元，同比增长 62%；实现进出口额为 3.84 亿美元，出口 2.21 亿美元。

【跨境电商产业园】2017 年，跨境电商产业园总投资 5 亿元，规划建筑面积 20 万平方米，建成 6 万平方米。实现网络交易规模 559 亿元，同比增长 43.3%；网络零售额 10.5 亿元，名优特产品线上交易额62.4 亿元。新增电商企业（含传统转型、平台、配套服务）127 家，其中新增跨境电商企业 37 家，各项指标均位居绵阳市前三位，至年底，累计引进电商企业 334 家。

【跨境电商人才培养】2017 年，针对跨境电商人才严重不足，创业团队缺乏专业指导和实战培训平台，开展“千刀创客”项目三期培训，孵化 43 家跨境电商卖家企业，培育近 100 人的跨境电商从业人才，实现销售额超 400 万美元。同时，致力于从事跨境电商 B2C 行业的大学生、创业者，启动跨境电商代运营项目，将光友粉丝等“绵阳造”销往海外。

【绵阳普思电子有限公司】绵阳普思电子有限公司于 2006 年 11 月 30 日成立，是一家外商独资企业，是普思集团在中国西部设立的首家工厂。公司投资总额为 420 万美元，注册资本 210 万美元。公司主要生产和销售高频变压器、高频滤波器、电感器、线路板组件、接线组件及其他各种电子组件及配件。产品主要销往美国、加拿大、英国、西班牙、荷兰等国家。2017 年实现工业总产值 3.35 亿元，进出口额 0.69 亿美元，员工 1783 人。

【虹锐电工】虹锐电工有限责任公司于 2008 年入驻加工区，是四川长虹器件科技有限责任公司旗下的子公司。公司与美国 GE 照明公司合作，生产高效能的电子镇流器、LED 驱动器、智能控制器、LED 照明产品等中高端照明产品。2017 年实现工业总产值 5.14 亿元，进出口额 1.04 亿美元，员工 897 人。

【安和精密电子电器有限公司】四川安和精密电子电器有限公司于 2012 年入驻出口加工区，是一家全球领先的手机元器件制造企业，专注于手机中的微型振动马达（SMD 马达）的研发、制造与销售；产品主要销往美国、加拿大、墨西哥、巴西、芬兰、瑞典、日本、韩国等国家和地区。主要客家有摩托罗拉、诺基亚、索尼爱立信、黑莓、HTC、华为、中兴、联想、酷派、TCL–阿尔卡特、步步高、小米、OPPO 等世界知名企业，四川安和精密有限公司为全球第一大手机振动马达供应商，2017 年实现工业总产值 3.93 亿元，有员工 3549 人。

【四川智易家网络科技有限公司】 四川智易家网络科技有限公司由四川长虹电器股份有限公司与合肥美菱股份有限公司共同投资于 2015 年 1 月正式成立，公司注册资金 5000 万元，在职员工约 200 人。公司秉承长虹集团智能战略发展方向，构建电商业务所需的策划、运营、IT、财务、物流、售后等能力；负责泛虹系各产品线的电商业务并拓展产品门类和孵化创新项目，发挥产品线协同效应，广泛地与第三方电商平台（京东、天猫、易购等线上渠道）深入合作；负责运营长虹官方商城和官方微商城，围绕用家体验构建长虹自有电商平台。2017 年，公司实现销售收入 51.13 亿元，同比增长 26.5%，“双 11”期间首次突破 10 亿元，成功获评国家级电子商务示范企业。

【绵阳市有芯电子有限公司】 绵阳市有芯电子有限公司是深圳市有芯电子有限公司全额投资建设电子元器件电商平台项目，负责有芯电子元器件在线交易平台 RightIC.cn（ichub.com）的营运与管理，项目建成以后，将成为西南地区最大的电子元器件电商平台。公司是一家工业电商企业，专注元器件分销，是元器件行业首创在线订购平台，积累全国各行 7 万多家客家资源。2017 年，公司实现销售收入 1.5 亿元，同比增长345.6%，成功获批军民融合认证企业。（邓晓丽）

概　述

【概况】2017年，中国（绵阳）科技城按照党中央、国务院和省委、省政府关于推进大众创业万众创新（以下简称“双创”）系列决策部署要求，坚持以习近平新时代中国特色社会主义思想为指导，着力完善创新创业政策、引进培育创新创业主体、夯实丰富创新创业平台，形成以科技创新和军民融合为特色的绵阳双创模式，促进全市经济工作稳中求进的向前发展。各级各部门形成合力，协同推进。市级各部门把创新创业工作作为重点任务之一全力推进，组建创业导师、团队、搭建创新平台、完善人才集聚和科技人员、返乡农民工、退役军人、大学生等重点群体创新创业激励政策，围绕创新创业服务能力和环境打造出台系列措施，吸引和集聚初创企业。不断完善政策支持体系，优化创新发展环境。全年印发《绵阳市扩大高等学校科研院所医疗卫生机构人事自主权十条政策》《绵阳市科技计划管理改革实施方案》《绵阳市重大科研基础设施和大型科研仪器向社会开放实施方案》《绵阳市科技服务业发展规划（2016—2020年）》《绵阳市企业住所（经营场所）登记管理办法》《贯彻落实国务院6项减税政策工作方案》《绵阳市专业技术人才发展“十三五”规划》《绵阳市技能人才发展“十三五”规划》《绵阳市经营管理人才发展“十三五”规划》《绵阳市社会工作人才发展“十三五”规划》《绵阳市农村实用人才发展“十三五”规划》等10余项优化创新创业环境的政策措施，形成省市政策有效联动。组织承办中国第六届创新创业大赛军转民大赛，举办四川省第一届“天府杯”创业大赛绵阳赛区比赛，坚持每年在科博会期间举办，“创业成就梦想，服务在您身边”主题活动，每两年举办一次高校毕业生创业大赛，每三年开展一次创业明星创业能手评选表扬活动，宣传创业典型，引导重点群体创业。

【“双创”政策环境优化】2017年，全市各部门持续完善各项政策措施，先后印发《绵阳市扩大高等学校科研院所医疗卫生机构人事自主权十条政策》等10余项政策，内容涉及扩大人事自主权、科研仪器共享、商事制度改革、税收优惠等方面，创新创业便利化的政策环境初步形成。支持企业创新的财政预算资金约1.3亿元，其中为成功创业的高校毕业生发放创业补贴470.6万元，共扶持大学生和高校毕业生（毕业5年内）成功创业454人；为33名到绵阳创新创业高校毕业生发放安居补助70余万元。

【“双创”孵化服务能力提升】2017年，科技城建成孵化器58家，孵化面积新增加10万平方米，孵化总面积110万平方米，入驻孵化企业和服务机构达到3500余家，各孵化机构开展创新创业活动密集，活动场次达平均2天1场。2017年“双创活动周”期间（9月15—21日），全市组织主题为“双创促升级、壮大新动能”的各类活动30余场次，内容包括政策宣传、展览展示、经验交流、创客高校行、专题巡讲等，2000余家企业、10万余人次参加活动。

【“双创”辅导】2017年，开展项目巡诊活动，对全市约50个创业项目进行现场巡诊；开展突破创业生死线、商业画布、SYB、IYB等培训；组织创业专家讲理论、创业导师讲经验、项目官员讲操作、创业青年讲体会“创业四讲”活动，有针对性提升青年创业意识和创业能力；常态化开展创业微论坛、创业政策宣讲、创客大讲堂等活动，参与活动的大学生人数突破1.2万人次。

【宣传报道】2017年，挖掘科技城“双创”工作经验做法，主动向中央、省级媒体推荐。多次召开典型征集专题座谈会，对绵阳的特色亮点进行归纳总结，梳理形成30余个典型、80余张照片、4万多字的新闻素材，并撰写多篇新闻通稿，在各级媒体上对绵阳双创工作进行全景式展示。同时，利用第四届、五届科博会，电商峰会，海科会，西博会，制博会等重大活动，邀请中央、省级重点媒体、全国重点新闻网站和各类行业媒体到绵阳采访报道创新创业发展成果。

【长虹“双创”智能制造工业园项目】2017年9月22日，长虹公司与安州区人民政府签订《长虹“双创”智能制造工业园项目投资合作协议》，项目拟投资7.5亿元（流动资金），计划用地33.33公顷，分两期建设，项目一期计划投资4.5亿元，拟用地20公顷，以智能车载电子、中控仪表、汽车照明、空气净化器、智能设备等创新业务为依托，打造成为集技术研究（孵化）、产品开发、市场营销、智能制造、智慧仓储为一体的智能制造样板基地；项目二期计划投资3亿元，用地13.33公顷，在一期项目的基础上扩大产值和规模。

【第六届中国创新创业大赛军转民大赛】2017年5月18日，由科技部、国家国防科工局、中国创新创业大赛组委会指导，中国核工业集团、中国航天科技集团、中国工程物理研究院等单位支持，科技部火炬高技术开发中心、绵阳市人民政府共同举办的第六届中国创新创业大赛军转民大赛（以下简称“军转民大赛”）在北京启动，8月31日在绵阳市科技城创新中心二期结束。军转民大赛旨在发挥军用高技术资源优势，释放军工创新活力，促进军用技术与区域创新和经济融合发展。共有来自全国参赛项目445个，涉及装备制造、核工业、航空航天、特种机械及车辆、核技术应用、光机电一体化、电子信息、新材料新能源、生物医药等多个领域。20个军工科技项目入围决赛，并获得30家风投机构意向投资17.7亿元。绵阳市入围5个项目，分获1个一等奖、1个二等奖、3个优胜奖，在各个参赛省（区、市）中领先。

【2017年全国“双创”活动周启动仪式在绵阳举行】2017年9月15日上午，2017年全国双创活动周绵阳市分会场启动仪式在金家林软件产业园举行。绵阳市人民政府副市长孙福全出席并致辞,市科知局党组成员、副局长陈光明及市双创

联席会议成员单位，科技城管委会、各县市区人民政府、各园区管委会、科学城办事处，各县市区、园区科技部门，西南科技大学、绵阳师范学院、四川文化艺术学院、绵阳职业技术学院和部分双创企业代表共500人参加启动仪式。启动仪式通过宣传片、标语、赛事推介、展板等形式对绵阳科技城双创成果进行展示，并对四川省军民融合大型科学仪器共享平台和军民融合知识产权运营服务平台进行平台推介，为广大双创企业搭建交流渠道，激发创新创业者的双创活力和激情，营造浓厚的大众创业万众创新氛围。

（李芝军）

科技城孵化器

【概况】2017年，科技城按照“专业化、市场化、国际化”发展理念，围绕绵阳主要产业发展特色，推进“创业苗圃（众创空间、星创天地）+专业孵化器+特色加速器+科技园区”链条建设，完善孵化平台。全市新增孵化器8家，全市有各类孵化平台58家（其中国家级孵化器7家、省级孵化器16家），孵化总面积110万平方米，入驻孵化企业和服务机构达到3500余家。依托欧盟项目创新中心、英国剑桥科创孵化园等平台，开展中外创新人才和项目合作工作，推进国际企业孵化器建设；组织涉外会议20余次，接待涉外考察20余次，通过各项活动，到绵阳交流考察的外籍人士300余人，对接项目30余项，涉及意大利、俄罗斯、法国、德国、西班牙、英国、丹麦等多个国家。截至年底，国际企业孵化器入驻项目（各类工程实验室、平台、企业等）18个。

【科技企业孵化器】2017年，科技城整合孵化资源，形成集聚发展、完善互补功能的规模效益；推动孵化器建设向市场化、专业化、集成化、网络化发展，鼓励建立创新型、专业化孵化器；推动孵化器建设向市场化倾斜、向民营化转移，提高民营孵化器占有比例；引导民营孵化器规范服务业务、提升服务功能。提升现有孵化器，鼓励现有公共服务平台与园区、楼宇等载体进行内部资源的整合和调配，突出主导产业，立足地方需求，丰富服务内容，完善孵化平台建设，提高现有孵化器的能力和水平，培育形成一批标杆性孵化器。

【众创空间】2017年，绵阳市顺应众创空间发展的新趋势，发挥政府的引导作用，支持行业领军企业、中介机构、社会投资人、社会组织等创建各类新型科技孵化器，建设一大批低成本、便利化、全要素、开放式的绵阳科技城“众创空间”。形成梯级孵化培育体系。

【孵化器专业化建设】2017年，科技城加强与专业化的孵化器管理运营团队进行对接，引进创业投资机构对孵化器进行专业化管理运营。引进国内外行业领军企业在绵设立专业孵化器，或者通过引进技术、高端管理人才等方式共建专业孵化器。支持孵化机构依据自身产业定位，与第三方研发服务机构、平台型企业、解决方案提供商、产业技术联盟等服务机构开展合作，为在孵企业提供技术研发、产品构建、品牌推广、市场运营等方面的专业服务，提升孵化机构的产业培育能力和科学高效的管理水平。

【军民融合创新孵化链条构建】2017年，绵阳制定出台《绵阳市军民融合孵化器认定管理办法》，推动军民融合创新孵化链条的构建。截至年底，全市有3家军民融合孵化器，其中包括军民融合众创空间、军民融合孵化器，孵化项目约100余个。组建全国首家军民融合仪器资源共享服务平台——四川军民融合大型科学仪器共享平台，按照“军地协同、共建共享、市场运营、价值服务”的总体定位，运用“互联网+”思路，将线上与线下服务相结合，主要提供仪器共享、仪器金融、仪器研发、仪器首发、报告溯源、认证培训等的一站式服务项目。

【四川军民融合大型科学仪器共享平台】2017年1月12日，四川军民融合大型科学仪器共享平台在绵阳科技城创新中心正式揭牌运营。该平台是绵阳与省科技厅“厅地合作”实施军民融合发展战略、系统推进全面创新改革试验的战略举措。大型科研仪器设备作为重要的基础性、战略性、先导性技术资源，是实施创新驱动、军民融合发展的“关键因子”。该平台将一大批省内军民融合科学仪器，正式面向社会开放共享，让科技资源能惠及更多企业、院所和学校，加速转化为现实生产力。绵阳市委主要负责人出席揭牌仪式并讲话，省国防科工办主任许州出席揭牌仪式，市委副书记、市长刘超主持揭牌仪式，省科技厅副厅长韩忠成出席揭牌仪式并代表省科技厅讲话。（李　安）

科技城创新中心

【概况】科技城创新中心是市委、市政府推进科技城建设的重要举措，是集科技创新、企业孵化、技术交易、成果转化等功能为一体的开放共享的创新平台。科技城创新中心位于绵阳科技城科教创业园区，占地面积约13.33公顷，总建筑面积约40万平方米，总投资约20亿元。截至年底，有中国（绵阳）科技城工业技术研究院、灵创孵化器、科技城创新中心二期、中物院、企业加速器等孵化场地，共29万平方米。

【灵创孵化器】2013年10月建成投入使用，是国家级科技企业孵化器——绵阳科技城科教创业园区创业服务中心的企业孵化载体之一，位于九洲大道中段268号，使用面积约1.5万平方米。该孵化器以科技型小微企业为服务对象，通过提供创业培训，场地和共享设施及政策、金融、人才等方面的服务，降低创业者的创业风险和创业成本，提高创业成功率，加快科技成果转化，培育科技型企业和企业家。截至年底，入驻孵化企业60家，注册资本金超过5500万元，入孵企业员工人数250余人，年税收收入超过500万元。主要以电子信息、节能环保、互联网运用为重点发展产业。聚集华讯益通、天健科技、锋行科技等为代表的电子信息研发企业，以汇邦环保、龙鼎环保等为代表的节能环保中小型企业，以武道

图19　创新中心

数码、齐齐乐网络等为代表的网游、手机 APP 开发企业。

【科技城创新中心二期】2012 年 7 月启动，科技城创新中心二期项目总建筑面积约 38 万平方米，分 1~9 号楼，总投资约 20 亿元，截至年底，建成 14 万平方米。创新中心以中国国际人才市场科技城分中心为主体构建人才市场，以国家军民两用技术交易中心为主体构建技术市场，以川藏股权交易科技城军民融合股权交易中心为主体构建资本市场，形成科技城创新创业要素集聚。

1 号楼是资本大厦以天府（四川）联合股权交易中心军民融合绵阳分中心为主体构建资本市场，汇聚规模 20 亿元的军民融合成果转化基金，有证券、担保等 130 余家金融配套服务机构，形成科技与金融的有效对接。以四川省大型仪器共享平台为依托，连联军工院所企业大型仪器，有效服务国内外企业，推动军民融合向深度发展。

2 号楼是国家级科技企业孵化器为企业提供“拎包入驻”的办公环境，为其提供共享会议室、培训室、创业咖啡、定制公交等，开展“一对一”的创业帮扶，营造良好的创新创业生态环境。以欧盟中心、剑桥大学孵化器为依托，形成对外开放平台。

3 号楼是大学创新园汇聚知名高校创新资源，建成高校产学研基地，实现高校成果的有效转化。

4 号楼是科技服务中心以国家军民两用技术交易中心为主体构建技术市场。建设技术库、项目库、企业库等七大数据库，实现线上 24 小时信息对接，线上线下交易，构建全国开放的军民两用技术交易平台。

5 号楼是绵阳知商谷依托广州博鳌纵横（汇桔网）西南总部，打造知识产权从拥有到交易的一站式服务平台，建设“知商”生态圈。

6 号楼是人才服务中心依托中国国际人才市场科技城分市场的建立，建设集人才招聘、人事代理、人才测评、培训服务等功能一体的人才交易集散基地。

7 号楼是云计算大数据中心实现云计算、大数据产业聚集，逐步向产业链价值链高端延伸，帮助企业从低成本战略向创新驱动转型，带动新兴产业培育和传统产业升级改造。

8 号楼是四川省电子商务示范基地入驻电商企业250 余家，年交易额超 440 亿元。行业间相互交流融合，构建起集：政府—信息平台—第三方服务—金融服务—快递物流—人才培训为一体的产业链条，形成完整的电商生态圈。

9 号楼是军民融合人力资源服务产业园依托国内首家军民融合人力资源服务产业园，健全人力资源服务业发展政策体系，构建多层次、多元化的人力资源服务机构集群，推动行业集聚发展。

【企业加速器】企业加速器是科创区打造的“苗圃+孵化器+加速器+产业集群”科技孵化模式，主要对注册在科创区的年产值达 500 万元~2000 万元的企业，所属领域为电子信息、节能环保、先进制造等领域的优秀企业入驻。截至 2017 年，园区建成企业加速器包括加速器 A 区（西区标准厂房面积 2 万平方米），加速器 B 区（康超标准厂房面积 3 万平方米），总面积达 5 万平方米。至年底，入驻成长型企业 35 家，其中有以四川恒力泰科技有限公司为代表的电子信息企业，以四川汇邦环保科技有限公司为代表的节能环保企业，以绵阳市奥斯廷科技有限公司为代表的先进制造企业等。2017 年，加速器内企业实现产值 2.7 亿元，税收 570 万元。

【中国工程物理研究院技术转移中心】中心孵化面积 1.5 万平方米，是企业化运行的综合性孵化器。2017 年，中心入孵企业 35 家，集中于节能环保、军民融合等领域。该孵化器是西部唯一的军转民专业孵化器，由中物院技术转移中心负责孵化器的运作及管理。孵化器以中物院综合资源为支撑，探索以成绵为大本营、宁波为重心、威海为重点的发展线路，初步建成宁波中物科技园、威海中物科技广场等异地技术转移平台。

【科技城（绵阳）知商谷】位于科技城创新中心5号楼，总建筑面积1.5万平方米，由四川博鳌纵横网络科技有限公司具体承载，四川博鳌纵横网络科技有限公司是汇桔网在绵设立的全资子公司。科技城（绵阳）知商谷发展方向为打造以知识产权为核心的资源共享企业服务平台，成为代表城市创新与知识产权活力的“城市名片”，着重将其打造为汇桔集团知识产权金融中心总部、汇桔集团全国大数据技术研究开发管理中心（知商云）、汇桔集团海外技术IP成果转化产业化示范基地、汇桔集团军民融合成果转化中心、汇桔集团中西部大区各分子公司（成都、重庆、昆明、贵阳、长沙、南昌、武汉、南宁）的西南总公司。知商谷主要开展知识产权众创空间建设，打造中国首家互联网知识产权金融平台——知商金融，以融“知识产权”代替融资，缓解小企业融资难问题。

【灾备技术国家工程实验室】2014年12月，灾备技术国家工程实验室（西南分院）落户绵阳，北京邮电大学灾备技术国家工程实验室的西南分院。灾备技术国家工程实验室（西南分院）主要从事院校及实验室科研成果的转化、交易，研发出“安全通讯终端”、分布式身份认证系统、APT网络检测系统等多项产品，取得7项专利。该实验室承接企业为绵阳灵先创科技有限公司，负责实验室的科研开发、运营、成果转化及市场推广。公司自主研发的线控加密耳机成功定型并实现小批量生产，销售收入超200万元。“移动互联网盒子”等多款产品定型并量产，移动终端应用软件安全检测系统等在四川多地投入应用。

【下一代互联网互联设备国家工程实验室西南中心】2014年，中心落户绵阳，是北京交通大学下一代互联网互联设备国家工程实验室西南中心，张宏科教授率领20余位专家教授组成研发团队，开展下一代互联网领域战略性、前瞻性技术研究，促进重大科技成果转化。中心研发的标识网关键技术获得教育部“技术发明奖”一等奖、国务院“国家技术发明奖”二等奖。中心承载企业为绵阳芯联芯网络科技有限公司，负责实验室的科研开发、运营、成果转化及市场推广。公司于2013年9月创办，主要从事“两网一芯”的研发、生产、运营。公司拥有教授及博士研发团队30多人，取得发明专利3项，获得马来西亚BLUE OCEAN QUEST SDN BHD首批1000万元风险投资。

【西南交通大学绵阳研究院】2015年成立，西南交通大学提供技术支持，主要从事新型健康环保材料、新能源汽车级轨道交通研究等工作。该院研发的“四针状纳米氧化锌晶须颗粒”高效空气净化材料获得8项国家专利。至年底，研究院研制出智能新风净化空调、全功能新风净化一体机等产品。承载企业为四川天佑归谷科技有限公司，成立于2015年3月，同时期入驻创新中心孵化器。公司由西南交通大学、四川长虹集团等7家公司共同组建，项目总投资1亿元，从事室内空气环境控制改善系统的研发、生产、销售。截至2017年12月，公司有员工60余人，研发团队中教授及博士5人，留学归国人员7人，取得专利44项。

【教育部光学仪器与系统工程研究中心西南中心】中心技术支持单位为上海理工大学，以中国工程院庄松林院士为带头人。中心主要研发方向为研究和开发光学仪器和系统生产技术，构建光学仪器与系统产学研平台。中心为“国家重点学科（培育）光学工程”实验室、“国家光学仪器质量监督检验中心”“全国光学和光子学标准化技术委员会”单位。2015年中心设立西南中心，落户科技城创新中心。西南中心以长江曙光学者张大伟为带头人，开展成果转化工作，转化成果由四川绽放科技承接。承载企业为四川绽放科技有限公司，成立于2015年，承接上海理工大学创新型防伪技术产品的生产、销售和推广。拥有国家“千人计划”为带头人的科研团队，有教授、博士后、博士、海归人才等科研人员20余名。该公司“晕防伪纳米光学二维码”具有溯源及强大的防伪功能；“3D动态浮影”以及“隐形防伪识别”技术全球独一，无法被复制。公司获得3项发明专利和实用新型专利。云防伪纳米光学二维码项目获得各类融资200万元，项目产值400万元。

【跨境电商（绵阳）产业研究推进中心】中心由绵阳科创区与清华大学国家服务外包人力资源研究院（以下简称“NISO”）共同创建，旨在推动绵阳市跨境电子商务产业发展。NISO是经教育部、商务部联合批复，2009年依托清华大学设立的国家级研究院。跨境电商（绵阳）产业研究推进中心重点发展方向为：现代服务业发展与人才研究国家智库；搭建产业公共服务平台，促进供给侧结构性改革；搭建校企深度合作平台，促进大众创业、万众创新；搭建跨境电商人力资源发展中心。该中心通过构建成熟的跨境电子商务产业发展环境，引入和孵化绵阳及周边地区外贸及生产型企业，为跨境电商企业提供技术支持、外贸洽谈等服务，打造绵阳良性可持续发展的跨境电子商务生态圈。

【众智科学产业（绵阳）创新中心】创新中心依托电子商务交易技术国家工程实验室建设而成，该实验室是中国电子商务领域唯一一个国家级科研机构，承担20余项国家级重大科研项目，牵头制定国家标准20余项，参与国家标准制定100余项。中心为本地政府提供电子商务和“互联网+”产业方面的智力服务并为本地企业开展相关培训，为绵阳引进电商产业高端人才，加强电商数据智库建设，助推本地企业开拓市场，在电子商务交易、大数据等领域起到带头示范作用。

【创新创业氛围营造】2017年，科技城围绕“创新创业大赛军转民大赛”“双创活动周”等主题开展形式多样、内容丰富的创新创业活动，推广创新创业经验，厚植创新创业文化，逐步形成“双创核心区”。不定期在创新中心开展绵阳优势企业推介会、欧洽会绵阳分会、科创大讲堂、金融服务对接会、专利知识讲座等活动；企业自发开展“2017中国（绵阳）科技城网络春晚暨科创区企业迎新文艺会演”“2017中国（绵阳）科技城动漫游戏嘉年华暨世界Cosplay峰会绵阳分赛”“中国科技城（绵阳）科创区首届微电影节”等文艺活动；举办“创客节”系列活动，提升创新中心的“双创”氛围；邀请业内专家解读各类政策、开展知识讲座，提高创业者的知识储备，解决企业在创业过程中遇到的问题；全年开展近百场活动，累计吸引近万人参加。

【第六届中国创新创业大赛军转民大赛】2017年8月31日，第六届中国创新创业大赛军转民大赛在中国（绵阳）科技城创新中心落幕。大赛在中国创新创业大赛组委会、科技部、工信部、国家国防科工局共同指导下，由科技部火炬高技术产业开发中心和绵阳市人民政府主办，绵阳市科学技术和知识产权局、绵阳科创区管委会共同承办。2017年5月18日启动，8月31日结束，历时近4个月时间。大赛受到各军工院所、军转民企业及团队的广泛关注，共征集来自中国航天科技、中国航天科工、中国兵器装备、中国核工业等军工集团，中国工程物理研究院等国防科研院所，以及哈尔滨工程大学、北京交通大学等涉军院校优秀军工项目445项，经初赛、半决赛，20个优秀项目进入总决赛。经过角逐，评选出一等奖2名、二等奖4名、三等奖6名、优胜奖8名。

【欧盟项目创新中心·科技城分中心项目推介会】2017年3月7日下午，欧盟项目创新中心·科技城分中心项目推介会在创新中心1号楼召开。市政府副市长孙福全、科技城党工委委员、管委会专职副主任胡精参加会议，科创区党工委书记周钰、西科大、绵阳师院、西南财大天府学院有关领导等参加会议。推介会上，项目总裁代伊伶汇报了欧盟项目创新中心运行情况以及2017年重大项目推进方案，并与各部门就具体项目的合作进行探讨交流。

【中国（绵阳）科技城动漫游戏嘉年华暨世界Cosplay峰会】2017年4月29日，在创新中心二期举行。来自成都、绵阳、德阳、广元、内江等地的50余支队伍150余名Cosplay爱好者参与，吸引游戏商家及动漫迷等6000余人参会。峰会上，设有当地原创游戏体验区、VR体验区、动漫阅读区、动画播放区等，展出了漫画、动画、音乐、歌曲、舞蹈、舞台剧等多种Cosplay造型艺术形式。绵阳本地参赛队伍达42支，绵阳参赛团队获世界Cosplay峰会绵阳赛区双人赛第二名，WCS宅舞赛中前三名，WKG宅歌曲大赛古风组前三名。

【中国科技城（绵阳）科创区首届微电影艺术节】2017年11月24日下午，“中国科技城（绵阳）科创区首届微电影艺术节”在绵阳科技城科教创业园区创新中心举行。电影艺术节参赛作品以科创区宣传推广、科创区创业故事、创业人物等相关题材作为原型加工创作，着重讲述园区企业发展，群众安居乐业的美好生活，展示科创区现阶段的文化产业建设成果及精神风貌。共评选出一等奖1名、二等奖2名、三等奖3名、优秀奖10名。

（李　安　李维怡）

国家级创业服务中心

【概况】绵阳高新区创业服务中心（以下简称“创业服务中心”）成立于1998年10月，2000年10月被国家科技部认定为“国家高新技术创业服务中心”，2010年2月被科技部批准加挂“大学生科技创业见习基地”牌子。创业服务中心以科技型中小微企业为服务对象，为入孵企业提供研发、中试生产场地和办公共享设施，针对企业发展需求开展政策、管理、法律、融资等方面的对接和培训服务。2002年5月，由四川省人事厅、科技厅、教育厅和绵阳市人民政府联合共建的绵阳留学人员创业园正式挂牌成立，与绵阳高新区创业服务中心实行两块牌子、一套人马的管理体制，为留学人员来区创业提供专业化服务。作为绵阳科技城科技创新服务体系的重要组成部分，绵阳高新区创业服务中心先后被科技部授予“全国先进科技孵化机构”“火炬计划实施15周年先进高新技术创业服务中心”等称号。

2017年，创业服务中心坚持创新驱动发展战略，始终坚持科学发展、加快发展的工作基调，以“支持创新、服务创业、发展产业、成就事业”为宗旨，着力建设项目孵化平台，强化项目引进和孵化培育工作，努力促进科技成果转换，不断延伸科技项目孵化链条，注重人才引进和创新创业文化氛围营造。

【孵化服务】2017年，中心不断集聚创新创业资源，支持创新、协助创业、优化环境、提升功能，构建高新区创业公共服务网络平台与实体平台。优化2万平方米新孵化基地创业环境，完善孵化基地监控、停车场、创业咖啡、公共会议室等配套设施；为推动“大众创业、万众创新”，大力建设众创空间，完善多层次资本市场体系，强化资本对大众创新创业的推进作用，依托创业服务中心2万平方米孵化场地优势，帮助融鑫孵化器、“1522”文创产业园等民营孵化器的良性发展；通过网络信息建立场外孵化平台，利用网络给孵化场地外的企业提供各类服务，形成场外孵化空间。把孵化服务工作作为促进项目发展的核心内容，提升项目孵化服务能力和意识，完善科技孵化服务体系，促进项目健康快速成长。创业服务中心通过公共服务平台的建设，成为科技城创新体系的重要组成部分和科技成果转化的重要基地，是企业与政府联系的纽带、创业项目与产业链结合的有机载体、中小企业孵化的摇篮及走向成功的捷径。不断完善“创业苗圃—孵化器—加速器”孵化链条，针对不同发展阶段的科技企业，提供差异化服务，为初创企业提供全流程服务保障。鼓励社会力量依托传统孵化器发展新型创业服务机构，引导创新创业服务向着市场化、专业化、网络化、开放化方向发展，满足新时期大众创新创业的新需求。引导和帮助新型创新创业服务组织提高专业服务能力和水平，全力推动“大众创业，万众创新”的发展。按照对具有高成长性的企业不仅要“扶上马”，还要“送一程”要求，开展延伸服务，整合高新区各方面资源，扮演“创业加速器”角色，在科技创业链条中起到加速推进作用，打造一批高速成长企业。

【知识产权服务能力提升】2017年，中心为提升绵阳高新区知识产权专业服务能力，绵阳高新区管委会引进弘毅天承知识产权集团并联合四川中科融创科技有限公司、四川盛兴佳创投资有限公司共同出资组建成立绵阳弘毅融创知识产权运营服务有限公司，该公司落户在绵阳高新区创业服务中心。运营平台以军民融合知识产权运营为特色，对外开展知识产权咨询培训、托管培育、基金管理、投融资、风险评估与预警防范、法律风控与纠纷应对、情报分析及海外布局等体系化运营服务。

【创业氛围提升】2017年，创业服务中心响应“大众创业、万众创新”号召，开展双创宣传工作，打造创业环境，提升创新创业氛围。利用“科博会”“创新创业活动周”等开展创业宣传主题活动，发放宣传资料3000余份；开展主题培训活动，全年共开展各类培训活动20余次，联系专业机构培训，内容包括法律风险防范、税收改革、高新技术企业培训、高校演讲联赛等；加强与院校合作，与西南科技大学、绵阳师范学院等高校建立校企联动合作机制；拓展信息发布和收集渠道，完善和建立宣传网站、QQ群、微信公众平台等，加强信息发布，让创业服务中心成为“创业者之家”；组织各类文体活动，得到创业企业大力支持，创业者们提供交流融合的平台和机会。

【留学报国基地】2016年10月，基地授牌成立。利用“绵阳留学人员创业园”牌子，与省市的侨办、科技、人事等相关部门加强联系，发挥“绵阳留学人员创业园”和“博士后科研工作站”在人才引进方面的平台作用。针对留学生创业项目特点开展服务工作，搭建交流平台，组织留学归国人员互动交流；有针对性开展招商推介会、项目考察活动；推动建立“绵阳留学归国人员联谊会”、留学生企业服务小分队等创新服务方式，帮助解决留学创业人员在生活等方面的困难。以建设“绵阳市人才优先发展试验区”为契机，新增1家留学人员企业，至年底，有留学人员领办的企业7家。（李忆雨）

国家生物医药专业孵化器

【概况】2001年，绵阳高新区生物医药孵化器（以下简称“孵化器”）立项，2005年投入使用，平台占地面积1.6万平方米，孵化场地面积达1万余平方米，总投资5000余万元。主要为生物技术类（疫苗、酶制剂、基因工程药物）、天然药物、环保科技、生态农业、医疗器械、医疗电子等领域项目的研发及中试生产提供技术支持和孵化服务。2009 年被列为四川省科技厅“四川省中小企业科技企业孵化器”，2011 年通过科技部“国家级科技企业孵化器”认定，2016 年 5 月被四川省经信委批准为“四川省第五批小企业创业示范基地”。2017 年，孵化器先后引进微力康生物、沃伦贝尔健康、吉瑞康医学检测等科技型中小企业 17 家，孵化器在孵企业达到 72 家，留学人员企业 3 家，大学生创办企业 21 家，全年孵化毕业企业 10 家。孵化企业实现营业总额 8007.17 万元，实现研发投入 2187.41 万元。毕业企业年营业收入超过 5000 万元企业 3 家。孵化器先后组织四川微力康、四川诺顺等多家企业申报四川省、绵阳市及高新区各级专项项目资助，在孵企业全年获得财政资助额 345.6 万元。

2017 年，孵化器通过加大科技服务力度、做好生物产业发展规划，加强与知识产权服务机构、科技金融服务机构、中介服务机构的合作力度，从工商、税务服务等初级服务向技术服务、专利引导、风险投资介入等多形式的综合科技服务转变。2017 年孵化器与弘毅融创知识产权运营平台签署合作协议，孵化器累计签约中介机构 10 家。在孵企业拥有有效知识产权 34 项，其中发明专利 10 项。四川赛卓药业股份有限公司、绵阳高新区中科生物工程有限公司、四川长新生物工程有限公司、四川德培源中药科技开发有限公司、四川百诺吉科技有限公司、四川保兴现代农业科技股份有限公司、四川煌锦科技有限公司等 8 家企业成功实现产业化，其中四川赛卓药业于 2014 年成功在“新三板”挂牌上市。

【公共平台建设】2017 年，孵化器研发中试服务平台由 1 万级净化实验室、独立实验室、专项实验室、中药中试平台组成。实验用分析测试仪器设备的配置，按生物工程平台、天然药物平台和公共实验平台的要求，配置 730 余万元实验分析仪器设备及 183 余万元的净化空调系统等设备设施。孵化器与绵阳师范学院合作共建的生物医药孵化器绵阳师范学院苗圃基地，投入 200 万元。截至年底，有 1100 平方米的孵化场地，配备蜂巢、众创咖啡等公共服务平台和 510 平方米 GMP 生物医药标准实验室。实验室取得食品生产许可证。孵化器通过引入民间资本合作，共同建设绵阳第三方公共检测服务平台——四川明正检测有限公司。2017 年，公共检测服务平台走上正轨，年收入 465 万元，并完成扩项工作。检测项目由 163 项增加到 768 项，为企业提供各类检测服务 912 次，业务范围由噪声检测、土壤检测扩展到水质检测、空气检测、环境治理等。为发展高新区生物医药产业，委托北京知名生物医药产业园——汇龙森科技园，为绵阳高新区生物医药产业园做规划建设。

【合作建设】2017 年，孵化器牵头，绵阳师范学院与四川赛卓药业共同参与、成立“绵阳高新区生物医药项目联合研发及产业化”推进平台，以促进自主创新药物研发。推进平台的建立，旨在资源共享集中优势力量（孵化器的场地和设备优势，大专院校的人才技术优势，企业的资金优势）共同开发潜力大、科技含量高的项目。平台配合申报国家重大新药创制重点专项项目“抗多重耐药菌一类新药利他唑酮临床前研究”，并获得资金支持。以四川赛卓药业股份有限公司为主体联合生物医药孵化器、绵阳师范学院等单位，共同成立“化学药物研发中心”。孵化器通过聘请中国药科大学、中国生物化学与分子生物学会工业生物化学与分子生物学分会的专家教授，作为绵阳生物医药孵化器的智库，专家团队对绵阳生物技术企业的技术需求进行专题攻关。孵化器协助推进专家手中的技术成果与绵阳本地企业进行对接，实现成果转化。

【创业导师工作】2017 年，孵化器聘请绵阳高校专家教授、成功企业家、行业专家等担任创业导师，对生物医药类科技型中小企业及创业者提供导向性、专业性和实践性辅导服务。其中创业导师 6 人，创业辅导员 8 人，企业联络员 12 人，对接重点科技创业企业 56 家。创业导师和企业实行“一对一”签约辅导制度，一些企业普遍反映的问题，通过开展座谈会集中解答，缓解孵化器管理人员经验不足、专业知识不够的难题。

【创新创业文化氛围营造】2017 年，孵化器加强创新创业培训和指导工作，组织企业参与“创新挑战赛培训”“人才队伍建设业务培训会”“全国安全生产月”等活动，营造出良好的创业氛围和创业环境；协同知识产权中介机构开展“知识产权贯标知识产权金融培训会”“住房公积金信用贷款推进会”等系列活动，帮助企业增强知识产权保护意识，并解决知识产权融资问题；充分利用“科博会”“创新创业活动周”等创业宣传主题活动，做好孵化器的宣传工作，实现多渠道信息交流与共享。共开展创业教育培训活动 14 场次，培训人数 750 人次。（李忆雨）

园区创业创新

【概况】科技城范围内的各个省级园区，根据自身建设需要分别建设有创新创业服务中心和创新孵化器，作为各园区创新创业的重要载体和平台，培育和孵化更多的规模型企业，创新更多的创新技术成果，涉及军民融合、新材料技术、生物医药、化工、电子信息等。

【高新区创新创业服务中心】2017 年，高新区完善创新创业政策体系，聚集各类创新要素，激发企业创新创业活力，科技创新工作呈现蓬勃发展态势，推动全区综合总量实现高基数上的较快增长，成为全市经济发展重要动力。加大政策扶持，加快企业自主创新。区内建立各级企业技术中心 32 家，工程技术研究中心 11 家，拥有国家级创业服务中心、国家级生物医药专业孵化器、国家级众创空间以及留学生创业园、博士后工作站等各类创新平台。高新区每年安排 4000 万元资金，专项支持企业发展和技术创新。全年认定高新技术企业 12 家，培育科技型中小企业 353 家，培育 8 家科技型中小企业成为规上企业。实施知识产权综合管理改革。正式成立“绵阳高新区科学技术和知识产权局”，率先在川北地区开展专利、商标、版权“三合一”改革试点。8 月 22 日，通过“国家知识产权试点园区”验收，成为四川省第 3 个完成“国家知识产权试点园区”建设工作的园区。3 年试点期间，园区知识产权主要指标高速增长，其中专利申请总量增长 80.23%。2017 年，园区共申请专利 2100 件，获授权专利 1000 件；技术合同成交 6416 万元。

兑现奖励资金。多级争取兑现项目资金，累计为企业争取各类科技项目资金 3080 万元，为区内 175 个项目兑现各类奖励资金 1.72 亿元。鼓励企业加快自主创新步伐，园区企业内部研发支出占营业收入比重达 2.57%，在全国高新区中排名靠前。

完善梯级孵化链条。民营孵化器建设初见成效，融鑫孵化器自筹 230 万元建设 2.4 万平方米的融鑫孵化产业二园、三园；规划建设占地 33.33 公顷的生物医药产业园并通过专家评审。全年新增省级孵化器 2 家、省级众创空间 1 家和市级众创空间 2 家；孵化场地总面积达 20 万平方米，其中新增孵化场地 2 万平方米。

营造创新创业氛围。举办第二届中国创新挑战赛（绵阳科技城）科技军民融合专项赛，探索“政府主导+科技服务机构参与”的办赛新模式，实地走进 300 余家军民融合企业，挖掘企业技术创新需求 110 项，搭建企业技术需求与科技成果对接平台，推进军民两用科技成果转移转化。在“2017 年全国大众创业万众创新活动周”期间，开展“创新创业·共享未来”高校大学生演讲联赛、中国（绵阳）科技城军民融合知识产权运营平台揭牌等9场活动，宣传和展示绵阳高新区“双创”的政策和成效。全年开展动漫节、知识产权培训、现代中小企业人力资源管理法律风险防范讲座等创新创业专场活动91场，参与人数近万人。

搭建平台，完善创新服务能力。打造“军民融合知识产权运营服务平台”，加快“绵阳公共检测服务中心”（明正检测中心）建设。“军民融合知识产权运营服务平台”9月20日运营，至年底产生专利申请420余件，科技项目咨询服务2项，开展贯标业务2家；累计促成专利技术项目投资额4800多万元，意向投资约2亿元。明正检测中心可为企业提供环境、公共卫生、职业卫生、食品、药品、微生物检测等800余项第三方检测服务。

深化科技金融，拓展融资渠道。支持企业使用“园保贷”“知识产权质押融资”“住房公积金信用贷款”等金融产品实现融资。建立军民融合保险公司和全国首家专注服务军民融合企业的专营金融机构——绵阳市商业银行军民融合科技支行，搭建全国首个财税资综合智能服务平台——“税鑫融”。全年实现直接融资31.55亿元。全区新三板上市企业4家，四板（川藏股权交易中心）挂牌企业103家。

开展校地合作，政产学研协同创新。高新区先后与四川大学、电子科技大学、西南科技大学、绵阳师范学院、西南财经大学天府学院、绵阳职业技术学院签订校地合作协议，探索“产、学、研”结合与科技成果转化的新模式，初步形成“优势互补、合作共赢、共同发展”局面。发挥科研院校技术和人才优势，帮助高新区引进具有产业化前景的技术与项目，确保产业化前景好的技术成果优先在高新区转化；高新区每半年组织区内企业到电子科技大学、四川大学、成都理工大学等高校揽才，鼓励优秀毕业生到高新区就业。

建设人才高地，引进培养优秀人才。以建设“绵阳市人才优先发展试验区”为契机，全方位、多渠道引进优势产业急需高端人才。开展“海外高新科技人才走进中国（绵阳）科技城投资推介会”活动，省重点专项人才专家2人分别签订引进高层次人才合作意向协议；推进新建博士后科研工作站企业分站（灵通电讯分站及京东方分站）、博士后创新实践基地等创新载体建设。

实施“服务绿卡”，建立人才培训体系。落实重点招商项目“服务绿卡”，“一对一”跟踪服务项目人才延揽，为绵阳京东方副总经理李重君争取省市人才发展专项资金40万元，为项目引进人才免除集体户挂靠费，为项目技能人才培养及招聘与电子科技大学、西南石油大学、西南科技大学、绵阳职业技术学院等18所高校进行对接交流。全年青年劳动者技能培训总人数达到1713人，电子商务专项职业能力培训人数达到1412人，新增高技能人才数（高级工）220人，新增市级千英百团、军民融合高层次人才（团队）项目4个；“绵阳高新区袁友双服装模板技能大师工作室”于2月被评为市级技能大师工作室。（李维怡）

【安州区创业服务中心】 成立于2014年4月，位于安州区核心办公区域内，是安州区委、区政府扶持科技型中小微企业发展的综合服务平台、省级科技型企业孵化器、省级大学生创新创业示范基地。有孵化楼宇6栋，电商产业园1个，面积2.5万平方米。中心拥有独立办公室、多功能会议室、创业餐厅、众创咖啡、党群活动中心、安馨公寓等功能齐全的服务及配套设施，且有专门服务机构和各类配套中介机构，对中心入驻企业实施“一站式”全方位服务。截至2017年年底，共入驻企业140户，其中科技型企业74家、大学生创业16户、中介服务机构5户；中心入驻企业累计总投入2.51亿元，实现销售收入11.32亿元，缴纳税收2899.1万元。

16户大学生创新创业企业中，四川九渊医

图 20　安州创业服务中心

药科技有限公司董事长曹远东、绵阳壮源农业科技有限公司董事长蒋军在 2016 年中国科技城第五届大学生创新创业大赛中分别荣获制造研发组和现代农业组冠军。中心吸纳就业人员 1042 人，其中博士后 1 名，博士 9 名，硕士 48 人，取得专业资质的人才 13 人，大专文化以上 838 人。取得专利 7 件，新型实用技术 60 件，知识产权 25 件。中心 F 幢一楼多功能服务大厅能提供工商注册、税务、财务、法律等一站式、保姆式服务。通过招商引资引入民间资金，打造 500 余平米的创业餐厅和 4600 余平方米的绿地空间。

【江油市科技孵化园】成立于 2014 年 5 月，2014 年 9 月正式投入使用，是江油市培育科技型企业和企业家、推进高新技术产业化的科技创新创业服务平台。孵化园总建筑面积 5236 平方米，内设办公室、会议室、图书阅览室、活动室、展示厅等多功能房间，可同时容纳企业 80~100 家。园内水、电、通信等基础设施完备，餐饮、住宿等生活配套服务设施一应俱全。该孵化园采用市场化运作模式，由政府向科技中介机构有偿购买服务，引进绵阳市科技城科源科技有限公司进行日常运行管理，为在孵企业提供政策、法律咨询、工商、税务代理、招引培育、投融资、人才延揽、企业经营管理等服务。该孵化园为创业者免费提供办公场地和后勤保障服务；指导、协助办理创业相关手续；聘请创业导师为创业者开展创业指导服务；免费提供创业培训、创业指导、政策咨询和信息；搭建大创业者创业实践、互动交流、产品推广、信息共享的平台；实施创业项目开发、对接和融资等交流活动；营造创业文化与创业氛围。

截至 2017 年年底，该孵化园共指导 200 余家企业通过绵阳市科技型中小企业认定，涵盖高端装备制造、新能源新材料、现代医药绿色食品、现代农业、现代物流、电子信息等六大产业。

【四川江油工业创新发展服务中心】中心由江油工业投资发展集团有限公司投资 4 亿元打造。项目集研发中心、小微企业孵化和政务配套、金融配套、生活配套等综合性服务功能为一体。截至2017年年底，一期投资1亿元、总建筑面积约4万平方米的1号、4号综合办公楼及人才公寓建成并投入使用。综合办公楼租赁价格约10~20元/平方米/月，根据入驻的企业及商户项目大小、业务类型等可享受“免二减二”的最高优惠招商政策，提供户外免费停车位、室内车位费用减半收取、物业统一代缴水电气等服务。人才公寓户型主要以单间及两人共用套间为主，每套30平方米左右，内有独立卫生间、宽带接口、门禁和对讲系统等，配备基本家具实现直接拎包入住。

【三台工业园区创新创业孵化中心】2017年，为提高园区创新创业孵化能力和工业经济总量，集约利用土地，营造“大众创业，万众创新”的良好环境，根据园区现有工业区规划布局、产业定位等实际，加快项目“孵化器”、“加速器”建设，围绕体制创新、模式创新、技术创新、管理创新和服务创新等“五大创新体系”建设，融合传统工业、创新产业、金融、电商、物联等资源，高标准、高起点启动建设梓州产城新区创新科技孵化园项目。项目计划总投资2亿元，修建12.5万平方米的创新科技孵化园，包括标准厂房、仓储物流、电商中心、创新研发中心、会展中心、金融服务、员工公寓、食堂、商贸等配套用房，配套建设厂区道路、地下管网、绿化、亮化等附属工程。截至年底，该项目进行标准厂房基础施工，并签约金鱼集团手机及配件加工项目。2017年，四川三台工业园区利用创新创业孵化园承载平台，出台专项优惠政策，吸引三台在外成功人士回乡创业，并通过回购、返租等多种形式，盘活闲置厂房10万平方米，土地33.33公顷，引进鞋业制造企业14家，建设梓州鞋业产业园。

【盐亭县创业孵化中心】2015年1月9日建立，位于经济开发区盐亭规划馆；同年11月被绵阳市科技局认定为市级科技企业孵化器。2017年2月，被四川省科技厅认定为省级科技企业孵化器，是绵阳市唯一晋升省级科技企业孵化器的县级创业孵化中心。室内面积5200平方米，可同时容纳60户科技型中小企业孵化办公，其中嫘祖文化创意产业园可容纳15户企业办公，电商产业园可容纳20户企业办公。设立孵化器招引部、培育部、项目部、公共服务部等部门，有战略研究、军民融合、先进制造、现代农业、生物研究等创业导师24人，为招商引资企业、大学生创办企业和返乡农民工创业企业提供现代农业、生物医学、先进制造等领域的孵化服务。孵化中心通过购买四川飞马科技孵化器管理有限公司的服务进行运营管理，由县经开区主管，县科商局负责业务指导。

入驻项目类别主要为现代农业、生物医药、先进制造、环境保护等。2017年，在孵企业66家，解决就业300余人。入驻企业申请专利16项，其中发明专利2项，外观专利6项，实用新型8项。先后与商业银行、邮储银行、农商银行和四川青年创业促进会等对接，推荐大学生企业15户，4家入孵企业参加“我能飞”大学生成功创业者提升培训；帮助企业落实资金400余万元。2017年，孵化中心以“星创天地”为建设要求，以特色效益农业园区为创新创业载体，建立嫘祖文化创意产业园，蜀艾产业基地，牡丹产业基地，蚕桑丝绸产业基地、中国中医药产业基地、嫘轩汽车产业园、藤椒产业基地等多个多元化现代农业产业园，采取以“大学生思维+回乡创业人员资金”相结合，开展“企业+合作社+农户+基地”的运营模式开展助贫、脱贫攻坚工作。

（李忆雨　马敬明　李　安）

【中国（绵阳）科技城游仙军民融合产业园】2016年9月成立，位于绵阳科技城集中发展区规划范围内，是绵阳科技城“一体两翼”之“北翼”，规划面积50平方千米。按照“产城一体”

规划建设，“一中心三园”产业布局，在东林镇以军民融合智能制造及信息安全产业为主导，建设创新孵化中心、企业加速器，打造军民融合小镇、九黄驿站；在游仙镇建设军民融合核技术应用产业园；在小枧沟镇建设军民融合中航发航空与燃机产业园。园区首期启动4平方千米。园区开发运营模式为党工委领导、管委会管理、公司化建设、市场化营运。拥有中国工程物理研究院、中国兵器装备集团西南自动化研究所、中国燃气涡轮研究院等国家级军工科研院所，拥有国家重点实验室5个，有西科大、绵阳师院、绵阳职院等多所高等院校，有企业技术中心16个，科技人才8万余人。有军民融合企业37家，其中规模以上企业23家，有以东材科技、雅化集团、开元磁材、海格承联通信、科莱电梯、高达科技、维博电子等为代表的一批军转民、民参军骨干企业。区内中物院等科研院所军民融合企业逐步向产业园区集聚。同时，兵港科技（绵阳）信息安全高技术军民融合产业园、兵装集团绵阳智能制造中心、中物院久远集团创新发展总部基地、中物技术智能制造示范基地、中博军科智能制造基地及装备研究院等一批重点项目计划在园区开工建设。（赵梓宇）

大学生创新创业

【概况】2017年，科技城共扶持大学生实质创业694人，发放创业补贴805.1万元，全市建成大学生创新创业园区（孵化基地）26家，其中国家级1家，省级15家，市级10家，推荐优秀项目参加各类创业大赛，举办高层次创业交流合作活动，开展平台载体调研和认定工作。

【优化导师队伍】2017年，科技城对117人的创业指导服务团队进行结构优化，成功企业家导师占比达到70%，其中5位导师被选入四川省大学生创新创业中心后备企业家导师团。举办绵阳市首届创业引领者专项活动暨创业培训讲师大赛，提升创业培训师资水平。年末，全市有持证创业培训师159人，其中讲师18人。

【优化创业就业环境】2017年，科技城借助“春风送岗”“双创周”“绵阳市就业局微信公众号”等平台，宣传报道大学生创业者先进事迹，营造创业环境。4—6月，对全市22家大学生创新创业园区（孵化基地）进行全方位梳理。7—8月，举办3场活动对26个创业项目进行问诊。9月，对省级园区、基地进行复核，并推荐符合条件的3家市级园区、基地参与省级认定。全年新增西城大学生创新创业园区等7个市级园区（基地）。

【“青创+”筑梦千里巡】2017年6月28日，四川省大学生创新创业活动中心、绵阳市就业服务管理局主办，绵阳市创业促进会、中国科技城创客俱乐部承办的“青创+”筑梦千里巡之绵阳行2017创业项目巡诊活动举行。省市两级10名创业导师组成5个创业项目巡诊小组，采取实地巡诊+分类门诊相结合的方式，对涪城、梓潼、江油、科创等8个县市区的20个项目进行现场巡诊，累计行程476千米，巡诊时间45小时。

【大学生创新创业园区（孵化基地）建设交流与创业项目对接活动】2017年9月7—8日，科博会人才交流与成果展示项目——大学生创新创业园区（孵化基地）建设交流与创业项目对接活动在绵举办。活动以“创新孵化，创业引领”为主题，旨在搭建全省大学生创新创业园区（孵化基地）之间经验交流、资源对接与协作平台，探讨与交流对大学生创新创业园区（孵化基地）未来发展和创业孵化新模式。活动分为实地考察全国创业孵化示范基地和省级、市级大学生创新创业园区（孵化基地）、“大学生创新创业园区（孵化基地）未来发展与创业孵化新模式”论坛、创业项目路演与对接活动、大学生创新创业园区（孵化基地）建设研讨活动四个部分。共有6个项目与7家创投机构达成投资意向，获得风险投资3800万元。

【绵阳市第二届在校大学生创业计划书大赛】2017年3月17日，绵阳市人力资源和社会保障局主办、西南财经大学天府学院协办的绵阳市第二届在校大学生创业计划书大赛决赛在西南财经大学天府学院举行。大赛共有76个项目报名，经项目初审、复赛，15个项目进入决赛。经项目成果展示、评委询问环节后，最终评出一等奖1个、二等奖2个、三等奖3个、优胜奖9个，获奖项目得到3000元至1000元的创业奖金。

【四川省第一届“天府杯”创业大赛大学生创业组决赛】2017年11月6—8日，四川省人力资源和社会保障厅、财政厅、教育厅、团省委共同主办的四川省第一届“天府杯”创业大赛大学生创业组决赛在泸州举行。大赛分为创业创富组、大学生创业组、返乡下乡创业组三个组别，参赛项目总共2644个，项目涵盖农业、科技、老年人养老等。绵阳推选的艾博士机器人、山生生物科技、行无疆科技3个项目参赛。

【首期优秀大学生（创新创业俱乐部）和科技人员创业培训班】2017年11月，市人才办举办全市首期优秀大学生（创新创业俱乐部）和科技人员创业培训班，旨在提高优秀大学生（创新创业俱乐部）和科技人员创业成功率，助力创业人才，争取各级人才创新创业政策支持。在培训班上，市人才办为大学生梳理讲解各级人才支持政策；创新创业资深导师、绵阳市工业技术研究院副院长张方宇结合省级大学生创新创业俱乐部、优秀大学生及科技人才创业典型支持政策等，围绕创业背景、竞争优势、市场定位、发展规划等方面，讲解在创业当中可能会遇到的问题。培训还安排创业代表经验分享、提问答疑等环节。

（赵梓宇）

西南科技大学国家大学科技园

【概况】西南科技大学国家大学科技园（以下简称“国家大学科技园”）是2001年8月经科技部、教育部批准在绵阳筹建的全国首批国家大学科技园，2003年通过科技部、教育部验收正式成立。科技园成为科技成果转化、高新企业孵化、创新创业人才培养、服务地方经济的重要平台，被批准成为“国家技术转移示范机构”“国家级科技企业孵化器”“国家级高校学生科技创业实习基地”“国家小型微型企业创新创业示范基地”及首批“四川省大学生创新创业示范俱乐部”“省级大学生创新创业园区（孵化基地）”“省级小企业创业示范基地”等，入选全国首批“军民融合科技服务机构”名录，成为国家科技城区域创新服务体系的重要组成部分。2017年，大学科技园成功转化科技成果43项，新增入孵科技型中小微企业22家，孵化毕业企业10家，在孵企业总数逾100家；孵化载体建设完成，大学科技园可自主使用的场地面积达到2.32万平方米，孵化场地面积约1.97万平方米，入园孵化企业新增自主知识产权34项，协助企业融资2411万元；建设大学生创新创业苗圃，实现大学生“拎包创业”，新增大学生科技创业企业10家，入孵企业为大学生提供实习、实训岗位新增210个，接纳就业129人。

【“国家技术转移示范机构”建设】2017年，国家大学科技园推进“国家技术转移示范机构”建设，完善“中国（绵阳）科技城高校科技成果转化平台”等平台建设，完成园区82项成果信息入库，成功转化“MYWD-02分子振动暗红外纳米热棒温度场监测及控制系统V1.1”“人—机—环境共融的熊猫智能机器人”“‘无线电测向+’

科技体育实训系统”等43项科技成果。通过科技部“国家技术转移示范机构”评价考核。

【“国家级科技企业孵化器”建设】2017年4月，国家大学科技园被四川省经信委认定为“省级小企业创业示范基地”；9月，被工信部认定为“国家小微型企业创新示范基地”。全年新增入孵企业22家，孵化毕业企业10家，在孵企业总数超100家。入孵企业申报获得各类纵横向项目立项58项，立项经费达1169万元。新增自主知识产权34项。协助企业融资2411万元。11月，“国家级科技企业孵化器”被科技部考核评价为“优秀”（A类），成为全省唯一获优的国家大学科技园。

【“国家级高校学生科技创业实习基地”和“四川省大学生创新创业示范俱乐部”建设】2017年，新增学生创业企业10家，新增就业岗位210个，接纳就业129人，接纳学生实习实训2000余人次；开展沙龙活动12次，咨询辅导40余次；组织学生申报教育部“国家大学生创新创业训练计划”立项11项，四川省科技厅“四川省科技创新苗子工程”立项10项。1月，被四川省人社厅认定为“省级大学生创新创业园区”。《依托国家大学科技园建设创新创业教育实践平台的探索试验》获学校第八届教育教学成果一等奖和省第八届高等教育教学成果二等奖，“一依二抓三改四试验”成为四川省高等教育改革重要成果。

【军民融合全面创新改革试验】2017年，国家大学科技园全面开展以军民融合为主题的全面创新改革试验。3月，国家大学科技园入选全国首批“军民融合科技服务机构推荐名录”，成为全国唯一入选的国家大学科技园。全年园区新增军民融合企业4家，园区共有军民融合企业16家。

【军民融合新型智库建设】2017年，国家大学科技园依托“军民融合产业研究”四川省社会科学高水平研究团队，全面推进军民融合新型智库建设。12月，“高分辨率对地观测系统四川数据与应用中心绵阳分中心”获四川省国防科工办函复同意设立。“四川军民融合战略研究中心”获批为“四川省高校哲学社会科学重点研究基地”。联合中国工程物理研究院组建“军民融合发展研究智库”获批为四川首批新型智库。组织开展《新体制下军地合力推进军民融合深度发展的路径研究》《国家军民融合创新示范区（四川）实施方案》《四川省“十三五”科技军民融合发展实施方案》等多项国、省重大课题研究和决策咨询服务工作。受托编制完成的《四川省“十三五”军民融合发展规划》通过省政府第145次常务会议审定，成为指导四川省军民融合发展的重要纲领性文件。组织撰写的《聚焦基础设施领域推进四川军民融合深度发展的建议》得到省委书记王东明的肯定性批示。科技园主要负责人受邀为省军区“师团职交流干部集训班”、省委党校“第68期市厅级领导干部进修班”等培训班作贯彻落实军民融合发展战略专题报告。

【国家大学科技园公司建设】2017年，国家大学科技园通过科技部、教育部税收优惠政策审核。全年向入孵企业发放绩效奖励26.98万元，向学校上缴利润约123.25万元。年底，科技园公司拥有总资产797万元。（唐继平　张金慧）

科技型中小企业

【概况】绵阳市实施“涌泉计划”和工业企业“领航计划”，立足科技型中小企业生命周期管理，根据企业发展的不同规模和不同阶段需求，给予差异化的政策扶持和重点培育，实施提质增效工程，全市科技型中小企业发展呈现裂变式增长态势，总量保持在1万家以上，新增升规入统企业78家，科技城高新技术企业达到239家。

【构建科技型中小企业培育平台】2017年，科技城按照“专业化、市场化、国际化”的发展理念，围绕“众创空间（星创天地）+专业孵化器+特色孵化器+特色园区”链条，结合各地发展特色和主要产业推进创新创业平台建设。全市有各类孵化平台58家，孵化总面积110万平方米，入驻孵化企业和服务机构3500余家。2017年，绵阳市游仙经济开发区（游仙孵化中心）创业示范基地、西南科技大学国家大学科技园创业示范基地评选国家第三批小微企业“双创”示范基地；西南科技大学国家大学科技园、四川雄邦企业孵化管理股份有限公司、绵阳市科创孵化器管理有限责任公司3家企业被评为省级第六批小企业创业示范基地。

【科技型中小企业创新发展平台】2017年，依托在绵阳的科研院所、高校、企业对接清华大学、同济大学等知名高校，搭建产学研用合作平台，建成清华大学人力资源服务外包平台、北京交通大学下一代互联网互联设备国家工程实验室西南中心等国省重点实验室25个，建成国省工程技术研究中心19个、省级以上工程研究中心（工程实验室）15个、国省市企业技术中心141个。

【科技型中小企业服务保障】2017年，科技城强化人才服务，统筹抓好人才发展体制机制改革和“系统推进全创试验军民深度融合人才开发体系”建设。形成以《绵阳市人才发展“十三五”规划》为核心的“1+6”人才发展规划体系。全年共资助人才和团队147名（个），发放人才资助资金4555万元；全年引进博士310人，硕士2139人，本科15906人，海外人才97人，柔性引进5名院士专家。创新财政金融服务方式，实施财政金融互动，助推双创工作发展。设立科技支行，设立7000万元的科技型中小企业贷款风险池，创新推出“科创·税e贷”“高新技术企业贷”“军工供应链贷”等近50种科技金融产品。全年全市科技型企业贷款余额257.2亿元，较年初增加17.5亿元，贷款企业1625家，专利权质押贷款累计3.56亿元。

（李芝军）

表15　2017年科技城规模以上科技型企业

序号	企业名称	所属行业
1	绵阳市祥发包装有限公司	规模以上工业
2	宏源地能热泵科技有限公司	规模以上工业
3	绵阳市晋溢科技有限公司	规模以上工业
4	绵阳市思泰电子科技有限公司	规模以上工业
5	绵阳市华宏机械电子技术有限公司	规模以上工业
6	绵阳天阳建材加工有限公司	规模以上工业
7	绵阳和润电子仪器有限责任公司	规模以上工业
8	四川远林达机电科技有限公司	规模以上工业
9	四川浩东食品科技有限公司	规模以上工业
10	四川开元创亿生物科技有限责任公司	规模以上工业
11	四川蓝狮科技有限公司	规模以上工业
12	绵阳市久华机电科技有限公司	规模以上工业
13	四川荣丰电子有限公司	规模以上工业

续表

序号	企业名称	所属行业
14	四川绿能酒业有限责任公司	规模以上工业
15	四川腾达电梯制造有限公司	规模以上工业
16	绵阳广丰电子有限公司	规模以上工业
17	绵阳杨肥肠食品科技有限公司	规模以上工业
18	四川普兰特电源制造有限公司	规模以上工业
19	四川兴盛源药业有限公司	规模以上工业
20	江油市亿豪五金制品有限公司	规模以上工业
21	江油市金豪特种玻璃制造有限公司	规模以上工业
22	四川省明君金属制品有限责任公司	规模以上工业
23	四川省江油市丰宇塑编有限责任公司	规模以上工业
24	江油殷田电子科技有限公司	规模以上工业
25	江油市四隆矿业有限公司	规模以上工业
26	四川泰铸耐磨材料有限公司	规模以上工业
27	四川省安县嶟熊木业有限公司	规模以上工业
28	四川天濠药业有限公司	规模以上工业
29	四川圣凯利电气设备有限公司	规模以上工业
30	绵阳佳仕达机电设备制造有限公司	规模以上工业
31	安县新广鑫粮油机械制造有限公司	规模以上工业
32	绵阳鑫泰水泥制品有限公司	规模以上工业
33	四川爱联科技有限公司	规模以上工业
34	四川成州量具制造有限公司	规模以上工业
35	三台县曹氏酱腌菜生产销售有限责任公司	规模以上工业
36	四川省三台县大予膨润土矿业有限公司	规模以上工业
37	绵阳市尚姿鞋业有限公司	规模以上工业
38	四川代代为本农业科技有限公司	规模以上工业
39	四川桉邦环保设备制造有限公司	规模以上工业
40	四川省三台蜀龙泵业有限责任公司	规模以上工业
41	四川省三台县富贵科技实业有限公司	规模以上工业
42	绵阳天鸿生物科技有限公司	规模以上工业
43	绵阳迪奥药业有限公司	规模以上工业
44	四川群琪科技有限公司	规模以上工业
45	中广核绵阳梓潼风力发电有限公司	规模以上工业
46	四川省田宝生物科技有限公司	规模以上工业

续表

序号	企业名称	所属行业
47	四川天强玻璃有限公司	规模以上工业
48	四川清川科技有限公司	规模以上工业
49	四川泰坦豪特新能源汽车有限公司	规模以上工业
50	北川羌族自治县建诚林产开发有限公司	规模以上工业
51	奥图（北川）环境科技设备有限公司	规模以上工业
52	北川瑞辉科技有限公司	规模以上工业
53	北川马槽酒业有限公司	规模以上工业
54	绵阳市军豪科技开发有限公司	规模以上工业
55	四川福百弘中药科技有限公司	规模以上工业
56	四川西结微波科技发展有限责任公司	规模以上工业
57	四川安能能源技术有限公司	规模以上工业
58	四川创力电气有限公司	规模以上工业
59	绵阳伟成科技有限公司	规模以上工业
60	绵阳同成智能装备股份有限公司	规模以上工业
61	四川精上缝纫机有限公司	规模以上工业
62	四川仁智新材料科技有限责任公司	规模以上工业
63	四川瑞可达连接系统有限公司	规模以上工业
64	绵阳德坤机械有限公司	规模以上工业
65	绵阳市永庆机械有限公司	规模以上工业
66	四川美丰梅塞尔气体产品有限公司	规模以上工业
67	四川伴农动保生物技术有限公司	规模以上工业
68	绵阳大北农农牧科技有限公司	规模以上工业
69	绵阳市凌峰机械制造有限责任公司	规模以上工业
70	绵阳春蓉食品有限公司	规模以上工业
71	绵阳市耐特电子实业有限责任公司	规模以上工业
72	四川奇石缘科技股份有限公司	规模以上工业
73	绵阳流能粉体设备有限公司	规模以上工业
74	四川光发科技有限公司	规模以上工业
75	四川帝威能源技术有限公司	规模以上工业
76	四川九洲北斗导航与位置服务有限公司	规模以上服务业
77	四川科瑞软件有限责任公司	规模以上服务业
78	长美科技有限公司	规模以上工业

科技成果转化与知识产权保护

Transformation of Scientific and Technological Achicvements&Protection of Intellectual Property

科技成果转化

【概况】2017 年，科技城成果转化工作抢抓全面创新改革试验区机遇，实施创新驱动、军民融合战略，推进科技成果产业化，整合科技服务资源，提升科技服务能力，科技与经济结合愈加紧密，科技对社会支撑引领作用显著增强。围绕新一代电子信息技术、新材料产业、先进制造、生物医药、节能环保等优势特色产业、高端成长型产业，组织实施科技成果转化专项，支持一批技术水平高、市场前景好、经济社会效益显著的重大科技成果转化示范、科技成果转化服务平台、科技扶贫和全创成果转化清单等省市科技成果转化示范项目，支持资金 1500 万元（市财政资金 510 万元），引导企业总投入 3.2 亿元。有效促进科技成果产业化，全市高新技术产值达 1701 亿元。

【科技成果转移转化平台打造】2017 年，科技城以科技成果和技术转移转化为主线，综合集成技术、资金、人才和服务等资源，推进国家军民两用技术交易中心、工业技术研究院、军民融合研究院、中科创新育成中心等一批技术转移转化平台的市场化建设，提高成果转化平台服务能力。截至年底，四川军民融合大型科学仪器共享平台揭牌，完成创新中心 1 号楼 2 楼物理平台建设，为近千家企业提供服务 3000 余次，并获央视新闻联播专题报道。建成军民融合创客、加速器等各类科技企业孵化器 58 个、面积突破 110 万平方米，科技型中小企业累计认证总数超过 1 万家。

【技术转移转化服务机构培育】2017 年，科技城加强技术转移、成果评价、创业孵化、科技金融、知识产权等各类促进科技成果转移转化的服务机构建设，充分发挥技术转移机构作用，提高技术交易质量和水平。中科融创、工创科技和游仙创梦 3 个技术转移机构被认定为省级技术转移示范机构，全市国省技术转移示范机构达到 6 家，2017 年全市技术合同成交额 8.8 亿元，交易量居全省第二。

【成果转移转化服务形式创新】2017 年，科技城以企业需求为导向，通过定期开展高新技术成果发布和精准对接活动、开展科技成果和专利技术发布与交易专场活动、举办中国创新挑战赛（中国科技城）军民融合专项赛、创新创业军转民专项赛等近20多场活动，服务企业1000多家、发布技术成果和需求达1000项以上。

【成果转移转化环境完善】2017年，科技城抓住国家全创试验区和深化改革契机，先后出台《绵阳市科技计划管理改革实施方案》《绵阳市科技服务业发展规划》等政策措施，激励科技人员围绕科技成果创新创业。指导西科大推进省职务科技成果权属混合所有制改革试点，指导市农科院科技人员围绕科技成果开展创新创业，落实科技成果转化给予的股权激励的递延纳税政策、专利质押政策等，形成科技成果转化的良好政策环境。西南科技大学7项国家发明专利进行转让或实施许可，由学校教师发起并新成立创新创业企业达到9家，建立西南科技大学—遂宁工业技术转移中心。

【四川军民融合大型科学仪器共享平台揭牌】2017年1月12日，四川省科技厅、绵阳市政府共建的四川军民融合大型科学仪器共享平台在绵正式揭牌运营。该平台是绵阳市与省科技厅“厅地合作”，深入实施军民融合发展战略、系统推进全面创新改革试验的战略举措。市委主要负责人出席揭牌仪式并讲话，省国防科工办主任许州出席揭牌仪式，市委副书记、市长刘超主持揭牌仪式，省科技厅副厅长韩忠成出席揭牌仪式并代表省科技厅讲话。（李芝军）

新技术成果发布

【概况】科技城工研院科技成果定期化、常态化发布机制创立于2014年。在发布成果的选择与评估上，注重技术先进性、成果实用性与成熟性，同时有意识地引导成果与资本对接、成果与市场结合，促进双方接洽与交流，推动成果借势发展，加速转移转化速度。发布成果先后受到央视财经栏目、香港亚视、凤凰卫视、四川卫视、人民网、新华网等媒体等媒体专题报道，并与遂宁、内江等地建立信息共享、经验互鉴的合作关系。是红外线镜面反射加热快速升温高温炉、物流指南、生物电场探测器、机载激光雷达产品等一批高新“绵阳造”产品的发布平台。

2017年，科技城工研院共举行成果发布会11场，发布新技术新成果共计35项。发布产品涉及新材料、机械制造、北斗导航、先进显示技术等多个领域，产品均具有自主知识产权，技术水平先进，部分产品可替代进口。

【红外线镜面反射加热快速升温高温炉】2017年1月9日发布，绵阳力洋英伦科技有限公司自主研发，该产品是将红外线发热元件产生的红外线经过反射率极高（通过特殊表面处理材料表面反射率可达98%以上）的镜面聚焦到被加热的材料，其大量的能量被加热物体吸收转化成热能使物体快速升温，其加热升温速度可达600~1000℃/分钟。该产品使用抛物镜面成型方法和高精度椭圆面镜面光洁度加工工艺技术，突破了反射面基材温度梯度大、膨胀量不同致使表面镀层受热膨胀而剥落等关键技术问题。产品属于国内首创，取得多项发明专利。产品可广泛用于快温变、高升温的应用环境、较大工件的加热，以及高危废弃物的处置。

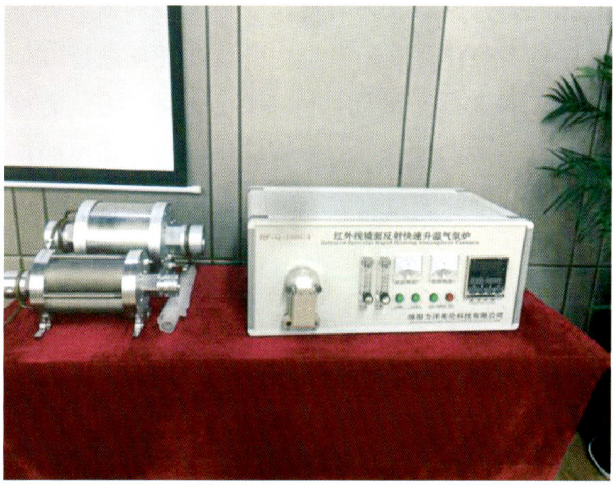

图21　红外线镜面反射快速升温高温电炉

【熔融拉锥光分路器】 2017年3月9日发布，四川光发科技有限公司研发。熔融拉锥光分路器是将两根或多根光纤捆在一起，然后在拉锥机上熔融拉伸，并实时监控分光比的变化，分光比达到要求后结束熔融拉伸，其中一端保留一根光纤（其余剪掉）作为输入端，另一端则作多路输出端。具有分光比可变的优点。

【保偏光分路器】 2017年3月9日发布，四川光发科技有限公司研发。偏光分路器是应用保偏光纤制作的光耦合器，它是实现线偏光耦合、分光以及复用的关键器件。最大特点是能稳定地传输两个正交的线偏振光，并能保持各自的偏振态不变，是各种军民用干涉型传感器和相干通信的关键器件，主要应用于高精度光纤陀螺和光纤水听器。

【LTZTS-DWM微机械组合定位定向系统】 2017年3月9日发布，四川光发科技有限公司研发。是以MEMS部件为主，组合了BD/GPS、高度计、里程计等部件，可实现车辆的寻北、定位、导航，提供车辆的实时姿态信息和卫星星历数据，工作模式为：在技术阵地完成启动、寻北工作；行军过程中处于导航状态，实时提供地理位置和航向信息，到达作战位置后，提供发射点的地理位置信息，通过寻北提供发射平台指定轴线对真北的方位角，为自动操瞄提供发射平台姿态信息。在静止时利用系统内的GPS/BD进行方位测量。在运动中借助惯性器件、GPS/BD、高度计和里程计等信息进行组合导航，可以长时间保持姿态精度和定位精度。

【LT-M1800惯性组合/惯性导航】 2017年3月9日发布，四川光发科技有限公司研发。LT-M1800惯性导航系统（INS）由三轴微机械陀螺、三轴微机械加速度计、采样计算模块及电源模块和结构件组成，其中X轴滚转速率最高可达1800°/s，可用于滚控飞行器的姿态控制。该系列产品独特的传感器及结构设计，使其可以承受巨大的冲击和过载，并且体积小重量轻，可以在炮弹上安装使用。主要用于炮弹、火箭弹的惯性测量和惯性导航。可以完成GPS组合导航（GPS模块不包含在产品内），实时输出三轴角速率、三轴加速度、姿态（俯仰、横滚、偏航）、速度（东、北、天）、位置信息（经度、纬度、高度），并可以根据用户要求进行初始装订或初始对准。

【LT-F600光纤惯性组合/惯性导航】 2017年3月9日发布，四川光发科技有限公司研发。LT-F600光纤惯性组合可测量载体三轴角速率、三轴加速度，并以数字化方式输出给用户。该系列产品内部主要由3轴光纤陀螺、3轴石英加速度计、采样计算模块及电源模块组成。产品接口和外形尺寸可按用户需求定制，产品留有空间可安装GPS/BD卫星接收机，采样计算模块可安装导航和飞控软件，升级为组合导航控制器。该产品性能稳定可靠，性价比高，可以组合实现惯性导航系统和飞行控制系统功能。

图22　LT-F600光纤惯性组合/惯性导航

【一体化控制器】 2017年3月9日发布，四川光发科技有限公司研发。一体化控制器作为控制系统的关键设备，由IMU（三轴陀螺、三轴加速度计、三轴磁阻传感器）、信号处理及导航控制板、二次电源板、4天线GPS接收单元等组成。具有惯性测量、地磁测量、GPS信号接收、INS/GPS

导航数据融合、控制信号解算等功能。产品集成惯性导航解算和飞行控制功能为一体，并且具有独特的传感器及结构设计，使其可以承受巨大的冲击和过载，并且体积小重量轻，可以在炮弹上安装使用。主要用于炮弹、火箭弹的惯性导航和飞行控制。一体化控制器可以实现空中自对准，进行 GPS 组合导航，实时输出姿态（俯仰、横滚、偏航）、速度（东、北、天）、位置信息(经度、纬度、高度)，并可以进行控制信号解算为载体提供飞控信号.

图 23　一体化控制器

【LTXG-2A/B 角速率传感器（双轴 MMS 陀螺）】2017 年 3 月 9 日发布，四川光发科技有限公司研发。LTXG-2A/B 角速率传感器由两个正交安装的微机械陀螺和放大与补偿电路组成，两个陀螺分别敏感载体旋转时二个轴向的角速率，放大与补偿电路将陀螺输出的角速率信号补偿和放大，将角速率信号以模拟量方式输出。具有性能稳定，体积小，抗冲击振动能力强，性价比高的特点。主要用于导弹、无人机、机器人、导引头的稳定平台、车辆等运动载体的测量控制。

图 24　LTXG-2A/B 角速率传感器

【远程费控预付费系统解决方案】2017 年 4 月 10 日发布，四川亚辰电气有限公司研发。该方案组合可实现非组网型预付费功能，可完成用户购电充值、智能计量、智能计费、智能拉合闸等，可满足一般商业用户的物业管理需求。具有成本造价低、施工调试方便、后期维护量少等优点。

【本地费控预付费系统解决方案】2017 年 4 月 10 日发布，四川亚辰电气有限公司研发。该方案组合可实现非组网型预付费功能，可完成用户本地购电充值、智能计量、智能拉合闸等，可满足一般商业用户的物业管理需求。具有成本造价低、施工调试方便的优点。

【远程/本地费控短信预付费系统解决方案】2017 年 4 月 10 日发布，四川亚辰电气有限公司研发。该方案组合可实现组网型预付费功能，可完成用户购电充值、智能计量、智能计费、智能拉合闸、数据采集、短信提示用户购电等，可满足中档商业用户的物业管理需求，可为用户提供优质服务。具有智能化程度高、可体现物业管理的优质服务等优点。

【智能电表短信抄表预付费系统解决方案】2017 年 4 月 10 日发布，四川亚辰电气有限公司研发。该方案组合可实现组网型远程抄表预付费功能，可完成用户购电充值、智能计量、智能计费、智能拉合闸、数据采集、短信提示用户购电、远程数据采集抄收等，可满足中高档商业用户的物业管理需求，可为用户提供优质高效服务。具有智能化程度高、可体现物业管理的优质高效服务等优点。

【水电采集远传抄表系统解决方案】2017 年 4 月 10 日发布，四川亚辰电气有限公司研发。该方案组合可实现组网型远程抄表功能，可完成 RS485 电表、普通（数字）式水表的数据采集抄收等，可满足中高档商业用户的物业管理需求，可为用户提供优质高效服务。具有智能化程度高、可体现物业管理的优质高效服务等优点。

【GPRS 远传抄表系统解决方案】2017 年 4 月 10 日发布，四川亚辰电气有限公司研发。该方案组合可实现 GPRS 远程抄表功能，可完成多功能表的数据采集抄收，可满足地方电力公司大用户用电管理需求，可为用户提供优质高效服务。具有智能化程度高、可体现电力公司管理的优质高效服务等优点。

【防水注塑型温度传感器】2017 年 5 月 9 日发布，绵阳固特科技有限公司研发。IP68 防水性系列温度传感器是将性能稳定的 NTC 芯片通过注塑成型密封在耐磨防水的高分子材料内部，在严酷恶劣的冷热循环实验中表现出极其优良的性能，该注塑成型传感器是要求用于在绝缘潮湿环境下工作的空调冰箱等电器的最佳解决方案，已获得国家发明专利，拥有独立知识产权。IP68 防水型温度传感器同注塑成型封装的传感器相比具有更高的防护等级，其在绝缘潮湿条件下能长期稳定的工作，可以替代传统的温度传感器，满足 RoHS、REACH、无卤素及 FDA 要求，通电测试 10000 次冷热循环，具有优越的抗 UV 性能，封装工序简单，节能环保，可延长使用寿命 3~5 年。

【常规温度传感器】2017 年 5 月 9 日发布，绵阳固特科技有限公司研发。玻璃封装系列 NTC 热敏电阻。玻璃封装系列 NTC 热敏电阻是利用玻璃材料封装的应用于标准型电器设备的热敏电阻，可根据客户电气设备及性能设计其外形，具有优良的稳定性及耐久性，玻璃封装型 NTC 热敏电阻可以有或者没有聚亚胺材料绝缘的杜美合金丝作为引脚。环氧树脂封装系列热敏电阻。环氧树脂封装系列热敏电阻是较小尺寸的环氧树脂封装的敏感性热敏电阻，其零功率电阻值广，R/T 特性，公差及引脚外形成为温度感应，控制及补偿最理想的选择，温度精度达到±0.05℃。微芯片系列 NTC 热敏电阻。该系列专为响应时间迅速的较小 NTC 芯片制作而成，最短时间可为 0.2 秒，宽松的公差及电缆外形成为温度感应，控制及补偿最理想的选择，环氧树脂封装的该系列温度传感器最适合于外观尺寸精准的温度探头。引线框系列热敏电阻。该系列为环氧树脂封装的温度传感器，其标准化的性能及公差是低成本大规模化温度感应及控制的最理想的选择。该系列热敏电阻可以有不同的引脚外观及长度，散装或带和卷轴包装可实现自动装配。二极管型玻璃封装系列 NTC 热敏电阻。该系列为 DO-35 型轴向引线型玻封热敏电阻，为-40℃~250℃温度测量控制及低功耗最理想选择，采用玻璃封装的 NTC 电阻具有卓越的稳定性及耐久性，工业化标准性能及公差均可得，带式包装可实现自动装配。客户定制温度传感器。该系列为固特科技为客户提供广阔的标准型号及客户定制的温度传感器，其温度范围-80℃~800℃，该系列温度传感器是用 NTC 芯片封装于选择范围较广的金属或塑胶壳中制作而成。

【NTC 热敏电阻芯片】2017 年 5 月 9 日发布，绵阳固特科技有限公司研发。固特科技开发了可根据客户要求提供所需阻值和 B 值的 NTC 热敏电阻芯片，通过先进的镀膜工艺，使电极与半导体陶瓷之间结合紧密，可长时间保证热敏电阻芯片性能稳定。产品阻值和 B 值的误差范围达到国内领先水平。

【高耐磨铝基合金】2017 年 6 月 9 日，四川鸿森达铝业科技有限公司研发。高耐磨铝基合金以铝、锌为主要原料加入 20 多种元素，形成一种新的复合耐磨合金。具有密度小：3.9~4.3kg/m_3、摩擦系数小：（油润滑状态下）0.038μk、硬度高：为 120~170HBS 等优势。可完全代替铜锡合金、巴氏合金作为摩擦副的材料。且未使用重金属元素和有毒有害元素，生产过程绿色低碳。

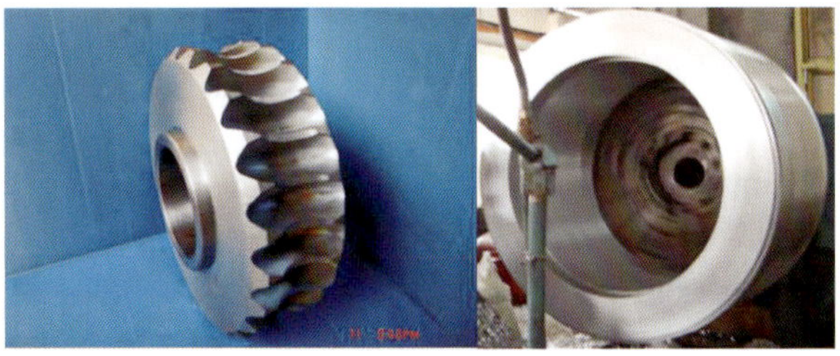

图 25　高耐磨铝基合金

【纳米石墨烯的表面处理技术】2017 年 6 月 9 日，四川鸿森达铝业科技有限公司研发。公司利用纳米材料独特的结构、极高的熔点、极高的硬度、强度等特性，在阳极氧化、微弧氧化、化学氧化技术基础上进行深化延伸，利用高电压、强电流、瞬时高温与多元复合氧化液、纳米渗透剂等纳米材料共同复合作用，独创多元复合纳米氧化液、纳米渗透剂等对合金进行表面处理。突破了行业节能减排提质增效的技术难点，是促进轻合金、内燃机心脏表处换代、引领传统产业转型升级、轻合金表面处理等急需的先进表面处理技术，属国内外首创。

图 26　纳米石墨烯表面处理技术

【家用激光影院 C5 系列】2017 年 8 月 9 日发布，长虹激光显示科技公司研发。家用激光影院 C5 系列产品是由长虹激光显示科技有限公司自主开发的新产品，针对高端市场打造的高品质、旗舰产品。该产品由 C5F 激光主机、90" /100" 菲涅尔光学屏幕、2.0/5.1 声道 HIFI 音箱组成，可体验到影院级的震撼效果。

图 27　家用激光影院 C5 系列产品

【商用激光投影机 P5 系列】2017 年 8 月 9 日发布，长虹激光显示科技公司研发。商用激光投影机 P5 系列产品是长虹激光显示科技有限公司针对商教、工程市场打造的全能型激光投影机，该产品具有 6 个型号，可搭配电子白版用于教育、可搭配画框幕做商用等，也可以实现无缝无限拼接用于工程。使用广泛，应用灵活。

图 28　商用激光投影机 P5 系列

【单兵可穿戴个人体征及环境信息监测系统】2017 年 10 月 9 日发布，四川长虹技术中心研发。穿戴式移动监测设备的主要功能包括：人体生理参数实时采集功能，具体参数为血氧饱和度和心率；外部环境参数实时采集功能，具体参数为环境温湿度、紫外线照度，位置经纬度；基于蓝牙协议的无线通信功能。

图 29　单兵可穿戴个人体征及环境信息监测系统

【智能听诊器】2017 年 10 月 9 日发布，四川长虹技术中心研发。智能听诊器，精心设计的传感器可以清晰还原心音、肺音、肠鸣音；通过大量的数据，建立了心音智能诊断模型，可以有效识别心脏杂音。主要突出高效的传感器设计、方便专业、智能化、在线问诊。

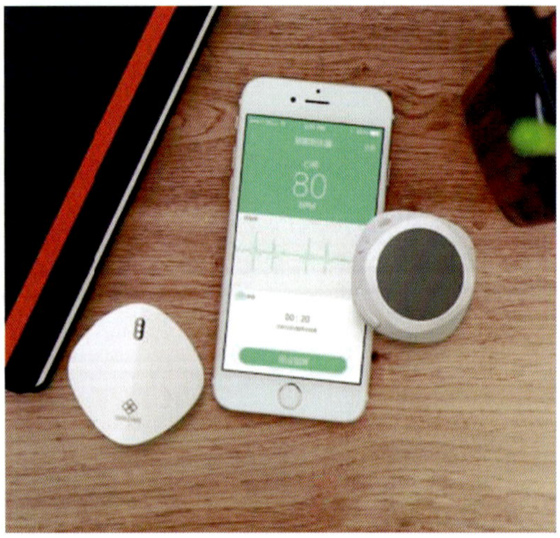

图 30　智能听诊器

【智能端云一体近红外光谱分析系统】2017 年 10 月 9 日发布，四川长虹技术中心研发。本产品是一款端云一体的智能近红外光谱分析系统，采用自主开发的智能近红外光谱终端，通过智能手机 APP 控制，融合光谱数据采集和光谱分析的功能，光谱数据上传云端存储、分析、管理，可以实现人们日常生活相关的物品以及工农业生产过程中的各种材料的主成分分析、品质归类以及真假鉴别。

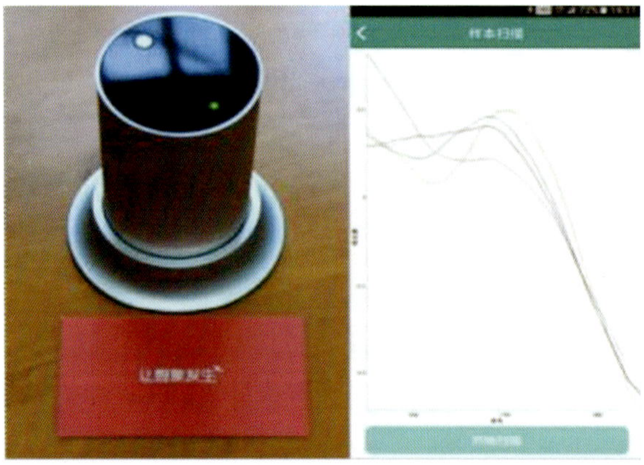

图 31　智能端云一体近红外光谱分析系统

【JGLM－Ⅰ智慧原位在线录井分析仪】2017 年 11 月 9 日发布，四川九高科技有限公司研发。该产品是采用激光拉曼气体分析方法，能以较快的速度对高炉气、裂解气、煤层气、钢铁、化工工厂燃烧气体的主要成分进行连续快速在线检测。可以对 H_2、N_2、O_2、C_{12} 等双原子分子气体进行快速分析，解决双原子气体的测量难题，全光谱模型分析技术可以适用于其他种类混合气体分析。国内外首台全光谱录井多组分气体分析，既可以分析已知成分，也可以分析很多未知的气体成分。

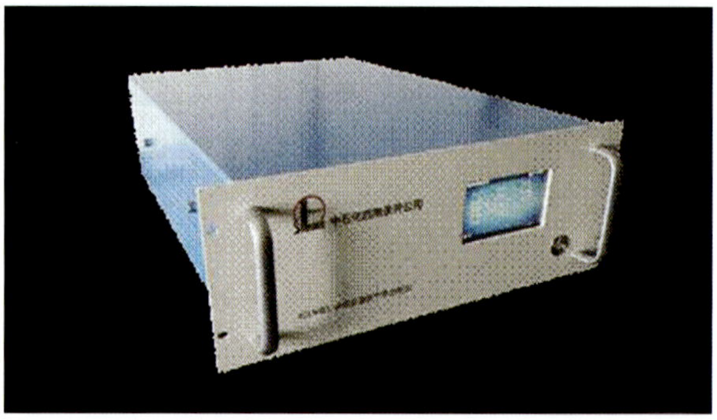

图 32　JGLM－Ⅰ智慧原位在线录井分析仪

【JGLR 无线通信终端】2017 年 11 月 9 日发布，四川九高科技有限公司研发。该产品是一种基于 LoRa 扩频技术的无线数据传输终端，利用 LoRa 网络为用户提供无线数据传输功能。JGLR 无线通信终端采用高性能的工业级 LoRa 方案，以嵌入式实时操作系统为软件支撑平台，同时提供 RS232 和 RS485（或 RS422）接口，可直接连接

图 33　JGLR 无线通信终端

串口设备，实现数据透明传输功能；低功耗设计，最低功耗小于 5mA@12VDC；提供 2 路 I/O，可实现数字量输入输出、模拟量输入、脉冲计数等功能。JGLR 无线通信终端可广泛应用于物联网产业链中的 M2M 行业，如智能电网、智能交通、智能家居、金融、移动 POS 终端、供应链自动化、工业自动化、智能建筑、消防公共安全、环境保护、气象、数字化医疗、遥感勘测、军事、空间探索、农业林业、水务、煤矿、石化等领域。

【CJM-CH11 型 M-BUS 采集器】2017 年 12 月 8 日发布，四川长虹技术中心研发。CJM-CH11 型采集器综合长虹先进的低功耗无线通信技术，具备信号转换、数据采集等功能。能够很好满足在远程抄表等方面的应用需求，符合 CJ/T188-2004 相关标准及的要求，采用 17200 毫安时锂电池供电。CJM-CH11 型采集器应用于长虹远程集中抄表系统，适用于各种符合 M-BUS 国际标准的消费类仪表（水表）数据采集场合，通过 M-BUS 总线对各表进行数据采集、存储和分析，并通过 RF 470MHz(SUB1GHz）无线上传至 II 型高保真采集器，从而实现对各种水表表计的信息采集、参数设置、远程监控等功能，具有采集高效、兼容性强、安装方便、外形美观等特点。

图 34　CJM-CH11 型采集器

CJM-CH11 型采集器主要参数

表 16

供电电源	接入方式	锂电池供电
	电压范围	3.0V~4.1V±20%
电池规格	放电能力	>500mA
	功率容量	17200mAH
环境条件	工作温度	-40℃~70℃
	相对湿度	30~95%
硬件接口	MBUS 接品	2 号光电隔离 MBUS 接口
	上行信道	RF470MHz
数据存储	50Kbyte	
温度等级	-45℃-85℃	
整机重量	0.3kg	
外形尺寸	120mm×58mm×34mm	

【SZM-CH06 摄像直读远传水表模块】2017 年 12 月 8 日发布，四川长虹技术中心研发。ZM-CH06 型摄像直读远传水表模块采用智能化图像处理技术，实现在表端进行摄像，图像处理并将摄像后处理过的图像信息通过 M-BUS 总线一起上传，数据量小，总数据量不大于 2K 字节，便于数据传输，传输速度快。并可将传统老式机械水表改装成远传智能水表，（干式，半液封，全液封）普通机械水表部分可实现直接识别，另一

图 35　ZM-CH06 型摄像直读远传水表模块

部分表盘污染严重的水表，上传原始图像云端识别。SZM-CH06 型摄像直读远传水表模块主要用于普通机械水表和老式水表的智能改造，配合水表 M-BUS 采集器和集中器以及水表集抄主站，组成远程水表抄表系统，解决水务公司日益繁重的户表抄表难题，提高抄收效率，降低抄收成本，是水务企业实现居民用水远程采集与管理的有效手段。

表 17　ZM-CH06 型摄像直读远传水表模块主要参数

供电电源	M_BUS 总线电源	
静态功能	0.05W	
环境条件	工作温度	-40℃~70℃
	相对湿度	10~100%
硬件接口	M_BUS 接口	
波特率	300~9600Baud	
数据存储	可识别表（识别数和压缩图片）<240 字节	
	不可识别表（灰度原图）<2K 字节	
整机重量	0.23kg	
外形尺寸	110mm×110mm×72mm	

图 36　ZM-CH06 型摄像直读远传水表模块

【DCZL13-CH03 数据高保真 II 型采集终端】2017 年 12 月 8 日发布，四川长虹技术中心研发。DCZL13-CH03 数据高保真终端应用于长虹远程集中抄表系统，完成低功耗无线信号和 RS485 信号的转换，从而实现对具有低功耗无线通信能力的采集设备（电池低功耗无线远传水表、MBUS-B-CH02 型电池采集器）的通信，接收无线设备上报的数据，同时可将抄表指令下发至采集设备。数据可通过 RS485 通信接口上送至上级采集设备（转换器、集中器等）。它综合了长虹科技先进的低功耗无线通信技术，具备信号转换、数据采集等功能。能够很好满足中远程抄表等方面的应用需求，符合 CJ/T 188-2004 相关标准及满足微功率无线通信系列标准。转换器颜色及尺寸：尺寸符合 Q/GDW 1374.2-2013。

表 18　DCZL13-CH03 数据高保真终端主要参数

供电电源	接入方式	单相
	电压范围	220V±20%
	频率范围	50Hz（-6%--+2%）
静态功能	视在功率	3VA
	有功功率	<3W
环境条件	工作温度	-40℃~70℃
	相对湿度	10~100%
通信接口	1 路 485 抄表接口，1 路红外维护接口，1 号射频 470MHz 无线接口	
整机重量	0.2kg	
外形尺寸	110mm×40mm×50mm	

【DCZL23-CH03 协议转换终端】2017 年 12 月 8 日发布，四川长虹技术中心研发。DCZL23-CH03 协议转换终端应用于长虹远程集中抄表系统，完成采集信号与云端服务器的协议转换，通过 GPRS/CDMA 远程连接主站，接收云端识别服务器的数据，同时可将抄表指令下发至采集器设备。它综合了协议转换器及集中器的功能，具备信号转换、图像采集、数据下发等功能。能够很好满足中远程抄表等方面的应用需求，符合 CJ/T 188-2004、DL/T645-2007、Q/GDW 1376.1-2013 相关标准及满足微功率无线通信系列标准。

图 37　DCZL23-CH03 协议转换终端

表 19　DCZL23-CH03 协议转换终端主要参数

供电电源	接入方式	单相
	电压范围	220V±20%
	频率范围	50Hz（-6%+2%）
静态功能	视在功率	<5VA
	有功功率	<5W
环境条件	工作温度	-40℃~70℃
	相对湿度	10~100%
硬件接口	RS485 接口	2 路光电隔离 RS485 接口
	MBUS 接口	1 路光电隔离 MBUS 接口
	上行信道	GPRS/CDMA
数据存储	4Mbyte	
显示	128*64 宽温（-20~70°）点阵液晶	
整机重量	0.5kg	
外形尺寸	160mm×112mm×71mm	

【空调控制器 RCA-LD01】2017 年 12 月 8 日发布，四川长虹技术中心研发。空调控制器 RCA-LD01 是一款用于分体空调集中管理及能耗分析系统的控制终端，起到了记录、监控、控制空调运行状态的作用。RCA-LD01 记录采集空调的能耗数据，并传输到智能路由器，智能路由器对数据进行加工处理后传输到监控中心，管理人员可通过内部局域网无线或有线 TCP/IP 方式与智能路由器通讯，查看各项数据并通过智能路由器对 RCA-LD01 发出指令，RCA-LD01 具有 360°红外发射功能可确保对空调的控制，从而实现管理人员对系统内所有分体空调统一配置、集中管理和远程控制。空调控制器与智能路由器通过电力线载波和微功率无线通信双通道通讯，保证通讯的高成功率和高速度。

【三相柜式空调控制器】2017 年 12 月 8 日发布，四川长虹技术中心研发。三相柜式空调控制器 RCA-PS03 是一款用于柜式空调集中管理的控制终端，在空调集中管理系统中起着监控、记录、控制空调运行状态的作用。空调控制器RCA-PS03 具有对空调开机、关机、运行模式、工作温度、风速等进行控制，可通过内部继电器控制空调电源；RCA-PS03A 可计量空调用电；根据不同的开关机时段控制空调开关机状态，有效实现空调节能；空调控制器通过电力线载波或无线与智能路由器进行远程通信。在监控中心可远程控制空调，实现空调节能降耗。

图 38　三相柜式空调控制器

三相柜式空调控制器性能参数

表 20

项目	规格参数
额定电压	220V　AC
最大负载电流	30A
静态有功功耗	<2W
载波通信频率	406KHz
RF 无线通讯频率	47Mhz
无线通信	工作频段：2.4GHz，ISM 频段
工作温度范围	-25℃~60℃
工作极限温度范围	-40℃~70℃
储存及运输温度范围	-40℃~70℃
工作湿度	≤95%

三相柜式空调控制器产品尺寸

表 21

RCA-PS03	长：178mm，宽：80mm，高：38mm
RCA-PS03A	长：125mm，宽：900mm，高：70mm

【长虹空调 VRV 多联机外机主板控制方案】2017 年 12 月 8 日发布，四川长虹技术中心研发。通过在 VRV 多联机外机主板上加装数据DTU 的方式，实现系统与无线数据传输终端进行数据传输，由能源管理系统服务器进行数据接收和处理，实现远程实时监测与控制等功能。系统主要采用远程无线的方式和准确的监测分析方法，对空调进行远程的无线监测控制，由能源管理系统实时收集空调的运行状态信息，并实现对空调室内机温度、模式等的调节。

【网关 RCA-HZ01】2017 年 12 月 8 日发布，四川长虹技术中心研发。网关 RCA-HZ01 是空调集中管理及能耗分析系统的一个重要组件，起到了连接中控电脑与空调控制器的桥梁作用。网关通过电力线载波通信和 RF 无线通信双通道与空调控制器相连，记录空调控制器采集的数据并进行加工处理，生成管理需要的各种表格，传输到监控中心监控软件后台，形成一个专业化的空调集中管理及能耗分析系统。网关连接空调控制器的载波频率为：406KHz。管理人员通过内部局域网无线或有线 TCP/IP 方式与网关通讯，实现对系统内所有空调统一配置、集中管理、远程控制。网关 WIFI 端为 2.4GHz，出厂默认为无线接入点模式即 AP 模式。在 AP 模式下，网关可以作为有线信号与无线信号的转化器，用网线将网关与房间内宽带接口连接，无须设置即可实现多机共享上网。（李汶航　李维怡）

科技成果交易

【概况】2017 年，全市共登记技术合同 365 份，合同累计成交额 8.8 亿元，同比增长 6%；实现技术交易额 7.9 亿元，同比增长 5.3%，成交量居全省第二位。其中技术开发合同 268 份，合同成交额 5.29 亿元，技术交易额 4.49 亿元；技术转让合同 14 份，合同成交额 0.69 亿元，技术交易额 0.69 亿元元；技术服务合同 83 份，合同成交额 2.82 亿元，技术交易额 2.72 亿元。科创园区以 9411.36 万元位居全市第一。

【中国（绵阳）科技城科技成果发布与金融对接会】2017 年 4 月 25 日，举行中国（绵阳）科技城科技成果发布与金融对接会，中国工程物理研究院、中国科学院等 8 家单位携最新重大创新成果进行现场发布，国家军民两用技术交易中心集中发布企业技术创新需求。中船重工 701 所、四川长虹电子科技有限公司等 6 家单位签订科技成果转化、科技成果金融对接协议；四川省创新创业股权投资基金、绵阳富达创新创业股权投资基金、游仙区人民政府等签订金融投资协议。

【科技成果和专利技术发布与交易专场活动】2017 年 9 月 7 日，第五届中国（绵阳）科技城国际科技博览会科技成果和专利技术发布与交易专场在科技城创新中心举行。省知识产权局局长谢商华，绵阳市委副书记付康，省科学技术厅副巡视员罗春彦出席活动并致辞。该专场活动由国家科学技术奖励工作办公室支持，省科学技术厅、省知识产权局、市政府共同主办，旨在打通科研和市场之间的梗阻，让科技成果转化为现实生产力。活动中220项国内顶尖的军民融合科技成果和专利技术集中亮相，来自中国工程物理研究院、西南科技大学等8家单位携最新创新成果进行现场发布。

【科技成果展览展示活动】2017年9月7日至9日，第五届科博会期间，科技成果展览展示活动在会展中心集中进行，该活动得到国家科技部奖励办、中科院、省科技厅支持，包含国家科技奖获奖项目暨新技术展、中国科学院科技成果巡展、高新技术成果和产品展、省内四大经济区最新科技创新成果和产业发展成就展等活动。量子通信、世界首台模块化大型海洋潮流能发电机组、全球首款“双M型”高速智能无人艇、歼31战机等新一代“高精尖”产品集中亮相，全面展示中国、四川科技创新取得的最新科技成果。

（李芝军）

知识产权保护

概　述

【概况】2017年，绵阳市在推进国家知识产权示范城市建设，强化知识产权运用和保护，推动改革创新，知识产权的创造质量、运用效益、保护效果、管理能力和服务水平成效显著。全市新增专利申请10889件，位居全省第二位，其中发明专利申请4407件、占40.47%，新增PCT专利申请21件,获得专利授权4749件，万人发明专利拥有量8.54件。年度知识产权质押贷款首次突破1亿元，全市知识产权质押贷款累计突破4亿元；新增专利保险70件、保额567万元。新增专利实施项目1697件，新增产值218.27亿元。

2017年，为适应国家司法体制、监察体制改革后职能调整的新特点，将履行法律监督职能与服务国家军民融合创新发展战略部署紧密结合，从绵阳科技城建设总体规划和重点区域发展布局、保护知识产权促进创新驱动发展、突出科技城军民深度融合发展工作重点入手，绵阳市检察院从依法打击危害军民融合犯罪、提升法律监督能力、服务保障工作、检企共建四个方面做好知识产权保护工作。

（石婷婷）

【行政执法】2017年，实施“双打”“护航”“清风”等专项行动，开展专利行政联合执法检查，重点对大型超市、商场、专业市场等经营场所进行专利执法专项整治，大力打击涉及民生领域的侵权假冒专利行为。2017年，共出动行政执法人员90余人次，检查经营场所300余家，检查商品5000余件，立案查处假冒专利行为案件69件，调处专利纠纷案件2件，处理电子商务专利侵权纠纷573件，并全部结案。在第五届科博会上设立知识产权保护工作站，组织公安、工商、版权等部门开展联合执法检查，接受知识产权法律咨询300余人次，发放《知识产权保护工作手册》等宣传资料4000余份。成立四川（绵阳）军民融合知识产权举报投诉与维权援助中心，制定《绵阳知识产权维权援助工作办法》《绵阳假冒专利举报投诉奖励办法》以及举报投诉、维权援助受理、移交、办理等相关工作制度和流程，开通“12330”电话，构筑起知识产权维权援助和举报投诉体系。完善行政权力依法规范公开运行平台、行政执法与刑事司法衔接信息共享平台以及一体化政务平台相关信息。

【依法打击危害军民融合犯罪】2017年，绵阳市检察院立足检察职能，突出打击危害科技创新犯罪，加大对自主知识产权、关键核心技术和科研成果转化的保护力度，依法严惩航天航空、装备制造、电子信息等领域非法获取和披露商业秘密，侵犯专利权、商标权、著作权等知识产权犯罪。发挥批捕、起诉职能，对涉嫌犯罪的案件快捕快诉，重点打击生产销售伪劣商品、金融诈骗、非法经营、破坏金融管理秩序、扰乱市场秩序等破坏社会主义市场经济秩序犯罪，对重大疑难案件提前介入，引导公安机关收集固定证据，保证侦查活动的顺利开展，维护军民融合企业的正常生产经营活动，为创新发展保驾护航。

【法律监督能力提升】2017 年，市检察院聚焦军民融合知识产权领域，建立健全军民融合知识产权领域内部联合监督机制，实现军民融合知识产权领域刑事、民事、行政检察监督紧密配合、无缝衔接。加大对公安机关侦查活动监督力度，重点监督企业反映的报案不接、接案不受、立案不侦、侦而不结，以及违法插手经济纠纷等问题，在立案和侦查环节，杜绝刑讯逼供、非法取证、查封扣押冻结财物不当等行为，保护军民融合企业合法权益。加大对法院审判监督力度，探索知识产权“三审合一”监督机制，加强裁判结果监督、程序监督等工作；加强涉及军民融合企业的刑事、民事判决、裁定执行活动监督，扎实开展财产刑执行专项检察活动，落实重点案件分级督办、专人督导，健全信息共享、情况通报等工作机制。加强军民融合知识产权领域的行政执法与刑事司法衔接工作。加强行政执法监督，充分运用行政执法与刑事司法衔接工作机制，发挥行政执法与行政检察信息共享平台作用，突出军民融合工作重点，加强涉及军民融合知识产权保护的行政执法与刑事司法衔接工作，着力坚决纠正行政执法部门对侵犯专利权、商标权、著作权等方面有案不立、有案不移、以罚代刑、插手经济纠纷等问题，严格监督考核，拓宽监督渠道，形成工作合力，确保工作实效。

【服务保障工作】2017 年，市检察院建立检察系统保护知识产权促进军民融合发展工作机制。市检察院成立保障和促进军民融合创新发展领域工作领导小组，组长由党组书记、检察长担任，院党组副书记、副检察长担任第一副组长，一名院党组成员担任负责日常工作的副组长，相关部门负责人为成员，领导小组办公室设在侦查监督处，负责组织联络等日常工作。相关基层检察院建立相应工作机制，确保履行检察职能，保护知识产权，促进军民融合发展工作落实落地。与科技城管委会以及市经信委、科技与知识产权局等建立联络机制，召开联席会议，强化部门协作，加强对知识产权领域新问题等情况的收集分析，研究和协调军民融合发展中重大复杂案件情况，形成保障创新发展的服务工作合力。

2017 年，加强军民融合企业解决知识产权纠纷的法律咨询服务。定期或不定期召开座谈会，开展调研活动，通过调查走访等方式收集军民融合企业在知识产权领域的法律需求和实际问题，为军民融合企业有效解决知识产权领域的纠纷，保护合法权益提供法律帮助。加大宣传力度，举办法律讲座，畅通法律咨询渠道，为有需要的军民融合企业及时提供法律咨询，提升军民融合企业法律风险防控意识，为军民融合企业创新发展助力加油。

【检企共建】2017 年，市检察院建立重点区域、重点平台、重点企业工作联系制度。按照“重点区域、重点平台、重点企业”的思路梳理筛选，确定涪城、游仙、安州、江油和高新区、科创区、经开区、游仙经济开发区、江油工业园等为重点区域，四川军民融合大型科学仪器共享平台、国家军民两用交易中心、军民融合股权交易分中心等为重点平台，长虹集团、九洲集团、攀长钢以及六合锻造、永贵科技、奇石缘科技等为重点企业，对接服务对象，找准存在问题，落实

完善措施，堵塞制度漏洞，为军民融合发展提供法律保障。（李芝军）

知识产权创造与管理服务

【概况】2017年，科技城落实《关于深入实施知识产权战略加快建设西部知识产权强省的意见》《四川省知识产权战略行动计划（2016—2020年）》和《四川省“十三五”知识产权保护和运用规划》，按照《绵阳市知识产权战略行动计划（2016—2020）》《绵阳市建设知识产权示范城市实施方案》要求，制定2017年任务分解表，明确相关部门工作任务，推动国家知识产权示范城市建设开展。以知识产权强县建设、园区试点示范建设为切入点，加强科技城核心区域知识产权创造运用与保护水平，指导和协助相关县市区、园区开展国家知识产权强县和园区的试点示范建设。游仙区、安州区国家知识产权强县示范、试点县（区）获正式授牌，涪城区、高新区通过国家知识产权强县试点区、试点园区验收。

【《绵阳市专利状况分析报告》出炉】2017年，绵阳市委托专业机构对绵阳市2000—2015年的专利情况进行分析，形成12万字的《绵阳市专利状况分析报告》，准确掌握全市专利在空间、技术、企业、产业的分布状况，为政策制定、资金支持、科技创新、重大项目的规划和决策提供参考。

【企业知识产权服务】2017年，级阳市落实国家和省关于提升知识产权质量、强化知识产权运用的要求，对《绵阳市专利资助与奖励专项资金管理办法》进行修订，把专利分析评议、专利涉外诉讼、企业贯标等纳入专项资金资助范围，引导企业加强高质量专利培育，提高专利运用与保护水平。按照“知识产权强企年”安排，开展企业贯标工作，确定支持28家企业开展知识产权贯标，提升企业知识产权制度的运用能力。加强知识产权质押融资工作，帮助企业与金融机构、知识产权运营基金对接，帮助解决知识产权融资需求。2017年，推荐融资企业10家，知识产权质押融资贷款累计突破3亿元，受理8家企业专利保险资助申报，涉及专利70件，保险金额达567万元。组织企业申报第十九届中国专利奖，四川长虹电器股份有限公司等企业的3个项目获得中国专利优秀奖。承办科博会科技成果和专利技术发布与交易专场、与广州汇桔集团联办2017中国军民融合知识产权金融高峰论坛活动，邀请中国商业联合会会长姜明等嘉宾出席，汇集220项军民融合科技成果和专利技术，中物院、西科大等8家单位的最新创新成果进行现场发布。

【平台和专家库建设】2017年，绵阳市强化中国（绵阳）科技城知识产权服务公共平台建设，着力打造“一站式”知识产权综合服务平台，入驻平台的省内外知识产权服务机构达到25家，其中新引进4家。集中提供知识产权政策咨询、项目辅导、专利预警分析等专业服务，满足创新主体服务需求。建成绵阳市知识产权资助系统平台，完成4669件次专利资助申请的网上受理与审核工作，拨付专利资助资金共计559万元，减少受资助对象往返负担，为创新主体提供更加便捷的服务，基本实现资助工作全过程痕迹管理，有助于资助工作的公开公平。绵阳市知识产权（专利）管理应用系统初步开发工作基本结束，测试完善后为全市知识产权信息查询、工作谋划提供更为及时的数据支持。强化知识产权专家库建设，吸纳61名知识产权高端人才入库，为绵阳市知识产权政策研究与制定、专利行政执法与维权援助、专利运用与保护等提供支持。

【知识产权工作创新】2017年，绵阳市支持高新区开展知识产权综合管理体制改革试点，同年9

月 26 日高新区科学技术和知识产权局挂牌成立，将原不属于职责范围内的版权、商标的管理权纳入职能职责，初步实现专利、商标、版权的综合管理。首次在中国科技城知识产权公共服务平台设立版权登记受理窗口，开展专利、版权的咨询服务、项目申报受理、举报投诉等工作，打造知识产权综合性服务窗口。第五届科博会期间，开展首次成德绵跨区域专利行政执法协作，组织成都、德阳、绵阳等地知识产权执法人员 40 余人次，对参展展位进行知识产权保护宣传和专利执法检查，首次尝试省内跨区域知识产权联合执法。

【中国（绵阳）科技城军民融合知识产权运营平台】2017 年 9 月 20 日，中国（绵阳）科技城军民融合知识产权运营平台（以下简称“运营平台”）在高新区创业服务中心正式揭牌投入运营。该运营平台由绵阳高新区于 2016 年下半年开始筹建。2017 年 6 月，四川弘毅天承知识产权集团、四川中科融创科技有限公司、绵阳新兴投资控股有限公司共同成立绵阳弘毅融创知识产权运营服务有限公司，作为运营平台的承建单位。该运营平台围绕知识产权产业化实施、贸易化流通、货币化融资、组合化运用全过程，对外提供知识产权信息应用、价值评估、质押融资、成果转化、维权保护、咨询培训等一体化、专业化运营服务。致力于促进军民科技资源共享、军民技术供需对接、军民产业互动发展，探索建立市场化、体系化、专业化的军民融合知识产权运营转化新模式。2017 年，运营平台累计促成专利技术项目意向投资 10 余件，促成合作项目 3 件，累计投资额 4800 余万元，意向投资约 2 亿元。

【2017 军民融合知识产权金融高峰论坛举行】2017 年 9 月 8 日，中国（绵阳）科技城管理委员会、绵阳市科学技术和知识产权局、绵阳市人民政府金融办公室、汇桔集团主办，知商金融、汇桔网承办，以“知识产权金融助推军民融合大发展”为主题，作为中国（绵阳）科技城国际科技博览会特色活动之一的 2017 军民融合知识产权金融高峰论坛在绵阳举行。来自全国各地的近百余家金融机构、企业代表 600 余人，一起探讨知识产权及金融是如何助力军民融合大发展。四川省知识产权局局长谢商华、四川省金融工作局副局长王琳、汇桔集团董事长谢旭辉等做主题发言。论坛上，各与会代表围绕军民融合的顶层制度设计和实际操作的讨论，为现场企业解决技术转移、知识产权运营与融资出谋划策，助推绵阳军民融合与知识产权金融工作的纵深发展，服务好实体经济的创新发展，为国家深入实施军民融合重大发展战略探索积累出更多更好的经验，做出最佳示范。

【知识产权宣传】2017 年，绵阳举行服务基层专题活动，在县市区、大型孵化器开展知识产权工作培训和政策讲解，培训各类人员 1500 余人次。在知识产权宣传周中，开展“企业专利挖掘与布局实战培训班”“4·26 世界知识产权日”大学生创新创业交流等活动。继续办好四川省知识产权远程教育平台绵阳分站，截至年底，累计注册用户 11130 名，累计选课 42347 人次，绵阳分站综合考评得分位居全国第三。利用 QQ 工作交流群、微信群、绵阳市知识产权局网转载、摘录知识产权相关理论文章、业务信息、政策信息。至年底，被各类媒体报刊转载 160 篇。

（石婷婷　李芝军）

科技成果质量监管

【概况】2017 年，科技城的科技成果质量监管以“科技绵阳·品质领航”质量精神，推进创建“全国质量强市示范城市”；依托科技城建设，加大检验检测基础和能力建设；围绕构建推动军民融合的创新转化体系，着力促进品牌建设、对标提升、民生计量、产品质量、特种设备安全监管机制建设；开展质量保障措施和执法打假行动。推进第二届政府质量奖评审工作，先后开展12个现场示范点创建；定期开展对绵阳市质量发展状况进行分析；组织召开绵阳品牌创建和卓越绩效管理工作培训工作；制定和完善《质量安全事故报告制度（试行）》等管理制度。对全市近百家企业进行品牌创建、质量奖申报等质量强市创建重点内容进行重点培训。全市84家企业、109个产品（服务）荣获第十二届四川名牌，名牌总数居全省第三。中国（科技城）电梯产业园区通过四川省知名品牌创建示范区现场考核验收。组织全市24家企业参与品牌价值评价工作，积极组织新亚科技、湖山音响等名牌企业开展“首席质量官”培训工作，编印《绵阳市“十三五”质量发展规划（2016—2020年）》。省政府对市政府质量工作考核评价，绵阳市获A级。

【产品质量安全监督】2017年，绵阳市开展16起市级、17起省级监督抽查不合格后处理工作。对化肥、水泥、电线电缆等100余家生产许可证获证企业开展专项监督检查。设立产品质量安全风险监测和预警评估中心，共收集风险信息51条，指导安州区桑枣镇、江油市武都镇2个乡镇建设消费品质量安全风险监测示范点。

【特种设备专项检查整治】2017年，绵阳市组织开展落实安全生产主体责任宣誓活动、车用CNG气瓶检验技能竞赛、电梯维护保养大比武等活动。开展“安全大检查”和“质监利剑扫雷行动”等专项行动10余个。全年检查特种设备使用单位820家，检查特种设备1120余台次，发出安全监察指令书312份，发现并督促企业整改安全隐患520处。开展燃煤锅炉淘汰“清零行动”，淘汰（改造）燃煤锅炉47台。

【计量与认证】2017年，绵阳市加强重点管理计量器具的监管，开展计量能效标识、国家级和省级定量包装商品净含量等专项监督检查。新增11项市级社会公用计量标准，监督检查270项社会公用计量标准。建设能源计量数据在线采集平台，与市级9个部门联合推进能源数据的采集和应用，已实现5家耗能单位的数据采集。引导、培育50家企业实现诚信计量自我承诺。指导平武县成功获批“省级有机产品认证示范县创建区”，实现绵阳市零的突破。

【检验检测能力】2017年，科技城围绕全市传统和战略新兴产业的质量需求，积极培育国家质检中心和重点实验室。整合军工、科研院所等检验检测资源，成立军民融合质量发展联盟。全年完成样品检验7726批次，检定、校准计量器具11万余台件，检验各类纤维制品样品2633个，完成特种设备检验检测约3.05万台（只）次，压力管道检验22万余米。

【标准化改革】2017年，绵阳市推进企业产品和服务标准自我声明公开和监督，现有235家企业声明公开902项标准。考核验收到期农业标准化示范项目8个，组织申报国家级服务业标准化试点2家。协调部门完成《地理标志保护产品　涪城麦冬种植技术规范》等9个区域性地方标准的立项、初审和发布工作。积极组织申报“马槽酒”等3个地理标志产品。全年新增商品条码成员110家。

【实施军民融合发展战略】2017年，绵阳市委、市政府在全面创新改革试验工作中，探索标准化工作改革，成立“中国（绵阳）科技城军民融合磁性材料标准创新中心”。探索军地协同制定军民通用标准经验成果1项，这一经验被省全创办推广。开展钐钴永磁体质量对标提升行动，检测比对8家市内外生产企业。

【磁材标准创新中心】 2017 年 1 月，磁材标准创新中心正式成立，覆盖磁性材料生产、使用、科研、检测全部领域，现有国内知名专家 21 名，整合磁性能检测、电子电器安全性能检测、环境检测、ROHS 检测、物理性能检测及原材料检测研发。提高军工磁材市场的整体效率，充分发挥其在“军转民”和“民参军”上的积极作用，从而实现军民融合深度发展。（赵军亨）

概　述

【概况】2017年，绵阳市坚持以全面开放推动改革深化和高质量发展。把招商引资作为推动发展"第一抓手"，持续开展精准专业化招商，成功引进汉能、华晨、东旭、360等47个10亿元以上重大产业项目。强化成德绵区域合作，融入"一带一路"倡议沿线、长江经济带。新增国际友城和国际友好合作城市5个、总数达到25个。南郊机场年旅客吞吐量达到354.3万人次、增长63.1%。实现外贸进出口总额115亿元。全年累计获取项目信息814条，认定并正式分配到各县市区（园区）有效项目信息635条、增长22.6%，完成全年奋斗目标的105.8%；全市推动在谈重点产业项目636个，完成全年奋斗目标的127.2%；新签约项目469个、拟投资额2126.75亿元，分别同比增长14.4%、22.4%，其中"两新"产业项目249个、拟投资额1330.99亿元，占比分别达到53.1%、62.6%；按照市上统计口径，全年国内省外履约项目696个，实际到位资金686.58亿元、同比增长25.53%。全年经省投促局认定的引进到位国内省外资金431.02亿元，持续稳居全省第2位。

【中国（绵阳）科技城建设新闻发布会在北京举行】2017年8月2日，科技部、四川省人民政府主办的中国（绵阳）科技城建设新闻发布会在北京举行，新闻发布会发布绵阳科技城建设情况及成效，同时发布第五届中国（绵阳）科技城国际科技博览会定于2017年9月7日至9日在中国科技城——四川省绵阳市举办。人民日报社、新华社、中央电视台、科技日报社等96家中央、省级媒体的123名记者到会采访报道。省政府副秘书长罗治平发布新闻，并与科技部高新司副司长曹国英，市委、科技城党工委主要负责人，省科技厅副厅长张巍回答人民日报社、新华社、中央电视台、科技日报社、国际在线等新闻媒体记者的提问。省委宣传部副部长李晓骏主持发布会。新闻发布会结束后，主要负责人接受人民日报社、新华社、中央电视台、中国国际广播电台等新闻媒体记者集中采访。

市委常委、宣传部部长张学民，市委常委、组织部部长岳勇，市委常委、科技城党工委副书记、管委会常务副主任、市国资委党委书记元

图 39　8 月 2 日，中国（绵阳）科技城建设新闻发布会

方，副市长孙福全、韩圣健，市委秘书长邹若力，市级有关部门负责人参加新闻发布会。

【国际军民融合创新发展论坛在绵阳举行】 2017 年 9 月 7 日下午，绵阳市人民政府主办，以“加快科技成果转化、推进军民深度融合”为主题的第五届中国（绵阳）科技城国际科技博览会国际军民融合创新发展论坛在绵阳举行，国家有关部委负责人、军方代表、国内外军民融合领域的知名专家和学者云集绵阳，开启一场加快科技成果转化、推进军民深度融合为主旨的演讲与对话。省政府副省长、省政协副主席刘捷，省军区副司令员邵荣德出席论坛并致辞。中央军委科技委常任委员曾路生、西部战区空军装备部部长陈涛、信息工程大学科研部部长朱智强出席论坛。国防大学军事管理学院院长路文，绵阳市委主要负责人，国家发改委国防司副司长周平，中国电子科技集团副总经理胡爱民，以色列康帕思集团副总裁盖伊·祖瑞，中国航天科技集团公司董事会秘书、总法律顾问齐国生作主题演讲。省政府副秘书长罗治平主持主题演讲。市人大常委会主任马华，市政协主席张锦明等出席。中国工程院院士徐志磊、国防科技工业发展战略委员会秘书长吴志坚、解放军军事科学院军民融合研究中心研究员孙艳红、深圳量子防务在线科技有限公司总裁张浩进行对话，中央电视台杨锐主持风云对话。主题演讲结束后，徐志磊、吴志坚、孙艳红、张浩还进行风云对话。大家从理论界、工商界探讨了军民融合体制机制创新，并就创新国防科技成果转化为财政、价格、投融资政策研讨，国防科技成果转化为现实生产力路径分享，创新科技成果转移转化组织模式和运作方式，探索国家军民融合技术转移中心联盟等话题展开深入的对话交流。国家有关部委、军队系统、高等院校、科研院所的嘉宾代表，国内外军民融合界企业家以及四川省内市州、省直有关部门负责人，市委、市人大、市政府、市政协、绵阳军分区等参加论坛。

【中国—以色列（四川）经贸创新合作大会在绵阳举行】 2017 年 9 月 7 日，中国（绵阳）科技城国际科技博览会主宾国活动之一的中国—以色列（四川）经贸创新合作大会在绵阳举行。省政府副省长朱鹤新，以色列驻成都总领事馆总领事蓝天铭，商务部外贸发展局局长孙成海，省政府副秘书长赵卫平，省商务厅厅长刘欣，省投资促进局局长陈光浩，市委副书记、市长刘超，商务部西亚非洲司商务参赞周兆明出席大会；以色列驻成都总领馆参赞、以色列参展企业代表，国家部委及四川省相关部门负责人和企业代表等500余人参加大会。大会上，四川省与以色列共同发布《加强四川省与以色列创新经贸合作中国（绵阳）科技城行动计划》，明确未来在电子信息、人工智能、新能源汽车、航空、智能制造、新材料、生物医药、水处理、现代农业、清洁能源十大重点领域加强合作；以色列 Giza 公司、洪泰基金合伙人、以色列魏茨曼科学研究院耶达技术转移中心、以色列康帕思集团、四川长虹电器股份有限公司等中以企业单位围绕经贸创新合作进行演讲。

【以色列现代农业绿色发展技术培训在绵阳举行】 2017年10月，科技城受国家外专局引智项目支持，绵阳市农业科学院、绵阳市农业技术推广中心共同举办以色列现代农业绿色发展技术培训。该培训旨在借鉴以色列农业先进技术，推广以色列精准的节水灌溉和水肥一体化技术，推进"一控两减三基本"工作，助推绵阳市农业绿色发展，提升农产品市场竞争力。培训会上，以色列农业部首席科学家成员，植物病虫害防治专家西蒙·皮沃尼亚博士讲解他本人在蔬菜种植过程中的连作障碍、辣椒土传病害防控、蔬菜病虫害生物防控技术、蔬菜种植除草剂选择技术、种子处理技术、农业物联网技术等方面的研究成果及其应用。全市农业科研人员、各县市区蔬菜产业业务主要负责人、技术骨干及生产大户共100余人参加培训。（齐剑锋）

第五届中国（绵阳）科技城国际科技博览会

【概况】 2017年9月7—9日，科技部、四川省人民政府主办，科技部火炬中心、省科技厅、省经信委、省商务厅、省投资促进局、省人社厅、省国防科工办、省外侨办、省侨联、省知识产权局、省博览事务局、省贸促会、绵阳市人民政府、中国（绵阳）科技城管委会承办，以"军民融合·科技创新·开放合作"为主题的第五届中国（绵阳）科技城国际科技博览会在中国（绵阳）科技城国际会展中心举行。中共中央政治局常委、国务院总理李克强，以色列总理内塔尼亚胡分别致贺信，对第五届中国（绵阳）科技城国际科技博览会开幕表示祝贺。全国政协副主席、民革中央常务副主席齐续春出席开幕式。省委书记王东明，科技部副部长李萌，本届科博会主宾国代表以色列驻成都总领事馆总领事蓝天铭分别致辞。科博会展场面积3.9万平方米，设军民融合馆、国际馆和港澳台馆、高新技术产业馆、区域合作与人才馆等4个室内场馆，以及大型装备设备室外展区。同期举办国际军民融合创新发展论坛、科技成果发布与交易、科技人才交流与成果展示、科博会投资推介暨集中签约仪式、主题日活动、采购商大会、中国创新创业大赛军转民大赛等36项系列活动。来自44个国家和地区的世界500强、国内外知名企业，国家重点科研院所、高等院校在内的754家单位参展，展陈项目3065项、展品10019件；参会嘉宾近万人，观众超过40万人次。签约产业投资、成果交易、产品采购、投融资、四大经济区等各类项目665个、金额1114亿元；大会展示国家深入实施创新驱动、军民融合发展战略的巨大成就，全面展示国家科技城建设和全面创新改革试验的丰硕成果。

【以色列主宾国活动】 2017年9月6—9日，作为第五届中国（绵阳）科技城国际科技博览会主宾国，以色列在绵阳举办中以科技合作展、中国—以色列（四川）经贸创新合作大会、中以高科技产业对接会、中以高科技产业合作项目路演等系列活动。2017年是中以建交25周年，为务实推进四川省及绵阳市与以色列科技创新合作，在外交部、商务部、科技部、驻以色列大使馆和以色列外交部、经济部的支持下，第五届中国（绵阳）科技城国际科技博览会邀请以色列担任主宾国，并设立3000平方米的以色列国家馆，分设中以合作成果展示区、以色列优势产业和高科技产品展示区、洽谈合作区三大板块，邀请到包括以色列最大的风险投资公司Giza、著名投资集团康帕思公司、全球农业科技先锋耐塔非姆公司、以色列最大电信公司依赛通信、英特尔153亿美元收购的以色列高科技企业Mobileye公司，以及全球十大科研机构之一的以色列魏兹曼研究院、中国以色列商会等科研院所和商协会机构在内的共计104家以色列企业或单位参展参会，展品涉及农业、机器人、生命科学、通讯与移动技术、汽车、航空和水科技等10余个领域。近200位以色列政要和嘉宾到绵阳参会。四川省的德阳、眉山、雅安、内江、宜宾、攀枝花、凉山等市州以及成都、遂宁、广安等地的省内开发区将组团参加活动。四川发展集团、四川投资集团、铁投集团等10家省内国有投资平台，洪泰基金、美国共同基金等基金公司，四川省内先进制造业、生物医药、节能环保、现代农业等领域知名企业代表300余人将参加现场对接活动。

【中国兵器装备集团自动化研究所主题日活动】2017年9月7日，中国兵器装备集团指导，自动化研究所主办，中国（绵阳）科技城军民融合办协办，作为本届科博会重大活动之一的中国兵器装备集团自动化研究所主题日活动在A馆2楼新闻发布厅举行。主题日活动主题为“自主可控铸安全、智能制造创未来”。主题日活动，主要内容包括展览展示、成果发布与项目签约。自动化研究所发布自主可控计算机、高速扫描仪、栓系无人侦察/中继系统、车间智能管理系统等最新军民融合成果，并与昂码信息科技公司、宁波华高信息科技公司、中国（绵阳）科技城工业技术研究院等单位签订项目合作协议。全国工商联党组副书记、副主席樊友山，省政协副主席、省工商联主席陈放，中国兵器装备集团公司科技与信息化部巡视员喻奇出席并讲话。省国防科工办主任许州出席活动。市委副书记、市长刘超讲话并宣布主题日活动启动。

【中国—以色列（四川）高科技合作展】2017年9月7日上午举行，是第五届科博会以色列主宾国重要活动之一。四川省委书记王东明、副省长朱鹤新、商务部外贸发展局局长孙成海、西亚非洲司商务参赞周兆明与以色列驻成都总领事蓝天铭等以方嘉宾共同巡视以色列主宾国展馆。展览面积约3000平方米，设“中以合作成果展示区”“以色列优势产业和高科技产品展示区”“洽谈合作区”三大板块，涉及生命科学、移动通信、农业科技、投资服务等领域的104家以色列企业参展。

【科博会创新驱动信息安全产业发展高峰论坛召开】2017年9月7日，绵阳市人民政府主办，以“创新发展、安全可控”为主题的第五届中国（绵阳）科技城国际科技博览会“创新驱动信息安全产业发展高峰论坛”在绵阳举行。来自中国工程院、中科院信息安全国家重点实验室、中国电子科技网络信息安全有限公司等单位负责人和知名专家、学者参加论坛，并结合信息安全风险防范与解决方案与企业进行互动、交流。论坛上，中国电子科技集团公司第三十研究所所长、中国工程院院士沈昌祥、中国电子科技集团公司首席专家饶志宏分别作主题报告。四川省信息化工作办公室专职副主任陈文涛介绍四川信息安全产业发展目标和出台的信息安全产业发展相关规划。当天论坛现场，绵阳市信安联软件测评中心、信息安全产业基地创新研发平台集中启动。

【科博会采购商大会举行】2017年9月7日，省投资促进局、省工商联，绵阳市人民政府主办的科博会采购商大会在绵阳举行。来自美国、英国、德国、俄罗斯、西班牙、巴西等20余个国家88家外商和北京、上海、广东等400余家国内企业参加。市委常委、统战部部长、市总工会主席李亚莲出席并致辞。会上，来自国内外供应商、采购商纷纷面对面交流洽谈，详细介绍公司的核心产品、专利技术、售后服务等优势。采购商与供应商们快速了解，互留联系方式并达成合作意向。本次洽谈会分为军民融合、智能制造、节能环保、电子信息、高新技术、大型装备等六个区域进行分区洽谈及签约。据不完全统计，有20余家采购商与供应商达成初步意向，签订合同20余个，签约金额达128亿元。

【第五届中国（绵阳）科技城国际科技博览会投资推介会暨集中签约仪式】 2017年9月8日，第五届中国（绵阳）科技城国际科技博览会投资推介会暨集中签约仪式在绵阳举行，全省共签约项目117个，投资金额886.89亿元，较第四届科博会增长25.5%。其中，绵阳签约市（境）外项目65个，投资金额710.87亿元，较第四届科博会增长17.1%。省政府副省长朱鹤新出席仪式并致辞，省政府副秘书长赵卫平主持会议，省投资促进局局长、省重大办主任陈光浩出席仪式并推介四川省投资环境。市委副书记、市长刘超出席仪式并致辞，市人大常委会主任马华、市政协主席张锦明出席仪式，市委常委、科技城党工委副书记、管委会常务副主任、市国资委党委书记元方推介绵阳投资环境。（杨　玲）

2017中国（四川）电子商务发展峰会

【概况】 2017年9月21日至23日，四川省政府支持，省商务厅和绵阳市人民政府共同主办的2017中国（四川）电子商务发展峰会在绵阳科技城国际会展中心举办。峰会以“智能互联·融合创新”为主题，突出关注人工智能、大数据、物联网等热门领域。峰会期间举办“四会二论坛一赛一展”8项主要活动，“四会”即2017中国（四川）电子商务发展峰会开幕式暨领袖峰会、电子商务招商对接洽谈会、“一带一路”圆桌会、世界互联网川籍精英圆桌会，“二论坛”即2017中国农村电商发展与精准扶贫论坛、下一站风口——实体企业线上线下融合发展论坛，“一赛”即2017电子商务青年创新创业大赛决赛暨颁奖典礼，“一展”即2017中国（四川）电子商务博览会暨四川电商购物节。格力电器董事长董明珠、顺丰集团总裁王卫、摩拜单车创始人胡玮炜、360公司创始人兼360企业安全集团董事长齐向东等行业领袖出席峰会并发表主旨演讲。澳大利亚驻成都总领事馆、英中贸易协会成都代表处等驻川渝领事馆（办事处）代表参会，北京、西藏、湖北等省（市、自治区）组团参会，3000余名行业权威专家、知名金融投资机构负责人、互联网企业负责人、创客代表到会对接，近万人次现场参加峰会论坛。凤凰网、新华网等120余家传统和互联网媒体对峰会进行实时报道，超过300万人次通过网络观看直播。

峰会期间，绵阳市与北京摩拜科技有限公司签署战略合作协议，双方将开展智慧城市建设、低碳城市、物联网技术开放等全产业链合作，致力于将绵阳打造成摩拜最重要的新产品技术应用、商业模式探索与创新的重要基地。绵阳市与顺丰速运（集团）有限公司签署战略合作协议，将在现代物流产业资源整合、市场影响、品牌培育、项目引进等多个环境及领域开展合作。电子商务博览会暨四川电商购物节吸引到省内15个地市州500余企业（单位）携万类产品参展，参展观展人数近40万人次，总成交15亿元，实现现场销售金额9200万元，意向成交额5000万元；全省近1万家电商平台、企业建立川货一站式狂欢促销窗口，交易商品近10万种、实现线上交易额14.1亿元。

【开幕式暨领袖峰会】2017年9月21日举行。领袖峰会上，珠海格力电器股份有限公司董事长兼总裁董明珠，360公司创始人兼360企业安全集团董事长齐向东，摩拜单车创始人胡玮炜，亿邦动力CEO郑敏，泸州老窖集团董事长张良，顺丰集团CTO、顺丰科技总裁田民等知名企业代表分别发表以"'大安全'时代 智能重塑互联网生态""共享单车共享未来""新一轮电商变革带来的产业思考""年轻电商传承百年匠人精神""数据与算法驱动下的智慧物流"等为主题的主旨演讲。

【世界互联网川籍精英圆桌会】2017年9月21日下午举行，是2017中国（四川）电子商务发展峰会重要活动之一。省政协副主席、省电商业发展推进领导小组副组长陈放出席会议并讲话，省商务厅副厅长杨春轩出席会议，市政协副主席钟正军致欢迎词。川籍知名企业负责人、电商企业负责人和金融投资机构代表等共200人参加会议。该会议为互联网和传统产业企业家搭建一个"跨界"对话平台，话题聚焦传统企业与互联网企业合作。会议以"沟通联系，增进亲情，回川发展"为主题，采取"圆桌会"的形式，大家并提出意见和建议。会议按行业和区域分组，将嘉宾分为川内传统企业、川内互联网企业、川外传统企业、川外互联网企业、投资及第三方企业5个小组，让传统企业与互联网企业面对面，围绕互联网最新发展趋势、传统企业互联网转型升级的需求、期待政府的支持点等主题展开激烈讨论，就行业发展提出企业最关心的问题，由组长提炼观点并向政府部门提问，被点名的部门负责人进行解答。此次圆桌会议形式新、问题解决高效，得到60余位省内外相关企业家点赞。

【2017中国农村电商发展与精准扶贫论坛】2017年9月21日在绵阳举行，论坛是2017中国（四川）电子商务发展峰会重要活动之一，论坛主题为共商农村电商发展大计，共谋精准扶贫良策。省政协副主席、省电商业发展推进领导小组副组长陈放，市委副书记、市长刘超出席论坛并致辞。副市长经大忠，各市（州）农村电商示范县、精准扶贫示范县负责人以及知名电商企业领袖等嘉宾出席论坛。褚橙庄园董事长马静芬、赶街网创始人潘东明、乐村淘研究院院长赵国栋等嘉宾围绕农村电商发展与精准扶贫的主题进行演讲。论坛还分别为2017四川县域电子商务十佳县、2017四川县域电子商务优秀服务商、2017四川农村电子商务先进人物颁奖。

【实体企业线上线下融合发展论坛】2017年9月22日上午在绵阳市九洲体育馆举行，是2017年中国（四川）电商峰会重要之一。亿邦动力研究院执行院长麦浩超、良品铺子高级副总裁赵刚、长虹智易家总经理朱学文等省内外企业家齐聚绵阳，共同商讨实体企业转型，企业线上线下融合发展的未来和出路。论坛上，实体企业代表分享转型经验。顺联动力CEO郭洪安发表《探路共享电商新经济》的主题演讲，亿邦动力研究院执行院长麦浩超发表《2017术、道、势：当传统回望电商》的主题演讲，蜜芽公共事务副总裁江平发表《线上电商与线下零售的融合之路》的主题演讲，长虹智易家总经理朱学文发表《长虹+互联网的实践》的主题演讲。绵阳市人民政府副市长韩圣健向与会客商介绍绵阳电商发展情况。

【2017电子商务青年创新创业大赛决赛暨颁奖典礼】2017年9月22日下午，由四川省商务厅、四川省人社厅、四川省教育厅、共青团四川省委共同指导，四川省电子商务协会主办的"银联荟生活"2017四川电子商务青年创新创业大赛总决赛暨颁奖典礼在"2017中国（四川）电子商务发展峰会"中作为峰会的分论坛举行。四川省商务厅副厅长杨春轩、绵阳市委常委、市总工会主席李亚莲、共青团四川省委青年发展部副部长

曹真玮、中国银联四川分公司总经理刘国祥、四川创新发展投资管理有限公司副总裁杨潇、中国创新支付集团有限公司副总裁吴宏以及四川壹玖壹玖酒类平台科技股份有限公司副总裁兼互联网公司总经理黄林等出席。大赛共收到参赛作品221个，参赛项目涉及智能制造、精准扶贫、文化创意、节能环保、社区养老等多个领域。自6月15日报名开始，历时3个月的时间，经过市州选拔赛、训练营、专家书面评审等筛选程序，喜糍珠宝新零售、顺手带、臻品藏地、青稞、橙子青年等10组的创业项目，从200多支队伍中脱颖而出，入围总决赛。在决赛现场，各参赛团队对自行包装运营的项目进行路演和精彩的答辩，展示文化创新、精准扶贫、节能环保、特色教育服务等方面的电商项目。知名创业企业家、青年创业导师、风险投资界人士和行业专家作为评审，对各参赛团队进行专业评分和点评。"土地母亲计划""顺手带""圣洁甘孜品牌电商打造计划"3个项目脱颖而出，分别获得一、二、三等奖。

【四川电商购物节】2017年9月21日至23日，在科技城会展中心举行，是2017中国（四川）电子商务发展峰会重要活动之一。以"电商嘉年华，川货狂欢节"为主题，吸引500余家电商企业（单位）携上万类商品参展，38.5万人次观展，总成交15亿元，实现现场成交额9200万元，意向成交额5000万元，实现线上交易额14.1亿元。其中科技城会展中心B馆主要展销省内及绵阳市各县市区（园区）特色产品，所有参展商品还在线上销售，由天府网交会组织全省电商企业和电商平台，建立川货一站式促销窗口。同时，全省电商企业在官方网站、企业平台、特产馆、微信等渠道结合PC端、移动端同步发起限时抢购、团购、打折、扫码赠送等促销活动。（宋伟 杨玲）

招商引资推介

【概况】2017年，科技城坚持把投资推广活动作为宣传推介绵阳的重要窗口和对接促进项目的重要方式，精心策划举办各类招商引资活动11场，参加全省重大活动13场，全方位、立体化吸引各类投资合作元素。全年共引进5亿元以上项目90个、10亿元~30亿元项目32个、30亿元~100亿元项目13个、100亿元以上项目2个。汉能移动能源产业园项目、东旭集团30亿新能源整车项目、华晨南方基地整车项目等一批具有标志性、引领性、带动性的重特大产业项目相继落户绵阳。

【中油九洲北斗科技能源有限公司项目签约仪式】2017年2月20日，绵阳市人民政府与中国石油四川销售分公司在成都举行深化战略合作暨四川中油九洲北斗科技能源有限公司项目签约仪式。双方将在"互联网+"、油气网络、智慧油气站建设等领域务实合作，共同推动绵阳经济发展。中油九洲北斗科技能源有限公司将加快搭建中国最具影响力的石油互联网物流服务平台，力争年销售规模尽快突破100亿元。

【汉能集团绵阳移动能源产业园项目签约仪式】2017年5月18日，绵阳市与汉能控股集团举行签约仪式，投资超过400亿元的汉能移动能源产业园项目正式落户绵阳。副省长朱鹤新，市委主要负责人，汉能控股集团董事局主席李河君，省投资促进局局长、省重大办主任陈光浩，市委副书记、市长刘超，市政协主席张锦明出席并见证签约。签约仪式上，刘超和汉能控股集团总裁袁亚彬代表双方签订绵阳汉能移动能源产业园项目战略合作协议。涪城区委副书记、区长姚永红与汉能控股集团副总裁王利民代表双方签订绵阳汉能移动能源产业园项目投资合作协议。

【华晨集团南方基地汽车整车项目签约仪式】2017年6月21日，绵阳市与华晨集团举行项目签约仪式，总投资30亿元的华晨集团南方基地汽车整车项目落户绵阳。省委副书记、省长尹力，省政府秘书长唐利民，市委主要负责人，华晨汽车集团控股有限公司董事长、党委书记祁玉民，省投资促进局局长、省重大办主任陈光浩，市委副书记、市长刘超出席签约仪式。市长刘超与华晨汽车集团控股有限公司总裁、党委副书记刘鹏程代表双方签署项目投资协议。

【2017中国（四川）电子商务发展峰会项目签约仪式】2017年9月20日，绵阳市政府举行2017中国（四川）电子商务发展峰会举行项目签约仪式，分别与北京摩拜科技有限公司、顺丰速运（集团）有限公司签署战略合作协议。省政协副主席、省电商业发展推进领导小组副组长陈放，省政府副秘书长赵卫平，省财政厅厅长王一宏，省商务厅厅长刘欣，市委副书记、市长刘超，北京摩拜科技有限公司创始人兼总裁胡玮炜，顺丰速运（集团）有限公司总裁王卫等出席并见证签约。签约仪式上，市委常委、副市长颜超分别与北京摩拜科技有限公司西区总经理温文杰、顺丰速运（集团）有限公司副总裁危平代表双方签署战略合作协议。省商务厅副厅长杨春轩，副市长韩圣健，市政府秘书长谭岗出席签约仪式。

【世界互联网川籍精英圆桌会】2017年9月21日，以“沟通联系，增进亲情，回川发展”为主题的2017中国（四川）电子商务发展峰会世界互联网川籍精英圆桌会议在绵阳市召开。省政协副主席、省电商业发展推进领导小组副组长陈放出席会议并讲话、省商务厅副厅长杨春轩出席会议，市政协副主席钟正军致欢迎词。川籍知名企业负责人、电商企业负责人和金融投资机构代表等共200人参加会议。会议以“沟通联系，增进亲情，回川发展”为主题，采取“圆桌会”的形式，把嘉宾分为川内传统企业、川内互联网企业、川外传统企业、川外互联网企业、投资及第三方企业5个小组，围绕互联网最新发展趋势、传统企业互联网转型升级的需求、期待政府的支持点等主题展开激烈讨论，并就行业发展最关心的问题提出意见和建议。

【绵阳市“服务绿卡”授卡仪式】2017年9月22日，绵阳市重点招商项目和重点企业“服务绿卡”授卡仪式在创新中心二期举行。绵阳市41个重点招商项目、55家重点企业（其中重点工业企业43家）从全市743个招商项目、2659家“四上企业”中脱颖而出，获得首批“服务绿卡”。该仪式标志着绵阳市在全省率先实施重点企业和重点招商项目“服务绿卡”制度。“服务绿卡”旨在为重点企业、重大项目提供行政审批绿色通道、市级领导定点联系、生产要素优先保障等精准政务服务，以及就医、就学、落户等便利生活服务，以推动重点企业持续健康发展，重点项目又好又快建设。绵阳市委副书记、市长刘超出席仪式并作重要讲话，授卡仪式结束后，绵阳市政府陈松柏副秘书长组织获得“服务绿卡”企业负责人与服务专员、帮办专员、绿卡联络员进行现场对接，并对“服务绿卡”的作用和如何使用进行现场解读。（齐剑锋）

特色合作平台建设

【概况】2017年，坚持招大引强，特色发展，园区建设取得成效。持续加大工业招商引资力度，继京东方项目后，投资240亿元的惠科电子、投资202亿元的威马汽车、投资166亿元的威马电池等项目正式签约落地；天津诺思8吋芯片项目、华博易造新能源动力系统项目、强途科技西南建筑科技创新产业园等项目保持对接。持续加速特色产业集群发展，深入实施《绵阳市特色园区推进工作方案》，加速打造特色产业园区。安州工业园区围绕汽车及零部件产业，加强外引内培，除威马汽车项目外，引进东旭集团年产1万辆新能源客车和3万辆新能源物流专用车生产基地、华翔机械华晨集团南方基地25万套汽车车身覆盖件、博威能源新型智能一体化电源系统等优质项目，园区特色产业集群壮大。加强园区承载能力建设，推进园区基础设施建设。协调解决园区道路、水、电、气及附属配套项目，推动做好园区项目规划、征地拆迁等前期基础保障工作，发展与园区配套的生产性服务业，做好技术研发、检验检测、信息网络、专业孵化器、仓储物流、教育培训、原材料市场、金融服务等公共服务平台建设，鼓励园区创新用地模式，建设标准厂房，推进园区建设与城镇建设同步发展。2017年，全市园区新建孵化器面积逾20万平方米。

【绵阳跨境电商服务平台】2017年，绵阳高新区响应国家“一带一路”倡议，按照市委、市政府部署，围绕“以高效为着眼点，以培育为立足点，以提升质量为核心，以构建特色为重心”的工作思路，引入跨境电商企业，培育跨境电商产业，建设跨境电商公共服务平台，探索高新区跨境电商产业发展新模式。

绵阳跨境电商公共服务平台于2017年，由高新区国有企业四川海贸通网络科技公司打造，助力跨境电商和传统外贸企业转型快速发展。通过多方调研、规划设计，海贸通启动外贸综合服务平台建设，2017年9月正式启动外贸综合服务平台建设招投标工作，2017年12月底完成外贸综合服务平台建设，并实现与成都跨境电商公共服务平台出口系统、海关监管系统对接，实现通过跨境电商模式进行出口报关，提高了通关效率，降低企业运营成本。该平台将更多的传统业务放到线上，为企业提供国际物流、报关报检、贸易融资、出口退税、货运保险等综合服务，使企业通过跨境电商公共服务平台快速完成仓储、报关、通关、物流等出口相关业务。绵阳跨境电商公共服务平台以跨境电商监管中心为载体，以外贸综合服务平台为核心，整合所有跨境电商服务资源，利用数字贸易最新成果，构建绵阳数字国际贸易中心，为跨境电商企业和外贸企业提供从产品展示、海外采购信息、洽谈、到完成订单、仓储物流、融资等全链条服务。

同时，海贸通公司引进“千刀创客”跨境电子商务创业团队孵化培训运营项目。该项目依托亚马逊平台，设计出成熟的培训体系、完善的课程设计，并配备优质的师资力量，为跨境电子商务创业团队解决产品选品、平台实操培训、国内分拣、国外配送乃至企业后续发展等全链条服务，使企业能迅速、全面地迈进跨境电商行业。项目一期于2017年1月4日正式开班，全年共开展3期培训，共孵化34家跨境电商创业企业，培育近100名跨境电商人才。2017年度创业团队销售额超400万美元。

【高新国际创意联邦电子商务产业园】高新国际创意联邦电子商务产业园占地面积9.27公顷，建筑面积11.3万平方米，融合电子商务、跨境电子商务、O2O线上线下体验中心、商务办公、研发、孵化、金融、物流、电商人才培训中心、生活配套等功能于一体，主要引入和培育电子商务及相关服务企业，重点发展跨境电商，打造创意创新型全景生态智能商务集群。园区以“商务型”“创意型”“科技型”为准则，全力打造“智慧园区”。2016年，被中国国际电子商务发展中心评为“全国十佳电商产业园”。

2017年，园区入驻国内跨境电商龙头企业重庆大龙网、光彩国际，跨境电商平台服务企业四川海贸通网络科技有限公司，国内知名电商企业阿里巴巴川北运营中心，家用电器电商企业长虹智易家网络科技有限公司，以及欧咖全球精品生态馆等国内知名电商企业130余家。2017年，高新国际创意联邦电子商务产业园从业人员近2000人，实现交易额共400余亿元，上缴税金

3300余万元。

2017年，园区通过代办工商登记、协助申请职工宿舍和办理ETC卡等生活配套服务，帮助企业参与公共服务资源巡回对接，搭建资源共享平台，联合高校搭建人才交流平台，解决企业招聘难题等，加强与入驻企业的沟通，建立友好关系；帮助10家企业申报科技型中小企业认定，获得扶持资金6万元；成功举办跨境电商综合培训10余次，受训人员达1000人次，为企业做专做强提供支撑；成功举办“‘双11’全球商品跨境购活动”，光彩、爱购、易田、长虹智易家、海贸通等10家企业参加，完成交易订单超6000笔，实现现场交易额近20万元。

2017年，园区续建工程有序施工，1~3号楼主体工程于12月18日全部通过验收。完成固定资产投资3483.32万元，占年度任务的31.66%，支付工程款2612.49万元。续建工程预计2018年7月竣工。

【中德（绵阳）创新合作平台】2014年3月，习近平访问德国期间与默克尔就中德全面合作达成共识。同年10月10日，李克强总理访问德国，与默克尔总理签署《中德合作行动纲要》。为加快促进中德全面合作，四川省拟在成（都）德（阳）绵（阳）产业带实施中德产业园发展战略，深化德国与四川经贸合作。在省委、省政府的推动下，中德（绵阳）创新合作平台项目应运而生。为贯彻落实全省关于中德产业园区建设安排部署，高新区在科技城集中发展核心区内规划80公顷土地，建设中德（绵阳）高新技术产业园区，主要发展汽车电子、关键零部件和高端装备制造等产业。并会同商务部欧洲司、国际贸易经济合作研究院等司局共同拟定《中德产业合作项目合作方案（征求意见稿）》，提出合作模式、项目布局、合作重点领域和重点产业，先后向省、市商务部门报送中德产业园区建设初步方案。

开展对德投资推介活动。2017年4月6日，中国（绵阳）科技城中德产业园投资推广会在德国在汉诺威、慕尼黑等地举行，市委、科技城党工委主要负责人，中国驻慕尼黑总领事馆经商室参赞裴永贵，德国巴伐利亚州经济部对外经济处中国、中亚及土耳其片区负责人艾德出席投资推广会并致辞；高新区党工委书记夏明，以及长虹、九洲、科发、新晨动力、富临精工、六合锻造、科络普线束等7家绵阳企业负责人参加投资推广会，德国共图谋咨询集团、韦伯汽车公司等90余家德国企业应邀参加会议。推广会期间，高新区领导拜访柏林州经济促进局、德国工商总会、联邦经济发展和对外贸易协会，参加汉诺威工业博览会。9月25日，高新区亮相伍伯塔尔2017中德汽车大会。9月28日，高新区赴成都参加中国德国商会（大西南地区）携手德国驻成都总领事馆组织推出的“走进德国”嘉年华活动。12月13—14日，高新区参加省商务厅在成都组织的“第二届中德经济论坛”系列经贸活动。

德资企业引进与培育。截至2017年，高新区内德资项目主要有科络普汽车线束、宝马N20发动机、宝马王子发动机项目。其中科络普汽车线束、宝马N20发动机项目建成投产，小王子发动机项目建设稳步推进。德国沃克降噪部件有限公司发动机降噪部件、橡胶件、塑胶件等汽车零部件项目，捷克纳米技术公司纳米技术产品的研发和生产项目等持续跟踪洽谈。

（李　安　马敬明）

对外宣传与合作交流

【概况】2017年，绵阳市加大科技城对外宣传和合作交流，中央电视台综合频道、中文国际频道节目专题报道科技城建设；《人民日报》《科技日报》《经济日报》《四川日报》、人民网、新华网等中央和省级报刊和主流媒体宣传报道科技城建设的经验和成果。分别到英国、德国等国家和国内的哈尔滨、西安、上海、深圳等城市开展推介活动，扩大国家科技城的影响力和知晓率。加强驻外分局平台建设，深化与各地省政府驻外办事处、商协会、中介机构、绵阳籍人士等方面的常态化对接联系，在全国以及全球重点区域构建形了横向到边、纵向到底、立体化、多层次的招商资源网络。以市委、市政府主要领导赴外开展专题投资促进活动为契机，依托绵阳市内大型企业海外驻点和境外当地知名华侨组织，先后新建德国、英国、意大利3个驻外战略合作办事处、总数达到8个，在西欧地区构建形成系统完善的海外招商网络，巩固和扩大绵阳在欧洲、北美、东亚和大洋洲的海外招商版图。

【第三届海峡两岸文昌文化交流活动投资恳谈会】 2017年2月27日，第三届海峡两岸文昌文化交流活动台商投资恳谈会在绵阳市梓潼县举行。恳谈会上，梓潼县介绍经济社会发展现状和独特的自然资源，并推介蜜柚标准化基地、特色水产养殖、凤凰湖商住休闲总体开发、三国旅游小集镇开发建设、文昌洞经古乐文化产业园开发、药材生产加工、桔梗深加工、圣迪乐蛋品开发生产线等优质项目。恳谈会还围绕梓潼投资产业、旅游产业以及各项优惠政策，向与会台商做详细介绍。

【第二届海峡两岸嫘祖文化交流活动盐亭投资推介会活动】 2017年3月7日，第二届海峡两岸嫘祖文化交流活动暨2017年华夏母亲嫘祖故里祭祖大典在绵阳市盐亭县举行。中国作家协会书记处书记、副主席吉狄马加，省侨联主席、党组书记刘以勤，市委副书记、市长刘超，中国国民党中央常务委员会委员侯彩凤、厉耿桂芳、谢坤宏，市人大常委会主任马华，市政协主席张锦明，市委副书记付康出席活动。推介会上，绵阳市对装配式建筑材料现代产业园、绵阳生物医药产业园、中草药产业园、桔梗种植及深加工、蚕茧丝绸开发等8个招商项目进行重点推介。嫘祖文化智慧产业园、装配式建筑基地、天鸿生物科技产业园、年产3000吨折叠PET吹膜生产线等9个项目在会上集中签约，签约资金达43.8亿元。

【中国（绵阳）科技城智能制造及智能终端产业投资推广会】 2017年3月21日，由绵阳市政府、四川省投资促进局主办的中国（绵阳）科技城智能制造及智能终端产业投资推广会在深圳举行。四川省投资促进局局长、四川省重大办主任陈光浩出席并致辞，绵阳市委副书记、市长刘超并介绍绵阳投资环境和智能制造发展情况，省政府副秘书长赵卫平出席推广会。京东方科技集团、中兴通讯、中科院公共安全研究院等160余家知名企业、研究机构和商协会负责人参加推广会。

【绵阳生物医药产业园投资推介恳谈会暨签约仪式】 2017年3月21日，由绵阳市人民政府主办，绵阳市梓潼县人民政府和绵阳市投资促进局承办的绵阳生物医药产业园投资恳谈会暨签约仪式在成都举行。会上，总投资16亿元的8个项目签约落户绵阳生物医药产业园。

【中国（绵阳）科技城中德产业园投资推广会】 2017年4月6日下午，中国（绵阳）科技城中德产业园投资推广会在德国慕尼黑举行。会上，市委向六合锻造股份有限公司授予“绵阳市投资促进局驻德国战略合作办事处”牌；赵勇作中国信息及电子产业主题报告；夏明作中国西部地区经济情况及中国（绵阳）科技城中德产业园推介；绵阳新晨动力机械有限公司总经理王运先作中国汽车制造及现代制造业主题报告；德国共图谋咨询集团有限公司创始人、德国工商大会上海代表处荣誉会员库尔特、萨宾娜先后发言；四川九洲电器集团、绵阳科发集团、四川绵阳富临精工机械公司、四川六合锻造公司、科络普线束技术（绵阳）公司、安州区先后发言并作推介。

【中国（绵阳）科技城法国投资推广会】2017 年 4 月 10 日下午，中国（绵阳）科技城法国投资推广会在法国巴黎举行。会上，绵阳科创园区与上海乔博宜投资有限公司签署《法国欧尚项目投资协议》，绵阳科创园区与中欧大数据应用研究联盟签署《中国（绵阳）科技城大数据产业研究院合作协议》，绵阳外国语实验学校与法国亚眠罗贝尔–吕萨斯高中签署《中法国际友好学校合作协议》，邢镔、罗恺分别被聘为中国（绵阳）科技城大数据产业研究院外聘院长和外籍科学家。中国（绵阳）科技城科教创业园区党工委书记周钰作中国（绵阳）科技城推介。长虹集团、四川九洲电器集团、绵阳市三医院、法国塞莱德公司先后作推介。

【中国（绵阳）科技城英国投资推广会】2017 年 4 月 13 日上午，中国（绵阳）科技城英国投资推广会在英国剑桥大学举行。会上，市委为绵阳市投资促进局驻英国战略合作办事处授牌。科创区及长虹集团、科发集团、新晨动力公司、西南科技大学负责人作推介，剑桥大学女王学院发展总监罗恩·基特院士作推介。科创区与英国剑桥孵化园及英国信息技术研究中心，长虹国际与英国剑桥孵化园，西南科技大学与英国剑桥孵化园及黄嘉昊博士团队，西南财经大学天府学院与英国剑桥孵化园分别签订合作协议。

【赞比亚—绵阳经贸对接会暨绵阳市与琼圭市缔结友好合作关系签约仪式】2017 年 7 月 28 日，赞比亚—绵阳经贸对接会暨绵阳市与琼圭市缔结友好合作关系签约仪式在绵举行。赞比亚副总统伊农格·维纳，赞比亚驻华大使温妮·奇贝萨孔达出席并讲话，市委副书记、市长刘超出席并致辞。中国前驻毛里求斯大使高玉琛出席对接会和签约仪式。签约仪式上，绵阳市委副书记、市长刘超与琼圭市市长杰弗里·楚姆布伟共同签订《建立友好合作关系备忘录》。绵阳市副市长韩圣健作投资环境推介。赞比亚卢萨卡省省长、赞比亚发展署投资处处长、赞比亚旅游局首席执行官分别作投资推介，中赞企业及政府代表现场进行对接交流。

【科博会媒体见面会在绵阳举行】2017 年 9 月 6 日，第五届中国（绵阳）科技城国际科技博览会筹备领导小组主办的第五届中国（绵阳）科技城国际科技博览会媒体见面会在绵阳举行，会议发布本届科博会筹备相关情况以及本届科博会的主要特色和亮点。省政府副秘书长罗治平发布新闻，科技部高新司副司长曹国英，省科技厅副厅长张巍，绵阳市委常委、科技城党工委副书记、管委会常务副主任、市国资委党委书记元方等出席会议。会上，罗治平、曹国英、张巍、元方还分别回答媒体关心的科博会相关话题。新华社、中央电视台、中新社、四川电视台、《四川日报》等 101 家境内外媒体的 127 名记者到会采访报道。

【2017 年海外高科技人才走进中国（绵阳）科技城推介会】2017 “海科会” 海外高新科技人才走进中国（绵阳）科技城投资推介会在绵阳举行，会上，高新区、涪城区、游仙区等县市区（园区）分别与相关企业签订项目协议 82 个，签约金额 75.7 亿元，其中签订正式投资项目协议 47 个，签约金额 60.7 亿元；签订意向投资项目协议 35 个，签约金额 15 亿元。相关单位还与省重大专项人才专家、日本东京大学特任研究员姚卫棠等专家签订人才项目协议，绵阳市人才办与旅美科协、涪城区人才办与法国里昂中国行业家协会为代表的 11 个人才合作项目现场签约，8 个人才项目达成意向性对接。

【中国（绵阳）科技城资本助力军民融合发展投资推介会】2017 年 11 月 26 日，绵阳市政府举办“资本助力军民融合发展”专题投资推介会，绵阳市委常委、副市长杨学宁介绍绵阳军民融合发展情况，绵阳市游仙区政府区长陈华斌就中国（绵阳）科技城游仙军民融合产业园作专项推介，绵阳市商业银行董事长何苗和四川科莱电梯股份有限公司总工程师彭兴平作为金融企业和军民融合企业代表进行发言。中国保险监督管理委员会原副主席周延礼、中国人民银行数字货币研究所高级研究员李红岗、工信部赛迪研究院副院长刘文强、中国运载火箭技术研究院副院长唐国宏、军事科学院军民融合研究中心秘书长于川信、中国航空工业技术装备工程协会秘书长于嘉力、中关村军民融合信息装备产业促进会副会长单玉灵等嘉宾出席论坛。（齐剑锋）

概　述

【概况】2017 年，科技城人才建设树立“人才资源是第一资源”理念，贯彻落实中央、省委关于人才工作的部署要求，确立创新驱动、人才为先发展战略，加快建设西部人才高地。全市人才工作紧贴全创试验、军民深度融合、重大项目建设、供给侧结构性改革、“项目年”建设和脱贫攻坚等重点工作，突出“高精尖缺”人才供给，统筹推进重点人才队伍建设，加强党管人才制度建设，实施更加积极、更加开放、更加有效的人才政策，举办“‘英才风华·辉映绵州’2017 中国（绵阳）科技城人才之夜”等招才引智活动，聚天下英才共建绵阳、发展绵阳。2017 年，科技城累计投入人才发展专项资金 4856 万元，共资助 147 个人才（团队、项目），带动引进本科生 15906 人、硕士 2139 人、博士 310 人、“海归”97 人到创新创业，人才总量达到 73 万人，“两院”院士 28 人，享受国务院特殊津贴近千人。新入选四川省重大专项人才和团队 12 个，国家、省重大专项人才总量达到 59 人，居全省第二位。

截至年底，全市人才总量达 74.6 万人，其中专业技术人才 23 万人、技能人才 31.75 万人。坚持人才战略，注重人才引进及人才服务，利用“海科会”等海外高新科技人才走进中国（绵阳）科技城投资推介会，宣传和吸引人才，连续三年“海科会”（2015—2017），绵阳市委主要领导坚持陪同“海科会”嘉宾座谈、推介项目。并在具体行程安排和项目对接洽谈中，提供全程服务。绵阳市委主要领导带队，与欧洲华人科研团体对接，并发出人才邀请。人才扶持方面，设立年度 6000 万元的人才发展专项资金，用于科技型企业扶持、科技创新平台和团队培育、高层次人才队伍引进等三大类十四个方面的资金资助。来绵阳创业的团队，如果引进具有国际先进水平或处于国内领先水平的技术成果或产业化项目，最高可获 2000 万元人才资助。近四年（2014—2017），累计对各类高层次人才、创新创业团队、技能大师工作室等资助 2.2 亿元。扶持政策措施覆盖创业人才、孵化器平台、创新创业导师、科技金融中介机构等，形成一条完整的孵化链条，涵盖创业萌发、创业孵化、创新集成、成果产业化等全生命周期。每年召开全市人才工作会议，表扬优秀人才，以形成尊重知识、尊重人才的良好导向。系列人才政策大幅增强了绵阳对海外高端人才的吸引力。在2017年第五届中国（绵阳）科技城国际科技博览会上，来自以色列、德国、法国的3个外国专家组织与74个引智项目成功对接；国内33名知名专家与25个重点项目实现精准对接，为101个技术难题提出解决方案。创新服务人才的具体办法。为承接创新人才的成果，绵阳为其提供一整套从创意到产能的服务，截至2017年建成63个创业孵化平台、16个省级大学生创新创业园、16个市级返乡农民工创业园。完善服务创新创业人才“绿色通道”，提供“保姆式”“一站式”服务，并为引进人才提供交通、入学、医疗等领域优质服务，建成500套人才公寓。

【“大型军民融合国有企业人员分类评价机制”经验在全省推广】2017年，四川九洲电器集团有限责任公司探索建立的国有企业人员分类评价机制，作为第二批全面创新改革经验在全省推广。该机制主要内容有：设立“行政”“三师”“工人”三个序列。行政类，建立领导力梯队模型，将干部队伍（中层助理）划分为中层助理（基层管理者）、中层干部（中层管理者）、公司级领导（高层管理者）三类，以三个层级为基础，以制度约束为原则，实行动态管理，选拔每 个层级的优秀者，明确每个层级所应具备的能力素质核心要素（其中中层助理应具备执行力、转化力、创新力、学习力，中层干部应有出思想、抓业务、带队伍、传文化的能力，公司领导应有定战略、领业务、建组织、树文化的能力），明确每个层级培养应采取的关键举措和理念。三师类，分设“技术三师”，即设计师、工艺师、质量师；“管理三师”，即管理师、财会师、统计师；“技术支持三师”，即设备支持师、标准支持师、信息支持师，每类划分6个等级，分类制定专业水平、专业能力、工作业绩、工作经验评价标准，逐级晋升，每一个层级的技术职位都有明确的任职资格要求，同时对应相应的岗位等级和薪资报酬。技能类，分设技师、高级技师、首席技师，依据资格证书、理论知识、技能操作、解决工艺难题和传授技艺情况，评定为不同层级技师。三个序列可相互流动。并在以上做法的基础上，探索实施基于任职资格管理、标准、应用的任职资格体系建设，以任职资格承接公司战略对员工的能力要求，推动员工能力结构面向战略持续优化；明确人才流动要求，规范流动路径及方式方法，拓宽人才发展通道，实现企业战略到员工的传递，牵引员工能力持续提升、匹配业务发展要求，实现人才批量复制。

通过人员分类评价机制，有效解决选才、用才、育才及薪酬等问题，并能使人才作用充分发挥，有效降低企业用人成本，提高企业人力资本价值，开辟行政职务通道和专业技术职务通道“双向发展”职业生涯体系，打破成长“天花板”。2017年，九洲集团拥有各类管理干部和专业技术人才6500余人，其中高层次人才1500余人，硕士与博士830人。在人才驱动下，九洲集团实现工业总产值205亿元，营业收入210亿元。

【《扩大高等学校科研院所医疗卫生机构人事自主权十条政策》出台】2017年10月17日，绵阳市委全面深化改革领导小组第十八次会议审议通过《扩大高等学校科研院所医疗卫生机构人事自主权十条政策》（以下简称《十条政策》）。10月31日，市委组织部、市人社局、市委编办、市教体局、市科知局、市财政局、市卫计委7部门联合印发。《十条政策》是绵阳市对接省上全面创新改革试验的一项重大政策，从公开招聘、人员流动、编制管理、岗位管理、职称评审、薪酬分配、公共服务等方面进行重大改革。在扩大公开招聘自主权方面，明确将考试招聘的公告拟制发布、面试的组织放权给主管部门，仅公共科目考试由市级人社部门统一组织。在畅通人才流动渠道方面，允许科研人员按管理权限审批同意后兼职并按规定取得报酬或奖励。在创新编制管理方式方面，明确引进高层次人才和紧缺专业技术人员，可在核定编制总量内办理入编手续，不受用编进人计划限制。对编制不足但单位发展急需引进高层次人才和紧缺专业人才的市属事业单位，可按程序申请使用市级人才专项事业编制。在扩大岗位管理自主权方面，支持动态调整岗位设置方案，可按规定适当提高高级专业技术岗位结构比例，可将上一等（层）级专业技术空缺岗位用于下一等（层）级岗位聘用。在建立引进人才特设岗位制度方面，允许设置专业技术特设岗位用于引进人才，不受单位岗位总量、最高等级和结构比例限制。在扩大职称评审自主权方面，根据省主管部门下放的职称评审权限，推动有条件的高等学校、科研院所和医疗卫生机构按照权限开展职称评审，对在（离）岗创新创业的科研人员，允许其业绩成果作为破格评聘专业技术职务的重要条件。在完善社会保险政策方面，明确在岗离岗创新创业的科研人员，可选择在原单位继续参保，或转移至新单位参保。在扩大薪酬分配自主权方面，明确高等学校、科研院所和医疗卫生机构可在绩效工资核定总额内，自主进行内部分配；对面向企业开展技术服务，细化明确为技术开发、技术转让、技术培训和咨询等；对引进急需紧缺的高层次人才的特殊报酬，职务发明完成人、科研项目完成人、科技成果转化重要贡献人员和团队的奖励，以及面向企业和社会承担科研项目、开展技术服务（技术开发、技术转让、技术培训和咨询等）所获收益中发给科研人员及其团队的劳动报酬，由主管部门专项据实核增。在优化政府公共服务方面，重点从建立权力清单和责任清单、探索政府购买服务新机制、完善引进人才服务管理办法、创新创业典型选树宣传等方面，提出具体要求。在鼓励先行先试创建“人才特区”方面，结合事业单位去行政化改革试点，可选择若干高等学校、科研院所和医疗卫生机构开展人才管理体制“放管服”改革，探索人才管理新经验新模式。

【《绵阳市关于加强基层专业技术人才队伍建设的实施意见》出台】2017 年 12 月 25 日，市委组织部、市人社局、市委编办、市财政局 4 个部门联合印发《关于加强基层专业技术人才队伍建设的实施意见》（以下简称《实施意见》），对全市所有乡镇和北川羌族自治县、平武县县属事业单位公开招聘、岗位设置和专业技术人员职称晋升等均有政策倾斜。主要内容为：针对事业单位公开招聘，从学历、年龄、职称、开考比例和招考范围上作放宽。其中公开考试招聘的学历条件可放宽为大专及以上，年龄可放宽至 35 周岁；北川羌族自治县、平武县的乡镇事业单位公开招聘本科及以上人员，县级事业单位公开招聘急需紧缺专业中级及以上职称或硕士及以上学位人员还可自主确定招聘方式。《实施意见》对基层事业单位的高、中、初专业技术岗位结构比例进行调整，适当提高高、中级专业技术岗位的占比。同时，基层专业技术人才参加职称评审，论文、科研等不做硬性要求，职称外语和职称计算机应用能力不作要求；凡在基层工作的专业技术人员，满足一定条件后，在绵阳市管理权限内可提前 1 年申报高一级专业技术职务资格。《实施意见》还对畅通服务基层高校毕业生就业渠道、加大基层人才激励力度等明确具体办法。

【绵阳市人才工作领导小组 2017 年第三次会议召开】2017 年 11 月 21 日，市人才工作领导小组召开 2017 年第三次会议，市委组织部常务副部长文刚出席会议并讲话，市委组织部副部长、市人才办主任黄晓军主持会议。市人才工作领导小组各成员单位参加会议，各县市区委组织部（人才办）、园区党工委党群工作部（人社局）、市级有关部门分管负责人列席会议。会议传达学习中组部和省委组织部近期人才工作重要会议精神，审议绵阳市《关于进一步加强党委联系服务专家工作增强人才工作团结引领服务功能的实施意见》和《绵阳市企业经营管理人才队伍建设“十三五”规划》《绵阳市专业技术人才队伍建设“十三五”规划》《绵阳市技能人才队伍建设“十三五”规划》《绵阳市农村实用人才队伍建设“十三五”规划》《绵阳市社会工作人才队伍建设“十三五”规划》《绵阳市律师行业人才队伍建设“十三五”规划》等文件，总结2017年以来全市人才工作成效，就下阶段工作进行安排部署。会议还对《绵阳市“十三五”人才发展规划》《绵阳市高层次人才特殊支持办法（试行）》《关于大力促进大学生和科技人才创新创业的实施意见》《市属国有企业领导班子和领导人员综合考核评价暂行办法》等市领导直接抓的改革方案落实情况进行研究和部署。

【专家工作】2017年，绵阳市组织开展“省有突出贡献的优秀专家”“省学术和技术带头人及后备人选”推荐工作，共推荐上报92人。在全市范围内组织开展省级继续教育基地和省级博士后创新实践基地申报工作，向省厅推荐中国科技城工业技术研究院等4家单位为2017年省级专家服务基地，绵阳市中心医院等5家单位为2017年博士后创新实践基地。其中中国科技城工业技术研究院专家服务基地和绵阳市中心医院成功获批2017年度四川省专家服务基地，绵阳市第三人民医院、四川六合锻造有限公司获批2017年博士后创新实践基地。推荐叶根军等4名专家为2017年“百千万”人才工程国家级人选，开展并完成省学术和技术带头人培养支持经费的申报、“百千万”人才国家级人选专题研修、博士后科研项目特别资助申报、享受津贴专家信息核查等工作。争取到2017年专家智力服务基层行动计划项目落户绵阳，并将其列为第五届科博会人才交流与成果展示活动的重要内容，命名为高层次专家智力服务中国（绵阳）科技城活动。活动期间，30名专家精准对接各类项目23个，举办高级研修班1个。专家们深入江油、平武、北川、盐亭以及市农业部门相关单位进行“面对面”服务，“一对一”指导，共举办专题讲座和学术交流活动70场次，覆盖专业技术人员和相关经营管理人员2100人次；现场解决食品加工、农作物病虫害防治等技术难题101个；观摩指导手术17例，举办医疗专题研讨活动21场，门诊治疗234人次；17名专家与15个项目单位达成长期合作协议；7名智慧城市建设方面的专家为全市及全省从事智慧城市建设的70余名专业技术人员进行专题培训。

【全市优秀人才代表专家人才主题研讨活动】2017年12月8日，全市优秀人才代表学习贯彻党的十九大精神会议暨“一颗红心跟党走、凝心聚力谋发展”专家人才主题研讨活动在“两弹一星”干部学院举行，第九批、第十批市级拔尖人才代表和第一批、第二批市级文化领军人才及团队代表50余人受邀参加活动。市委组织部常务副部长文刚出席会议并讲话。活动中，与会代表参观梓潼“两弹城”，听取第九批市级拔尖人才、市委党校市情研究咨询室主任王仕军所做的“深入学习贯彻党的十九大精神，坚定用习近平新时代中国特色社会主义思想指导绵阳实践”的宣讲报告，并围绕“一颗红心跟党走、凝心聚力谋发展”组织开展专家人才主题研讨活动。在研讨活动环节，专家人才分为市级拔尖人才组、市级文化领军人才组，围绕“贯彻落实党的十九大精神，突破2000亿目标”作交流发言并围绕全市产业升级、人才引进、改革创新、文化发展等提出意见建议。会上，还为第十批市级拔尖人才和第二批市级文化领军人才（团队）颁发获奖证书。

【绵阳科技城军民融合人力资源服务公司成立】2017年6月1日，绵阳市政府与中国航天科技国际交流中心在北京签署框架合作协议，结成友好互信伙伴关系，支持四川九洲教育投资管理公司、北京中科航天人才服务公司（以下简称“中科公司”）、绵阳科创园投资控股公司三家出资成立绵阳科技城军民融合人力资源服务有限公司。该公司作为绵阳市军民深度融合人才集聚体系建设的重要载体，引进中科公司先进的军工央企人力资源管理理念、管理经验，依托中科相对成熟的人力资源服务产品体系，搭建军民融合智力交流平台，为军民融合企业提供专业的全链条人力资源特色服务。7 月，中科公司委托九洲技师学院首办“中国航天科技专班”，培养所需人才。

【中国国际人才市场国家科技城（绵阳）分市场全面对外运营】2017 年 7 月 5 日，中国国际人才市场国家科技城（绵阳）分市场在绵阳揭幕并全面对外运营。市委、科技城党工委主要负责人出席并致辞，市人大常委会主任马华、市政协主席张锦明、省人社厅副厅长张光伟、省国防科工办机关党委书记唐毅、省委组织部副巡视员鲜仕荃、省外专局局长王建红、中科航天人才服务有限公司总经理杨志、国家外专局中国国际人才交流协会驻外机构管理处副处长陈淑凤、中国国际人才市场总经理助理陈晓蕾出席活动并为中国国际人才市场国家科技城（绵阳）分市场揭幕。中国国际人才市场国家科技城（绵阳）分市场由中国国际人才市场与绵阳市政府共同组建，是经国家外国专家局批准，是西南地区从事国际人才交流与合作的三家专业人力资源服务机构之一，四川唯一的综合性国际人才市场。绵阳分市场主要服务于国际人才及以军民融合为主的国内高端人才，国际人才服务项目主要包括：服务外国人来绵工作许可、《外国专家短期来华邀请函》签发的办理，国际人才交流、引进国外智力、学生涉外教育交流等涉外业务服务；国内高端人才服务项目主要包括：创新创业培训、猎聘、离职脱密档案管理等特色服务，就医、就学、入户等保障性政策咨询服务。中国国际人才市场国家科技城（绵阳）分市场旨在让更多的军民融合人才、国际国内高端人才等各类人才在绵阳聚集，使绵阳成为各类人才的集散地和交易中心，推动全省外专人才引进工作和绵阳经济建设发展。

【四川九洲技师学院“中国航天科技专班”招生】2017 年 7 月 18 日，四川九洲技师学院“中国航天科技专班”公布招生计划，四川九洲技师学院“中国航天科技专班”是全国首个军民融合人才交流服务平台——绵阳科技城军民融合人力资源服务公司运营后实施的第一个项目，计划首批招生 200 名，涉及数控加工、机械装配与自动控制，电子技术应用、通信网络应用 4 个专业。该学院采取“学历教育+技能训练”的培养模式，理论教学与实践教学 1∶1 的一体化方式教学，为中国航天科技集团“量身定做”专业技能人才。学生经过在校学习毕业后，符合条件的可进入中国航天科技集团等十二大军工企业就业。

资料链接：四川九洲技师学院创建于 1979 年，是国家高技能人才培训基地，也是四川省唯一的军民融合产业高技能人才培训基地，被业界誉为“技能大师的摇篮”“大国工匠的殿堂”。学院主办单位九洲集团是国家唯一保留核心科研生产能力的地方军工骨干企业，拥有强大的制造能力，为学院开展技能型人才培养提供了得天独厚的条件。

【从“三线”建设到军民融合发展专家论坛】 2017年7月18日，从“三线”建设到军民融合发展专家论坛在绵阳市举办。论坛以汇聚“三线”建设智慧，推动军民融合发展为主题，由省委党史研究室和绵阳市委、市政府联合主办，市委宣传部、市委党史研究室、市经信委、市社科联承办，收到论文122篇。论坛期间，与会专家以及论文作者围绕“三线”建设经验与军民融合发展历程、成就，探索“三线”建设与军民融合发展的特点规律等内容进行主题发言，总结分析“三线”建设经验与军民融合发展的历程和成就，探索“三线”建设与军民融合发展的特点和规律，紧密结合绵阳科技创新、军民融合发展和科技城建设的实际情况，为科技城军民融合、产业发展献计献策，提供智力支持。同时，与会专家学者以及论文作者还前往科技城创新孵化中心、高新区电商产业园参观交流。

【2017海外高新科技人才走进中国（绵阳）科技城投资推介会】 2017年9月14日，四川省人民政府外事侨务办公室，绵阳市委、市人民政府主办，市委组织部、市投促局、市人社局、市外侨办、市侨联承办的2017海外高新科技人才走进中国（绵阳）科技城投资推介会在绵阳举行。四川省外事侨务办党组成员、机关党委书记孙胜，市委主要负责人，市委常委、科技城党工委副书记、管委会常务副主任、市国资委党委书记元方，市人大常委会副主任李作虎，市政府副市长孙福全，市政协副主席李京平出席推介会，市委书记、科技城党工委主要负责人致辞。新西兰皇家科学院院士高唯、法国总理府战略与展望总署高级顾问倪金城，以及来自美国、英国、法国、荷兰等8个国家的39名海外高新科技人才出席推介会并进行路演。市委副书记付康主持推介会。推介会上，与会人员集中观看《中国（绵阳）科技城投资宣传片》。市委常委、科技城党工委副书记、管委会常务副主任、市国资委党委书记元方推介绵阳投资环境。高新区、涪城区、游仙区等县市区（园区）分别与相关企业签订项目协议82个，签约金额75.7亿元，同比增长35.1%，其中推介会现场签订正式投资项目协议47个，签约金额60.7亿元；签订意向投资项目协议35个，签约金额15亿元；内容涵盖智慧城市、生物医疗等领域。相关单位还与省“千人计划”专家、日本东京大学特任研究员姚卫棠等专家签订人才项目协议，绵阳市人才办与旅美科协、涪城区人才办与法国里昂中国行业家协会为代表的11个人才合作项目现场签约，另有8个人才项目达成意向性对接。

【第五届中国（绵阳）科技城国际科技博览会人才交流与成果展示活动】 2017年9月7日在绵阳举行，人社部指导、省人社厅和市委、市政府主办，市人社局承办，活动以“军民融合、科技创新、开放合作”为主题，突出“小而精，有特色”，组织开展“中国军民融合人才交流服务平台”建设启动仪式、高层次专家智力服务中国（绵阳）科技城活动、引进国外智力项目成果展示暨外国专家组织巡诊回访活动、引进国外智力项目成果展示暨外国专家组织巡诊回访活动、大学生创新创业园区（孵化基地）建设交流与创业项目对接活动、高技能人才成果及现场技能、创新创业人才成果展示活动等活动。

【中国军民融合人才交流服务平台启动建设】 2017年9月6日下午，作为第五届科博会活动之一的全国首个中国军民融合人才交流服务平台建设启动仪式，在中国（绵阳）科技城创新中心举行。启动仪式由市委、市人民政府、中国航天科技集团公司主办，市委组织部、市人社局、市人才办、科创区管委会、中国航天科技国际交流中心承办，绵阳科技城军民融合人力资源服务有限公司协办。国家国防科技工业局副局长吴艳华、市委主要负责人、人力资源和社会保障部规资料链接：中国军民融合人才交流服务平台是绵阳市人民政府联合中国航天科技国际交流中心以共建国家级军民融合人才服务示范基地为目标，聚焦探索军民深度融合发展新模式，创设的全国首个军民融合人才交流服务平台。该平台的核心业务包括：搭建运营国内首个军民融合人力资源服务交流平台；建立军民融合人力资源服务标准；搭建运营军民融合人力资源专业平台；支撑国家军民融合人才建设；服务军民融合战略。承接政府采购性人力资源服务项目；职称评审；协助建立专家智库；高端人才寻访；人才招聘及考试；档案人事代理；人才测评；劳动人事咨询、劳动争议预防调解。开展企业过会化需求服务项目；民参军企业培育；军民融合、军民两用人才培养；军工派遣外包；涉密档案管理；人事代理服务；全业务外包服务；薪酬福利外包服务；后勤事理；全流程招聘服务；海外高层次人才的引进、科普教育等。

该平台立足绵阳、辐射西南、服务全国，发展目标为建成国家级军民融合人力资源专业平台、人才服务示范基地，为中国国军民深度融合发展提供强有力的人才支撑。填补军民融合人才发展战略空白，为军民融合企业和个人提供专业的人力资源服务，开创了中央军工单位与地方合作开发军民融合人才的先河。

划财务司司长王克良，省委组织部副部长、省人力资源和社会保障厅党组书记、厅长戴允康，市委副书记、市长刘超，中国航天科技国际交流中心主任邓宁丰，中国航天科技集团公司董事会秘书、总法律顾问齐国生出席启动仪式。副市长蒋丽英主持启动仪式。长虹、九洲等200余家军民融合企业、100余家高新技术企业的相关负责人共400余人参加活动。启动仪式上，发布绵阳市人民政府联合中国航天科技集团编制的《中国军民融合人才交流服务平台建设规划》，并播放绵阳市推动全面创新改革试验人才开发体系建设专题片。启动仪式后，邓宁丰、北京军民产融服务协会秘书长黄云艳，分别作“军民融合背景下人力资源管理体系与环境的营造”“军民融合高端人才的引进与激励”主题报告。

【《中国军民融合人才交流服务平台建设规划》出台】2017年9月6日，中国军民融合人才交流服务平台建设启动仪式上，市委副市书记、市长刘超发布《中国军民融合人才交流服务平以中建设规划》（以下简称《建设规划》）。《建设规划》以“统筹规划、分步实施，数据集中、业务拓展，线下支撑、创新驱动，注重防护、确保安全”为总体思路，建设分为2017年9月至2018年12月、2019年至2020年、2021年到2022年“三个阶段”。建设平台有“三大任务”，即完成构建军民融合人才服务体系，实现O2O全链条服务；借助互联网和大数据，实现安全、精准、高效服务；探索服务模式和商业模式创新，实现平台自我完善和可持续发展。

【高层次专家智力服务中国（绵阳）科技城活动】2017年9月4日，第五届中国（绵阳）科技城国际科技博览会“高层次专家智力服务中国（绵阳）科技城活动”举行启动仪式。人社部留学人员和专家服务中心副主任任静、省人社厅副厅长张光伟、省专家服务中心主任左文志、市委副书记付康、市人大常委会副主任李川萍、市政府副市长孙福全等领导出席启动仪式。人社部专技司副司长王明政、省人社厅专技处处长付林到绵阳进行指导。该活动由人社部留学人员和专家服务中心指导，四川省人社厅、绵阳市人民政府联合主办。活动时间为9月4—8日。活动期间，国家信息中心原副主任、中国信息协会原副会长、教授级高级工程师胡小明，计算机视觉和多媒体数据库专家、四川省重大专项人才入选者、教授、博士生导师邵杰等30名专家分别精准对接绵阳市的医疗卫生、现代农业、旅游文化的项目23个。专家们到江油、平武、北川、盐亭以及市农业部门相关单位进行“面对面”服务，“一对一”指导，共举办专题讲座和学术交流活动70场次，覆盖专业技术人员和相关经营管理人员2100人次；现场解决食品加工、农作物病虫害防治等技术难题101个；观摩指导手术17例，举办医疗专题研讨活动21场，门诊治疗234人次；17名专家与15个项目单位达成长期合作协议。7名智慧城市建设方面的专家为绵阳市及全省从事智慧城市建设的70余名专业技术人员进行专题培训。

【大学生创新创业园区（孵化基地）建设交流与创业项目对接活动】2017年9月7—8日，在绵州酒店举行，该活动由市就业局负责。市政府副市长蒋丽英、省就业局局长黄晓东出席。活动期间，邀请中国创业咖啡联盟发起人兼秘书长董建强、杭州投着乐网络科技有限公司董事长兼CEO程川等知名专家，举办交流论坛；邀请四川西部动力机器人科技有限公司、绵阳市蝴蝶信息技术有限公司、成都亿凌特科技有限公司等10个创业项目进行路演。16家创投机构参与对接。6个项目与7家创投机构达成总额3800万元的投资意向。与会人员还参观考察市级大学生创新创业园区51C+创客中心、全国创业孵化示范基地——科教创业园区和省级大学生创新创业园区（孵化基地）——中国（绵阳）科技城软件产业园。

【高技能人才成果及现场技能展示活动】2017年9月7—9日，在中国（绵阳）科技城会展中心D馆人才馆举行，人社部规财司司长王可良出席活动开幕仪式。活动分为军民融合技能成果和技能人才成果两个展区，共有10个项目入展，涵盖智能制造、电子信息、商业服务、民间“非遗”等领域。活动期间，展区共接待观众7万余人次，组织现场展演、互动节目30余场次，现场签署意向性合作协议188项，涉及金额865万元。活动现场还举行17个技能大师工作室授牌仪式，并颁发建设资金。其中由市人社局推荐、专家评审、人社部认定的四川九洲电器集团“冷晓江技能大师工作室”由人社部规财司司长王克良授牌，成为绵阳市第4个国家级技能大师工作室，并获得一次性建设补助资金10万元、绵阳市人才发展专项建设配套补助资金20万元；长虹快益点“何金华技能大师工作室”作为国内唯一的家电维修服务类国家级技能大师工作室，被授予表彰获得10万元人才发展专项建设配套补助资金。

【创新创业人才成果展示活动】2017年9月7—9日，在中国（绵阳）科技城会展中心D馆人才馆举行。共有参展展品50余件，接待观众7万余人次，其中专业观众超过1万人次，共签订意向性合作协议122个，涉及金额500余万元。活动期间，平武县颐生泉生物科技开发有限公司、四川艾博士机器人科技有限公司等8个涵盖高端饮用水、教育类机器人等高新技术项目参加现场展示。

【冷晓江工作室获国家级技能大师工作室授牌】2017年9月7日，在第五届科博会人才交流与成果展示馆内，由市人社局推荐、专家评审、人社部认定的四川九洲电器集团“冷晓江技能大师工作室”获国家级技能大师工作室授牌，成为绵阳市的第4个国家级技能大师工作室。人社部规财司司长王克良为“冷晓江技能大师工作室”授牌并颁发10万元一次性建设补助资金。副市长蒋丽英为该工作室颁发20万元的绵阳市人才发展专项建设配套补助资金。

图 40　7 月 5 日，2017 中国（绵阳）科技城人才之夜现场

【"英才风华·辉映绵州 2017 中国（绵阳）科技城人才之夜"】2017 年 7 月 5 日晚，市委、市人民政府主办，市委组织部、市委宣传部承办的"英才风华·辉映绵州 2017 中国（绵阳）科技城人才之夜"在九洲体育馆举办。中央电视台著名主持人白岩松主持晚会。3 名院士、60 余名省级部门负责人、12 名重要投资企业负责人、30 名海内外绵阳籍知名人士及省内兄弟市州负责人等 300 余名嘉宾应邀出席。晚会围绕"人才是英雄、人才是功臣"主题，展示绵阳尊知重才和人才推动科技城建设取得的重大成就，以城市的名义向八方人才发出邀请。绵阳市委副书记、市长、科技城管委会主任刘超现场发布《绵阳科技人才发展专项资金绩效评价报告 2013—2015)》。晚会为重大产业高层次团队和人才、军民融合高层次团队和人才、第十批绵阳市有突出贡献的中青年拔尖人才、大众创业、万众创新团队和人才、脱贫攻坚和社会事业优秀团队和人才共 667 名人才代表颁奖。其中 147 个人才项目获得 4836 万元资助。

【第十批"绵阳市有突出贡献的中青年拔尖人才"】2017 年 7 月 5 日，绵阳市人才工作领导小组印发《关于授予于少波等 30 名同志第十批"绵阳市有突出贡献的中青年拔尖人才"荣誉称号的通知》(绵人才组〔2017〕10 号)，授予少波等 30 人第十批"绵阳市有突出贡献的中青年拔尖人才"荣誉称号。同日晚，在"英才风华·辉映绵州 2017 中国（绵阳）科技城人才之夜"晚会上，为第十批中青年拔尖人才颁奖。　（王二勇）

第十批绵阳市有突出贡献的中青年拔尖人才名单

表 16

序号	姓名	单位及职务（职称）	序号	姓名	单位及职务（职称）
1	丁　凡	绵阳市农业科学研究院高级农艺师	16	汪小林	四川九洲电器集团有限责任公司高级工程师
2	于少波	四川东材科技集团股份有限公司董事长	17	何　苗	绵阳市商业银行董事长
3	蒲　雄	四川九洲电器集团有限责任公司高级技师	18	李　颖	北川羌族自治县"七一"职业中学高级教师
4	曾　兵	四川科莱电梯股份有限公司技师	19	杜　漪	绵阳师范学院教授
5	蒋之亮	绵阳市委党校副教授	20	苏子欢	四川长虹电器股份有限公司多媒体产业公司总经理
6	董宏将	四川长虹电器股份有限公司人力资源部副部长	21	刘跃富	盐亭县农业技术推广中心农艺师

续表

序号	姓名	单位及职务（职称）	序号	姓名	单位及职务（职称）
7	姚　建	四川道融民舟律师事务所主任	22	刘树信	绵阳师范学院教授
8	胡　波	攀钢集团长城特钢锻轧厂高级技师	23	伍凌川	中国兵器装备集团自动化研究所高级工程师
9	胡　敏	太极集团四川绵阳制药有限公司董事长	24	白德奎	绵阳市产品质量监督检验所工程师
10	段劲峰	绵阳市中心医院主任医师	25	邓昌国	绵阳市农业技术推广中心高级农艺师
11	独　军	绵阳卷烟厂维修班高级技师	26	文黎明	绵阳四〇四医院主任医师
12	周中田	四川银河化学股份有限公司董事长、总经理	27	王凌云	中国工程物理研究院流体物理研究所技师
13	金　波	西南科技大学教授	28	王晓阳	绵阳日报社高级记者
14	陈瑾瑜	西南科技大学教授	29	王　毅	绵阳市疾控中心主任医师
15	张　勇	绵阳市中心医院主任医师	30	丰纪明	绵阳市中医医院主任医师

2017年入选的在绵阳“两院”院士

【概况】2017年10月30日至11月3日，中国工程院召开院士增选第二轮评审和选举会议，经各学部选举和全院全体院士大会终选等程序，选举产生67位新当选院士。此次评选中，范国滨、邓建军、唐立3位在绵阳科学家当选中国工程院院士。

【范国滨】男，生于1958年4月23日，北京市人，高能激光技术与工程管理专家。1982年毕业于国防科技大学，2005年获西安电子科技大学博士学位。现任中国工程物理研究院副总工程师，绵阳市科协主席。中国高能激光工程科技领域主要学术技术带头人和组织领导者之一。在高能激光技术攻关、系统工程化和装备研制等方面取得多项重要的创新性成就，对中国高能激光技术和工程领域取得世界先进水平的成果做出重大贡献。获国家科技进步一等奖2项、二等奖2项，省部级科技进步一等奖4项，获“高新技术装备建设发展工程”重大贡献个人奖及金质奖章、“求是杰出青年实用工程奖”及“周光召技术创新奖”等。2017年11月，当选中国工程院院士。

【邓建军】男，生于1964年4月8日，江西吉安市人，强流脉冲加速器专家。1985年毕业于北京工业学院，2003年获清华大学博士学位。原任中国工程物理研究院流体物理研究所所长，现任中国工程物理研究院流体物理研究所总工程师。中国强流脉冲加速器主要技术带头人之一，主持研制成功世界第一台兆赫兹多脉冲高功率加速器、国内首台超高功率脉冲加速器，为中国强流脉冲加速器技术迈进世界前列及核武器研制做出突出贡献。获国家科技进步一等奖3项、省部级一等奖4项及“求是杰出青年科技奖”等，入选首批“国家百千万人才工程”，被评为国防科技工业有突出贡献的中青年专家、首届国防科技工业十大创新人物、四川十大杰出青年。主编专著一部，发表论文200余篇。2017年11月，当选中国工

程院院士。

【唐　立】男，生于1965年12月5日，江苏宜兴市人，核武器物理研究与设计专家。1988年毕业于北京航空航天大学。现任中国工程物理研究院北京应用物理与计算数学研究所总工程师。中国核武器物理研究与设计领域优秀学术带头人之一。作为物理研究与设计的主要参加者或负责人，在中国二代武器初级设计技术突破及其系列核试验、武器型号研制、国家重大实验任务等工作中，做出一系列应用和集成创新研究工作。获国家科技进步一等奖3项、省部级科技进步一等奖6项，获“全国杰出专业技术人才”“全国优秀科技工作者”等表彰及“何梁何利基金科学与技术进步奖”。2017年11月，当选中国工程院院士。

（王二勇）

国家和省级重点项目带头人

【概况】2017年，科技城按照建设人才聚集地战略，紧贴全创试验、军民深度融合、重大项目建设、供给侧结构性改革、“项目年”建设和脱贫攻坚等重点工作，突出“高精尖缺”人才供给，统筹推进重点人才队伍建设，实施更加开放、更加有效的人才政策，全年引进本科生15906人、硕士2139人、博士310人、“海归”97人到绵阳创新创业，全市人才总量达到73万人。新人选四川省重大专项人才和团队12个，国、省重大专项人才总量达到59人。

【艾双春】男，汉族，1968年2月生，四川南部人，中共党员，医学博士，主任中医师，现任绵阳市中医医院康复科主任，成都中医药大学硕士研究生导师。先后获得第三批全国优秀中医临床人才、第十三批四川省有突出贡献的优秀专家、第九批四川省学术和技术后备人才人、第四批四川省名中医、第三届四川省卫生计生委有突出贡献中青年专家、第五批四川省中医药管理局学术和技术带头人、四川省首批优秀中青年中医师、第五批全省老中医药专家学术经验继承工作指导老师、绵阳市名中医等称号。擅长运用中西医方法针灸推拿、针刀、康复技术对神经系统疾病如脑卒中恢复期、后遗症期、偏瘫、截瘫、面瘫、周围神经损伤的康复；对骨关节病如骨质疏松、颈腰椎间盘突出症、膝关节骨关节炎、肩凝症等的康复治疗。

【曹　云】男，汉族，1976年11月生，四川盐亭人，致公党党员，华西医科大学本科毕业，副主任医师，绵阳市骨科医院脊柱科主任，十二批四川省学术和技术带头人后备人选，现任中国研究型医院颈椎学组、肢残康复医学会脊柱微创委员，四川省医学会骨肿瘤学组等医学会委员。主研省部级科研1项、市级科研3项，获实用专利2项。在省内最早自主设计并实施3D打印人工肘关节和人工椎体假体手术，省内较早开展脊柱肿瘤整块切除和脊柱畸形截骨矫形术，市内最早完成强直性脊柱炎后凸畸形双节棍截故矫形，年主刀手术500余台涉及脊柱退变，脊柱畸形，脊柱感染，脊柱创伤，各种开放和微创手术等治疗；骨与软组织肿瘤等的诊断和治疗在医学核心期刊上共发表论文20余篇。

【邓志刚】男，1979年6月生，无党派，副主任医师，医学博士。现任绵阳市中心医院普外科主任。2006年毕业于四川大学华西医学中心，2014年于密歇根州立大学及布朗大学做访问学者1年。主研各类各级科研课题3项，获市级科技进步奖1项，在核心期刊及SCI收录期刊发表学术论文10余篇，是四川省医学会外科专业委员会青年委员、四川省医师协会第一届甲状腺外科学组委员、绵阳市医学会消化系统早癌防治专家委员会副主任委员、中国老年医学会营养与食品安全分会委员，绵阳市普通外科质量控制中心主任。

【丁　凡】男，汉族，1981 年 7 月生，中共党员，湖北天门人。绵阳市农业科学研究院薯类研究所副所长，高级农艺师。长期从事薯类育种与栽培工作，先后培育绵紫薯 9 号、绵南薯 10 号等甘薯新品种 4 个，其中四川省主导品种 2 个。选育的甘薯品种累计推广 649.1 万亩，新增鲜薯 99.2 万吨，新增产值 15.5 亿元，社会经济效益极其显著。发表论文 40 余篇，参编专著 1 部，先后获各级成果奖励 3 项。

【冯　涛】男，汉族，1982 年 10 月生，安徽淮北人，2003 年 7 月毕业于电子科技大学微电子/计算机科学与技术专业，空军工程大学博士研究生在读，高级工程师，现任国家空管监视与通信系统工程技术研究中心研发部部长，四川九洲电器集团有限责任公司副总设计师、空管研究所所长。

【胡　波】男，汉族，中共党员，1977 年 9 月生，电工高级技师，攀长特公司连轧厂电气一级首席技师。2005 年获四川省第二届职业技能大赛第五名，破格晋升为电工高级技师。2010 年 12 月起连续三次获聘攀长特公司首席技师。2013 年 1 月，获第一批授牌“攀长特胡波电工技能大师工作室”“攀钢集团劳模创新工作室”。2014 年 10 月获江油市授牌胡波电工技能大师工作室。2017 年 6 月获攀钢胡波电工技能大师工作室授牌。曾获鞍钢集团首届劳动模范称号、四川省“五一劳动奖章”。

【黄昶荃】男，中共党员、九三学社社员，1974 年 7 月生，四川盐亭人。主任医师、研究员职称。2009 年 7 月四川大学华西医学中心老年医学专业博士研究生毕业。2011 年四川大学生物医学工程博士后出站。现任绵阳市第三人民医院老年病一科主任。第十二批四川省学术和技术带头人。重庆医科大学和成都信息工程大学兼职硕士生导师。兼中国骨质疏松专委常委等学术团体任职。擅长老年骨质疏松、老年综合征、老年常见慢性疾病的诊治。

【兰明路】男，1984 年入厨，师从中国著名烹饪大师史正良。是中式烹调高级技师、全国技术能手、注册中国烹饪大师、享受国务院特殊津贴专家、四川省突出贡献优秀专家、《舌尖上的中国（第三季）》川菜大师、中国餐饮 30 年杰出人物、中国最美厨师、川菜 30 年功勋匠人奖、全国烹饪大赛评委、世界厨师联合会国际评委、世界中餐业联合会名厨委四川区主席、四川省烹饪协会副会长兼名厨联谊会会长、中国烹饪协会名厨委员会副主席、兰明路中式烹调技能大师工作室领办人。

【雷春堂】男，中共党员，高分子材料与工程专业博士，高级工程师，申请发明专利 11 项，授权 8 项。先后承担国家自然科学基金重点项目、“十一五”“十二五”国家科技支撑计划项目、四川省生物质中心项目、国家“863”项目、国家发改委军转民高技术产业链专项（第二批）、国家发改委军转民高技术产业链专项（第三批）、四川省“青年基金”项目等课题的研究和开发工作。

【李海轮】男，汉族，1966 年 4 月生，四川威远人，1987 年 8 月毕业于北京航空航天大学电子工程专业，正高级工程师、高级职业经理。是中国雷达行业协会航空电子分会副理事长、中国航空学会航电与空管分会委员、四川省电子学会航空航天电子学会专委会副主任委员、四川省电子学会雷达与火控专业委员会副主任委员。是国务院特殊津贴获得者、国家首批新世纪百千万人才工程国家级人选、四川省有突出贡献的优秀专家、四川省学术和技术带头人后备人选。历任九洲集团第一研究所设计员、副所长、所长、集团副总设计师、副总工程师、总工程师，现任国营第七八三厂副厂长。

【李红辉】男，汉族，河南开封人，1994年毕业于电子科技大学电子工程专业，本科学历，工程硕士学位，高级工程师。现任四川九洲电器集团有限责任公司副总工程师，识别事业部副总经理、总工程师。公司科学技术委员会、军工科研评审鉴定委员会、某识别系统及信息化核心团队委员。是国家重点工程某系统获国家科技进步特等奖、二等奖的主要研制、参与研制的重要成员之一，是某项目教育部科技进步一等奖获得者、军队科技进步三等奖获得者、四川省青年“技术创新带头人”、四川省企业优秀基层管理者、某型号先进个人。

【李　林】男，汉族，1975年3月生，四川成都人，四川大学博士，西南财经大学博士后。四川小康时代互联网信息有限公司CEO，四川省创新创业导师，重庆邮电大学教授，硕士研究生导师。福建江夏学院教授、福建江夏学院大数据，区块链金融学科负责人。2015年入选四川省重大专项人才、四川省特聘专家。2015年创办四川小康时代公司，并挂牌川藏股权交易中心军民融合版，该公司为科技中小企业，军民融合企业，中国企业诚信建设百强企业。2018年入选四川省学术技术带头人后备人选。主要从事互联网和区块链金融的技术和应用研究，并担任教育部金融学实践教学基地负责人，福建省金融科技创新重点实验室主任，应用经济学重点学科负责人，海峡两岸互联网金融协同创新中心主任，发表论文100篇。创办的小康互联已小康区块链数字资产平台获第六届东沙湖杯创业大赛华西复赛区最佳人气王，2016年中国重大科技成果转化项目。

【梁倩倩】女，高级工程师，四川东材科技集团股份有限公司阻燃材料事业部总经理，全面负责公司阻燃材料相关产品的研发、制造及销售管理工作。其相关技术成果先后获得国家重点计划项目支持2项，及多项省、市级项目资金支持，先后申报发明25项，获授权发明专利14项，发表科技论文12篇，获得国家省、市及行业协会各种奖项共6项。获四川省绵阳市游仙区“十大技术创新能手”光荣称号及“2016年四川十大科技创新改革人物”提名奖。2018年当选为绵阳市第十二届十大杰出青年，并被批准为第十二批四川省学术和技术带头人后备人选。

【刘　波】男，1978年2月生，中共党员，四川安岳人。绵阳市第三人民医院神经内科主任，大内科副主任，副主任医师，重庆医科大学博士后，川北医学院硕士研究生导师。中国医药教育协会眩晕专业委员会常委、中国老年医学会院校教育分会卒中学术工作委员会委员，第十二批四川省学术和技术带头人后备人选。擅长眩晕病、神经痛、脑血管病的诊治，对神经痛的射频治疗和缺血性脑血管病的介入治疗有丰富的经验，是神经介入领域的前沿专家。

【刘　宇】男，37岁，高级工程师，长虹公司智能制造、绿色制造领域技术带头人，全国青年岗位能手、四川省学术和技术带头人后备人选、工信部彩电行业智能制造标准项目评审专家、中国科学技术出版社科技科普专家、中国电子学会消费电子分会智能制造标准项目评审专家。主持及主研科技部、工信部及四川省、绵阳市科技计划20余项，参与制定国家及行业标准6项，获四川省科技进步一等奖、中国电子学会科技进步二等奖、中国绿色制造科技进步二等奖等多项奖励。

【王国春】男，汉族，1962年8月生，四川营山人，中共党员，高级工程师，四川九洲电器集团有限责任公司党委书记、副董事长。四川省委组织部首批领导干部选拔考试与测评委员会面试考官、四川省博士后工作先进个人、绵阳市有突出贡献的中青年拔尖人才、绵阳市人民政府政务公开监督员、绵阳职业教育集团理事会副理事长、四川省成人高等教育先进教师、绵阳市国资系统优秀党务工作者，多次获国家级、省级企业管理创新成果奖。

【项祖芬】女，汉族，1977年6月生，重庆万州人，研究员。长期从事水稻育种与栽培研究工作。参研育成内6优138、花优357等水稻新品种11个，获植物新品种权16项，发表论文30余篇，获科技成果奖5项，其中“优质高配合力重穗型杂交水稻恢复系绵恢725的选育和应用”重大成果获农业部中华农业科技一等奖。成果推广种植面积累计1333.33万公顷以上，创社会经济效益50亿元。

【薛　梅】女，49岁。四川师范大学英语教育专业毕业。江油一中副校长、江油市政协委员。长期从事教育工作，多名学生先后被清华、北大录取，其中一名学生为2013年四川省“文科状元”。结对帮扶的多名青年教师被评为市级优秀教师。先后多次被评为江油市优秀教师、优秀班主任、名优教师、巾帼建功标兵、德育优秀工作者、爱岗敬业道德模范、市人大代表，绵阳市优秀教师、优秀班主任、优秀骨干教师、明星教师、优秀年级主任”，2004年以来先后被评为四川省优秀班主任、四川省骨干教师、四川省特级教师、四川省第十三批有突出贡献的优秀专家。

【杨　闯】男，1973年9月生，中共党员，重庆人，副主任医师。2011年6月重庆医科大学外科学专业博士研究生毕业；四川大学华西医院在站博士后。绵阳市第三人民医院肝胆胰外科副主任，肝胆疾病研究室主任。四川省包虫病专业委员会委员，绵阳市肝胆专业委员会常务委员，绵阳市肝病委员会委员。第十二批四川省学术和技术带头人后备人选。擅长肝胆胰脾外科微创手术治疗，对肝胆胰脾外科疾病的诊治具有丰富的临床经验。

【叶根军】男，长虹创新设计中心总经理，担任中国工业设计协会理事，中国服务设计发展研究中心副主任，四川工业创新设计联盟会长，致力于工业设计20余年来，先后荣获“中国设计业十大杰出青年”和“设计20年终生成就人物奖”等称号，享受国务院政府特殊津贴。在他的推动下，长虹创新设计中心被认定为首批“国家级工业设计中心”，累计获得奖项200余项，德国红点概念奖获奖总数全球排名前十，专利累计2200余项。

【叶诗富】男，1998年到南山中学工作，主要从事信息学奥赛培训工作和部分行政管理工作。指导学生近200多人次获联赛一等奖，60余人进入国家冬令营，19人获得金牌，20人获银牌，20人获得铜牌，17人进入国家集训队；40余人保送或签约清华、北大，近百人因此保送复旦、上交等名校。夏侯获得绵阳市优秀教师、四川省教育系统优秀教育工作者、绵阳市首届十佳教师、NOI优秀指导教师、四川省中小学省级骨干教师、NOI30年金牌指导教师、四川省优秀教练员、四川省金牌指导教师、全国师德标兵、四川省特级教师称号、四川省第十三批突出贡献专家等荣誉。

【余金龙】男，汉族，1962年1月生，四川三台人。研究员。绵阳市农科院副院长、九三学社绵阳市委副主委。长期从事甘薯育种与栽培研究工作。先后培育出绵薯早秋、绵薯4号、绵薯5

号、绵薯6号、绵紫薯9号等甘薯新品种11个。育成品种累计推广面积363.47万公顷，新增粮食13.9亿公斤，新增社会效益91.6亿元。发表论文30余篇，译文10余篇。先后获得省部级一等奖等各级成果奖励7项。2017年被评为四川省有突出贡献的优秀专家。　（王二勇）

绵阳市获批第十三批四川省有突出贡献的优秀专家人选名录

表17

序号	姓名	单位	性别	专技职称/技术等级
1	王国春	四川九洲电器集团有限责任公司	男	高级工程师
2	叶诗富	绵阳南山中学	男	高级教师
3	刘　伟	绵阳南山中学	男	高级教师
4	薛　梅	四川省江油市第一中学	女	高级教师
5	余金龙	绵阳市农业科学研究院	男	研究员
6	艾双春	绵阳市中医医院	男	主任中医师
7	兰明路	四川兰庭十三厨餐饮管理有限公司	男	高级技师
8	胡　波	攀钢集团江油长城特殊钢有限公司	男	高级技师

绵阳市获批第十二批四川省学术和技术带头人人选名录

表18

序号	姓名	单位	性别	专技职称/技术等级
1	李海轮	四川九洲电器集团有限责任公司	男	正高级工程师
2	黄昶荃	绵阳市第三人民医院	男	研究员

绵阳市获批第十二批四川省学术和技术带头人后备人选名录

表19

序号	姓名	单位	性别	专技职称/技术等级
1	雷春堂	四川长虹电器股份有限公司	男	高级工程师
2	叶根军	四川长虹电器股份有限公司	男	高级工程师
3	刘　宇	四川长虹电器股份有限公司	男	高级工程师
4	冯　涛	四川九洲电器集团有限责任公司	男	高级工程师
5	李红辉	四川九洲电器集团有限责任公司	男	高级工程师
6	梁倩倩	四川东材科技集团股份有限公司	女	高级工程师
7	李　林	四川小康时代互联网信息服务有限公司	男	教授
8	项祖芬	绵阳市农业科学研究院	女	高级农艺师
9	丁　凡	绵阳市农业科学研究院	男	高级农艺师
10	邓志刚	绵阳市中心医院	男	副主任医师
11	刘　波	绵阳市第三人民医院	男	副主任医师
12	杨　闯	绵阳市第三人民医院	男	副主任医师
13	曹　云	绵阳市骨科医院	男	副主任医师

技能大师工作室

【概况】科技城为加快打造西部人才高地，实现创新驱动发展，2012年，绵阳市委、市政府启动技能大师工作室建设工作。截至2017年9月，全市建成79个技能大师工作室，其中国家级4个、省级3个、市级20个、县（企业）级52个，数量和质量均位列全省前茅，并形成国家、省、市和县（企业）四级梯次发展格局。技能大师工作室累计培养高技能人才1.12万人、完成技改攻关320余项、申请专利145项、撰写发表论文120余篇、编写国家统编教材2套。在军民融合高技能人才培养，工匠精神传承和绵阳市全面改革创新工作方面做出重要的贡献。

2017年2月，全市启动第四批绵阳市技能大师工作室申报活动。高技能人才成果及技能展示成为第五届科博会的重要活动之一。2017年9月7—8日，在科博会人才交流与成果展示馆内，由绵阳市人社局推荐、专家评审、国家人社部认定的四川九洲电器集团“冷晓江技能大师工作室”获国家级技能大师工作室授牌，成为绵阳市的第4个国家级技能大师工作室，并现场获得补助资金30万元。长虹快益点“何金华技能大师工作室”作为国内唯一的家电维修服务类国家级技能大师工作室，被现场授予表彰，并获得10万元人才发展专项建设配套补助资金。

【游洪建（钳工）技能大师工作室】成立于2011年，以领办人游洪建之名命名，是人社部批准的首批国家级技能大师工作室、四川省高技能人才培训重要基地。游洪建，男，1973年6月生，四川省德阳市广汉人，四川绵阳九洲集团首席技师，钳工高级技师，机制中心钳工班班长。是机械加工领域的技能带头人、全国技术能手、四川省国家职业技能鉴定高级考评员、第三届四川省评议（审）委员会组成人员、国家人力和社会保障部培训专家、职业能力建设智库专家成员、感动绵阳十大人物、四川省岗位学雷锋标兵、四川省第五届道德模范、首届四川工匠，享受国务院特殊津贴。《解决影响机载产品外壳螺柱压铆质量》《降低某产品点焊废品率》《提高某天线加工合格率》3个课题，分别获得2009—2011年的中国电子信息行业优秀质量管理小组一等奖；《一种手动压力机》《一种钢丝螺套安装工具》等多个项目的技术成果获得国家授权专利。游洪建所带领的“小点子”QC小组荣获中国电子信息行业优秀质量管理小组一等奖和全国优秀质量管理小组称号。领办的省级、国家级技能大师工作室，集机械加工、表面处理、仪器仪表等领域，形成一套产品结构设计制造的完整链条。工作室自建立以来，完成技能攻关67项、申报专利14项，产生经济效益227万余元；发表论文9篇，编写国家统一教材1部；累计培养各类技能人才1200余人。

【邱宏（装配钳工）技能大师工作室】建立于2013年，以领办人邱宏之名命名。邱宏，中国工程物理研究院材料研究所特种加工装配高级技师。享受国务院政府特殊津贴专家，全国技术能手、中华技能大奖获得者。工作室集聚材料研究所机械加工、特种铸造、特种焊接和装配钳工4个专业领域技艺精湛的高技能人才，在特种材料产品制造关键技术领域形成合力，开展技艺传承、技术攻关和技术推广活动，成为材料研究所提升技能人员技术技能水平、培养高素质技能人才的新平台。

【何金华（家用电器产品维修）技能大师工作室】建成于2014年，以领办人何金华之名命名。何金华，男，汉族，1978年10月出生，四川省绵阳市人，四川长虹电器股份有限公司家用电器产品维修高级技师。长期从事家用电子电器产品维修技术研究、储备、技术支持、技能人才培训工作。2012 年领办四川省级技能大师工作室，2014 年建成国家级（家用电器产品维修）技能大师工作室。工作室核心成员 10 人。自工作室成立以来，开发各种维修工装 10 余种，其中 3 种工装技术获得专利，为企业节约成本 800 余万元；起草及参与起草行业标准各 2 项，参与行业技术交流 5 次；累计组织、承办职业技能大赛 7 场；编撰发行内部维修技术期刊 56 册、期刊合订本 2 册、外部公开出版发行技术图书 1 册；培训一线技术服务工程师 2000 余人，培养技师、高级技师 32 名。

【冷晓江（无线电调试）技能大师工作室】 2013 年，绵阳市冷晓江技能大师工作室成立；2015 年成为省级技能大师工作室；2017 年 9 月 7 日，在第五届科博会人才交流与成果展示馆内，现场由人社部规财司司长王克良授牌，成为绵阳市的第 4 个国家级技能大师工作室。领办人冷晓江是四川九洲集团无线电整机调试高级技师、无线电调试首席技师，四川省有突出贡献的优秀专家、四川省技术能手、四川省高技能人才领军人物之一，四川国企十大工匠之一，享受国务院政府津贴。先后为公司培训出优秀工人 30 多人次；所带领的调试班 2009 年被四川省总工会授予“工人先锋号”，2010 年被四川省机电冶煤工会授予“红旗班组”，2012 年被四川省国资委授予“先进班组”。工作室研制攻关的《航电一体化接收机自动测试系统及其方法》《二次雷达接收机自动调试系统及其方法》等多个项目成果已申报专利受理。

【兰明路大师工作室通过省级技能大师工作室验收】 2017 年 9 月 22 日，省职业培训指导中心、省经信委、绵阳市人社局等部门牵头，国家级、省级技能大师工作室领办人及行业内专家组成的评审小组对兰明路技能大师工作室进行省级技能大师工作室验收。小组采取“一看（资料、现场）、二听（汇报）、三问（专家提问）”的形式对工作室的建设情况进行验收。兰明路技能大师工作室于 2012 年成立，2015 年先后成为县市区级、市级技能大师工作室。以全国技术能手、中式烹调师高级技师兰明路为领办人，从事川菜创新设计与推广、厨师团队培养、厨艺交流平台搭建，以及“文昌养生文化”理论体系创建。先后举办、协办第 229 期中国厨艺高级技师研修班、第 252 期中国厨艺高级技师研修班、奢部国际美食文化展暨国际美食高峰论坛、世界中餐业联合会青年名厨排名赛等。领办人兰明路，是中式烹调高级技师、全国技术能手、注册中国烹饪大师、享受国务院特殊津贴专家、四川省突出贡献优秀专家、中国餐饮 30 年杰出人物、中国最美厨师、川菜 30 年功勋匠人奖、全国烹饪大赛评委、世界厨师联合会国际评委、世界中餐业联合会名厨委四川区主席、四川省烹饪协会副会长兼名厨联谊会会长、中国烹饪协会名厨委员会副主席，曾参与“舌尖上的中国（第三季）”拍摄，并在节目中展示川菜技艺。

【张宝技能大师工作室通过省级技能大师工作室验收】 2013 年成立，并成为市级技能大师工作室，2017 年通过省级验收，成为省级技能大师工作室。是以四川烟草工业有限责任公司绵阳分厂为依托单位，以维修电工为主要工作领域的技能大师工作室。领办人张宝系全国技术能手、维修电工高级技师，四川烟草工业有限责任公司绵阳分厂电气维修团队技术带头人，四川省有突出贡献的优秀专家，主要从事现代物流系统设备管理维护，设备在线故障诊断、大型风机故障智能诊断等技术、方法研究。近年来，工作室共完成技能攻关 44 项、取得国家专利 18 项，创造经济效益 528.9 万元；编写出版教材 1 套，发表论文 9 篇；其培养的选手先后 8 次在各级技能大赛上获奖。

（赵梓宇）

人才引进与服务

【概况】2017年，科技城持续深化人才发展体制机制改革，组织实施一批重大人才工程，优化人才创新创业生态。及时转发省人才工作领导小组办公室《关于发放2017年度高层次人才岗位激励资金的通知》，并组织全市申报工作；组织绵阳市第四批市级院士（专家）工作站申报、绵阳市“涌泉领军团队”申报、军民融合服务领军团队资助项目申报、绵阳市第十批有突出贡献的中青年拔尖人才推荐评选申报、绵阳市军民融合高层次人才(团队）资助项目申报、绵阳市军民融合学科(专业）团队建设资助项目申报、绵阳市人才工作服务脱贫攻坚资助项目申报等工作，发布绵阳市招商引资与招才引智联动专项资助项目申报指南、绵阳市人才发展专项资金拟资助项目公示等文件，强化人才引进工作和人才服务能力建设。优化人才生活环境，启动建设市高端人才服务中心和制定《绵阳市人才专项事业编制管理办法(试行)》，实施“200名人才专项事业编制保障工程”明确200名市级人才专项事业编制，实行单列管理，主要用于服务市委市政府中心大局、专业技术强的无空缺编制事业单位引进高层次和紧缺专业人才。强化人才宣传，依托与四川日报社建立年度合作机制，刊发《绵阳创新人才政策为经济起飞注入人才活力》等专题报道10篇，绵阳日报推出先进人才典型报道25篇，绵阳电视台拍摄2个人才工作宣传片、6个优秀人才风采片进行滚动播放。

【引进国内外智力】2017年，实施“千英百团·军民融合”高层次人才（团队）资助计划评审、表彰和资助工作，资助新引进的军民融合高端产业人才和团队21个，其中中国空气动力研究与发展中心、中国航发四川燃气涡轮研究院等参与国家重大战略工程（大飞机项目）单位的领军人才，以及重大产业投资专项京东方第六代柔性AMOLED屏在绵产业化项目核心人员申报并受资助。资助其他各类人才和团队66个，共计发放省市人才发展专项资金1485.8万元。2017年全市共实施各类引智项目13个，其中国家高端项目1项、天府高端项目2项、国家常规项目5项（22个子项目）、省常规项目3项，省示范项目1项，以及省人才办的创新示范项目1项，项目（子项目）总数创历年之最，比2016年度项目量提高37%，产业领域涵盖电子信息、新材料、现代农业、医疗卫生等产业，柔性引进高层次外国专家71人次，比2016年度引进专家数提高21%，获国家和省专项资金资助160.7万元。召开第五届科博会引进国外智力项目成果展示暨外国专家组织巡诊回访活动，省内市（州）30余家企事业单位参会并与德国、法国、以色列专家组织对接洽谈，74个项目达成合作意向，对接成功率85%，连续四年创新高。至年底，全市具有聘请外国专家资格单位86家，以电子信息、装备制造、新材料、医疗卫生、生物医药、现代农业、汽车及零部件等产业为主的企业49家（电子信息7家、装备制造5家、工程设计1家、生物医药4家、医疗卫生4家、农林牧渔7家、公共服务2家、新材料5家、汽车及其零部件3家、通用航空1家、酒店餐饮8家、国际贸易1家、金融1家、房地产1家），西南科技大学、绵阳师范学院、四川文化艺术学院等高校、中小学校和社会培训机构37家；外国专家共计279人，其中具有博士学位12人、硕士学位49人、学士学位156人，从事工艺技术指导23人、合作研究7人、经营管理13人、专业知识教学48人、语言教学188人。

【第二届“绵州友谊奖”】2017年，绵阳市组织开展第二届“绵州友谊奖”申报、评审、表彰工作。绵阳新晨动力机械有限公司聘请专家怀特·科恩霍赛（奥地利）、四川银河星源科技有限公司聘请专家李运钧（美国）、绵阳市第三人民医院聘请专家富朗索瓦·布吕树（法国）获得第二届“绵州友谊奖”。

【校地合作新机制】 2017 年，科技城系统摸排全市人才、项目、技术需求情况，拜访华中科技大学、重庆大学等国内知名高校 10 余所。新建武汉大学研究生社会实践基地，组织实施 40 余名清华大学、武汉大学研究生以课题研究方式到绵开展社会实践活动；与国防科技大学建立高层次人才互访合作对接机制。

【重大项目专属服务】 2017 年，科技城推行重大项目引进人才“一对一”咨询服务机制，为京东方、汉能、360、惠科等重大项目人才引进提供政策咨询服务。开展中物院某重大装置科研骨干职工家属安置工作，为高层次人才提供优质服务。

【后备人才培育机制】 2017 年，科技城采取混合制培训模式，在清华大学举办 2 期军民融合企业家培训班，培养企业家 167 名；在浙江大学开设民族地区旅游人才培训班，培养旅游人才 60 名。推动游仙、安州、江油等在清华大学、武汉大学和新加坡国立大学苏州分院举办创新型人才培训班，市县累计培训 560 人次。

【人才服务系列活动之走进九洲技术学院启动仪式】 2017 年4 月 7 日，市人社局、科创区主办的“人才服务系列活动走进四川九洲技师学院”在四川九洲技师学院举行。市人社局党组书记、局长张斯恩出席启动仪式并讲话，九洲集团公司党委书记王国春、科创区党工委副书记雍波出席启动仪式。启动仪式由市人社局副局长吴培华主持。活动旨在搭建政府和学校交流平台，在创业就业、人事人才、技能培训、职称评审等方面赠送政策包、破解急难题、延伸服务线，帮助学校更好发展。启动仪式上，张斯恩、雍波分别为四川九洲技师学院授予“绵阳市高校毕业生创业者协会九洲技师学院分会”和“绵阳市高校毕业生创业者协会机械机电分会”牌匾；为 13 名绵阳行业企业技能大师颁发九洲技师学院特聘指导专家聘书。并举行大学生就业创业政策宣讲、专业技术职称政策宣讲、“四川省军民融合产业高技能人才培训基地”建设研讨会、《绵阳市职业培训补贴管理办法》修订工作会、九洲技师学院职业技能竞赛（鉴定）等系列活动。

【人才工作目标责任考核办法出台】 2017 年，绵阳市为加强党管人才工作，提升人才工作科学化水平，调动各县市区、园区做好人才工作的积极性，树立起人才工作新导向，印发《关于实行人才工作目标责任制考核的通知》（以下简称《通知》），让县市区、园区的人才工作有明确、科学的衡量标准。《通知》明确指出，各县市区（园区）和市人才工作领导小组成员单位均属于重点考核对象，实行分类考核。其中对县市区（园区）考核重点为：加强对人才工作的领导、深化人才发展体制机制改革、实施重点人才工程、建设人才发展重大平台、优化人才发展环境等五个方面；对市人才工作领导小组成员单位重点考核：发挥党委（党组）领导核心作用、深化人才发展体制机制改革、统筹推进行业系统人才队伍建设、优化人才创新创业生态环境等四个方面。同时，根据市委、市政府工作安排，与人才工作密切相关的其他单位也可纳入考核范围。《通知》对考核指标进行明确，具体分为综合评价指标、年度绩效目标、加分项目三个方面，采取定性考核与定量考核相结合的方式实行百分制考核，突出工作实绩和各指标增长率。并规定县市区（园区）的考核结果，被折算计入市委对县市区（园区）的年度目标考核最终得分；考核结果作为领导班子评优、干部评价、人才项目和资金安排及工作问责的重要依据。

【四川省军民融合信息安全管理培训班在绵阳举行】 2017年10月16日，四川省人才工作领导小组办公室主办，四川九洲技师学院承办的四川省军民融合信息安全管理培训在四川九洲技师学院开班。市人社局党组成员、副局长吴培华出席开班仪式并讲话。全省军民融合企业负责人及网络安全管理相关技术人员共50人参加培训。该培训为期一周，邀请国防大学国防经济研究中心教授、博士生导师、中国军民融合发展研究的先行者和国防经济研究的姜鲁鸣，CERNET西南地区网络中心主任、电子科技大学计算机科学与工程学院教授汪文勇，北京航空航天大学计算机应用工学博士、副教授黄河等国内相关领域教授、专家、党政领导干部授课，内容涵盖推进军民融合深度发展、计算机网络安全、网络安全管理与应急处理、网络安全保密体系研讨等，结合军民融合发展典范企业实地教学、座谈研讨等多种形式，培养军民融合信息安全意识，掌握军民融合信息安全技术，推动信息安全技术协同创新，深化信息安全资源共享利用。

【引进国外智力项目成果展示暨外国专家组织巡诊回访活动】 2017年9月6—10日，科技城引进国外智力项目成果展示暨外国专家组织巡诊回访活动在创新中心2期6号楼举行。省外国专家局主办，市人社局承办，市人才服务中心、中国国际人才市场国家科技城（绵阳）分市场协办。活动分为引智项目成果展示、引智项目对接洽谈、外国专家组织巡诊回访活动三个板块。其中引智项目成果展示采用动静结合的展示方式。在引智项目静态展示区，长虹公司、旭虹光电公司、银河新源公司等10余家单位分别以产品实物、图片展板等形式，展示曲面超高清（UD）电视无螺钉化结构方式研究与设计等多个高端引智项目成果。动态展示则由法国专家咨询协会（ECTI）的负责人、以色列高级专家组织（MATAT）负责人、德国高级专家组织（SES）负责人分别介绍各自专家组织的性质、专家分布领域及技术优势；四川华欧油橄榄开发有限公司、绵阳市中心医院等4家引智项目单位分别介绍近年来在外专组织帮助下引智工作的开展情况和取得的实效。引智项目对接洽谈活动中，来自省内市（州）的30余家单位就87个项目与外国专家组织负责人进行一对一的对接洽谈，最终74个项目达成合作意向。外国专家组织巡诊回访活动中，法国专家咨询协会（ECTI）负责人Annick女士等专家到市中心医院、四〇四医院、市第三人民医院进行巡诊回访活动。

【千英百团·军民融合高层次人才（团队）资助计划】 2017年3月，绵阳市组织开展申报工作，资助计划旨在支持“军转民”“民参军”企业高层次人才团队创新创业。经广泛申报、资格初审复审、专家组实地考察和部门联席会议综合评审、市人才工作领导小组会议审议、市委市政府批准，7月5日，正式发布《绵阳市人才工作领导小组关于表扬资助2017年“千英百团·军民融合”高层次人才(团队）的通知》，决定对唐丹等11名“千英百团·军民融合”高层次人才和科大诚创乏燃料后处理技术团队等10个“千英百团·军民融合”高层次团队给予总额1330万元的省市人才发展专项资金一次性资助。

2017年“千英百团·军民融合”高层次人才（团队）

表20

序号	类虽	获资助团队（人才）	归口	资助金额（万元）
1	创业人才	唐　丹（绵阳天眼激光科技有限公司总经理）	科创区	80
2		郭思贝（四川省柏均机械制造有限责任公司总经理）	三台县	50
3		肖林柏（绵阳六合机械制造有限公司总经理）	经开区	40
4	创新人才	曾　军（中国航发四川燃气涡轮研究院副总工程师）	市　级	50
5		李重君（绵阳京东方光电科技股份有限公司副总经理）	高新区	40
6		张雅勤（四川长虹电器股份有限公司技术中心健康医疗首席专家）	市　级	40
7		杨战兵（四川九州电子科技股份有限公司总工程师）	科创区	30
8		晏敏皓（西南科技大学教授）	市　级	30
9		黄　勇（四川长虹电器股份有限公司技术中心副所长）	市　级	30
10		任世杰（四川东材科技集团股份有限公司研发技术员）	游仙区	30
11		付　强（四川九洲电器集团有限责任公司副主任设计师）	市　级	30
1	创业团队	绵阳诚创科技有限公司科大诚创乏燃料后处理技术团队	游仙区	100
2		四川久远科技股份有限公司汽车发动机进气歧管的超高光尼龙复合材料研发团队	市　级	100
3		绵阳历泰机械制造有限公司军用枪械关键基础零部件创新研发团队	涪城区	80
4		绵阳龙兴科技有限公司龙兴军工装备订制产品系列科研团队	游仙区	60
5	创新团队	四川九洲空管科技有限责任公司民航空管监视系统创新研发团队	市　级	100
6		中国空气动力研究与发展中心风洞设计技术转化应用研究团队	市　级	100
7		四川长虹电器股份有限公司长虹芯片和嵌入式技术创新及军民融合应用团队	市　级	100
8		雅化集团绵阳实业有限公司李平工作室	游仙区	80
9		中国兵器装备集团自动化研究所高精度伺服跟踪控制团队	游仙区	80
10		旭虹光电科技有限公司旭虹光电军用高强透明防护组件研发团队	经开区	80

【军民融合服务领军团队资助计划】2017年3月，绵阳市组织开展申报工作，旨在支持引导军民融合孵化器、创新研发及交易和共享服务平台、专业化科技金融服务机构服务军民融合产业人才发展，以及支持国防科研院所人才（团队）承担有利于绵阳产业发展的国家重大科研项目（民营）。经广泛申报、资格初审复审、专家组实地考察和部门联席会议综合评审、市人才工作领导小组会议审议、市委市政府批准，7月5日，正式印发《绵阳市人才工作领导小组关于表扬资助2017年军民融合服务领军团队的通知》，对绵阳市经开区积家孵化器等3个“科技企业孵化器”，四川长虹电器股份有限公司工业设计中心等10个“创新研发平台、交易和共享服务平台”，绵阳市商业银行军民融合科技支行等4家“专业化科技金融服务机构”，高性能光学微结构投影屏材料及屏幕的开发制备等5个“支持承担国家重大科研项目”，可控源中子发生器等9个“省级及以上创新创业奖再激励项目”等，共计31个团队，给予总额977.67万元的省市人才发展专项资金资助。

2017 年资助军民融合服务领军团队（科技企业孵化器）

表 21

序号	孵化器名称	经营管理单位	归口	建议资助金额（万元）
1	绵阳经开区积家孵化器	绵阳市经开区积家工业园投资有限公司	经开区	60
2	中国（绵阳）科技城军民融合创客空间	中国（绵阳）科技城工业技术研究院	市级	60
3	中国科技城绵阳军民融合孵化器	四川雄邦企业孵化管理股份有限公司	游仙区	50

2017 年资助军民融合服务领军团队（创新研发平台、交易和共享服务平台）

表 22

序号	平台名称	依托单位（属性）	归口	建议资助金额（万元）
1	四川长虹电器股份有限公司工业设计中心	四川长虹电器股份有限公司（军转民）	市级	60
2	国家军民两用技术交易中心	绵阳科技城工创科技有限公司	科学城	60
3	四川军民融合大型科学仪器共享平台	四川中科融创科技有限公司	科创区	60
4	四川永贵科技有限公司技术中心	四川永贵科技有限公司（民参军）	涪城区	50
5	四川九洲线缆有限责任公司技术中心	四川九洲线缆有限责任公司（军转民）	高新区	50
6	绵阳富临精工机械股份有限公司技术中心	绵阳富临精工机械股份有限公司（民参军）	涪城区	40
7	绵阳西磁磁电有限公司技术中心	绵阳西磁磁电有限公司（军转民）	高新区	40
8	四川华丰企业集团有限公司技术中心	四川华丰企业集团有限公司（军转民）	市级	40
9	四川龙华光电薄膜股份有限公司技术中心	四川龙华光电薄膜股份有限公司（民参军）	涪城区	30
10	四川中物材料股份有限公司技术中心	四川中物材料股份有限公司（军转民）	平武县	30

2017 年资助军民融合服务领军团队（专业化科技金融服务机构）

表 23

序号	单位名称	所属行业	归口	建议资助金额（万元）
1	绵阳市商业银行股份有限公司军民融合科技支行	银　行	市级	25
2	四川长虹集团财务有限公司（科技金融服务中心）	非银行类金融机构	市级	25
3	中国工商银行股份有限公司绵阳高新技术产业开发支行（军民融合金融服务中心）	银　行	市级	25
4	绵阳中信融资担保有限公司	担保公司	市级	20

2017 年资助军民融合服务领军团队（支持承担国家重大科研项目）

表 24

序号	项目名称	项目单位（属性）	归口	建议资助金额（万元）
1	高性能光学微结构投影屏材料及屏幕的开发制备	四川长虹电器股份有限公司（军转民）	市级	61
2	高强盖板玻璃工程化技术优化集成和生产技术攻关	四川旭虹光电科技有限公司（民参军）	经开区	45
3	面向交通运输车辆监控和管理的协同精密定位示范应用系统研制	四川九洲电器集团有限责任公司（军转民）	市级	26.4
4	大型构件熔融熔覆增材制造及其工业应用示范	四川长虹电器股份有限公司（军转民）	市级	15.95
5	协同精密定位终端关键技术与关键器件	四川九洲电器集团有限责任公司（军转	市级	4.32

2017 年资助军民融合服务领军团队（省级及以上创新创业奖再激励项目）

表 25

序号	项目名称	项目单位（属性）	获奖类别	归口	建议资助金额（万元）
1	可控源中子发生器	绵阳菲纳理科技有限责任公司（民参军）	中国创新创业大赛军转民大赛全国决赛企业组三等奖	涪城区	15
2	智能无人驾驶飞行器	四川宝天智控系统有限公司（民参军）	入围第五届中国创新创业大赛全国决赛、第二届“中国创翼”青年创业创新大赛全国总决赛企业组优胜奖	经开区	15
3	提升液晶电视画质的方法	四川长虹电器股份有限公司（军转民）	中国专利优秀奖	市级	10
4	电视机（794）	四川长虹电器股份有限公司（军转民）	中国外观设计优秀奖	市级	10
5	基础雷管自动装配生产线	雅化集团绵阳实业有限公司（民参军）	中国专利优秀奖	游仙区	10
6	生物质能纯氧热裂解成套技术及装置	绵阳通美能源科技有限公司（军转民）	入围第五届中国创新创业大赛全国决赛	涪城区	10
7	多功能六足仿生智能机器人研发及应用	西南科技大学（民参军）	第二届“中国创翼”青年创业创新大赛“金翼”奖（团队）	市级	10
8	大功率永磁同步电机驱动控制系统开发	四川一高科技有限责任公司（民参军）	中国创新挑战赛绵阳高新区赛区优秀奖	涪城区	10
9	特种高分子研究团队	西南科技大学（民参军）	入选四川省“青年科技创新研究团队专项计划”	市级	10

【军民融合人才培养资助计划】2017 年，绵阳市组织开展申报工作，旨在围绕军民深度融合发展，支持在绵高校、科研院所、国防军工单位加快军民融合学科（专业）建设，为国家科技城建设培育和输送大批军民融合专业技术人才和高技能人才，助推绵阳加快国家创新驱动先行市和军民融合示范市建设。7 月 5 日，经广泛申报、资格初审复审、专家组实地考察和部门联席会议综合评审、市人才工作领导小组会议审议、市委市政府批准，正式印发《绵阳市人才工作领导小组关于表扬资助 2017 年“军民融合人才培养”项目的通知》，对西南科技大学国防科技学院等 4 个军民融合人才培养主体给予总额 320 万元的省市人才发展专项资金资助。

2017 年资助军民融合人才培养项目

表 26

序号	培养主体	申报单位	资助金额（万元）
1	西南科技大学国防科技学院	西南科技大学	100
2	四川九洲技师学院（四川省军民融合产业高技能人才培训基地）	四川九洲电器集团有限责任公司	80
3	中国工程物理研究院培训中心	中国工程物理研究院	80
4	绵阳职业技术学院信息工程系	绵阳职业技术学院	60

【“涌泉计划”领军团队资助计划】2017年3月，绵阳市组织开展申报工作，旨在支持各类科技人才团队创新创业绵阳，培育科技型中小企业，加快推进自主创新和科技成果转化，发挥科技城中小企业创新创业团队在科技城创新驱动中的生力军作用。经广泛申报、资格初审复审、专家组实地考察和部门联席会议综合评审、市人才工作领导小组会议审议、市委市政府批准，7月5日，正式印发《绵阳市人才工作领导小组关于表扬资助2017年“涌泉计划”领军团队的通知》，对四川奇石缘科技股份有限公司科技智能传感器开发团队等21个“涌泉领军团队”，给予总额1480万元的省市人才发展专项资金资助。

2017年绵阳市资助“涌泉计划”领军团队

表27

序号	项目所在企业团队名称	归口	建议资助金额（万元）
1	四川奇石缘科技股份有限公司科技智能传感器开发团队	科创区	100
2	四川兴盛源药业有限公司生物芯片技术开发团队	江油市	100
3	四川光发科技有限公司光器件研发团队	科创区	80
4	四川开元创亿生物科技有限责任公司聚乳酸产品化关键技术研发团队	游仙区	80
5	四川腾达电梯制造有限公司智能电梯研发团队	游仙区	80
6	绵阳天鸿生物科技有限公司药物高效配制及分离研发团队	盐亭县	80
7	北川瑞辉科技有限公司感光干膜团队	北川县	80
8	四川福欣食品有限公司生物发酵研发团队	梓潼县	80
9	绵阳市耐特电子实业有限责任公司射频微波器件研发团队	科创区	80
10	四川伴农动保生物技术有限公司中兽药独活寄生散研发团队	经开区	60
11	四川蓝狮科技有限公司火工品研发及应用团队	游仙区	60
12	四川清川科技有限公司高分子量聚乙烯管材研发团队	平武县	60
13	四川泰铸耐磨材料有限公司“CEY”系列超强度耐磨合金材料研发与应用团队	江油市	60
14	四川圣凯利电气设备有限公司高效节能立体三角形电力变压器研发团队	安州区	60
15	四川晋深新型建材科技有限公司低温制备聚羧酸系高性能减水剂关键技术开发团队	盐亭县	60
16	四川安能能源技术有限公司新一代通信基站设备技术研发团队	高新区	60
17	宏源地能热泵科技有限公司地能热泵研发团队	涪城区	60
18	绵阳伟成科技有限公司磁性元件及高效率电源技术研发团队	高新区	60
19	四川省三台县大予有限公司改性膨润土创新研发团队	三台县	60
20	四川天强玻璃有限公司环保玻璃研发团队	平武县	60
21	绵阳市永庆机械有限公司汽车发动机零部件研发团队	经开区	60

【人才工作服务脱贫攻坚资助计划】2017年3月，绵阳市组织申报工作，旨在支持引导人才创业农村，支持建设"星创天地"等农村创新创业平台，加强农村实用人才队伍建设，引导各类人才服务农村、创业农村，支持各类人才带领贫困地区群众共同致富，打赢脱贫攻坚战。7月5日，经广泛申报、资格初审复审、专家组实地考察和部门联席会议综合评审、市人才工作领导小组会议审议、市委市政府批准，正式印发《绵阳市人才工作领导小组关于表扬资助2017年"人才工作服务脱贫攻坚"项目的通知》，对刘世伟等13名"优秀返乡创业人才"、江油市返乡农民工创业园等2个"优秀农村返乡创业园"、杨五洲等10名"优秀农村电商人才"、三台县立新镇科美蔬菜种植专业合作社等14个"优秀专合组织"、盐亭县萍聚家庭农场等5户"优秀家庭农场"、平武县科技孵化中心等5个"星创天地"，共49个项目，给予总额535万元的省市人才发展专项资金资助。

2017年绵阳市资助"人才工作服务脱贫攻坚"项目（优秀返乡创业人才）

表28

序号	创业人才	创业项目	归口	建议资助金额（万元）
1	刘世伟	三台县梓绿农产品商贸有限公司	三台县	15
2	曾　跃	平武县祥宇养业有限公司	平武县	15
3	何国良	北川羌族自治县莎朗文化旅游有限责任公司	北川县	15
4	肖　刚	绵阳市捷富生态养殖有限公司	梓潼县	15
5	严显淋	绵阳市翔龙科技有限公司	平武县	10
6	陈奉明	四川天水缘生态农业有限公司	盐亭县	10
7	曹方旭	三台县曹氏酱腌菜生产销售有限责任公司	三台县	10
8	袁贤敏	绵阳宝华生猪养殖有限公司	安州区	10
9	刘良虎	北川沃农生态农业发展有限公司	北川县	5
10	王祯雷	平武县羌山红农业开发有限公司	平武县	5
11	杨明志	四川壹原草生物科技有限公司	江油市	5
12	敬志明	绵阳市郊友农业有限公司	梓潼县	5
13	勾发富	四川鑫地源生物科技有限公司	盐亭县	5

2017年绵阳市资助"人才工作服务脱贫攻坚"项目(优秀农村返乡创业园)

表29

序号	项目名称	领办人	归口	建议资助金额（万元）
1	江油市返乡农民工创业园	曾　波	江油市	10
2	花城果乡农民工返乡创业园	彭　林	安州区	10

2017年绵阳市资助“人才工作服务脱贫攻坚”项目(优秀农村电商人才)

表30

序号	电商人才	创业项目	归口	建议资助金额(万元)
1	杨五洲	绵阳川富农夫食品有限公司	游仙区	20
2	张 淼	绵阳魔法师电子商务服务有限公司	科创区	20
3	赵 坪	北川尚易农业科技有限公司	北川县	20
4	郭红梅	绵阳市土品堂商贸有限公司	涪城区	15
5	黄元明	江油市瑞奇网络科技有限公司	江油市	15
6	龚 英	三台县润和种养殖专业合作社	三台县	15
7	宋汶祥	绵阳市一件事电子商务有限公司	涪城区	15
8	王炜琨	四川汇优科技有限公司	高新区	10
9	邓 晶	绵阳市拓普果业开发有限公司	安州区	10
10	何 雯	盐亭易田电子商务有限公司	盐亭县	10

2017年绵阳市资助“人才工作服务脱贫攻坚”项目(优秀专合组织)

表31

序号	项目名称	领办人	归口	建议资助金额(万元)
1	三台县立新镇科美蔬菜种植专业合作社	何 强	三台县	10
2	盐亭县鑫兴生猪养殖专业合作社	余 春	盐亭县	10
3	三台县双乐乡奕川水产养殖农民专业合作社	李晓川	三台县	10
4	盐亭县奇骏果树种植专业合作社	何奇骏	盐亭县	10
5	北川羌族自治县羌龙谷茶叶种植专业合作社	李永杰	北川县	10
6	平武县虎牙藏族乡天路种植专业合作社	谢德伦	平武县	10
7	梓潼绿环养殖专业合作社	吴 蓉	梓潼县	10
8	梓潼县东怡水果专业合作社	赵茂群	梓潼县	10
9	江油市馨川中药材种植农民专业合作社	唐年军	江油市	10
10	北川羌族自治县禹羌绿宝猕猴桃农民专业合作社	母志国	北川县	10
11	平武县永诚天麻种植专业合作社	肖 会	平武县	10
12	安县自然生态养猪专业合作社	肖太军	安州区	10
13	绵阳市安州区永福农机专业合作社	林启平	安州区	10
14	江油市梨园蛋鸡养殖专业合作社	刘勇军	江油市	10

2017 年绵阳市资助“人才工作服务脱贫攻坚”项目(优秀家庭农场)

表 32

序号	项目名称	领办人	归口	建议资助金额（万元）
1	盐亭县萍聚家庭农场	王　萍	盐亭县	10
2	梓潼新迪家庭农场	谢　迪	梓潼县	10
3	北川羌族自治县豪鹏家庭农场	周文明	北川县	10
4	三台县蒋柏林家庭农场	蒋柏林	三台县	10
5	平武县阔达藏族乡回龙家庭农场	陈小梅	平武县	10

2017 年绵阳市资助“人才工作服务脱贫攻坚”项目(星创天地)

表 33

序号	项目名称	经营管理单位	归口	资助金额（万元）
1	平武县科技孵化中心	平武县生产力促进中心	平武县	10
2	北川“双创谷”	北川羌族孵化器管理有限公司	北川县	10
3	梓潼县科技孵化中心	四川四海大禹孵化器管理有限公司	梓潼县	10
4	北川电商产业港	北川羌族自治县电子商务发展中心	北川县	10
5	盐亭县创业孵化中心	四川飞马科技孵化器管理有限公司	盐亭县	10

【文化领军人才资助计划】2017 年 7 月 5 日，绵阳市旨在支持科技城文化艺术和产业发展，经广泛申报、资格初审复审、专家组实地考察、省级专家评审、部门联席会议综合评审、市人才工作领导小组会议审议、市委市政府批准，正式印发《绵阳市人才工作领导小组关于表扬资助绵阳市第二批文化领军人才（团队）的通知》，对绵阳中环文化传播有限公司等 4 个文化经营管理团队、绵阳市书法家协会创研团队等 3 个文化艺术专业领军团队、杨静等 2 名文化经济管理领军人才、顾洪斌等 12 名文化艺术专业领军人才等，共 21 个人才和团队，给予总额 213 万元的创作管理等研发经费资助。（王二勇）

绵阳市资助第二批文化领军人才（文化领军团队）

表 34

序号	资助对象		归口	建议资助金额（万元）
1	文化经营管理领军团队（4 个）	绵阳中环文化传播有限公司	涪城区	20
2		绵阳广电视讯文化传播有限责任公司	市　级	20
3		四川汇德轩文化艺术有限公司	涪城区	20
4		“云图书馆”综合管理平台团队	涪城区	10

续表

序号	资助对象		归口	建议资助金额（万元）
5	文化艺术专业领军团队	绵阳市书法家协会　创研团队	市　级	15
6		绵阳市图书馆　图书情报研究团队	市　级	15
7		绵阳市艺术学校　艺术精品创作团队	市　级	15

表 35　绵阳市资助第二批文化领军人才(文化领军人才)

序号	资助对象		工作单位及职务	归口	建议资助金额（万元）
1	文化经营管理领军人才（2 名）	杨　静	三台县潼川农产品开发公司董事长	三台县	8
2		罗　松	绵阳城区炳林笔庄负责人	涪城区	8
3	文化艺术专业领军人才（12 名）	顾洪斌	四川文艺学院教师	市　级	10
4		李　贫	平武县新闻宣传中心摄影记者	平武县	10
5		冯小涓	绵阳市文学与书画艺术研究院文学编辑	市　级	8
6		陈纪昌	市委政研室退休干部	市　级	8
7		何长安	安州区文化馆文学专干	安州区	8
8		赵忠志	市文广新局调研员	市　级	8
9		贺小晴	绵阳日报社记者	市　级	5
10		倪朝晖	绵阳市文化馆创编部主任	市　级	5
11		吴　波	绵阳市非遗中心舞蹈编导	市　级	5
12		陈清贵	西南科技大学外国语学院院长	市　级	5
13		廖　文	梓潼县文昌第一小学校音乐教师	梓潼县	5
14		文在军	江油市文化馆馆长	江油市	5

专业技术和技能人才队伍

【概况】2017 年，全市累计初定和确认初、中级职称 1126 人，注册职称证书 5235 本，新办理各类职称证书 2582 本。受理审核中、高级专业技术职务申报材料 1870 份。组织开展工程、教师、农技等 12 个中级专业技术职务评审工作，评审通过 2035 人。连续 4 年组织开展电子信息和机械材料化工工程高级职务评审工作，接受申报 219 人，评审通过 178 人。首次组织开展中小学高级教师和中等专业学校高级讲师任职资格评审，接受申报 966 人，通过 960 人。11 月 21 日，市人才工作领导小组第三次会议审议《关于进一步加强党委联系服务专家工作增强人才工作团结引领服务功能的实施意见》和《绵阳市企业经营管理人才队伍建设“十三五”规划》《绵阳市专业技术人才队伍建设“十三五”规划》《绵阳市技能人才队伍建设“十三五”规划》《绵阳市农村实用人才队伍建设“十三五”规划》《绵阳市社会工作人才队伍建设“十三五”规划》《绵阳市律师行业人才队伍建设“十三五”规划》等文件。12 月，市人社局、市委组织部、市委编办、市财政局联合印发《绵阳市加强基层专业技术人才队伍的实施意见》。中国科技城工业技术研究院专家服务基地和绵阳市中心医院获批 2017 年度四川省专家服务基地，绵阳市第三人民医院、四川六合锻造有限公司获批 2017 年博士后创新实践基地。全年共开展就业技能培训 29717 人，其中青年劳动者 17491 人，技能脱贫培训 4485 人。开展电子商务专项职业能力培训 10292 人。参加职业技能鉴定 59829 人，54445 人鉴定合格获得职业资格证书。其中初级工 19187 人、中级工 17065 人、高级工 11451 人、技师 769 人、高级技师 48 人、专项职业能力证书 5925 人。

【《绵阳市专业技术人才发展“十三五”规划》出台】 2017 年 11 月 21 日，《绵阳市专业技术人才发展“十三五”规划》（以下简称《规划》）由绵阳市人才工作领导小组 2017 年第三次会议审议通过。《规划》提出实施七大重点人才工程：高层次专业技术人才引进工程，通过实施“千英百团”聚才计划、海外高层次人才引进计划，引进高端专业技术人才；高层次专业技术人才培育工程，通过实施高层次专业技术领军人才培育计划、“涌泉计划”“市级学术和技术带头人及后备人选”选拔培育计划和文化领军人才培育计划，培育高层次专业技术人才；专业技术人员知识更新工程，依托绵阳人事人才培训网网络培训和申报国家级、省级高级研修项目，对专业技术人员进行继续教育；军民融合人才建设工程，通过实施军民融合人才发展促进计划，推动实施军地联合办学、人才资金资助等方式培养军民融合专业技术人才；高端专业技术人才选拔工程，通过“享受政府特殊津贴人员”“四川省有突出贡献的优秀专家”“四川省学术和技术带头人及后备人选”等推荐评选和全市有突出贡献的中青年拔尖人才评选，选拔、培育高层次专业技术人才；专业技术人才平台建设工程，通过专家服务基地和博士后科研流动站、工作站和博士后创新实践基地建设，为专业技术人才队伍建设打好平台基础；基层专业技术人才建设工程，明确通过出台基层专业技术人才队伍建设实施办法、开展专家服务基层活动以及实施特岗教师、“三支一扶”和西部志愿者计划等，加强基层专业技术人才队伍建设。

【《绵阳市技能人才发展“十三五”规划》出台】 2017 年 11 月 21 日，《绵阳市技能人才发展“十三五”规划》（以下简称《规划》）由绵阳市人才工作领导小组 2017 年第三次会议审议通过。《规划》主要内容为：在政策举措上，提出实施重点产业技能人才提升计划、农村劳动力就业技能培训计划、企业新型学徒和职业院校现代学徒培养计划、高技能人才培养引进计划、技能大赛品牌打造计划，加快构建产教融合职业院校、多元化职业培训学校、高技能人才培训基地、技能大师工作室、职业技能公共实训基地等平台。力争到 2020 年，全市技能人才总量达到 48 万人，技能人才总量在省内位居前列，高技能人才占技能人才比例从 16.9%提高到 30%，全市新建 5 个市级高技能人才培训基地、15 个市级技能大师工作室、3 个非物质文化遗产传习所，新增技工学校、高级技工学校、技师学院各 1 所。

【《绵阳市企业经营管理人才发展“十三五”规划》出台】 2017 年 11 月 21 日，《绵阳市企业经营管理人才发展“十三五”规划》（以下简称《规划》）由绵阳市人才工作领导小组 2017 年第三次会议审议通过。《规划》提出实施“七大人才计划”，内容为：国有企业经营管理人才培育计划，加快推行市属国有企业经理层市场化选聘和契约化管理，加大国有企业经营管理人才培育力度，注重加强国有企业后备经营管理人才的选拔培养；民营企业家培育计划，引进、培养一批具有国际战略眼光和先进经营理念，具有市场开拓精神和品牌建设意识，具有较强管理创新精神和社会责任感，能够引领和带动行业发展的优秀民营企业家，着力造就一批具有开拓精神和竞争能力的科技型民营企业家，加大精英型民营企业家培训力度；军民融合企业家培育计划，依托军民融合科技及产业载体，加速技术成果产业化，加大军民融合企业家正向激励力度，开展军民融合企业家培训，搭建军民融合企业家交流平台，形成军民融合企业家群体；双创企业经营管理人才培育计划，着眼于小微企业经营管理人才培养，注重加强双创经管人才能力培育，着力推进小微企业向“高、精、优”迈进；青年企业经营管理人才培育计划，加快实施年轻优秀人才递进培养计划，鼓励支持企业加大高学历管培生招聘培养力度，推动建立非公有制企业新生代出资人商（协）会，培养行业认可度高、发展潜力大的新生代经管人才；骨干型企业经营管理人才能力提升计划，有针对性地提升企业经营管理人才能力素质，重点提升法律、财会、科技等基础管理能力以及追求卓越、科学决策、系统思维、创新意识等内在素质；行业高端企业经营管理人才引进计划，从海内外引进一批产业发展紧缺急需的高层次企业经营管理人才，在引进用好高层次人才上更好地发挥示范带动作用。

【《绵阳市社会工作人才发展“十三五”规划》出台】2017年11月21日，《绵阳市社会工作人才发展“十三五”规划》（以下简称《规划》）由绵阳市人才工作领导小组2017年第三次会议审议通过。《规划》提出实施八项重点工程，内容为：社会工作专业人才能力素质提升工程，建立2个市级社会工作专业人才培训基地，在有条件的社区建立社会工作实践基地，培养不少于100名掌握现代组织管理知识的社会工作服务机构管理人才，同时将社会工作课程列为各级党校的必修课程；社会工作专业人才参与脱贫攻坚服务工程，以绵阳市七县（市、区）边远山区为重点，每年为边远贫困乡村选派10名社会工作专业人才提供服务，培育10家以上的扶贫济困领域志愿服务组织；社会工作专业岗位开发工程，逐步在社会福利等18个公共服务领域及职能部门延伸到基层的公共服务机构设置社会工作岗位，到2020年每个城乡社区居委会和社区服务机构中至少配备1名专业社会工作者；社区、社会组织、专业社会工作“三社联动”工程，在省规划“三社联动”工程的基础上，与绵阳市自治、共治、法治“三治协同”社区治理模式紧密结合，通过开展“三社联动”，引导社会工作专业人才有效参与社区治理；社会工作者与志愿者协同服务工程，建立社会工作者与志愿者相互协作、共同开展服务的联动机制，打造1~3个具有绵阳文化特色的公益志愿服务基地，由社会工作服务机构运营，社工引领、带动志愿者开展公益活动；重点领域专项服务试点示范工程，优先在青少年事务等七类重点领域开展社会工作专项服务试点，在试点基础上创建示范项目，到2020年实施重点领域社会工作服务试点示范项目不少于10个；社会工作督导人才培养工程，建立社会工作督导人才培养机制和管理平台，重点培育一批本土社会工作督导人才，到2020年实现每个县（区）配备5名社会工作督导人员，推动社会工作专业化发展；社会工作专业人才信息化建设工程，建立全市社会工作专业人才信息库，逐步完善社会工作管理服务网络。

【《绵阳市律师行业人才发展“十三五”规划》出台】2017年11月21日，《绵阳市律师行业人才发展“十三五”规划》（以下简称《规划》）由绵阳市人才工作领导小组2017年第三次会议审议通过。《规划》提出实施“五大计划”，内容为：领军律师人才培育计划，着眼行业示范引领作用和辐射效能，遴选25名执业5年以上，年龄在45周岁以下的中青年律师，通过专业培训、实践锻炼、跟踪管理、择优使用和动态调整，到2020年，培养20名在行业认可度较高，发展潜力较大的律师领军人才；青年律师人才培育计划，着眼强基固本理念，在市律师协会设立事业发展委员会和青年律师工作委员会，建立律师事务所导师制度，实行“一对一”的传、帮、带；名律所培育计划，着眼人才培养的示范性和引领性，以全国优秀律师事务所为标准，持续推进律所规范化建设，推荐律所参加国家、省组织的优秀律师事务所评选，打造在全省乃至全国有较大影响的品牌律师事务所；名律师培育计划，坚持结构合理、分布均衡，多层次、多领域培养发展理念，推选优秀律师担任各级党代表、人大代表、政协委员，参政议政，搭建“普法讲师团”“律师调解室”“军民融合法律服务研究室”等各类实践平台；法律人才引进计划，引进专门从事高端、新兴领域法律服务的律师事务所到绵阳落户，引进专职从事知识产权、金融证券、涉外等法律业务的律师到绵阳执业。

【《绵阳市农村实用人才发展“十三五”规划》出台】2017年11月21日，《绵阳市农村实用人才发展“十三五”规划》（以下简称《规划》）由绵阳市人才工作领导小组2017年第三次会议审议通过。《规划》提出实施“四大工程”，内容为：实施新型职业农民培育工程，构建教育培训、规范管理和政策扶持“三位一体”的新型职业农民培育体系，培育新型职业农民2万人；实施农村致富带头人培育工程，按照“政府主导、产业引领、政策扶持、精准培育”模式，培育新型农业经营主体骨干5000人，提高组织带动能力、专业服务能力和市场应变能力；实施“三引一扶”工程，建设返乡创业基地、大学生创新创业园区，提供培训和指导服务，回引一批优秀农民工及企业家返乡创业，引进一批电商人才到农村落户，吸引一批旅游人才参与乡村振兴，扶持一批大学生到农村创新创业；实施基层农技人员素质提升工程，深化基层农技推广体系改革与建设，完善培训机制，培养培训基层农业技术推广骨干人才3000人。

【新增四川省高技能人才培训基地】2017年9月，经省人社厅、省财政厅《关于公布2017年度省级高技能人才培训基地建设项目名单的通知》（川人社办发〔2017〕911号）批准，四川绵阳高级技工学校获建省级高技能人才培训基地。四川绵阳高级技工学校是一所以旅游专业为重点、特色专业的技工院校。学校有完善的校企合作机制，实行工学结合、工学交替的人才培养模式。设有饭店（酒店）服务、旅游服务与管理（导游方向）、航空服务、铁路客运服务等专业，为社会培养5000余名旅游人才，年培训高技能人才不少于1500人。毕业生技能素质、岗位工作能力、职业竞争能力较高，供不应求。

【参加首届“四川工匠杯”职业技能大赛】2017年11月15日至16日，首届“四川工匠杯”职业技能大赛在眉山市举行。绵阳市选派16名选手参加工具钳工、数控车工、焊工、汽车修理、电子商务、中式烹调、养老护理、茶艺师全部8个比赛项目，共获2枚金牌、3枚银牌、1枚铜牌，绵阳市因成绩突出荣获“四川省高技能人才摇篮奖”。

【冷晓江和尹朝晖获“四川国企十大工匠”】2017年10月12日晚，省国资委主办的“四川国企十大工匠”颁奖典礼在成都高新区四川电视台1号演播厅举行。这是省国资委成立以来首次评选面向中央在川企业、省属国企、市州国有企业的“四川国企十大工匠”。全省国有企业推荐报送183名一线职工参评。九洲集团一线职工、无线电调试高级技师、无线电调试首席技师，四川省资料链接：李生荣，男，汉族，1952年12月出生于四川绵阳，毕业于四川农业大学农学专业，1977年8月至2015年12月，在绵阳市农业科学研究院工作，历任技术员、助理农艺师、农艺师、高级农艺师、推广研究员，先后任绵阳市农业科学研究院小麦研究室副主任、主任，农科院副总农艺师，国家小麦改良中心绵阳分中心副主任，四川省市地州农科所小麦联合育种组组长，四川省小麦育种攻关组副组长，绵阳市第三、四届人大代表，常委会委员，第八、九届四川省政协委员，第四、五、六、七届四川省农作物品种审定委员会麦类专业委员会委员，国家小麦产业技术体系绵阳综合试验站站长。2013年1月至2015年12月任绵阳市农业科学研究院小麦研究所名誉所长，国家小麦产业技术体系绵阳综合试验站站长，农业部小麦水稻等作物遗传育种重点实验室主任。从事小麦育种研究工作38年，主研和主持育成小麦品种39个，育成品种推广6亿多亩，增加产值100多亿元。国家重点研发计划“七大农作物育种”专项、“小麦杂种优势利用技术与强优势杂交种创制”项目专家和杂交小麦产业技术创新联盟专家。先后承担国家、省、市级研究项目45项；创制小麦育种新材料22个；获国家植物品种权15项；发表研究论文73篇；获得国家技术发明一等奖、北京市科学技术一等奖等国家、省、部、市级科技成果奖29项。近期育成的绵麦367和绵麦51，先后获国家科技成果转化项目资助，被推荐为国家和四川省主导品种，栽培面积达1200多万亩，新增效益6亿多元。其团队育成的强优势小麦杂交种是全国唯一栽培面积超过100万亩、推广面积最大的杂交小麦品种，使绵阳杂交小麦新品种选育和应用研究达到国际领先水平。

技能大师工作室领办人冷晓江、四川长虹电子控股集团有限公司模具钳工、绵阳市技能大师工作室领办人尹朝晖，获得“四川国企十大工匠”荣誉称号。

【李生荣获第七届绵阳市科学技术杰出贡献奖】2017年3月21日，绵阳市科技创新大会在长虹技术中心三楼会议室召开，绵阳市农业科学研究院李生荣获绵阳市科技最高奖项——第七届“绵阳市科学技术杰出贡献奖”，市委主要负责人为其颁发荣誉证书。（赵梓宇）

高校人才培养

【概况】2017年，绵阳市有高等院校14所（全日制普通教育本科院校6所、市属全日制普通教育专科院校3所、全日制民办高等职业技术学院2所、成人教育本科院校1所、成人教育专科院校2所），全日制在校大学生137947人，新增5560人，在校教职工11000人，办学规模居全国市州城市第3位。在四川省“十三五”高校设置规划中，四川通用航空职业学院进入设置规划。在绵阳高校校园总面积1013.31公顷，校园内建筑总面积3961905平方米，学校固定资产总值62.51亿元，图书馆藏书量（电子图书）31341701册，全年科研投入1.46亿元。有省部级重点实验室（实训基地）17个、博士点3个、硕士点（覆盖专业）72个、职业技能鉴定站（覆盖工种）147个。年内，市委、市政府主要负责人就西南科技大学新增博士点和省部共建国家重点实验室、绵阳师范学院硕士学位授权等高校发展事宜先后两次到成都省教育厅汇报情况。组织召开在绵阳高校思想政治工作座谈会，贯彻落实全国、全省高校思想政治工作会议精神。教育部同意支持西南科技大学新增一级学科博士点和部省共建军民融合协同创新中

图 41　科技城大学创业园

心。9 月 28 日，西南科技大学等 14 所在绵阳高校和中物院研究生院等 3 所科研院所联合成立“中国（绵阳）科技城高教联盟”。组织 21 所在绵阳高校、职业技术学校和京东方人力资源部的就业对接工作。全年在绵阳 14 所高校的毕业生就业率达到 92.8%。

【科技城军民融合人才培养】2017 年，绵阳市首次开展军民融合人才培养学科（专业）团队建设申报工作，制定出台《绵阳市军民融合人才培养项目资金使用办法》，西南科技大学国防科技学院、九洲技师学院、中物院工学院、绵阳职业技术学院信息工程系争取到军民融合人才培养项目资助资金 320 万元。9 月，第五届中国（绵阳）科技城国际科技博览会上，清华大学、北京大学等 24 所国内高校到绵阳参加开幕式和相关论坛。派出代表团到北京大学、清华大学等 21 所国内高校洽谈校地合作事宜，洽商在绵阳办学、联合人才培养、进行项目合作、技术转化服务等政策，并形成《加强与重点高校开展深度合作的调研报告》专题调研报告，为市委、市政府决策提供依据。

【中国（绵阳）科技城高教联盟揭牌成立】2017 年 9 月 28 日，中国（绵阳）科技城高教联盟在西南科技大学揭牌成立。先后举行成立大会暨揭牌仪式、联盟第一届理事会、第一轮科技城高教改革与创新论坛。省教育厅副厅长汪小帆，中共绵阳市委常委、宣传部长张学民，绵阳市教体局局长胡东，以及在绵高校、科研院所的相关负责人参会。会议由西南科技大学校长陈永灿主持。会上，审议并通过《中国（绵阳）科技城高教联盟章程》，通过联盟理事会理事名单，推选出第一任理事长、副理事长，审议通过联盟秘书处秘书长、副秘书长及成员名单。中共四川省委教育工委书记、省教育厅厅长朱世宏任名誉理事长，西南科技大学校长陈永灿任第一届理事会理事长，绵阳师范学院院长李树勇、绵阳职业技术学院院长何礼果担任副理事长。西南科技大学成为联盟理事长单位，西南科技大学校党办校办主任王姮任秘书处秘书长。（杨进平）

中国国际人才市场国家科技城（绵阳）分市场

【概况】2015 年 9 月 20 日，中国国际人才市场国家科技城（绵阳）分市场授牌仪式在第三届中国（绵阳）科技城国际科技博览会闭幕式上举行。中国国际人才交流协会办公室主任刘永志为国家科技城（绵阳）市场授牌。2016 年，中国国际人才市场国家科技城（绵阳）分市场启动建设。分市场由绵阳科发集团天达投资开发有限责任公司承建，位于科创园创新中心二期 6 号楼，建筑面积 3533.88 平方米，使用面积 2120.33 平方米。整栋楼共 3 层，一楼、二楼为功能服务区，三楼为入驻机构办公区。7 月 5 日，分市场实体建成并正式对外运行。分市场学习借鉴广州、深圳、宁波、扬州、成都、重庆分市场的建设经验，立足绵阳实际，注重科技城创新中心二期公共服务设施互补，科学划分功能服务区域，前瞻性布局全链条人才服务设施设备，满足高端国际国内人才一站式公共服务、大型活动、会议、培训、商洽、远程（现场）面试、测评、运营机构办公等各项需求。分市场主要提供国际人才引进、劳务派遣、业务外包、代理招聘、人事代理、培训、劳动人事争议调解、企业咨询等服务。其核心定位是：为科技城人才战略提供支撑；为科技城企业和个人提供专业人力资源服务；打造国内首个军民融合人力资源运营平台，并通过线上线下服务，为绵阳、四川乃至西南地区建设人力资源体系、提升人力资源服务水平提供支撑。2017 年，通过分市场，柔性引进高层次外国专家 71 人次，执行各级引智项目 13 个，其中国家高端项目 1 项、天府高端项目 2 项、国家常规项目 5 项（22 个子项目）、省常规项目3 项，省示范项目 1 项，以及省人才办的创新示范项目 1 项。在分市场举办第五届科博会引进国外智力项目成果展示暨外国专家组织巡诊回访活动，来自省内市（州）30 余家企事业单位提交的 87 个项目需求与外国专家组织进行；对接洽谈，74 个项目达成；合作意向，对接成功率达 85%。

【中国国际人才市场国家科技城（绵阳）分市场全面对外运营】2017 年 7 月 5 日，中国国际人才市场国家科技城（绵阳）分市场正式在绵阳科技城创新中心揭幕并全面对外运营。市委、科技城党工委主要负责人出席并致辞，市人大常委会主任马华、市政协主席张锦明、省人社厅副厅长张光伟、省国防科工办机关党委书记唐毅、省委组织部副巡视员鲜仕荃、省外专局局长王建红、中科航天人才服务有限公司总经理杨志、国家外专局中国国际人才交流协会驻外机构管理处副处长陈淑凤、中国国际人才市场总经理助理陈晓蕾出席活动并为中国国际人才市场国家科技城（绵阳）分市场揭幕。市委常委、组织部部长岳勇主持活动，副市长蒋丽英介绍中国国际人才市场国家科技城（绵阳）分市场建设运营情况。市委秘书长邹若力，以及省委组织部、省人社厅、省国防科工办有关负责人，省内市州委组织部分管负责人，绵阳籍外地知名人士代表，部分在绵阳投资企业负责人，市级相关部门负责人，各县市区、园区有关负责人参加活动。揭幕式后，参加活动的代表对中国国际人才市场国家科技城（绵阳）分市场作参观考察。

【中国（绵阳）科技城法国高层次人才对接会】2017 年 4 月 8 日下午，绵阳市和全欧华人专业协会联合会主办的中国（绵阳）科技城法国高层次人才对接会在法国巴黎举行。市委、科技城党工委主要负责人，全法中国科技工作者协会理事长、巴黎高等师范学院教授、法国国家科研中心主任研究员陈勇出席并讲话。全欧华人专业协会联合会秘书长、源讯集团法国信息系统集成公司数据部负责人邢镔主持对接会，四川长虹电子控股公司董事长赵勇、高新区党工委书记夏明、四川九洲电器集团有限责任公司总经理孙仲参加。法国国家健康与医学研究院主任研究员陆核，法国华人汽车工程师协会主席、雷诺汽车集团发动机震动与噪音首席专家、NVH 总工程师汪善进，法国总理府法国战略与展望总署高级顾问倪金城等出席对接会并发言。绵阳科创区和市级相关部门负责人参加对接会。（赵梓宇）

金融服务

Financial Services

概　述

【概况】2017年，绵阳申建中国（绵阳）科技城军民融合金融综合改革创新试验区，成立军民融合金融服务中心、保险支公司等金融服务专营机构，全国首家军民融合科技支行、军民融合担保公司揭牌运营，天府（四川）股权交易中心军民融合绵阳分中心获批成立，覆盖军民融合银行、担保、保险、基金、证券等金融机构体系基本建成。全年全市军民融合企业贷款家数99家，军民融合贷款余额246.3亿元。

【应收账款融资服务试点】2017年，科技城应收账款融资额新增12亿元，达到43亿元。重点推动军民融合银行、保险支公司等机构创新服务产品，推出“军民融合补贴贷”“军工订单贷”“军融保”等专属金融产品，为军民融合企业提供保险风险保障超过1000亿元。强化信用贷款，探索专利权、商标权、股权质押、军工资质等全覆盖融资方式，推广军民融合金融专属产品。2017年，全市军民融合信用贷款129.80亿元，占军民融合企业贷款的52.7%。

【军民融合信贷融资】2017年，科技城推进多层次资本市场融资。牵头打造全省军民融合板，全市在天府（四川）股权交易中心挂牌企业总数达300家、居全省第二，其中军民融合板130家、居全省第一。建立拟上市发债后备企业数据库，全市入库企业350家，年内新增“新三板”挂牌企业2家，全市上市公司总数达到32家，居全省第二位。发挥绵阳科技城军民融合成果转化基金等系列基金的作用，挖掘金华洋、麦思威尔等10余个优质军工项目。2017年，全市实现直接融资和其他多渠道融资120亿元。加强“货币信贷政策+宏观审慎政策”双支柱调控框架，定期开展法人金融机构宏观审慎评估。引导金融机构围绕辖内供给侧结构性改革和精准扶贫要求，改善金融服务，银行信贷融资保持快速增长。截至12月末，全市金融机构本外币各项贷款新增196.27亿元，增量比同期多增68.22亿元；贷款余额增长11.75%，增速较2016年同期提高4.6个百分点。以央行科票通、军民融合票据通为抓手，引导金融机构定向支持科技型企业、小微企业。截至12月末，累计办理军民融合票据通1148笔，金额15.64亿元。办理“央行科票通”再贴现38.35亿元，办理“央行小微票据通”

24.22亿元。印发《绵阳银行业服务实体经济发展普惠金融十四条措施》等指导文件，引导银行业围绕科技城建设、全面创新改革、重点项目、小微企业等重点领域和金融服务薄弱领域进行信贷倾斜，支持供给侧结构性改革。全年全市银行业机构累计发放贷款1661亿元，比2016年多投贷款180亿元，对绵阳经济的信贷投放持续加大。指导成立银行业机构债权人委员会106家，涉及金融债权780亿元，切实帮助企业化解信贷风险。截至年底，全市有各类银行业机构30家(其中法人机构14家)，网点数量1047个，各项存款余额3687.17亿元，比2016年增加448.8亿元，增长13.86%；贷款余额1926.21亿元，比2016年增加212.25亿元，增长12.38%。

【资本市场健全】2017年，绵阳市建立拟上市发债企业数据库，入库企业达到350家，其中：4家拟上市企业进入全省IPO推进重点企业名单，18家中小企业进入全省“新三板”挂牌重点后备企业名单，12家国企及上市公司进入全省债券发行重点企业名单。年内新增“新三板”挂牌企业2家，全市上市挂牌公司总数达到32家，稳居全省第二位。截至2017年12月末，全市实现直接融资和其他融资120亿元。

【金融创新改革试验推进】2017年，绵阳市推动市商业银行成立全国首家军民融合科技支行，获批成立天府（四川）股权交易中心军民融合绵阳分中心，组建全国首家军民融合担保公司绵阳科技城科发军民融合融资担保有限公司；纵深推进应收账款融资服务工作，提升军民融合金融服务的水平，应收账款融资额达到43亿元；申建“绵阳科技城军民融合金融改革创新试验区”，形成《绵阳科技城军民融合金融改革创新试验区总体方案》上报国务院。制定印发《绵阳市“十三五”金融业发展规划》，推进市内存量金融机构入驻聚集，截至12月末，金家林金融集聚区开发面积10万多平方米，建成11栋办公用房及配套的金西湖，实现入驻金融机构10余家，达成意向性金融机构60余家，初步形成包括金融机构、金融市场、金融信息和金融服务平台在内的完整金融业态体系和后台服务体系。

【科技与金融合作发展】2017年，科技城创新推出“六大创新管理机制”和“四大创新营销模式”。建立信贷审批“绿色通道”，创新研发特色信贷产品。带领清科母基金、华控基金等国内知名创投机构深入长虹电源、长虹技佳、华丰等军民融合企业开展投融资精准对接服务。推动科技支行、科技保险、科技担保、科技小贷与科技租赁等专营金融机构建设，创新科技信贷、科技保险等科技金融产品/服务模式。截至12月末，全市科技型企业贷款余额261.58亿元，贷款企业1475家，专利权质押贷款累计3.54亿元。科技专营金融机构累计为495家科技型企业贷款47.58亿元。

【军民融合金融服务体系完善】2017年，绵阳市通过对上争取，获批成立全国首家军民融合科技支行、天府（四川）股权交易中心军民融合绵阳分中心、全国首家军民融合融资担保公司，推动申建“中国（绵阳）科技城军民融合金融综合改革创新试验区”。推动军民融合科技支行推出军民融合补贴贷、技改贷、订单贷等六种创新产品。推动军民融合保险支公司推出“军融保”系列保险产品，为40余家军民融合企业提供风险保障金额1000亿元。出台《金融支持军民融合发展的十条措施》《绵阳市深化应收账款融资服务试点工作实施方案》等政策措施，推动军民融合金融专属产品多层次推广。截至12月末，全市军民融合贷款余额246.3亿元，其中信用贷款129.80亿元，占军民融合企业贷款的52.7%；累计实现应收账款融资43亿元。

2017年科技城范围内股权交易企业一览

表36

序号	名称	融资时间	融资股价（元）	融资数量（股）	融资金额（元）	融资方式
1	新希望六和股份有限公司	2017.1.24	8.38	47780425	400,399,961.50	发行股份购买资产
2	中国金属利用	2017.6.1	2.17	74000000	160，520，000	配售

【股权交易】2017年，科技城范围内市无IPO首发，12家上市公司中有2家发生股权交易，主要是配股及增发新股。

【支付系统建设和运行管理】2017年，绵阳市组织开展全辖ACS账家基础信息核查工作，完成ACS系统的升级换版。改善农村支付服务环境，扩大电子商业汇票再贴现业务，截至12月末，累计办理大小额支付清算业务8.29万亿元，办理电票再贴现业务37.82亿元。加强第三方支付机构管理，对60余家商家进行现场真实性核查，召集银行及第三方机构负责人约见谈话15次。

【推进金融IC卡和移动金融应用】2017年，全市公交行业全部上线金融IC卡公交运用项目，并接入四川省金融IC卡暨移动金融基础服务平台。举办“科技绵阳.智慧出行.公交全支付上线”启动仪式，在全省率先实现公交“全支付工具运用”，7家省级金融机构、6家地市中支负责人亲临现场观摩指导。完成江油爱情谷金融IC卡闪付通道建设，实现闪付通关；推动绵阳市商业银行接入省交警缴罚项目，在全市61个网点开通金融IC卡交警罚没应用。截至年末，全市累计发行金融IC卡1125万张，存量占比58.7%。

【金融风险监测排查】2017年，绵阳市对辖区问题机构开展现场办公和现场检查，指导问题机构制定整改方案，落实整改措施；协调政府部门和典型企业稳妥处置大额不良贷款风险，改善银行营运质量。参与开展互联网金融风险专项整治，对绵阳市7家重点机构（其中P2P领域4家，第三方支付3家）进行分类清理，出具整治意见。规范法人投保机构存款保险评级、保费测算及保费征缴工作，改进完善投保手续，截至12月末，累计收缴保费2214.13万元。

【深化应收账款融资服务试点】2017年，市政府成立应收账款融资试点工作领导小组，印发试点工作方案和深化试点方案，推动各业务主管部门落实金融、财政配套支持政策。实施了核心企业名单制管理和主办行制度，引导金融机构创新推出“融易达”“供e融”“才升道”等信贷产品，实施三方系统对接，为核心企业各类供应商提供全方位融资服务，在全国首创以核心企业带动为特点的在线全流程应收账款融资“绵阳模式”，为支持中小企业发展、拓宽融资渠道、降低融资成本、提高融资效率探索出一条新路径。“绵阳模式”得到李克强总理、省委王东明书记等各级领导批示，并列入四川省全创改革10项复制推广工作经验清单。截至年底，全市167家资金提供方、6家核心企业和231家中小企业已开通中征平台用家，累计实现平台融资485笔金额82.77亿元，其中：长虹、九洲等4家核心企业累计支持52家供应商融资434笔金额22.74亿元。

【天府金融论坛绵阳分论坛】2017年11月24—26日，绵阳市政府与四川省金融工作局、四川省国防科学技术工业办公室、新华社中国财富传媒集团共同举办的“金融助力军民融合发展”天府金融论坛绵阳分论坛暨首届天府金博会绵阳馆在成都西部博览城成功举行。来自中央部委和省市政府的领导，知名军民融合专家，40余家上市公司和投资机构，20余家省级金融机构以及绵阳市金融机构和军民融合企业400余家参加本次活动，共议军民融合发展与金融创新。论坛上，绵阳市人民政府与四川省金融工作局签订《战略合作备忘录》，开启地方省级金融管理部门与绵阳市合作助推军民融合发展的新格局。中央电视台综合频道《新闻联播》、新闻频道《朝闻天下》、财经频道专题栏目进行宣传报道，人民网、新华社新华网、“今日头条”财经栏目等主要媒体均进行了专题报道，网易、搜狐、中国财富网知名门家网站刊登转载专题评论文章。

（董智钢）

社会信用体系建设

【概况】2017年，绵阳市按照《绵阳市社会信用体系建设规划（2015—2020年）》，为贯彻落实《四川省人民政府关于加快推进社会信用体系建设的意见》，市人民政府印发《关于加快推进社会信用体系建设的实施意见》（绵府发〔2017〕22号），建立完善信用法规制度和标准体系，扎实做好信用信息数据库、公共信用信息共享交换平台和“信用绵阳”网建设等基础性工作；加强政务诚信、商务诚信、社会诚信和司法公信建设，建立健全信用政策和法规体系，有序提升政府公信力、企业信用度、社会诚信意识、司法公信度；着力建立“有信可查、守信激励、失信必究、市场规范”的守信激励和失信联合惩戒机制；开展诚信宣传教育活动，提高社会诚信意识；努力打造“信用绵阳”“智慧绵阳”，创建国家社会信用体系建设示范城市。印发《绵阳市人民政府办公室关于加快推进行政许可和行政处罚等信用信息公示工作的通知》的基础上，完善并出台绵阳市公共信用信息归集、使用和管理、绵阳市社会信用体系守信激励和失信联合惩戒等制度文件。加强小微企业、科创企业、“三农”库网平台等基础设施建设，优化升级“绵阳市中小微企业信用服务网（科创融在线融资对接平台）”，持续开展企业信用信息采集，全市1732家中小企业信息入库入网。推进金融守信红名单企业评选和农村“三信评定”工作，引导金融机构创新“信贷+信用”产品，累计创新信用融资产品59个。加强征信合规性和查询用家规范性监管，全年对4家金融机构开展了专项征信业务检查，对存在问题的机构高管分别进行约见谈话。

【信用体系试验区建设】2017年，人民银行绵阳中心支行推动区域信用环境建设，以小微企业和农村信用体系、金融生态环境建设为重点，强化信用信息共享运用，整合多方资源，打造多功能的区域性综合融资服务平台——“绵阳市中小企业融资服务网”。建立中小微企业融资对接帮扶机制，联合组织开展“网上融资对接服务县区行活动”。以“信用+信贷”为基础，引导金融机构创新推出了“公积金信用贷”“税鑫融”等融资产品，精准助力小微企业融资和金融扶贫惠农。深化银税互动活动，全面推广“科创·税e贷”创新产品，支持信用等级高的科技型企业特别是军民融合企业获得信用与轻资产质押贷款。截至12月末，全市1732家中小微企业通过网上融资对接平台发布融资需求1990个，完成对接项目1617个，实现融资金额151.4亿元，其中“科创·税e贷”融资27.12亿余元。

【《绵阳市中小企业“住房公积金信用贷”实施方案》出台】2017年10月19日，绵阳市人民政府常务会议审议并通过《绵阳市中小企业“住房公积金信用贷”实施方案》（以下简称《实施方案》）。这是建设银行绵阳市分行根据中小企业住房公积金缴存记录，向薪金正常稳定的中小企业发放的、用于短期生产经营周转的可循环信用贷款业务，单家贷款额度最高为200万元，该模式在全省属首创。《实施方案》明确中小企业申请“住房公积金信用贷”，至少要连续两年正常缴存住房公积金，科技类型中小企业和军民融合企业至少连续一年正常缴存住房公积金。申请贷款时中小企业最近一次缴存住房公积金人数不少于10人，科技类型中小企业和军民融合企业最近一次缴存住房公积金人数不少于5人。同时，还要求企业近两年度人均住房公积金月缴存基数原则上应不低于企业注册地月最低工资标准的1.5倍。（张腾飞　李维怡）

金融业与税务服务

【概况】2017年，市政府出台《应收账款融资服务深化试点工作方案》，将应收账款融资服务“长虹模式”成功升级为“绵阳模式”。在全国率先实现应收账款全流程在线融资，供应商企业24小时内即可获得贷款。推动长虹供应链融资扩大到九洲、富临精工和新晨动力等核心企业；参与银行扩大到15家金融机构，实现核心企业应收账款融资业务线上和线下并行办理。截至12月末，全市167家金融机构及其分支机构、237家企业已加入中征平台，累计实现平台融资82.77亿元，是2016年的2.6倍。

【科技和金融结合试点】2017年，绵阳市制订出台《绵阳市科创企业融资培育与拓展计划》，推动辖内10家金融机构共设立科技金融专营机构13个，其中科技支行2个（全国首家军民融合科技支行）、科技金融服务中心8个、军民融合金融服务中心3个。推动专营机构开展“六专”制度机制建设，创新拓展科创·税e贷（累计发放27.12亿元）、税鑫融、科技企业公积金信用贷等金融产品的广度和深度。

【军民融合金融综合改革创新试验区申建】2017年，市政府金融办牵头制订《绵阳科技城建设军民融合金融综合改革创新试验区总体方案》，将“军民融合金融综合改革创新试验区建设试点”纳入科技城第13次部际协调小组会绵阳请求支持事项。推动北川出台《北川羌族自治县数字普惠金融最佳实践区行动方案》。加强数字普惠金融基础设施建设，北川3家重点机构通过电子银行、手机银行和自助机具等方式实现金融业务地理空间上的全域覆盖，且银行网点门柜业务替代率达到85.4%。

【非金融企业直接债务融资】2017年，绵阳市企业累计在银行间市场发行债券32亿元，其中支持绵投集团在全省地级城市中成功发行首笔10亿元永续中票。推动长虹、科发集团创新“军民融合债”“双创债”等债务融资产品，推动设立天府联合股权交易中心军民融合（绵阳）分中心、一批金融支持的军民融合企业成功挂牌。

【利率定价自律机制完善】2017年，绵阳市推动建立市场利率定价自律联席会议制度，组织辖内10家地方法人金融机构参与合格审慎评估，其中9家被评为全国利率定价自律机制观察成员，1家被评为全国利率定价自律机制基础成员。推动地方法人金融机构加快内部资金转移定价机制建设和定价信息系统建设，提高自主定价能力。

【跨国公司外汇资金集中运营业务】2017年，绵阳市成功报批并新增成员单位6家，可集中外债额度扩大至10亿美元，促进政策红利惠及更多企业。长虹集团、九洲集团2家企业在跨国公司外汇资金集中运营政策框架下累计归集和下拨外汇资金4.56亿美元。

【军民融合保险服务】2017年，人保军民融合支公司推出适合军民融合企业需求的“军融保”系列保险产品，包括“军融宝”一号企财险类、“军融宝”二号责任险类、“军融宝”三号信用保证类和“军融宝”四号员工福利类，基本覆盖了军民融合企业及人才的保险需求。产品服务上，平安财险推出综合金融服务，人保推出险资直贷与军民融合相结合的运作模式等。8月底，在市金融办的指导协助下，人保财险与一家三板上市公司初步达成承保意向，计划投保企业财产综合保险、产品质量保险、雇主责任保险等险种，保费金额30余万元。9月第五届科博览会期间，人保财险为参会厂商、工作人员、参观群众提供高达600万元的人身财产综合保险。

【铁骑力士名单制小额贷款全国项目实现放款】 2017年9月28日，绵阳市分行铁骑力士名单制小额贷款全国项目实现首批放款。绵阳市分行铁骑力士名单制小额贷款又称“一点接入”线上小额贷款业务，即邮储银行通过与铁骑力士合作，实现线下白名单客家收集推荐，线下白名单客户审查审批导入，最终由客家在手机银行申请支用贷款。该产品具有一个放款机构经办全国业务，快捷、高效，不受地域限制，节约人力物力成本，实现批量业务发展的特点，同时具有收集推荐简单、审查审批快速、网上支用方便、不受地域限制的优势。年末，分行为75名客户、投放贷款1302.65万元，有效解决“三农”融资难题，该项目预计投放额度1亿元。

【工商银行全面推进军民深度融合】 2017年，工行绵阳分行结合绵阳市全国重要的国防军工和科研生产基地的实际，融入全创改革试验工作中。在全国率先成立3家军民融合金融服务支行，根据军民融合“两高一轻”的特点，量身制定专属的融资产品“套餐”，全面铺开军民融合市场的产品创新、流程创新和服务创新，与绵阳市人民政府共建1亿元“高新技术企业风险补偿基金”，并先后推出“军民融合贷”“三板贷”“科技贷”“住房公积金信用贷”“投贷联动”“油e贷”等金融创新产品，服务军民融合企业191家，占全市军民融合企业的59%，全年新建军民融合企业信贷关系21家，累计授信81亿元，贷款余额突破40亿元，同业排名第一。

【中国银行绵阳分行】 2017年，中行绵阳分行贸易金融在供应链融资领域实现创新突破，为四川长虹首创“企业—人行中征平台—银行”三方直连线上融资模式，该模式被纳入全省全创项目，得到省政府、人行认可。同时围绕九洲集团及旗下军工成员打造“1+N”供应链融资服务模式，有效拓展供应商客家，全年线上线下供应链融资新增投放4.31亿元，同比增长287%。9月8日，作为唯一金融机构与四川省商务事务发展中心联合承办“中以高科技产业合作对接会”，对接会共吸引48家以色列方企业代表以及119家中方企业代表参加，行业涵盖通用航空、生物科学、现代农业、信息技术等多个领域。共收集到有效信息反馈表140份，其中有96份反馈显示双方有合作意愿。

【交通银行绵阳分行授权800亿元支持科技城建设】 2017年4月，交通银行绵阳分行与绵阳市政府正式签署金融服务战略合作协议，800亿元授信支持绵阳经济建设发展，在不懈开拓和超越中实现与广大客家的互利双赢；为加强税企银三方合作。10月，交通银行绵阳分行与绵阳高新区国税局、四川长虹电器股份有限公司联手打造全国首创的税企银服务平台——“税鑫融”平台。凭借项目优势，有效整合银税企三方资源，共建首家“税鑫融”综合服务大厅，积极为平台企业提供专属定制产品的一揽子金融服务。从中小企业的生产源头、渠道建设到销售拓展，融入交通银行“税融通”“优贷通”“缴税通”等特色定制服务，助力军民产业融合产业和中小微企业发展，助推“大众创业、万众创新”和普惠金融的发展。12月，交通银行绵阳分行与四川长虹集团财务有限公司合作，成功上线全国首家总行级战略创新产品财务公司财资管理系统(CAMS)。该系统以交通银行核心技术架构体系为基础，融合银行系统的操作理念和管理经验，为财务公司向其所属集团成员单位提供资金结算、存贷款业务、票据管理、国际业务、金融市场业务、网上金融、银企直联、报表报送等综合化金融业统建设服务，帮助财务公司搭建内部金融平台。

【邮政储蓄银行支持科技城建设】2017年11月15日，在绵阳市分行的牵头促成下，绵阳市人民政府与中国邮政储蓄银行四川省分行在绵阳举行战略合作协议签字仪式。绵阳市委副书记、市长刘超出席并致辞，邮储银行四川省分行党委书记、行长洪晓成出席并讲话。绵阳市副市长罗蒙、邮储银行四川省分行副行长刘强作为双方代表共同签署《绵阳市人民政府 中国邮政储蓄银行四川省分行战略合作协议》。仪式由绵阳市副市长韩圣健主持。根据协议，双方以党中央、国务院提出的全面建成小康社会思想为指导，以“优势互补、平等互利、实现共赢、共谋发展”为原则，在交通建设、旅游、现代农业、水务、节能环保、工业园区、棚家区改造、中小企业及相关区域经济建设上深化合作，邮储银行四川省分行拟在未来五年内向绵阳市提供不低于600亿元的意向金融贷款支持。

【浦发银行支持科技城建设】2017年，浦发银行支持绵阳科技城建设和经济社会发展，向绵阳新晨动力机械有限公司投放项目贷款4.3亿元、短期流动资金贷款3000万元，并签署全省首个票据池业务合作协议；向四川长虹电子控股集团有限公司投放短期流动资金贷款1亿元；向绵阳教育投资集团有限公司发放中期流动资金贷款9000万元；成交成都分行第一笔汇出汇款押汇业务731万美元。

【光大银行支持科技城建设】2017年，分行围绕绵阳市重点发展的“两新”产业和重点推动的传统优势产业提质增效，发展各类业务，支持实体经济发展及绵阳地方城镇化及项目建设，争取总分行信贷政策和贷款规模，将信贷资源向绵阳市重点发展的企业、项目和小微企业、“三农”经济、军民融合等民生领域倾斜。各项贷款余额26.78亿元，较年初增加3.01亿元，同比增长12.66%，其中军民融合贷款余额0.89亿元、科技型企业贷款余额7.56亿元、涉农贷款余额2.88亿元、小微企业贷款余额3.68亿元，实现对江油鸿飞、安州投资、花园投资、绵阳伟腾、金顺达等企业投放，帮助绵投债券融资计划成功实现高资理财5亿元投放。

【国税“放管服”改革】2017年，绵阳国税局打造“智税绵阳”服务品牌，逐步建成“网上办税为主、自助办税为辅、实体办税兜底”的纳税服务体系。推行“非接触式”办税，“非接触式”办税总比率在全省率先突破50%，发票办理及

资料链接：“科创·税e贷”。2015年9月，绵阳市国税局、人民银行、科知局、地税局、财政局等5部门联合推出“科创·税e贷”，有效降低科技型中小企业融资准入门槛，缓解科技型中小微企业“融资难、融资慢、融资贵”的难题。该产品是指金融机构针对科技型中小微企业轻资产特征，依托“绵阳市科技型中小微企业信用信息库网平台”，在风险可控前提下，依据企业信贷状况，综合参考平台发布的企业纳税信用等级、税款缴纳等信息，满足科技型中小微企业融资需求而创新开发的一种以信用贷款和轻资产质押贷款为主的金融产品。截至2017底，全市银行机构有针对性地开发“科创·税e贷”金融服务产品59个，累计为312家中小微企业发放贷款27.12亿元。

外管证等三项核心业务“非接触式”办理率达44.9%，较2016年提升39.81个百分点，居全省第一。全国首创财税资综合智能服务平台“税鑫融”，推广“科创·税e贷”金融服务，累计为312家科技型中小微企业提供信贷资金。

【地税服务】2017年，绵阳市地税局依托网线、无线和“12366”热线、“天府E税”、网上办税厅、自助办税终端、短信等互联互通平台，推广线上+线下纳税服务，全年受理热线话务8646件，推广网上纳税申报，全年网报达52.74万家次，入库税款33.26亿元，网报率89.73%。向各级金融机构推送1.73万家纳税信用信息，全市多家金融机构据此累计向1.67万家企业授信52.85亿元。向各级政府部门推送和反馈纳税信用690家次，反馈意见建议37条。（董智钢）

科技金融

【概况】2017年，绵阳科技城科技金融工作形成的“科金云”服务模式在全市推广，科技金融深度融合。年初，市深改办将“全市推广复制科技金融‘科金云’服务模式”纳入全市创新改革清单，形成齐抓共管格局。组织相关人员深入各县（市）区、园区宣传培训科技金融相关政策、具体举措、未来发展规划等内容，指导科创园区、高新区和江油市先行先试，“绵科云”服务模式推广取得良好成效。科创园区出台贷款贴息、改制上市，引进基金、保险、担保等金融机构配套政策；江油市出台《江油市促进科技和金融结合试点工作方案》。

【科技金融平台保障】2017年3月1日，全国首家军民融合科技支行的成立并揭牌，是绵阳构建军民融合金融服务体系的又一探索。科创园区引进科技城军民融合成果转化基金、中介产业投资基金、硅谷天堂等10余家天使、VC、PE在园区设立机构，成立天府（四川）联合股权交易中心军民融合绵阳分中心，设立1000万元的双创孵化投资基金。高新区启动了全国首创的绵阳“税鑫融”财税资综合智能服务平台，并对首批参与税鑫融平台的1300家企业给予平台年费服务补贴。通过融鑫孵化器争取到涪城区联社为在孵企业授信1亿元。江油市设立300万元的“风险池”资金，成立3家科技型中小企业金融服务中心，开发一些适合当地企业发展的科技信贷金融产品。

【完成“新四板”市场挂牌】2017年，科技城按照省、市统一安排部署，动员全市近500家科技型中小企业参加动员会、填报挂牌申请表等，推进科技型企业在天府（四川）股权交易中心科技金融板、军民融合板和双创企业板挂牌。组织28家科技企业到成都国际会展中心参加由省委省政府组织的天府（四川）股权交易中心全省四板市场集中挂牌仪式，6对金融机构与科技企业签约。至年底，全市企业在天府（四川）股权交易中心挂牌总数达337家，其中军民融合板130家、科技金融板148家、双创企业板50家，居全省第二。

【科技型企业开展投融资对接】2017年，绵阳市组织清科母基金、华控基金、中南合尚、和兼固资本等具有雄厚的资金实力、优秀的管理团队、丰富的军工资源和优良的投后服务水平的创投机构，到长虹电源、科西奥、奇石缘等军民融合企业开展投融资对接服务，共同推动绵阳军民融合创新改革试验区打造。组织NYIC纽约国际资本集团、海成投资等机构到长虹集团、九洲集团、东材集团、利尔化学、新晨动力和富临精工等上市公司，与企业负责人、财务主管等高管座谈，一一了解企业发展状况、需求情况、海外发展构想、并购标方向等，寻求合作意向，为企业“引进来、走出去”的国际化发展格局打下坚实基础。

【科技信贷融资发展】2017 年 10 月 31 日，市住房公积金中心、市科知局、建行绵阳分行主办的绵阳市住房公积金信用贷款推进会在长虹技术中心成功召开，住房公积金信用贷款属全省首创。科技信贷专营机构已累计创新推出“金铀子”“金种子”“军工资质贷”“税鑫融”和“住房公积金信用贷”等 50 多个科技信贷产品。截至 12 月末，在科技信贷专营机构的示范引领下，全市科技型企业贷款余额 257.2 亿元，贷款企业 1625 家，专利权质押贷款累计 3.56 亿元。

【科技保险发展】2017 年，人保财险设立全国首家军民融合支公司，推出“军融宝”系列产品，包括财产类、责任类、信用保证类等保险。科技保险取得突破性发展，与 2016 年统计情况相比，参保企业从 8 家发展到 33 家，增长率 312.5%；保费收入从 311.06 万元增加到 1134.62 万元，增加率 364.8%；市财政保费补贴从 79.72 万元提高到 217.74 万元，提高率 173.13%。

【科技金融高峰论坛暨投融资对接会】2017 年 9 月 7 日，第五届科博会科技金融高峰论坛暨投融资对接会在绵阳举行，旨在共同探讨促进科技金融结合的最佳模式。该对接会由科技部资源配置与管理司、中国科学技术发展战略研究院指导，四川省科技厅、绵阳市政府主办。中国科学技术发展战略研究院院务委员、科技投资研究所所长郭戎，省全创办副主任石涛，省金融工作局副局长王琳，省高新技术产业金融服务中心主任程劲，绵阳市委常委、副市长杨学宁出席会议。副市长孙福全主持会议。400 余名省内外创投精英、科技型企业负责人、知名学者、相关职能部门代表参会，围绕“科技变革，金融创新”“科技金融试点怎么‘试’”等主题进行主题演讲和探讨。该对接会上，231 家企业与 114 家知名创投、金融机构实现对接，四川零点自动化系统有限公司等 8 家科技型企业进行项目路演和融资对接，获融资金额 1.43 亿元。

【绵阳市住房公积金信用贷】2017 年 10 月 19 日，绵阳市为建设服务型政府，破除中小企业融资困难，市政府第 29 次常务会通过《绵阳市中小企业“住房公积金信用贷”实施方案》。同月，市住房公积金中心联合市科知局携手工商银行绵阳分行、建行绵阳分行，建立银政合作新模式，联合推出“科技型中小企业住房公积金信用贷”创新融资产品，使“住房公积金信用贷”从个人消费扩大至中小企业，为全省首创。该产品规定，企业只需正常为职工缴存住房公积金，就可以凭缴存信息到银行贷到最高为 200 万元额度的信用贷款，且不需要提供财产抵押或第三方担保。10 月 31 日，在绵阳市住房公积金信用贷推进会上，西科种业、四川福德、四川聚强等 15 家为职工缴纳了住房公积金的中小企业分别与建设绵阳分行、工行绵阳分行签署“住房公积金信用贷”协议，取得两家银行的低息授信，共计 1440 万元，其中 2 家企业向工行绵阳分行申请的公积金信用贷款 210 万元于当天放款。

（李芝军）

资料链接：科技型中小企业申请“住房公积金信用贷”需满足五个条件：

一是至少连续一年正常缴存住房公积金；

二是申请贷款的最近一次缴存住房公积金人数不少于 5 人；

三是企业年度人均住房公积金月缴存基数不低于全市的最低工资标准；

四是在银行开立对公结算帐户；

五是符合银行的其他规定。

政府投资基金管理

【概况】2016年，绵阳市发起设立4支投资基金，总规模为34.5亿元。首期设立两支产业发展基金，即绵阳科技城军民融合发展基金、绵阳科技城“两新”产业发展基金，基金规模各5亿元。两支基础设施建设基金，分别为绵阳科技城城市基础设施建设基金，基金规模12亿元；绵阳科技城集中发展区基础设施建设基金，基金规模12.5亿元。发起设立全国首支军民融合成果转化基金，规模为20亿元。

【科技城城市基础设施建设基金】2016年8月，绵阳聚融公司发起设立，基金规模为12亿元，其中绵阳聚融公司代表市政府引导基金实缴出资2亿元，交银国际信托有限公司实缴出资10亿元。2016年11月，基金资金12亿元全部到位。2017年，基金已投资于平政桥和花园雨污水改造提升、美丽绵阳亮化工程等城市基础设施建设以及农业水利、社会公益事业、公共服务等多个领域的46个项目，累计完成投资金额10.43亿元。

【科技城集中发展区基础设施建设基金】2016年11月，绵阳聚融公司发起设立，基金规模为12.5亿元，其中绵阳聚融公司代表市政府引导基金实缴出资2.5亿元，华宝信托有限责任公司实缴出资10亿元。基金资金12.5亿元于2017年1月全部到位，截至年底，基金已投资于科技城集中发展区综合管廊等城市基础设施建设以及社会公益事业、公共服务等多个领域的20个项目，累计完成投资金额10.31亿元。

【科技城两新产业发展股权投资基金】2016年6月，绵阳聚融公司发起设立，基金规模为5亿元，其中四川产业振兴发展投资基金管理有限公司与绵阳聚融公司分别代表省市两级政府引导基金共同出资25%，成都川商财富股权投资基金管理有限公司作为基金管理机构出资1%，募集社会资本74%。2017年，已完成投资并成功退出产业项目1个，为绵阳本地军民融合企业四川湖山电器公司增资扩股项目，投资金额1000万元。

【科技城军民融合产业发展投资基金】2016年12月，绵阳聚融公司发起设立，基金规模（首期）为5亿元，其中绵阳聚融公司代表市级政府引导基金出资25%，四川鼎浩发展股权投资基金管理有限公司作为基金管理机构出资1%，募集社会资本74%。2017年，绵阳聚融公司积极配合基金管理机构在绵阳的项目考察与筛选工作，已经初步达成意向投资协议的企业10余家，涉及绵阳市各个行业的军民融合企业，其中与四川长虹、九洲集团的意向合作正在推进，届时本基金将为绵阳促进产业发展和转型升级发挥重要作用。

【科技城军民融合成果转化股权投资基金】2016年4月，该基金在绵阳市委、市政府倡导下成立，规模20亿元，是专注于军民融合技术的科技成果转化的创业投资基金，主要投资于高技术军民融合企业成果转化类项目。基金由硅谷天堂集团公司和四川长虹集团公司共同组建的绵阳科技城硅谷天堂军民融合股权投资基金管理有限公司担任基金管理人，管理人注册资本1500万元已到位，其中硅谷天堂集团公司和四川长虹集团公司分别出资1350万元和150万元。2017年，基金在绵阳开展高新技术企业融资等融资辅导培训会，推进企业融资、挂牌上市。引进绵阳铁研博发科技有限公司、绵阳海迅自动化技术有限公司、绵阳沃美新材料科技有限公司和绵阳好电能源科技有限公司四家科技企业，在科创区完成注册。基金公司还储备大功率硅基新材料LED芯片、新一代半导体5G滤波器、超高速气浮轴承等一批高技术军民融合转化项目。（南武卫）

附　录
Appendix

国务院关于绵阳科技城“十三五”发展规划的批复

国函〔2017〕44 号

科技部、四川省人民政府：

你们关于报请审定绵阳科技城“十三五”发展规划的请示（国科发高〔2017〕19 号）收悉。现批复如下：

一、原则同意《绵阳科技城“十三五”发展规划》（以下简称《规划》），请认真组织实施。

二、《规划》实施要高举中国特色社会主义伟大旗帜，全面贯彻党的十八大和十八届三中、四中、五中、六中全会以及全国科技创新大会精神，深入贯彻习近平总书记系列重要讲话精神和治国理政新理念新思想新战略，认真落实党中央、国务院决策部署，继续坚持科学发展，全面实施创新驱动发展战略和军民融合发展战略，以推进供给侧结构性改革为主线，以深化科技体制机制改革为动力，以深入推进科技领域军民融合为基础，以创新创业人才队伍建设为保障，大力推进简政放权、放管结合、优化服务改革，积极营造大众创业、万众创新的良好氛围，充分激发各类主体创新潜能，着力增强科技创新能力，加快建立军民融合创新体系，推动军民科技基础要素融合，有效提升军民融合创新水平，切实抓好全面创新改革试验，健全完善对外开放合作机制，加快推进产业提质增效和转型升级，汇聚起经济社会发展的强大新动能，主动发现、培育、运用可服务于国防和军队建设的前沿尖端技术，最大限度实现民为军用，努力把绵阳科技城打造成为创新驱动发展的试验田、军民融合创新的排头兵和西部地区发展的增长极。

三、四川省要切实加强对《规划》实施的组织领导，加大统筹协调力度，整合多方创新资源，深化体制机制改革，分解细化工作职责，明确时间表和路线图，确保《规划》提出的各项目标、任务和政策措施落实到位。

四、绵阳科技城建设部际协调小组各成员单位以及国务院其他有关部门要结合各自工作职能，完善和落实相关政策措施，积极支持绵阳科技城开展重要改革试点和承担相关任务并加强指导。科技部要发挥好牵头部门作用，会同有关部门加大统筹力度，做好《规划》实施的组织协调、督促检查和跟踪评估，重大问题及时向国务院报告。

五、关于《规划》的主要目标及相关数据，请科技部和四川省负责，根据实际情况作必要测算、修改和审定。

国务院

2017 年 4 月 7 日

绵阳科技城“十三五”发展规划

建设绵阳科技城是党中央、国务院做出的重要战略决策。为深入实施创新驱动发展战略和军民融合发展战略，加快绵阳科技城建设与发展，充分发挥引领带动作用，根据《国家创新驱动发展战略纲要》《中华人民共和国国民经济和社会发展第十三个五年规划纲要》和《“十三五”国家科技创新规划》，特制定本规划。

一、发展基础与形势

（一）发展基础

“十二五”期间，绵阳科技城深入贯彻落实创新驱动发展战略，牢牢把握军民融合发展上升为国家战略的机遇，全面推进《绵阳科技城发展规划（2011~2015 年）》实施，抢抓机遇、开拓创新，着力打造创新创业、产业承载、开放合作和政策支撑四大平台，努力取得创新型、开放式、突破性发展，初步探索出了一条以创新驱动为引领、军民融合为特色的发展路径，在促进军民融合发展、提升创新创业活力、优化升级产业结构等方面取得了显著成绩。

2015 年，绵阳科技城实现地区生产总值（GDP）1201 亿元，占绵阳市 GDP 的 70.63%，高新技术产业产值 1375 亿元，研发经费支出占 GDP 比重达到 6.53%，科技进步综合水平指数达到 68.28%，基本完成《绵阳科技城发展规划（2011~2015 年）》确定的各项指标任务。

——军民融合路径探索持续深化。绵阳科技城积极探索军民融合发展新路径，创新军民融合模式和机制，军民融合整体优势明显提升。绵阳科技城军民融合科技创新示范基地加快建设。“军工自转”“院企联转”“院所自转”和“民企参军”四种军民融合发展模式持续深化，军地互动交流、资源共享、国防保障、军产学研协同创新四种机制更加完善。建成了核技术应用、空气动力、发动机高空试验等一批具有国际先进水平的军民两用资源共享平台。军地、院地对接合作紧密，军民两用技术转化和产业化加速推进。中国工程物理研究院军民融合产业示范园、西南应用磁学研究所电子元器件产业园等加快建设。军民融合企业从 2010 年的 120 家增加到 446 家，2015 年实现军民融合产业产值 1690 亿元。

——自主创新能力持续提升。绵阳科技城着力加快创新平台建设，不断完善区域创新体系，创新驱动发展能力大幅提升。拥有国家级科研院所 18 家、高等院校 14 所，建成国家重点（工程）实验室 9 个、国家工程技术研究中心 5 家、国家级企业技术中心 8 家。“十二五”期间，在绵国防科研院所、大学和企业承担了战略武器、高技术装备、载人航天等重大国防科研生产项目1000余项，累计申请专利23985件，获得专利授权13355件。依托国家重大科技专项，科学新城、空气动力新城、航空新城（以下简称“三新城”）建设取得阶段性成效，为打造世界一流高精尖重大专项技术创新基地奠定了坚实基础。2013年，绵阳市荣获全国科技进步先进市称号。

——成果转化步伐持续加快。积极构建科技创新服务体系，加速科技成果转移转化和商业化应用。工业技术研究院、中科创新育成中心、军民两用技术交易中心、技术转移中心等成果转移转化平台加快建设，建成创新中心、西南科技大学国家大学科技园等孵化器43个，建立了新能源汽车、北斗卫星导航等产业技术创新联盟14家。实施“涌泉计划”，科技型中小企业超过7000家，转移转化科技成果1000余项。积极开展国家科技金融结合试点工作，建立“信贷融资风险池”，新设立威盛创投基金、长虹创投基金。中国（绵阳）科技城国际科技博览会(以下简称科博会）作为科技成果聚集与交易的重要平台，三届共签约项目1405个，签约金额2368.6亿元。

——创新人才队伍持续壮大。积极探索开放合作的人才发展机制，着力引进、培养、激励创新创业人才，大众创业、万众创新的生态环境更加优化。建立人才优先发展试验区，实施“千英百团”聚才计划，成立国家外专局中国国际人才市场绵阳科技城分市场，建设中国空气动力研究与发展中心军队科技人才创新创业基地，建成3个省级博士后创新实践基地、1个省级高技能人才培训基地和4家院士（专家）工作站。持续举办中国创新创业大赛军转民大赛。设立每年6000万元的人才发展专项资金，年均引进各类人才2万余名。目前，已聚集两院院士26名、“千人计划”专家49名、享受政府特殊津贴专家近1000名，各类专业技术人才21.7万名。著名核物理学家、“两弹一星”功勋于敏院士获2014年度国家最高科学技术奖。

——产业转型升级持续提速。坚持把高新技术产业和战略性新兴产业发展作为产业发展的主攻方向，突出大项目带动、大企业引领，以打造国家新型工业化产业示范基地为重点，加快集中发展区、特色园区等产业承载平台建设，推动产业集聚集约集群发展。电子信息、汽车及零部件等优势产业不断壮大，高新技术产业增加值占工业增加值比重达到53.7%，产业发展水平明显提升。信息安全和下一代互联网、新能源汽车、航空与燃机、北斗卫星导航等战略性新兴产业蓬勃发展。重大产业项目加快推进，国家发展改革委军转民高技术产业链专项第二批14个项目加快实施，宝马N20发动机、川汽新能源汽车等24个重点项目竣工投产。大企业带动作用凸显，长虹集团成为家电行业唯一同时获两项国家科技进步奖的企业，2014年销售收入突破1000亿元；九洲集团销售收入5年增长超过10倍，大企业大集团带动了一大批配套中小型企业集聚发展。

——体制机制创新持续推进。坚持深化改革，创新体制机制，国家、省、市三级联动的政策体系更加完善、政策支持更加有力。国务院同意绵阳科技城执行国家自主创新示范区先行先试政策。四川省政府出台了《关于加快推进绵阳科技城建设的指导意见》和《支持绵阳科技城加快建设的政策措施》。绵阳市制定出台了30余项支持创新创业的政策。绵阳科技城管理委员会行使省级经济管理权限，显著提升了政务服务效率。完善了院地、军地联席会议制度，开展国防科技成果转移转化、军工企业市场化改制等探索，为科技体制改革和军民融合创新探路破冰。

绵阳科技城建设取得了重大成效，但还存在军民融合体制机制障碍、军民融合深度发展政策亟待突破、企业整体创新能力不强、产业发展质量不高、产业结构不尽合理、市场主体培育有待进一步加强等问题。

（二）发展形势

从国际发展趋势看，新一轮科技变革和产业革命加速推进，新经济浪潮正在兴起。信息技术、新材料、生物技术等领域技术变革步伐加快，技术创新与商业模式创新、产业组织创新、金融资本创新深度融合，新技术、新模式、新业态、新产业不断涌现，以创新创业为核心的新经济浪潮席卷全球主要发达国家和新兴经济体，全球产业竞争格局加快重塑。绵阳科技城必须把握新科技产业革命机遇，进一步增强发展活力，加快推动产业价值链走向中高端，培育壮大新兴产业增长点，实现产业创新发展。

从国内发展形势看，我国经济步入新常态，创新驱动发展战略深入实施，军民融合发展上升为国家战略。在经济发展新常态下，经济发展方式加快转变，新的增长动力正在孕育形成，发展动力由要素驱动、投资驱动向创新驱动转变，大众创业、万众创新成为推进经济增长的新引擎。“中国制造 2025”和“互联网+”行动计划引领中国产业转型升级。绵阳科技城进入国家自主创新示范区政策先行先试序列，站在创新驱动发展前沿，必须主动适应新常态，深入实施创新驱动发展战略，深化探索军民融合新路径，打造支撑国家战略、引领地方发展的新引擎。

从区域发展布局看，国家深入推进西部大开发，规划布局“一带一路”和长江经济带，为绵阳科技城开放发展提供了更大发展空间和更多发展机遇。国家在部分区域系统推进全面创新改革试验，四川省深入实施多点多极支撑、“两化”互动城乡统筹、创新驱动三大发展战略，绵阳科技城优势将得到进一步发挥。成绵乐城际铁路开通，加速推动成都平原城市群一体化发展，绵阳科技城创新要素集聚能力进一步增强。抓住和用好这些重要机遇，绵阳科技城不仅可以保持经济快速增长良好势头，还可以蓄势突破，实现跨越发展。

绵阳科技城站在新的历史起点上，处于重要战略机遇期，必须坚持全球视野、国家使命，探索出军民融合创新驱动发展的新路径，形成可复制、可推广的新模式，激活新常态下的发展新动力。

二、指导思想与发展目标

（一）指导思想

高举中国特色社会主义伟大旗帜，全面贯彻党的十八大和十八届三中、四中、五中、六中全会以及全国科技创新大会精神，深入贯彻习近平总书记系列重要讲话精神和治国理政新理念新思想新战略，认真落实党中央、国务院决策部署，继续坚持科学发展，全面实施创新驱动发展战略和军民融合发展战略，以推进供给侧结构性改革为主线，以深化科技体制机制改革为动力，以深入推进科技领域军民融合为基础，以创新创业人才队伍建设为保障，大力推进简政放权、放管结合、优化服务改革，积极营造大众创业、万众创新的良好氛围，充分激发各类主体创新潜能，着力增强科技创新能力，加快建立军民融合创新体系，推动军民科技基础要素融合，有效提升军民融合创新水平，切实抓好全面创新改革试验，健全完善对外开放合作机制，加快推进产业提质增效和转型升级，汇聚起经济社会发展的强大新动能，主动发现、培育、运用可服务于国防和军队建设的前沿尖端技术，最大限度实现民为军用，努力把绵阳科技城打造成为创新驱动发展的试验田、军民融合创新的排头兵和西部地区发展的增长极。

（二）基本原则

——科技引领。把科技创新摆在核心位置，加快军民两用技术转移转化，支撑引领绵阳科技城创新发展。

——军民融合。统筹经济建设和国防建设，强化军地、院地双向互动，实现资源共享、科技协同、产业融合。

——市场导向。坚持需求牵引，充分发挥市场在资源配置中的决定性作用，培育壮大市场主体，激发全社会创新创业活力。

——改革创新。坚持问题导向，勇于先行先试，积极探索破解制约创新驱动发展的体制性障碍、结构性矛盾和政策性问题。

（三）发展目标

到2020年，绵阳科技城在军民融合、科技创新、产业发展、开放合作、城市建设、体制机制等方面取得新突破，主要发展指标实现翻番。

——军民融合深度发展。军地协同发展成效显著，部分重点技术领域取得重大突破，体制机制障碍得到有效破解，先行先试政策试点取得重大进展，军民融合产业实现集聚发展。到2020年，军民融合产业产值实现翻番，达到3300亿元。

——创新创业蓬勃发展。科技创新能力显著增强，创新创业平台加快建设，大众创业、万众创新全面推进。到2020年，研发经费支出占GDP比重达到6.8%，孵化平台面积达到150万平方米，科技型中小企业达到1万家。

——产业结构优化升级。电子信息等优势产业发展壮大，新能源汽车等战略性新兴产业初具规模，科技服务、电子商务等现代服务业加快发展。到2020年，高新技术企业数实现翻番，达到230家；高新技术产业产值占工业总产值的比重达到60%；服务业增加值占GDP比重达45%。

——综合实力显著增强。经济总量实现跃升，公共服务水平大幅提升，城市功能更加完善，建成宜居宜业和谐的人居环境。到2020年，城镇居民人均可支配收入达45372元；地区生产总值基本实现翻番，突破2000亿元。

（四）空间布局

按照集约集聚、产城融合发展理念，优化功能分区，科学开发建设，构建“一核三区多园”空间发展格局。

“一核”：绵阳科技城集中发展区，包括涪城区、游仙区、安州区等部分连片区域。重点承载军民融合产业、高新技术产业、战略性新兴产业发展以及科技创新、创业孵化、城市服务等功能。集中布局重大产业化项目、重大科技创新设施，建成以军民融合为特色的创新驱动发展核心载体。

“三区”：绵阳国家高新技术产业开发区、绵阳经济技术开发区、科教创业园区。重点承载高新技术产业、战略性新兴产业发展、创新创业服务等功能，发展先进制造业、新兴服务业，建成绵阳科技城产业发展的重要平台。

“多园”：科学新城、空气动力新城、航空新城重点承载国家重大科技专项落地，建成高精尖军民两用技术创新基地。金家林总部经济试验区、游仙经开区、江油工业园、安州工业园、三台工业园、北川经开区、梓潼经开区、盐亭经开区等特色产业园区重点承载传统产业改造提升功能，带动区域经济发展。

三、推进军民融合深度发展

坚持协调发展，加快探索经济建设和国防建设融合发展模式，系统推进全面创新改革试验，开展军民深度融合系统性、整体性、协同性改革。着力彰显特色，丰富融合形式、拓展融合范围、提升融合层次，聚焦探索军民深度融合发展新模式、新路径，构建军民融合创新转化、产业培育、人才开发、开放合作、服务保障“五大体系”，加快形成全要素、多领域、高效益的军民融合深度发展格局。

（一）加强军地科技协同发展

深入推动军地科技资源融合。围绕军品科研生产和工业转型升级，统筹优势产业领域各种创新资源，逐步形成数量广泛、布局合理、跨地区、跨行业的军民融合发展协作创新链。完善大型科学仪器资源共享服务平台，建立产学研主体间资源共享服务机制。探索完善保密防范措施，推进国防科技重点实验室、军工重大实验设施等向民口开放，分类推进国防科技重点实验室、国防重点学科实验室、先进制造技术研究应用中心等开放共享。健全信息发布和共享制度，收集民口前沿、先进技术和优质产品的资源信息并动态调整，集中与军工单位对接。按行业收集军工科研生产需求，面向社会优势能力单位定向发布。加强军地科学数据、科技文献、科技资源、科技环境整合，构建网络化科技资源共享体系。

推进军民两用技术双向转移。围绕核技术、空气动力、航空发动机、应用磁学以及信息与控制技术等优势领域，推进军民两用技术研发和转移转化。对接国家军民融合公共服务平台和装备采购信息发布公共服务平台，建设完善绵阳科技城国家军民两用技术交易中心、技术转移中心，构建科技成果解密、转化评审机制，建立军民两用技术成果库。加快军工技术成果推广应用，推动先进适用民用技术向军用转移，加速产学研用结合，推动工业领域标准军民通用化。建立国防科技协同创新机制和军民两用技术再研发机制，以国家和军队重大专项为切入点，军地组建联合研发团队，开展军民两用技术联合攻关。支持民口单位广泛参与军民两用技术研发，鼓励军工采用先进适用民用技术。支持中国工程物理研究院、中国空气动力研究与发展中心、中国燃气涡轮研究院等国防科研院所承担民口专项。

加速推进国防科技成果转化。以知识产权、成果解密、技术转化评价、技术人员激励为切入点，推进国防科技成果转移转化和产业化。深化科技成果使用权、处置权、收益权改革，推动在绵国防科研院所开展军工技术成果解密试点工作，促进向民用领域的转化应用。在符合安全保密的前提下，允许国防知识产权持有单位和个人向民用领域转让，并获得收益。推进提高科研人员成果转化收益比例改革，强化国防科研技术人员考核激励，将知识产权创造、运用和科技成果转化作为对机构及技术人员评价的依据。坚持政府引导、市场主体、利益联结，探索军转民技术成果转化的交易方式、流程及知识产权归属和利益分配模式，建设国家知识产权示范城市。支持中国工程物理研究院技术转移中心、中科创新育成中心、科技城工业技术研究院、四川省军民融合研究院发展。

推动军地科技创新人才交流培养。建立军民融合人才体系，建立部队和军事院校与地方高校、企业的科技人才交流制度。率先建立军民融合人才培养、引进、使用、激励和评价机制。支持西南科技大学国防学院建设，开展军地科技人员、企业家专项培训。建立军民两用人才共享数据库。支持军队依托高等院校、科研院所、企业做好军事人才再教育。支持企业培育军民两用技术人才和管理人才。

（二）推进军民融合重点领域突破发展

依托中国工程物理研究院、中国空气动力研究与发展中心、中国燃气涡轮研究院、西南自动化研究所、西南应用磁学研究所等国防科研院所，拓展绵阳科技城军民融合范围，推进核技术应用、空气动力、航空发动机、信息与控制技术、军民两用特种新材料等一批军民融合重点领域突破发展。

——核技术应用。重点突破核电子学、核化学化工等系列核技术，推动核技术在工业、农业、医疗、卫生、环境等领域应用。推动建设国家核医学基地。

——空气动力。加速推进空气动力学研发应用，提升空气动力试验、风洞试验能力。将空气动力学技术应用于风能发电、脱硫脱硝、航空航天飞行器、无人机、传感器及测控系统等领域。

——航空发动机。大力促进航空发动机大型试验与航空科技产业一体化，推进涡轮风扇发动机研发、高空台大推力发动机试验。加快军民两用高空模拟试验中心、燃气轮机燃烧室试验研发中心和燃气轮机动力涡轮研发中心建设。

——信息与控制技术。加强装备信息与控制技术研究，推动工业自动化工程技术研发，大力发展数控技术及产品、电量隔离技术及产品、核辐射监测与控制技术等军民两用技术和产品。

——军民两用特种新材料。重点支持军民两

用电子信息材料、磁性材料、先进高分子材料、钛金属材料的研发和产业化应用。突破纳米技术、高纯材料技术、高性能合金技术、半导体材料技术等一批关键技术。

(三) 推动军民融合产业加快发展

规划建设军民融合产业发展核心载体。在绵阳科技城集中发展区规划30平方千米军民融合产业集聚集约发展重点区域，集中承接国家布局的重点国防科研院所、重大专项，并重点吸引和聚集一批全国军民两用技术成果及军民融合企业集约发展。加快建设科学新城、空气动力新城和航空新城，推动中国工程物理研究院军民融合产业园、西南应用磁学研究所电子元器件产业园等专业园区建设。

培育壮大军民融合产业新的增长点。加强政府投资引导，发挥军工在技术、设备、人才等方面的优势，支持卫星导航、信息安全、航空与燃机、智能装备制造等军工高技术产业化发展。对技术水平高、发展前景好、符合国家产业发展方向及被列入《军用技术转民用推广目录》和《民参军技术与产品推荐目录》的项目给予重点支持。

落实一批军民融合重大产业化项目。加快建设军民融合产业化基地。集中布局在绵国防科研院所技术资源和有产业化发展前景的科研成果，推动在绵单位与军工集团及相关军兵种开展务实合作，共搭平台、共建项目、共享资源、共促转化，对接一批合作项目，推进一批洽谈项目，策划一批推介项目，推动一批“民品参军”项目，支持各军工集团尖端技术和前沿项目在绵阳科技城就地转化，支持企业牵头承担军民融合的重大科技项目。

(四) 创新军民融合发展体制机制

推动军工企事业单位改制重组。推动具备条件的军工企业改制上市，鼓励社会资本进入，积极发展混合所有制经济，推动国防科研院所分类改革，支持主要从事生产经营活动的军工科研院所企业化改制，建立现代企业制度。建立军工科研院所在川转化科技成果奖励补助机制，引导军工科技成果就地转化。支持军工科研院所积极申请国家重大工程、重大装置、重大项目并在绵落地。支持军工集团公司在资本市场上融资，支持军工资产注入上市公司，充分释放活力。

创新军地供应采购合作机制。依托全军武器装备采购信息网、国家军民融合公共服务平台等互联网信息平台，鼓励民营企业参与武器装备科研生产和维修。推动绵阳科技城高新技术、产品在军事领域的应用，发挥军队物资集中采购效能，探索军地联合物资供应保障模式。改革完善武器装备市场准入管理机制，引导支持各类符合条件的民营科研院所、企业等市场主体进入军工装备科研生产领域。探索推进军地技术标准统一，加大军地知识产权的创造、运用、保护和转移转化力度。

建立促进军民融合发展的投融资机制。设立省级军民融合发展科技创新专项资金，重点为在川国防预研项目配套，支持、引导符合条件的军口、民口企事业单位及社会资本参与军工科研生产和地方经济建设。鼓励开发性和政策性银行、大型商业银行在绵分支机构结合各自职能定位和业务范围，加大对军民融合发展产业支持力度，开展知识产权质押等金融创新业务。开展国防科技工业投资改革试点，探索建立地方投资、民间投资等多元化、多层次的军民融合投融资机制。

建立国际高新技术交流合作机制。统筹考虑和综合运用国内国外两个市场、两种资源、两类规则，探索建立以合作共赢为核心的国际科技合作关系。围绕新材料、信息安全、智能制造等重点领域，与国外高水平研发机构联合建立国际合作研发中心、创新中心，加快引进一批先进军民两用技术，开展原始创新、集成创新和引进消化吸收再创新。积极开拓绵阳科技城具有优势的导航、数控装备等高端产品国际化市场，提升对外合作规模及水平。

四、提升科技创新能力

坚持创新发展，培育发展新动力，拓展发展新空间，深入实施创新驱动发展战略。发挥科技创新在全面创新中的引领作用，加强基础研究，突破关键核心技术、提升创新能力。探索促进科技与经济深度融合的有效途径，加速促进科技成果的资本化、产业化，增强科技对经济社会发展的支撑、引领作用。强化企业创新主体地位和主导作用，形成一批有国际竞争力的创新型领军企业，培育壮大科技型中小企业。探索激发创新者动力和活力的有效举措，加快推进人才流动、激励机制等改革，完善知识产权归属和利益分享机制。鼓励发展众创、众包、众扶、众筹。构建完善的创新链条，打造军民融合特色鲜明的创新生态。

（一）加强科技研发能力建设

实施一批国家科技计划项目。积极对接国家重大科技计划布局，超前部署共性关键技术和基础性、前沿性科学研究，聚焦重大战略产品和产业化目标，推进核技术应用、空气动力、航空发动机等一批国家重大科技专项落地实施。依托在绵国防科研院所、高等学校、大中型企业，承担国家自然科学基金、国家重点研发计划、技术创新引导专项（基金）以及基地和人才专项，突破重点领域核心关键技术，掌握自主知识产权，为军民融合深度发展和创新驱动发展提供技术创新支撑。

布局一批重大科研基础设施。围绕重大科研战略需求，争取一批重大科研基础设施项目建设，重点建设中国工程物理研究院冲击波物理与爆轰物理国防科技重点实验室、高功率微波技术国防科技重点实验室等。在核技术应用、空气动力、军工电子、航空航天等领域打造国家重大国防科技创新基地。集中布局建设军民两用技术实验室、研发中心、检验检测中心。推进重大科研基础设施共享共用，鼓励国防科研单位在不涉密条件下开展科研设施与仪器开放服务。

强化企业创新主体地位和主导作用。建立完善以企业为主体、市场为导向、产学研结合的技术创新体系，支持各类企业技术创新基地（平台）进一步提升创新能力。支持企业联合高等院校和科研院所在卫星导航、空管系统、航空发动机、新一代显示技术、新能源汽车、新材料等领域建设一批创新平台。鼓励有条件的中小企业建立企业技术中心，或与高等学校、科研机构联合建立研发机构，提高中小企业的技术创新能力。支持长虹集团、九洲集团等大企业开展委托研发或技术并购，提高创新资源整合能力。积极鼓励和引导企业加大研发投入。支持企业牵头和参与国家科技计划和国家重点工程建设，提高企业研究开发活动的层次和水平。深化国有企业改革，完善现代企业制度和国有资产管理体制，以管资本为主推动国有资本合理流动优化配置，推动国有企业加快管理创新、商业模式创新，发挥国有企业在实施创新驱动发展战略和制造强国战略中的骨干和表率作用，强化企业在技术创新中的主体地位。

建设一批新型科技研发机构。充分发挥市场在资源配置中的决定性作用，建立一批产业技术创新联盟、产业技术研究院，探索完善新型运行机制。联合中国科学院、中国工程物理研究院、西南科技大学等高校院所，引进国内外知名高校、科研院所，与骨干企业联合建立产业技术研究院。推动工业技术研究院发挥平台作用，建设成为国内知名的军转民产业化和科技成果产业化孵化集团。鼓励西南自动化研究所、西南应用磁学研究所等技术开发类科研机构企业化转制，按照产业技术领域，组建产业技术研发集团。整合新一代显示技术、卫星导航等领域上下游的技术研发机构，组成综合型技术研发联盟。支持企业研发机构独立注册，建设一批主要从事研发活动、投管分离、独立核算、自主经营、自负盈亏的新型法人组织。积极鼓励支持各类新型科技研发机构，开展军用技术再研发创新，提升国防科研能力，推动国防科技协同创新。

(二) 推动科技成果转移转化

实施自主创新成果转化工程。围绕绵阳科技城主导产业发展，发挥科技成果丰富的优势，组织实施自主创新成果产业化专项工程。在新一代信息技术、节能环保、航空航天、核物理与放射化学、特种和新型材料等领域，组织实施一批重大自主创新成果的转移转化和产业化。

加快建设科技成果转化平台。建立科技成果在绵阳科技城线上线下发布制度，搭建成果转化平台，提升创新服务能力。建设科技创新服务中心。建设好国家军民两用技术交易中心，为全国军转民技术交易提供成果拍卖、评估服务、专项对接、展览展示等服务。支持中国工程物理研究院技术转移中心、中科创新育成中心强化军民两用科技成果展览展示和转移转化，鼓励在绵高校院所设立技术转移机构，吸引国内军工技术成果丰富的高校院所在绵阳科技城设立地方研究院等技术转移平台。

完善市场导向的技术转移机制。整合利用全球创新要素和资源，建立符合科技成果转化规律的市场定价机制。支持通过协议定价、技术交易市场挂牌交易、拍卖等方式确定成果交易、作价入股的价格。完善科技成果转化激励机制。鼓励智力要素和技术要素以各种形式参与创新收益分配。对在高等学校、科研院所、院所转制企业及国有企业的职务科技成果发明和转化中做出突出贡献的科技人员和管理人员，由实施科技成果产业化的企业按规定给予股权、分红等激励。

(三) 加速科技企业孵化成长

构建“创业苗圃+孵化器+加速器”全链条孵化服务体系。依托绵阳科技城创新中心、中科创新育成中心、工业技术研究院、西南科技大学国家大学科技园等，重点建设一批创业苗圃。探索市场化创业服务机构、龙头企业、高校院所联合共建创业苗圃模式。在新一代信息技术、新能源汽车、航空与燃机等产业领域建设一批专业孵化器和加速器。鼓励高新区、经开区等产业集群效应显著的区域建设综合孵化器。加快孵化器专业化、市场化建设，规划设立国际孵化园，推广新型孵化模式。延伸孵化服务链条，加强创业导师、投融资、创业培训等配套服务。完善加速器服务功能，在资源整合、决策咨询、市场对接等方面为高成长企业发展提供有力支撑。

建设一批众创空间等新型创业平台。推广创客空间、创业咖啡、创新工场等新型孵化模式，探索基于互联网的虚拟孵化模式。整合高新区、经开区、科创区等园区的老旧厂房、办公楼宇，围绕新一代信息技术、新能源汽车等产业领域，构建一批低成本、便利化、全要素、开放式的众创空间，引领“绵阳众创示范区”建设。

降低创业门槛支持大众创业。进一步简化注册资本登记，放宽住所登记，推行“一址多照”“一照多址”注册制度。采取一站式窗口、网上申报、多证联办等措施。落实“先照后证”，推进工商营业执照、组织机构代码证和税务登记证“三证合一”改革，逐步实现“一照一号”，最大程度为创业企业工商注册提供便利。降低创新创业门槛，对租金、网络使用费用、创业培训等方面给予补贴。推动创新创业主体逐渐由小众转向大众，形成鼓励创业的价值导向、生活方式和时代气息。

扩大科技型中小企业规模。大力实施“涌泉计划”，深入推进“金苗工程”“拔萃工程”“卓越工程”，从资金、信贷、人才、载体等方面强化对科技型中小企业的扶持，通过招商引进一批、创办领办一批、改造提升一批，扩大科技型中小企业规模总量。培育一大批科技型中小企业成为国家高新技术企业。

培育壮大科技领军企业。聚焦绵阳科技城高新技术产业、战略性新兴产业和其他主导产业，遴选一批行业排名居全国前列、技术水平领先、发展潜力巨大的重点企业，整合各类资源，实施政策聚焦，实行“一企一策”，支持其发展壮大。

鼓励企业开展关键技术攻关，支持核心技术突破。支持领军企业开展兼并收购和上市融资，带动上下游配套企业的发展。

（四）打造创新创业人才高地

积极推进绵阳科技城大学建设。加强高等教育资源统筹，整合相关军工及地方教育资源，深入论证，以部省院共建模式，建设以军民融合为特色，以发展国防高技术为重点，服务国防科研和高端人才培养的高等学校，为国防科技事业发展和经济转型升级培养高水平研究型、应用型人才。

汇聚创新创业人才和团队。深入实施“千英百团”聚才计划和专业技术领军人才培养计划，建设人才优先发展试验区。依托中国工程物理研究院、中国空气动力研究与发展中心等重大创新平台和重大科研项目，重点引进一批从事国际前沿科学技术研究、带动新兴学科发展的杰出科学家和研究团队。培养一批熟悉国际市场、具有广泛国际联系的产业领军人才和创业团队，集聚一批高端人才领衔的创业投资、科技中介等创业服务团队。培养和引进“千人计划”“长江学者”“百人计划”等高端领军人才，提高创新创业人才水平。

优化创新创业人才队伍结构。重点培育和引进创业人才。实施领军企业家培训工程，培养懂技术、善经营的复合型人才。加强退役军转人才培训，建立退役军转人才创新创业服务机构。强化职业技能培训，培养军民融合产业发展需要的高技能人才。鼓励军工集团和高校院所优秀人才向科技生产一线流动，鼓励科研院所、高等院校和企业人才双向兼职流动，构建与科研创新和产业发展相适应、结构合理的人才队伍。

创造人才发展的良好条件。深化人才发展体制机制创新，全面落实提高科研人员成果转化收益比例、及时给予职务发明人奖励和报酬、允许科技人员兼职取酬等人才政策，推动实施创新性试点举措，着力破解科研院所科技人员活力不足问题，实行人才股权激励等中长期激励办法，探索建立知识、技术、管理技能等要素报酬由市场决定机制。完善高层次人才服务体系，制定高层次人才职称评定、项目申报等优惠政策。建立高层次人才服务窗口，开通服务专线，为在绵高层次人才提供“一站式”服务。完善高层次人才信息库。支持开展各类高层次人才联谊活动，打造创新创业人才交流平台。

（五）营造良好创新创业环境

深入推进科技与金融结合。推动科技创新与金融创新相结合，构建全链条的科技金融服务体系，探索科技的轻资产重点区域金融服务方式。发展天使投资、风险投资、股权投资，加快形成多元化、多层次、多渠道的科技投融资体系。支持国防科技成果转化和军民融合企业发展。壮大创业投资引导基金，孵化和培育面向未来的新兴产业。扩大科技金融信贷风险基金。鼓励银行、保险、证券、金融租赁等金融机构积极发展服务于科技企业和技术创新的专营机构。积极开展金融服务创新，发展股权质押融资、合同能源贷款、供应链融资、电商平台商户小微融资，简化知识产权质押融资流程。积极推动科技企业通过债券市场募集资金，在创业板、中小板、主板及海外市场上市，实现直接融资和其他多渠道融资加快发展。

建立完善高效的科技服务体系。建设专业领域技术创新服务平台和公共服务平台。大力发展信用、法律、知识产权、管理和信息咨询、人才服务、资产评估、审计等创新创业服务机构。支持卫星导航、新能源汽车等现有产业联盟提升管理运营水平，优化组织结构、运行管理、知识产权管理制度。新建一批产业联盟，建立技术研发、专利共享、成果转化、创业孵化和人才培养的平台机制。围绕汽车零部件、食品医药、化工等传统产业，支持产业联盟开展共性技术攻关，联合申报创新项目。加强产业联盟的分类指导和监督评估。充分发挥军民融合优势和特点，重点突破、系统设计、统筹布局，进一步完善科技创新组织的合作方式。

打造创新创业品牌活动和文化氛围。全力办好全国创新创业大赛军转民大赛，吸引军工集团、高校院所技术人员和各类创新创业人才团队参与大赛。扩大和提升赛事规模和水平，将创新创业大赛军转民大赛打造成为重要的品牌活动。举办绵阳科技城军民融合发展论坛，探讨国防科技成果转移转化、军民融合创业、创新创业生态建设等议题，打造具有国际影响力的综合型科技盛会。倡导敢为人先、宽容失败的创新文化，树立崇尚创新、创业致富的价值导向，培育企业家精神，营造大众创业、万众创新的文化氛围。

五、推进产业结构优化升级

贯彻落实《中国制造 2025》，加快国家新型工业化产业示范基地建设，聚焦打造区域特色优势产业集群，强化创新驱动，着力推动供给侧结构性改革，坚持绿色清洁发展，加快改造提升传统产业，积极推动高新技术产业和战略性新兴产业加快发展。加快发展现代服务业，推动生产性服务业向专业化方向和价值链高端延伸，生活性服务业向精细和高品质转变，推动制造业由生产型向生产服务型转变。着力打造“一核三区多园”产业发展载体，布局一批重大产业化项目，建立完善产业链条，打造具有核心竞争力的产业集群，推动产业结构优化升级。

（一）打造高水平产业集聚平台

绵阳科技城集中发展区。坚持高水平规划、高品质建设、高效率推进，举绵阳全市之力，把集中发展区打造成绵阳市经济发展的新引擎，建设成为省内领先、国内一流、军民融合特色鲜明的创新发展示范区。规划面积 100 平方千米，聚集高端产业，布局重大国防科技专项及科研院所，建设研发孵化转化等各类创新平台，发展现代服务业，打造绵阳科技城创新发展的核心区域。不断壮大科技型中小企业群体。加快发展软件、电子商务、金融科技服务等现代服务业。2017 年，5 平方千米核心启动区全面建成，30 平方千米核心示范区主体框架基本形成。到 2020 年，30 平方千米核心示范区基本建成，100 平方千米集中发展区主体框架基本形成。

绵阳国家高新技术产业开发区。重点打造电子信息、汽车及零部件、新材料等主导产业集群，培育发展 3D 打印、机器人、电子商务等新业态。加快建设中国工程物理研究院军民融合产业园、3D 打印产业化基地、电子商务园等。以科技成果转化和产业化为核心，培育科技型中小企业，壮大新兴产业，构建“高精尖”经济结构，培育富有活力的创新生态，打造绵阳科技城创新驱动先导区。

绵阳经济技术开发区。坚持先进制造业与现代服务业并重，利用外资与境内投资并重，经济发展与社会和谐并重，加快转型升级步伐，建成千亿元产业园区和现代山水生态新区。重点发展新一代信息技术、节能环保、智能装备制造等产业。改造提升环保化工、食品医药等产业，推进机械加工向智能化发展。建设长虹军民融合暨智能制造基地、信息安全服务产业基地、广告文化传媒产业园等，构建开放型经济新体制，打造科技城开放合作示范区。

科教创业园区。加快建设国家科技创新创业基地，构建一批众创空间等新型创业服务平台，搭建军转民产业发展平台、高端人才发展平台，打造绵阳科技城大众创业、万众创新的核心载体。重点发展以大数据、云计算、物联网为代表的下一代互联网产业。大力发展科技服务业和电子商务、高端商贸、生活居住等现代服务业。推动绵阳科技城创新中心、创新基地建设。营造创新创业生态，打造绵阳科技城创业经济承载地。

特色产业园区。加强基础设施建设和生产要素保障，以产业发展和项目建设为抓手，全面提升园区承载力、吸引力和聚集力。加速信息化与工业化深度融合，推动移动互联网、云计算、大数据、物联网与现代制造业结合。支持企业技术改造，以科技创新带动产业创新、企业创新、市场创新、产品创新、业态创新和管理模式创新。加快推动汽车零部件、冶金机械、电子信息等传统产业提质增效。加快科学新城、空气动力新城、航空新城“三新城”建设，积极承载更多重大科技专项，主动参与战略高技术装备、载人航天、大飞机、高性能磁性材料等重大国防科研生产，建设高精尖军民两用技术创新基地。促进绵阳科技城各特色产业园区专业化发展。支持安州工业园重点发展汽车产业，建设四川绵阳汽车产业园，打造西南地区重要汽车生产基地。支持金家林总部经济试验区、游仙经开区、安州工业园、河北-平武工业园、江油工业园、三台工业园、北川经开区、梓潼经开区、盐亭经开区提高发展能力，建设软件产业园、电梯产业园、特钢产业园、新材料产业园、通航产业园、生物医药产业园、光机电产业园等专业化特色产业园区。

（二）发展壮大重点产业

大力发展先进制造业。把引进培育高新技术产业和战略性新兴产业作为绵阳科技城产业发展的“一号工程”，实施重点产业倍增计划。推动电子信息、汽车、新材料、节能环保、高端装备制造以及生物等六大产业加快发展，引领、培育、发展新业态，打造上中下游密切衔接、配套完善、具有核心知识产权支撑的高端产业体系。

——电子信息。以核心硬件、高端软件和新型信息技术服务为产业发展主攻方向，推进卫星导航、信息安全、数字家庭、新一代显示技术等重点领域集群式发展。支持骨干企业实施智能战略、互联网战略，创新商业模式，加快从产品供应商到内容提供商的进化，不断提升核心竞争力，推动行业转型升级、加快发展。卫星导航领域聚焦基础构件和终端设备，向产业链平台与应用软件、运营服务等环节延伸。强化卫星导航系统和高分辨率卫星系统在智慧城市、智能交通、智慧旅游、灾难监测等领域的推广应用。建设卫星导航与位置服务公共平台，提供高精度导航和位置信息服务。信息安全领域重点突破安全芯片技术、密码技术，聚焦安全处理器、安全存储器、安全数据传输接口等核心器件及终端产品，发展信息安全软件和服务、面向移动互联网的安全产品和服务、面向大数据的安全产品和服务。数字家庭领域以智能家庭应用终端整机和系统为核心，强化发展智能电视、智能机顶盒、家庭多媒体中心、三网融合智能终端、智能健康检测设备、智能照明与家居安防等优势产品。发展数字内容服务、互联网新媒体、文化创意等新兴业态，开展智慧健康养老、智慧教育等应用服务，建设国家数字家庭应用示范产业基地。新一代显示技术领域以显示屏及模组制造为核心，重点发展新型显示材料、平板显示终端、大屏幕电视墙系统集成等，加快发展有机电激光显示(OLED)、激光显示和裸眼3D等技术，强化终端显示器件、中间加工制造、前端辅助配套企业发展。培育发展大数据、云计算、物联网等新兴业态。

——汽车产业。以整车及关键零部件制造为产业发展主攻方向，推进新能源汽车和传统能源汽车等重点领域集群式发展。重点发展整车产品、关键零部件以及充换电设施等领域。加快整车控制系统、车载能源系统、驱动系统等关键系统及关键零部件研发和产业化。引进国内外新能源汽车整车、关键零部件及配套企业。发挥新能源汽车联盟和新能源汽车产业智慧服务创新产业联盟平台作用。不断完善产业链，做大整车规模，完善产业体系，加快建成西南地区重要的汽车产业基地。

——新材料。以新型功能材料、先进结构材料为产业发展主攻方向，推进电子功能材料、先进高分子材料等重点领域集群式发展，加快科技成果产业化步伐、大力培育发展超硬超微材料、纳米材料、石墨烯、超导材料等前沿材料，充分发挥研发和制造优势，做大产业规模。推进磁性材料产业园建设，打造磁性材料、元器件研发及孵化中心和生产基地。

——节能环保。以资源循环利用、节能装备制造为产业发展主攻方向，推进金属废弃物处理等重点领域集群式发展，充分发挥研发优势，突破攻克膜处理、渗滤液处理、细微粉尘控制等技术，推动制造和服务协同发展，加快与其他产业融合。

——高端装备制造。以航空装备制造、卫星应用、智能制造装备为产业发展主攻方向，推进通用航空器制造等重点领域集群式发展，促进中国空气动力研究与发展中心、中国燃气涡轮研究院、中国工程物理研究院机械制造工业研究所、西南自动化研究所技术转移转化。建设高水平的航空发动机试验基地，重点发展雷达、空管系统、通用航空等产业链，培育航空电子、无人机、微小卫星、遥感、低空空管等新业态。加快产业化进程，优化产品结构，提高配套能力，完善产业链。积极发展3D打印、工业机器人和智能控制系统等产业链，提升发展电梯产业，培育发展可穿戴设备、云制造等新业态。增强智能控制系统、精密仪器仪表的自主化能力和系统集成能力。

——生物产业。以生物制品制造、生物工程设备制造、生物技术应用为主攻方向，推进生物药品制造等重点领域集群式发展，加快资源优势、研发能力和科技成果的转化应用，不断扩大产业规模。

推进传统产业提质增效。深入实施工业强基工程，开展质量品牌提升行动，广泛运用新技术、新工艺、新装备、新材料，改造提升传统产业。提高装备和工业水平，增强企业新产品开发和品牌创建能力。加大对传统老工业基地提升改造力度，推广应用自动化、数字化、智能化、网络化、供应链管理等先进技术装备和管理服务，促进节能降耗、减排治污。推动食品及化工两大产业加快发展。

——食品产业。继续挖掘资源优势，大力实施品牌战略，着眼国际国内市场，积极开发新产品，推动食品产业向安全、健康、绿色、有机方向发展，重点发展肉制品、饮料、白酒、茶叶、调味品、特色农产品的精深加工，不断提高产品附加值和企业盈利水平。

——化工产业。以农用化学品、油脂化学品、磷酸盐产品、铬盐产品生产为主要方向，不断延伸产业链，提高企业产能和环保生产水平。

（三）加快发展现代服务业

以电子商务与“互联网+”为核心推动现代服务业加速发展。把电子商务和“互联网+”作为绵阳科技城现代服务业发展的“一号工程”，推进服务业与其他产业深度融合。推动全企业入网，壮大电商经济，打造电商平台，培育骨干电商企业，加快建设“中国西部电商城”，争创国家电子商务示范城市。大力发展互联网经济，促进互联网、云计算、大数据、物联网与传统产业跨界竞争、跨界融合，以大流通链、大数据链为重点，延伸产业链条，构建服务业发展新模式。加快现代金融、现代物流、科技服务、商务和会展等现代服务业发展，打造区域性服务业中心城市。

——重点发展科技服务业。培育市场化新型研发组织、科技中介机构，发展科学研究与试验发展服务、科技推广及相关服务、科技信息服务、综合科技服务等。聚焦技术推广服务、科技中介服务、知识产权服务等科技推广服务，强化产学研合作过程中的技术成果转化和孵化服务。

——提升发展金融服务业。发展新型金融业态和多层次资本市场，扩大融资规模，优化融资结构。重点支持天使投资、创业投资等股权投资机构发展。鼓励开展科技保险、知识产权质押等科技金融服务，规范发展科技担保等融资担保业务，形成银行、保险、证券、基金、小额贷款等多层次金融组织体系和服务体系。促进资本与产业结合，建立有利于军民融合的新的融资机制。

——加速发展现代物流业。加快建设绵阳科

技城科技物流产业园，大力推进公铁联运、冷链物流、智慧物流、公路物流港等产业项目，建立完善现代物流网络体系，推进物流服务现代化发展。推进信息技术与物流产业融合，发展第三方物流、物流平台、一体化物流、供应链管理、智慧物流等。

——培育发展商务服务业。发展总部经济，支持企业在绵阳科技城设立总部和区域性总部、研发中心、销售中心、物流中心等。加快会展中心城市建设，不断完善和提升绵阳科技城会议展览中心、万达城南中央商务区的功能和影响力。围绕优势产业打造交易和服务平台。协调推进电子商务产业发展，支持网络购物、跨境电子商务等新业态成长，推动跨境电子商务产业园建设。

（四）创新产业发展模式

实施“互联网+”行动计划。积极对接“互联网+”国家战略，利用互联网优势加快促进汽车及零部件、生物医药、冶金机械等现有传统产业提质增效，推进跨界融合。推动移动互联网、云计算、大数据、物联网与现代制造业结合。促进工业化和信息化深度融合，引导电子商务、能源互联网、工业互联网和互联网金融等健康发展。

鼓励商业模式创新。支持数字家庭、卫星导航、信息安全、智能装备制造、节能环保等具有商业模式创新前景的重点行业，在依法合规的前提下开展线上线下结合（O2O）、云制造、解决方案提供商、互联网金融、电子商务、合同能源管理等商业模式创新。发展平台经济，引导长虹、九洲等大企业开放式创新，构建“开放、协作、共赢”的大企业生态圈。

培育壮大“创客经济”。强化互联网条件下的创新思维，汇聚高层次领军人才、大企业技术人员、国防科研院所研究人员、高校教师和大学生等“创客”群体。招引深圳、中关村等地的知名企业和“创客”人才进驻绵阳科技城，开展股权众筹、众包设计、开源硬件、个性定制等新模式探索，创造条件鼓励企业开展“创客运动”。逐步植入“人人创造”的创客理念，让“创客经济”在科技城发展壮大。

六、提升城市服务支撑功能

以人为本，坚持绿色发展、共享发展、智慧发展、和谐发展，以建设宜居宜业、文明生态科技城为目标，全面节约和高效利用资源，推动低碳循环发展，筑牢生态安全屏障，推动形成绿色发展方式和生活方式。更好履行政府职责，增加公共服务供给，创新公共服务提供方式，提高公共服务共建能力和共享水平，着力增进人民福祉。打造幸福美丽绵阳，建设宜居科技城。

（一）推进城市基础设施建设

优化完善城市交通网络。加快建成以绵阳城区为主枢纽，绵阳各县（市、区）为区域性枢纽的客货运枢纽体系。加快建设连接各县（市、区）的高速公路和快速通道。广泛应用智能交通技术，完善城市公共交通枢纽场站布局和路网结构。加快发展城市公共交通。建立面向日常监测与综合运行信息管理、安全应急管理、各种运输方式运营调度等领域的枢纽信息系统。

加快市政基础设施建设。推进市政地下管网建设改造，强化城市供水、污水、雨水、燃气、供热、通信等地下管网建设管理。推进海绵城市建设，打造一批综合管廊项目，落实有关防护要求。按照综合管廊模式重点开发建设集中发展区地下管网。建设城市供水、排水防涝和防洪设施，强化污水处理设施建设和运行保障。推广生活垃圾分类示范，开展生活垃圾存量治理。结合海绵城市建设进一步加强公用绿地建设，优化绿地布局，提升城市绿地综合功能。

推进能源电力设施建设。加强能源电力技术创新，构建以智能电网为核心，以太阳能、风能等可再生能源为主体的电、热、冷、气等多能源协调互补的能源互联网。在集中发展区布局智能电网示范工程。发展分布式能源，推进绿色工业园区建设，推行节能低碳电力调度。完善城市燃气管网，建设绵阳应急保障备用气源，优化天然气建设和供应机制。

（二）高标准建设智慧科技城

以“互联网+”为牵引建设智慧城市。依托绵阳国家智慧城市试点，利用物联网、云计算、移动互联网等技术，推动“互联网+医疗”“互联网+交通”“互联网+教育”发展。依托卫星导航产业区域重大应用示范发展专项，建成智能公共交通服务体系以及智慧旅游服务体系。

推进信息经济基础设施建设。适度超前建设“大智移云”基础设施，建设大数据、物联网、移动互联网、云计算、宽带无线网络、数据中心、智能电网、智慧管线等信息经济基础设施。加快建设城市光纤宽带网和下一代广播电视网，推进三网融合。建设互联网数据中心、超级计算中心等功能服务型信息基础设施。健全公众网络信息安全体系，完善全方位互联网安全检测管控体系。

加强智慧城市管理。加快布局一批智慧城市试点和一批智慧社区、智慧园区、智慧楼宇、智慧工厂城市智能化示范项目，探索网络管理服务新模式。整合相关部门业务信息资源，建设行政审批一体化管理服务系统。推进预算执行、税收、投资等重点领域联网审计，实现在线式服务交付。

推广智慧生活服务应用。依托长虹“国家数字家庭应用示范产业基地”，推广“智慧家庭”“智慧社区”应用示范。营造适合人群工作、休闲、生活的环境，打造人业城和谐共生的高水平社区。建设智慧家庭应用、服务导向装置、资讯安全等智慧生活设施。建设度身定位服务体系，完善观光服务与文化、智慧健康养老、教育服务等服务职能。

（三）提升城市公共服务水平

提升发展高等教育。支持西南科技大学、绵阳师范学院、四川中医药高等专科学校、四川幼儿师范专科学校等在绵高校建设。支持西南科技大学、绵阳师范学院加强学科建设，明确办学方向，优化专业结构，深化产学研合作，提高办学质量和创新创业人才培养水平。在高等院校推广创新创业教育，鼓励高校学生自主创业，多渠道统筹安排资金，支持建设“高校学生科技创业实习基地”。强化开放协同，更加注重集聚和发挥成都市、四川省乃至全国教育资源的作用。

加快发展现代职业教育。建立现代职业教育体系。依托重点企业、民办职业培训机构和绵阳职业技术学院等职业院校，建设公共实训基地和市级高技能人才公共培训基地。推动地方高校转型发展、提升技能人才培养水平。支持并鼓励市级高技能人才公共培训基地申报国家级、省级高技能人才公共培训基地。推进产教融合、校企合作。针对新产业、新业态、新职业，加大职业教育新专业开发与建设力度，实施高技能人才培养工程。支持长虹、九洲等大企业与职业院校共同制定高技能人才培养规划。

强化公共服务与社会保障。完善公共文化设施，建设标志性公共文化设施。加强公共卫生服务体系建设，健全医疗服务体系。强化基本公共教育服务功能，加快普及普惠性的学前教育，推动基本公共教育服务均等化，为绵阳科技城加快发展集聚更多人才。加强公共体育设施建设。完善公共就业服务，加大就业扶持力度。健全社会保障筹资机制和待遇调整机制，加大社会保险基金征缴力度。加快创建新一轮双拥模范城市。创新公共服务提供方式，广泛吸引社会资本参与，强化市场配置功能。

（四）加强城市生态环境建设

推动资源集约节约高效利用。坚持“减量化、再利用、资源化”，推进资源能源的集约高效利用。促进废弃物资源化综合利用，加快建设游仙经开区国家级城市矿山产业基地、中科绵投循环经济产业园等一批重大项目。探索土地资源高效集约利用机制，提高单位土地的投入强度和产出效率。做好城镇用地存量挖潜，合理开发城市立体空间。

推动清洁能源转型升级。提升工业能源利用效率，加快淘汰落后产能，推进工艺、装备、产品的结构调整和技术进步，加快以节能降耗为核心的企业技术改造。加快低碳节能新技术推广运用，倡导应用节能技术和节能材料发展绿色建筑。实施政府绿色采购，建立符合生态文明的绿色产品市场体系。建立合同能源管理项目节能量审核和交易制度。建设排放权交易平台，发展碳交易、排污权交易等增值服务。

加强生态建设与环境保护。加强生态环境建设，合理规划建设城市绿地，提高林木覆盖率。强化生态环境保护，加强水污染治理和黑臭水体整治，加强大气环境综合整治，严格控制和有效治理大气污染，持续改善大气环境质量。加快污水处理、污泥无害化处理处置与资源化利用、垃圾无害化处理和重点流域水污染治理工程建设。

七、提高对外开放水平

坚持开放发展，积极融入国家“一带一路”倡议和长江经济带战略，丰富对外开放内涵，提高对外开放水平，完善法治化、国际化、便利化的营商环境。加快推动建立深度融合的开放创新机制，深化外商投资和对外投资管理体制改革，完善对外开放功能布局，坚持“引进来”与“走出去”并举，积极有效引进境外资金和先进技术，支持企业扩大对外投资，深度融入全球产业链、价值链、物流链，鼓励外资企业引进更多的创新成果在绵阳科技城实现产业化，扩大国际科技交流合作渠道和范围，主动融入全球创新体系，充分利用全球创新资源，探索内陆地区开放合作的有效路径，打造全方位开放合作格局。

（一）持续改善对外开放条件

优化对外交通条件。加强与周边省市交通基础设施的对接，共同建设综合交通运输大通道。推进建设绵九高速公路等一批重大交通基础设施项目。完善绵阳机场基础设施，做好公路、铁路、城市公共交通等与机场的衔接。

全面提升营商环境。加快完善现代市场体系，培育良好的政务环境、政策环境、市场环境。创新政府管理服务方式，拓展政务公开领域和范围，提高政务透明度和政府工作效率，建设服务型政府。深化投资体制改革，积极落实商事登记制度改革，推进投资便利化。建设信息和数据平台、电子商务交易规则和平台，与国际规则、国际惯例接轨，加快建立透明高效、公平有序、快捷便利的法治化国际化营商环境。

（二）加强对外开放平台建设

提升科博会国际影响力。围绕军民融合创新驱动发展主题，深入开展高新技术产品展示和交易、高端论坛、科技人才延揽、科技成果和专利技术发布与交易。提升科博会市场化、专业化、国际化水平，彰显军民融合特色，发布军民融合相关权威指数，将科博会打造成绵阳科技城对外合作与交流的平台。

整合资源建立综合保税区。整合优化海关特殊监管区域。根据绵阳市外向型经济发展需求，加快海关特殊监管区域整合优化，打造承接国内外高科技产业要素转移、促进科技成果转化的开放型经济功能平台。在充分发挥区位优势和政策优势基础上，积极利用海关特殊监管区域发展保税加工、保税物流和保税服务等业务，拓展相关功能。

与中关村共建区域协同创新平台。落实绵阳市和中关村战略合作框架协议，重点对接中关村海淀园、昌平园、丰台园等军民融合特色突出园区，开展技术联合研发和项目共建。建设绵阳—中关村科技园、科技城京绵合作示范区，共同承担国家重大科技项目和重大工程，打造军民融合特色鲜明、协同创新示范效应显著的创新大平台。

建立跨区域军民融合合作平台。统筹整合四川省国防军工积淀，牵头建立四川省军民融合资源数据库。联合成都、德阳、乐山等地共同组织成立四川省军民融合产业创新联盟，共同推进军民两用技术转移转化。支持长虹、九洲等企业通过兼并、收购等方式整合省内军工电子资源。与湖南、贵州、西安、深圳等省、市联合探索跨区域军民融合发展模式。

（三）全面深化开放合作

强化成都平原经济区协同合作。以建设全面创新改革试验区为载体，推进成德绵协同发展、协同创新。以优化产业布局、推进资源共享为重点，推动政策共通共用，基础设施互联互通，实现创新平台共建共享，推进重点项目和重点区域合作开发，共建一批区域技术创新联盟、研发中心，打造协同创新共同体。发挥绵阳科技城引领性作用，加快建设成德绵军民融合深度发展示范区。积极主动融入四川省中德产业创新合作平台，建好中德绵阳高新技术产业园。

扩大与国内经济发达地区的合作。扩大与京津冀、长三角、珠三角及港澳台地区的经济合作，对接北京、上海、广州、深圳等重点城市。借助广交会、跨国采购会等重要会展平台，引进东部沿海发达城市资本密集、技术密集、旗舰型项目。依托绵阳国家高新区、绵阳国家经开区、省级开发区，与国内经济发达地区合作建立产业转移园区。在金融服务、人才交流、扩大服务贸易及投资关系等方面加强与港澳台地区合作。

不断扩大国际交流合作。积极引进全球高端创新资源，加强与硅谷等国际知名科技园区交流合作，吸引科技人才、知名科技企业、学术组织、产业组织等入驻绵阳科技城。引进海外风投资本和金融机构，推进国际先进技术交易、转移和海外技术并购。借助国家“一带一路”倡议，推动智能家电等优势产品走出去。支持长虹、九洲等企业进行境外投资，并购国际品牌。支持高新技术企业通过自建、并购、合资、参股、租赁等方式建立海外研发中心、实验室，开展关键核心技术研发和产业化应用研究。支持企业建立境外生产基地和销售网络，借助第三方跨境电子商务交易平台开展跨境贸易。建立企业海外投资服务平台，培育熟悉国际市场的中介机构和行业组织。

加强科技招商和产业链招商。围绕新一代信息技术、新能源汽车、智能装备制造、新材料、节能环保等优势产业领域，大力引进科技型中小企业、瞪羚企业、国外配套型小企业等专精特新企业。推进科技招商与技术转移、技术并购。推进以产业链为导向的精准招商，对接相关企业、行业协会商会及投资机构。

八、保障措施

建设绵阳科技城是一项长期而艰巨的任务，要解放思想、开拓进取，坚持规划的严肃性、权威性，提高规划的约束力、执行力，切实推进各项目标任务的全面落实。

（一）加强组织领导

坚持国家、省、市三级领导协调机构联动机制，建立完善军民融合组织管理体系、工作运行体系、政策制度体系，共同推动绵阳科技城建设。绵阳科技城建设部际协调小组牵头研究解决规划实施中出现的重大问题。

四川省、绵阳市是建设绵阳科技城的主体，负责规划的具体组织实施。四川省统筹和协调省内各方面力量支持绵阳科技城建设，四川省建设绵阳科技城领导小组办公室和绵阳市结合重大工程和重大事项，制定年度实施方案，明确责任分工。

绵阳市要统筹市级资源和力量，转变政府职能，建立健全廉洁、勤政、务实、高效的政务运行机制，创造有利于绵阳科技城发展和科技成果产业化的良好环境。强化绵阳科技城管理委员会对“一核三区多园”发展的统筹协调。在绵国防科研院所、高等院校、大中型企业积极主动参与，有力、有序、有效推进绵阳科技城建设。争取中国空气动力研究与发展中心在军民融合方面先行先试。

（二）强化政策支持

强化本规划与《中华人民共和国国民经济和社会发展第十三个五年规划纲要》《“十三五”国家科技创新规划》《“十三五”国防科技工业发展规划》《经济建设和国防建设融合发展“十三五”规划》的衔接。落实好中央财政科技计划管理改革、在部分区域系统推进全面创新改革试验等重大改革的要求。

认真落实国家、省、市现有各项支持政策，特别是国家自主创新示范区先行先试政策。全面贯彻落实四川省系统推进全面创新改革试验方案和支持绵阳科技城加快建设政策措施。继续实施项目报批绿色通道、干部双向交流挂职等工作机制。

加强绵阳科技城军民融合先行先试政策措施研究，重点从国防知识产权解密交易和转化、军民融合产业投融资机制创新试点等方面进行深入研究，逐步形成符合绵阳科技城发展实际的先行先试政策措施。

建立政策执行评价反馈和动态调整机制。跟踪各项政策执行情况以及实施效果。建立政策动态调整机制，对政策进行针对性研究调整。充分借助国家智库和社会智库力量，保障政策评价和动态调整的科学性、严谨性。

（三）强化要素保障

编制实施好年度财政预算。合理安排基本建设预算，优化政府公共投资结构。选取有代表性的示范工程，推广政府和社会资本合作的PPP模式。用好人才发展专项资金。

强化绵阳科技城建设用地保障。加强本规划与四川省、绵阳市及周边地区土地利用总体规划、城乡规划和各专项规划的衔接。控制增量，盘活存量，优化绵阳科技城区域内土地空间布局，分期、分轻重缓急落实本规划提出的发展目标和重点任务，创新土地管理制度，严格用途管制。编制控制性详细规划，按照不同用地性质确定各项目地块建筑密度、容积率等指标。建立土地利用评价体系，综合考虑地均GDP、地价水平、地均固定资产投资额、地均利税、公共设施比例、建成区绿地率等指标。加强土地多用途复合利用及地上地下空间立体开发利用，大力推广应用节地技术和节地模式，不断提升土地集约利用水平和利用效率。

（四）强化考核监督

加强对本规划实施情况的督促检查和跟踪分析。四川省建设绵阳科技城领导小组办公室和绵阳市要组织开展《规划》实施情况评估，并向绵阳科技城建设部际协调小组和四川省委、省政府报告。完善社会监督机制，鼓励社会公众参与《规划》的实施和监督。

四川省人民政府办公厅
关于印发 2017 年绵阳科技城建设重点工作安排的通知

川办函〔2017〕73 号

绵阳市人民政府，省政府各部门、各直属机构，有关单位：

《2017 年绵阳科技城建设重点工作安排》已经省政府领导同志同意，现印发给你们，请认真组织实施。

四川省人民政府办公厅

2017 年 4 月 19 日

2017 年绵阳科技城建设重点工作安排

一、组织实施科技城“十三五”规划

做好《绵阳科技城建设发展规划（2016—2020 年）》的任务分解、责任落实，全面推动实施，确保 2017 年科技城地区生产总值同比增长 8.5%，规上工业增加值同比增长 11%，全社会固定资产投资同比增长 12%，社会消费品零售总额同比增长 12%，促进科技城创新效能和发展实力双提升，发挥在全省创新驱动发展中的示范引领作用，力争军民融合发展走在全国前列。（牵头单位：科技厅、绵阳市；责任单位：省建设科技城领导小组各成员单位）

二、系统推进全面创新改革试验

抓好“9 张清单”和 145 项年度全面创新改革任务落实，推出在国、省层面可复制推广的“绵阳经验”2 条以上。争取国家军民科技协同创新平台首批项目布点绵阳，争创国家军民融合创新示范区和“国家十大科技成果转移转化试验示范区”。建好用好国家军民两用技术交易中心和四川军民融合仪器设备共享服务平台，建成军民两用技术再研发平台。推进中国工程物理研究院院企改革和中国兵器装备集团自动化研究所混合所有制改革。实施“梧桐计划”，加快建设十大军民融合产业园区，确保集聚企业 180 家以上。持续开展军民融合企业认定，新增军民融合企业 50 家、总数达 290 家、军民融合企业产值同比增长 11%以上。（牵头单位：省发展改革委、科技厅、省国防科工办、绵阳市；责任单位：省经济和信息化委、教育厅、财政厅、省国资委、省知识产权局、省金融工作局、省工商联等）

三、加快建设科技城集中发展区

实施集中发展区基础设施建设“百亿工程”，年内完成基础设施投资 100 亿元，确保 5 平方公里启动区全面建成，30 平方公里核心区主体框架基本形成；加快中国电子科技集团第九研究所、国家核医学中心等重大项目建设进度，建成投产一批、开工建设一批、引进储备一批产业支撑项目。推动科技城“一核三区多园”协调发展，力争园区工业经济占全市工业经济比重超过80%，产业集中度达82%。（牵头单位：省经济和信息化委、科技厅、省国防科工办、绵阳市；责任单位：省发展改革委、财政厅、国土资源厅、住房城乡建设厅、省投资促进局等）

四、大力发展“两新”产业

大力实施“项目年”，加快建设京东方第6代AMOLED（柔性）面板生产线等项目，竣工投产野马汽车配套产业园等项目，确保完成工业投资445亿元、技改投资405亿元，高新技术和战略性新兴产业产值占规上工业产值比重分别达到54%、37%。深入实施《工业大企业大集团培育“领航计划”》，新增4亿元以上企业10户、“专精特新”企业20户、规模以上工业企业100户。大力发展以电子商务和“互联网+”为重点的现代服务业，运营好跨境电商通关平台，培育年交易额超亿元电商企业30户，电子商务交易额突破2600亿元。（牵头单位：省经济和信息化委、省发展改革委、科技厅、绵阳市；责任单位：商务厅、省国防科工办、省投资促进局等）

五、强力推进国家重大科技专项实施

做好某重大装置建设各项服务保障工作，确保年内开工建设。依托中国空气动力发展与研究中心科研试验新区，加快投资10亿元的大型低速风洞和投资30亿元的国家空气动力数值模拟军民融合工程项目实施进度，推动高超声速飞行器科技专项实施。依托中国航发四川燃气涡轮研究院科研试验新区，推进燃机燃烧工程技术研究中心项目建设，发展民用航空发动机和燃气轮机产品，推动航空发动机专项实施。支持中国电子科技集团公司第九研究所和中国兵器装备集团自动化研究所相关重大科研项目建设。（牵头单位：省国防科工办、科技厅、绵阳市；责任单位：省发展改革委、住房城乡建设厅、国土资源厅等）

六、持续推进大众创业万众创新

申建国家“两创”达标城市。加快科技城创新中心三期建设，确保全市科技企业孵化器达55家、总面积110万平方米。持续实施“涌泉计划”，确保科技型中小企业突破并稳定在1万家以上。推进国家知识产权示范城市建设，实现专利申请1万件以上、专利实施项目1600个以上、技术合同成交额8.8亿元以上。用好科技城人才发展专项资金，实施“千英百团”聚才计划、军民融合重大人才团队资助计划，做好“大国工匠”培育工作。鼓励国内外知名高校参与科技城创新发展，设立分支机构，共建创新转化平台。依托中科创新育成中心深化与中科院合作，共建省级孵化器和中科产业众创空间，培育发展中科系科技企业。（牵头单位：科技厅、省发展改革委、人力资源社会厅、绵阳市；责任单位：财政厅、省国防科工办、省知识产权局、中科院成都分院等）

七、深化科技与金融结合

深化科技与金融结合试点，建立全链条金融服务体系。运营好军民融合金融服务中心、保险支公司、西南联合产权交易所绵阳分所、川藏股权交易中心绵阳军民融合分中心等专营机构，挂牌运行军民融合支行，加快筹建四川军民融合产业担保公司，创新专属金融产品和服务。加快军民融合产业发展基金、“两新产业”发展基金和国家新兴产业参股创投基金投资进度，推动军民融合成果转化基金运营达效。扩大应收账款融资服务试点规模，积极争取国家投贷联动试点，持续开展知识产权质押融资，拓展企业创新创业融资渠道，力争实现融资120亿元以上。加大企业上市工作力度，力争全年新增挂牌上市企业10家、总数突破40家。（牵头单位：省金融工作局、科技厅、财政厅、绵阳市；责任单位：四川银监局、人行成都分行、省发展改革委、省知识产权局、省国防科工办等）

八、举办第五届科博会提升招商引资实效

突出“军民融合、科技创新、开放合作”主题，办好第五届中国（绵阳）科技城国际科技博览会，打造彰显军民融合特色的国际性知名品牌展会。强化对外招新引优，积极吸引世界500强、行业领军企业落户绵阳，引进5亿元以上省外“两新”项目30个，实现国内省外到位资金410亿元以上。（牵头单位：四川博览局、科技厅、省投资促进局、绵阳市；责任单位：省外事侨务办、省国防科工办、省工商联等）

九、加快对外合作载体建设

完成绵阳出口加工区整改工作，加快中国（绵阳）科技城综合保税区申建进度。推动成德绵协同创新共同体建设。加快建设欧盟创新中心科技城分中心、英国剑桥科技孵化园、中德（绵阳）创新产业合作平台、绵阳跨境电商产业园等国际合作载体，探索建立与美国有关州、城市间的经贸合作机制。积极参与“一带一路”倡议“251三年行动计划”和国际产能合作“111工程”，扩大电子信息、节能环保等高新技术产品出口。加强对长虹、九洲等重点出口企业跟踪服务，鼓励企业参与跨国并购、合作研发，建立海外生产销售基地。（牵头单位：省政府口岸与物流办、商务厅、成都海关、绵阳市；责任单位：省发展改革委、省经济和信息化委、科技厅、省外事侨务办等）

十、筹备召开科技城建设部际协调小组第13次会议

筹备在绵阳召开科技城建设部际协调小组第13次会议，回顾总结过去10年科技城建设成效，研究部署绵阳科技城“十三五”规划实施和未来建设发展。（牵头单位：省政府办公厅、科技厅、绵阳市；责任单位：省建设科技城领导小组各成员单位）

历届绵阳科技城建设部际协调小组会议

2000年9月30日，绵阳科技城建设部际协调小组第一次会议在北京召开，经李岚清副总理签阅同意，国务院批准成立了由科技部牵头，科技部为部际协调小组组长单位，国家科技部、计委、国防科工委、财政部、国家经贸委、外经贸部等10个部委组建了绵阳科技城建设部际协调小组。

2001年8月10日，绵阳科技城建设部际协调小组第二次会议在北京召开，国务院副秘书长高强传达了《国务院关于建设绵阳科技城有关问题的批复》和李岚清副总理的重要指示，绵阳科技城建设部际协调小组成员单位增至13个。

2001年10月25日，绵阳科技城建设部际协调小组第三次会议在绵阳召开。李岚清副总理来绵阳考察，对科技城建设工作给予高度肯定。会议研究确定国家计委对绵阳五引二期工程、科技城区间快速通道、科技城城市防洪工程等给予国债资金支持，财政部对西南科技大学学科建设和重点实验室建设给予专项支持，国防科工委把绵阳市列为国防科研单位体制改革试点城市等事项。

2002年10月26日，绵阳科技城建设部际协调小组第四次会议在绵阳召开。中共中央政治局常委、国务院副总理李岚清出席会议并作了重要讲话。会议研究明确了科技城建设下一步工作。

2003年12月12日，绵阳科技城建设部际协调小组第五次会议在绵阳召开。国务委员陈至立出席会议并作重要讲话。会议研究确定2014年4月26—29日在绵举行首届“中国—绵阳科技城科技博览会暨军转民高科技成果交易会”，国防科工委批准中物院建立军转民高科技孵化园。国家经贸委认定东方绝缘材料股份有限公司技术中心和新华内燃机股份公司技术中心为国家级企业技术中心，协调国家税务总局对长虹出口退税指标给予单独下达，海关总署在绵设立出口加工区等事项。

2004年11月1日，绵阳科技城建设部际协调小组第六次会议在北京召开。科技部部长、绵阳科技城建设部际协调小组组长徐冠华,省委副书记、省长张中伟出席会议并讲话。会议听取绵阳科技城建设的情况汇报，协调解决科技城建设的重大问题，安排部署科技城建设“五年上台阶”战略研究有关工作。

2005年3月24日，绵阳科技城建设部际协调小组第七次会议在绵阳召开。国务委员陈至立出席会议并作重要讲话。会议审议并原则同意《绵阳科技城2005—2010年发展规划》，同意国土资源部、海关总署为“绵阳科技城建设部际协调小组”成员单位。

2006年12月18日，绵阳科技城建设部际协调小组第八次会议在北京召开，国务委员陈至立出席会议并作重要讲话。会议议定：国家发改委积极支持设立科技城产业投资基金试点工作，支持武引二期工程建设，科技部、国土资源部、建设部对绵阳高新区扩区问题进行专题研究，科技部重点支持长虹PDP、九洲先进空管监视与防撞系统研究、29基地空气动力学军民共建共享试点基地等项目，国防科工委支持绵阳国家军转民科技园、西南科技大学国防科学技术学院、中物院军转民孵化中心等建设，人民银行把绵阳列为全国金融生态环境建设重点联系城市，海关总署、国土资源部支持绵阳出口加工区验收等问题。

2009年3月16日，绵阳科技城建设部际协调小组第九次会议在绵阳召开。中共中央政治局委员、国务委员刘延东出席会议并作重要讲话。会议议定：部际协调小组支持四川省、绵阳市启动绵阳科技城中长期发展规划和“十二五”规划编制工作；支持绵阳科技城推动军民结合、应对金融危机、加快恢复重建。

2011年6月18日，绵阳科技城建设部际协调小组第十次会议在绵阳成功召开，中共中央政治局委员、国务委员刘延东出席会议并作重要讲话。会议听取了绵阳科技城建设情况汇报，宣读了《国务院关于绵阳科技城发展规划（2011—2015年）的批复》，增加解放军总装备部为部际协调小组成员单位。

2013年7月9日，绵阳科技城建设部际协调小组第十一次会议在北京召开。中共中央政治局委员、国务院副总理刘延东出席会议并作重要讲话。会议充分肯定了科技城建设成绩，指出绵阳科技城下一步发展要从五个方面着力：一要发挥优势，在创新驱动发展方面要有新作为。二要彰显特色，在军民融合发展方面探索新路径。三要深化改革，在创新体系建设方面寻求新突破。四要拓展视野，在扩大开放合作方面迈出新步伐。五要完善机制，在强化组织保障方面推出新举措。

2015年9月1日，绵阳科技城建设部际协调小组第十二次会议在北京召开。中共中央政治局常委、国务院总理李克强就绵阳科技城建设发展作出重要批示。中共中央政治局委员、国务院副总理刘延东出席会议并讲话。会议审议了《中国（绵阳）科技城发展规划（2016—2020年）》和《中国（绵阳）科技城军民融合创新驱动发展先行先试政策措施》。

2017年9月16日，绵阳科技城建设部际协调小组第十三次会议在绵阳召开。中共中央政治局委员、国务院副总理刘延东出席会议并作重要讲话。刘延东副总理充分肯定四川创新发展和绵阳科技城建设取得的积极成效，深入分析当前和今后一段时期科技创新特别是军民深度融合发展形势与机遇，并对科技城建设下一步重点工作、目标任务和工作要求等做出安排部署。

（何　璇　李维怡）

历届四川省建设绵阳科技城领导小组会议

2000 年 9 月，四川省成立了由省长任组长的建设绵阳科技城领导小组，成员单位为部际协调小组成员单位对口的省级相关厅局，并下设办公室在省科技厅，负责制定科技城建设重要规划和重大政策，协调解决重大问题等。省领导小组不断完善例会制度、项目报批律师通道制度、政策倾斜制度、干部双向交流挂职制度、信息互通制度等工作协调机制，切实加强部际协调小组成员部委协调争取，先后召开了 18 次领导小组会议，批准成立科技城党工委、管委会，赋予科技城部分省级经济管理权限，为加快科技城建设提供了重要支撑。

2014 年 2 月 13 日，时任省委副书记、省长在绵阳主持召开省建设绵阳科技城领导小组第十四次会议。会议审议了《2014 年科技城建设重点工作安排》，明确 2014 年将完成规划并启动科技城集中发展区核心区建设等事项。会议还审议了《绵阳科技城集中发展区规划建设工作方案》《第二届中国科技城国际科技博览会方案》和《2014 年绵阳科技城重人项日推进工作方案》。

2015 年 3 月 25 日，时任省委副书记、省长在成都主持召开省建设绵阳科技城领导小组第十五次会议。会议听取了绵阳科技城“十三五”规划编制和“部省院”共建中国（绵阳）科技城大学有关情况的汇报，审议了《2015 年绵阳科技城建设重点工作安排》和《第三届中国（绵阳）科技城国际科技博览会总体方案》。

2015 年 9 月 16 日，时任省委副书记、省长在绵阳主持召开四川省建设绵阳科技城领导小组第十六次会议，传达学习李克强总理对科技城建设作出的重要批示精神和绵阳科技城建设部际协调小组第十二次会议精神，讨论《关于贯彻落实绵阳科技城建设部际协调小组第十二次会议精神加快绵阳科技城建设的意见》。

2016 年 3 月 23 日，省委副书记、省长尹力在成都主持召开省建设绵阳科技城领导小组第十七次会议，贯彻落实全国两会、科技城建设部际协调小组第十二次会议和刘延东副总理在川视察调研指示精神，总结绵阳科技城建设工作，安排部署 2016 年重点工作。会议审议了《2016 年中国（绵阳）科技城建设重点工作安排》《中国（绵阳）科技城发展规划（2016—2020 年）》和《第四届中国（绵阳）科技城国际科技博览会总体方案》。

2017 年 3 月 27 日，省委副书记、省长尹力在成都主持召开四川省建设绵阳科技城领导小组第丨八次会议，贯彻落实习近平总书记参加丨二届全国人大五次会议四川代表团审议时发表的重要讲话精神和全国两会精神，安排部署 2017 年绵阳科技城建设重点工作。会议审议了《2017 年绵阳科技城建设重点工作安排》《绵阳科技城建设部际协调小组第 13 次会议建议方案》和《第五届中国（绵阳）科技城国际科技博览会总体方案》。

（何　璇　张永兴）

索　引
Index

索引说明

一、本索引是《中国（绵阳）科技城年鉴》2018年卷的主题词、内容分析索引，分主题词分析索引、图表索引两部分。本书中具有独立检索意义的完整资料，都可通过本索引进行检索。概述、概况不作为检索内容。

二、本索引按照汉字拼音字母（同音字按单音调）顺序排列。类目、分目标题作为索引词条，字体加粗显示，其他用宋体排印。表格、图（示意图）在其后分别注明“图”“表”。

三、索引词条的数字表示内容所在的页码，数字后面的拉丁字母（a、b）表示栏别（版面上的左右栏）。

四、索引中内容有交叉的词条，为方便读者检索，要本索引中重复出现的相同词条，词条只出现一次，相应页码依次在词条后显示。二级词条在主索引词条下空一格排列。

主题词索引

A

B

C

D

E

F

G

H

K

L

M

O

P

Q

R

S

T

W

X

Y

Z

图表索引